Jacques Neirynck

Der göttliche Ingenieur

Der göttliche Ingenieur

Die Evolution der Technik
(Le huitième jour de la création)

Prof. Dr. Jacques Neirynck

Mit einem Geleitwort von Prof. Dr. Dr. Franz-Josef Rademacher

Herausgeber: Dr. Holger M. Hinkel

Übersetzung aus dem Französischen:
Angela Di Salvo, Dr. Holger M. Hinkel und Dr. Arnuld Krais

8. Auflage

Bibliografische Information Der Deutschen Bibliothek

Die Deutsche Bibliothek verzeichnet diese Publikation in der Deutschen Nationalbibliografie; detaillierte bibliografische Daten sind im Internet über http://www.dnb.de abrufbar.

Bibliographic Information published by Die Deutsche Bibliothek

Die Deutsche Bibliothek lists this publication in the Deutsche Nationalbibliografie; detailed bibliographic data are available on the internet at http://www.dnb.de

ISBN 978-3-8169-3243-7

8. Auflage 2014
7., durchgesehene Auflage 2008
6., neu bearbeitete und erweiterte deutsche Auflage 2006
5. deutsche Auflage 2004
4., aktualisierte deutsche Auflage 2001
3. deutsche Auflage 1998
2. deutsche Auflage 1995
1. deutsche Auflage 1994

Bei der Erstellung des Buches wurde mit großer Sorgfalt vorgegangen; trotzdem lassen sich Fehler nie vollständig ausschließen. Verlag und Autoren können für fehlerhafte Angaben und deren Folgen weder eine juristische Verantwortung noch irgendeine Haftung übernehmen.
Für Verbesserungsvorschläge und Hinweise auf Fehler sind Verlag und Autoren dankbar.

Tel.: +49 (0) 71 59-92 65-0, Fax: +49 (0) 71 59-92 65-20
E-Mail: expert@expertverlag.de, Internet: www.expertverlag.de

Printed in Germany

Vorwort des Herausgebers zur 1. Auflage

Jacques Neirynck hält seit vielen Jahren Vorträge über das Thema dieses Buches – die Evolution der Technik und ihre Bedeutung für den Menschen. Diese Vorträge finden große Beachtung, machen die Zuhörer immer nachdenklich, wühlen sie manchmal sogar auf und geben Anlass zu heftigen Diskussionen. Der Herausgeber des vorliegenden Buches hatte während seiner Tätigkeit am IBM International Education Center in Brüssel (1985 – 1989) Gelegenheit, Jacques Neirynck persönlich kennenzulernen und zu Vorträgen einzuladen. Damals entstand der Wunsch, Jacques' Buch, das in französischer Sprache vorlag, durch Übersetzung ins Deutsche einem größeren Leserkreis im deutschen Sprachraum zugänglich zu machen. Es mussten aber erst mehrere Katalysatoren zusammenkommen, bis der Herausgeber den Mut hatte, diese umfangreiche Arbeit in Angriff zu nehmen. Dazu zählen die persönliche Bekanntschaft mit Jacques, die Bedeutung des Themas und die herausfordernde Art, in der er dieses Thema behandelt, die Bereitschaft von Frau Di Salvo, bei der Übersetzung mitzuwirken, eine Teilzeittätigkeit bei IBM, die Freiräume schuf; und schließlich die Liebe zur französischen Sprache ...

Dies alles hätte dennoch nicht ausgereicht, das Werk zu einem guten Ende zu bringen, wenn nicht viele weitere Personen mitgewirkt hätten. Ihnen allen möchte ich hiermit herzlich danken! Der persönliche Beitrag ist den einzelnen wohlbekannt; deshalb seien hier nur schlicht die Namen in alphabetischer Reihenfolge genannt: Alex Abel, Gerhard Armbrüster, Sig Brommer, Eliane Cola, Angela Di Salvo, Gerd Elsner, Andrea Gloßner, Sabine Grau, Uwe Hagenmeier, Arnulf Krais, Jacques Neirynck, Gerhard Ondracek, Franz-Josef Radermacher, Hildegard Schmid, Luitgard Sander, Florence Tedeschi, Gerlinde Wiest. Die Zusammenarbeit mit den beiden Verlagen (Presses Polytechniques et Universitaires Romandes, Lausanne, und expert verlag GmbH, Renningen) war sehr erfreulich.

Es bleibt nur noch zu wünschen, dass die deutsche Ausgabe von Jacques Neiryncks Buch viele interessierte Leser finden und Veränderungen bewirken möge! Die Bedeutung des Themas ist sehr groß.

Illertissen, Februar 1994 Holger M. Hinkel

Vorwort des Herausgebers zur Neuauflage

Als uns bewusst wurde, dass die deutsche Ausgabe dieses Buches nun über zwölf Jahre alt ist, überlegten wir uns, ob die nächste Auflage nicht eine grundlegende Aktualisierung erfahren sollte. Tatsächlich wird Jacques Neiryncks Buch wahrscheinlich nie veralten; ist es doch die ewig währende Menschheitsgeschichte im Lichte der technischen Evolution. Aber uns war klar, dass Beispiele aus neuerer Zeit hilfreich sein würden, um das paradoxe Phänomen Technik noch besser zu verstehen.

So ist insbesondere ein Kapitel über die Globalisierung hinzugekommen, die heute in aller Munde ist. Sie bewegt die Menschen zu recht, da sie schmerzhafte Anpassungsprozesse erfordert, mit denen wir in den letzten „goldenen" fünfzig Jahren kaum konfrontiert waren. Wie gehen wir mit ihr um?? Tatsächlich ist unser Planet, unser zukünftiges globales Dorf, als Folge der industriellen Revolutionen und der globalen wirtschaftlichen Entwicklung total aus der Balance gekommen: Die Situation der Menschen auf unserem Globus könnte unterschiedlicher nicht sein; sie ist nicht gerecht und auf die Dauer nicht friedensfähig. Wir sind also gefordert, eine bessere Balance herzustellen.

Keinem Menschen würde es einfallen, zu fordern, dass ein Staat auf Gesetze verzichten solle. Chaos wäre sonst die Folge. Genau das tun wir aber in der neoliberalen Ökonomie. Es fehlt ein geeigneter Ordnungsrahmen; ihn müssen wir schaffen. Er wird zweifellos zu einer öko-sozialen globalen Marktwirtschaft führen, die den Bedürfnissen aller Menschen gerecht wird und nicht nur denen einer Minderheit. Es existieren bereits Initiativen, wie die *Global Marshall Plan Initiative,* die in die richtige Richtung weisen und intelligente begehbare Wege auf dieses Ziel hin aufzeigen.

Der Herausgeber hat in den vergangenen zehn Jahren immer wieder Vorträge über das Thema von Jacques Neiryncks Buch gehalten und dabei mindestens zwei Dinge erfahren: 1. Jacques hat Recht, 2. Der Weg zu besserer Einsicht ist beschwerlich. Wir alle sind zum einen in unseren Emotionen und zum anderen in starren Denkschablonen gefangen, die es, in Zeiten starker Veränderungen, zu sprengen gilt. Dies sei an einem Beispiel erläutert: Männer haben einen Sexualtrieb und Frauen einen Trieb zum Kind. Dies hat dazu geführt, dass wir heute 6.6 Milliarden Menschen im globalen Dorf sind. Diese Anzahl ist wahrscheinlich zu hoch, wenn wir z.B. allen Menschen den gleichen Lebensstandard wie uns Deutschen zugestehen wollten. Dennoch ist eine (freiwillige!) Beschränkung der Fertilität nicht konsensfähig. Sie könnte ja zu Rentenproblemen führen ...

Verschwiegen wird dabei fast immer, dass nahezu alle großen Probleme der Menschheit mit einer abnehmenden Weltbevölkerung ebenfalls abnehmen. Jacques hat es deutlich gesagt: Wir würden mit einer Milliarde Menschen auf diesem Planeten *gemeinsam* sehr viel besser überleben!

Angela Di Salvo stand diesmal als Co-Übersetzerin nicht zur Verfügung. Herr Dr. Arnulf Krais war dafür so freundlich mitzuhelfen.

Ich wünsche Ihnen eine interessante herausfordernde Lektüre dieses wunderbaren Buches und uns allen einen angemessenen und klugen Umgang mit der Technik!

Holger M. Hinkel

Geleitwort

Das Buch *Der göttliche Ingenieur* ist ein gewaltiges und aufwühlendes Werk und in seiner Botschaft dramatisch, beängstigend und zugleich von einer großen Klarheit. Es beschäftigt sich in Breite und mit einem tiefgehenden analytischen Verständnis mit dem Thema der Evolution der Technik in Wechselwirkung mit der Evolution des Menschen und der Evolution der verschiedenen Arten der menschlichen Gesellschaften, die jeweils unmittelbar mit einer bestimmten Technik korrespondieren. Der Mensch ist hierbei so sehr das Produkt der Technik, wie die Technik das Produkt des Menschen ist – eine Wechselwirkung, die immer noch andauert.

Als ordnendes Prinzip der Analyse dieses Evolutionsprozesses der Technik verwendet der Autor konsequent den zweiten Hauptsatz der Thermodynamik, also das Gesetz von der unausweichlichen und andauernden Zunahme der globalen Entropie. Zentrales Thema ist deshalb das unvermeidbare Wachsen der globalen Unordnung, gerade auch durch das Schaffen von lokalen Ordnungsstrukturen, mit deren Hilfe die Zunahme der Entropie und damit die Zunahme der globalen Unordnung am wirkungsvollsten erreicht wird. Dies gipfelt in der These, dass die Erfindung von biochemischen Strukturmechanismen, bis hin zur Erfindung des Lebens bzw. denkender Wesen, ein besonders effizienter Weg der Natur sein könnte, den Weg in die totale Unordnung immer noch mehr zu beschleunigen. Der Mensch ist in dieser Sicht ein Lebewesen, das immer effizienter dazu beiträgt, in einem globalen Sinne Ordnung zu zerstören und Energien zu verbrauchen, und zwar als Folge seines – in einer längerfristigen Perspektive hoffnungslosen – Bemühens, für sich lokal kurzfristig das zu ermöglichen, was wir jeweils als ein erfülltes menschliches Leben bezeichnen.

Diese Sicht der Technikentwicklung beinhaltet eine große Desillusionierung, die der Autor, beginnend mit dem ersten Teil „Die technische Illusion", systematisch betreibt. Er argumentiert dabei überzeugend gegen den weit verbreiteten Optimismus, es könne dem Menschen schon gelingen, durch immer neue Erfindungen für sich immer höhere Niveaus der verfügbaren Energie und der nutzbaren Ressourcen zu erreichen. Statt dessen soll uns klargemacht werden, dass wir gegen Grenzen anlaufen und dass wir mit jedem Überschreiten unserer aktuellen Grenze uns in eine auf Dauer nur noch schwierigere Situation bringen. Um das zu verdeutlichen, wird im zweiten Teil „Die technische Evolution" der Evolutionsprozess der menschlichen Existenz und der dazu korrespondierenden technischen Systeme detailliert studiert. Die unglaubliche Leistungsfähigkeit der in diesem Prozess bis heute geschaffenen Technik führt übrigens zu einer der möglichen Interpretationen des Buchtitels „Der göttliche Ingenieur", die daraus resultierende Überschätzung der menschlichen Möglichkeiten zu einer ebenso schlüssigen anderen Interpretation.

In einem relativ stabilen Umfeld tritt nach Millionen Jahren hoher Stabilität vor etwa 100.000 Jahren der Homo sapiens, vor 35.000 Jahren der Homo sapiens sapiens auf, jeweils als Folge eines neuen technischen Systems, sprich besserer Steinwerkzeuge, der Nutzung des Feuers usw. Neue technische Systeme erschließen in der Regel (direkt oder indirekt) neue Nahrungsmittelressourcen, Energie, Lebensräume usw. Dies schafft auch hier die Voraussetzungen für ein stetiges, wenn auch noch vergleichsweise langsames Anwachsen der Zahl der Menschen, die sich die Erde immer weiter erschließen. Das damals zugrundeliegende technische System war rückblickend wohl das, was die Bibel als „Paradies" bezeichnet, ein Jäger- und Sammlerdasein auf der Basis einer adäquaten Technik, ein technisches System, das sich in einigen Teilen der Welt ohne wesentliche Veränderung bis zum Anfang dieses Jahrhunderts als stabil und überlebensfähig erwiesen hat.

In den Gebieten der klassischen Hochkulturen hat dieses System allerdings schon vor etwa 10.000 Jahren zu Menschenzahlen geführt, die irgendwann auf der Basis eines Jäger- und Sammlerdaseins nicht mehr ernährt werden konnten. Damit setzten Ablaufmuster ein, die im weiteren Verlauf der technisch-gesellschaftlichen Evolution immer wieder beobachtet werden können: Entweder brechen Gesellschaften unter dem Druck derartiger Situationen zusammen, oder es gelingt ihnen, als Reaktion auf die Anforderungen einer irgendwann zu großen Bevölkerung mit Hilfe einer technischen bzw. gesellschaftlichen Mutation zu überleben. Die Gesellschaft überschreitet dabei eine Scheidelinie, zum Beispiel die Scheidelinie der neolithischen Revolution. Diese gewaltige, unumkehrbare Revolution, die an mehreren Stellen der Welt in ähnlicher Weise erfolgt ist, bestand als Reaktion auf nicht mehr tragbare Verhältnisse in der Erfindung von Ackerbau und Viehzucht – ein rückblickend in vielen Aspekten problematischer Schritt, der aber lokal Entspannung schaffte, zunächst auch ein komfortableres Leben ermöglichte, aber zugleich einen Prozess in Gang setzte, der innerhalb eines vergleichsweise kurzen Zeitraumes die Dichte der Bevölkerung an manchen Stellen der Erde um einen Faktor von mehr als 1.000 vergrößert hat, mit all den furchtbaren Begleiterscheinungen – bis hin zur Erfindung des Krieges -, die wir heute weltweit beobachten.

Technische oder gesellschaftliche Mutationen (zum Beispiel eine gerechtere, gesellschaftlich organisierte Nahrungsverteilung anstelle einer Mutation/Erfindung im technischen Bereich) sind in dieser Perspektive immer dann erforderlich, wenn technische Systeme an ihre Grenzen stoßen, wenn sie sich durch ihre eigenen Erfolge (gewachsene Bevölkerung, höheres Konsumniveau) selber gefährden; längerfristig überlebensfähig sind hierbei weitgehend statische Systeme (das ägyptische Reich wird als Beispiel beschrieben). Am Beispiel Roms wird dargestellt, dass ein System notwendigerweise an den selbst erzeugten Bedingungen zugrunde geht, wenn weder die technischen noch die politischen Mutationen erfolgen, die eine weitere Versorgung der gewachsenen Bevölkerung auf dem gewachsenen Anspruchsniveau erlauben.

Wir erkennen damit ein Muster, das sich bis heute fortsetzt. Von den meisten gar nicht registriert, erweist sich als die dramatischste Folge der technischen Evolution (damit als die größte Technikfolge) die Zunahme der Bevölkerung – die jetzt ernährt werden kann, aber auch versorgt werden muss – und in neuerer Zeit zunehmend auch das Wachsen der Ansprüche dieser Bevölkerung, die dann zukünftig befriedigt werden müssen, wenn chaotische gesellschaftliche Prozesse vermieden werden sollen. Damit erzeugt jeder Fortschritt sofort einen zunehmenden Forderungsdruck auf das jeweilige technische System; die Verhältnisse werden nicht einfacher, sondern immer schwieriger, eine Entspannung gibt es nicht.

An die Beschreibung der Entwicklung Griechenlands und Roms schließt sich eine Analyse der Stagnationsepochen und der Scheidelinien des Mittelalters an. Das 11. Jahrhundert bringt hier die Überwindung der Grenzlinie, an der schon das Römische Reich gescheitert war. Wesentliche Triebkräfte waren die Christianisierung Europas, die Innovationskraft der Klöster und die natürliche Ressourcenbasis in Nordeuropa. Als Folge dieses Überschreitens kommt es von 1000 bis 1300 fast zu einer Verdoppelung der Bevölkerung Europas, damit ab dem 13. Jahrhundert zu tragischen Veränderungen, Hungersnöten und andauerndem Krieg, da das neue technische System diese rasche Ausweitung nicht verkraften kann. Hier werden erneut Systemgrenzen deutlich, die erst im 17. Jahrhundert durch ein neues technisches System überwunden werden können. Tatsächlich stellen die im Westen im Jahr 1300 erreichten Techniken nach Meinung des Autors die ökologische Perfektion, aber auch die äußerste erreichbare Spitze innerhalb eines im wesentlichen auf erneuerbaren Ressourcen beruhenden technischen Systems dar, dessen Wurzeln direkt bis ins Neolithium, also bis vor 8.000 Jahren, zurückreichen.

Der Autor beschreibt dann im einzelnen die Gründe und die spezifischen Gegegebenheiten, darunter auch die besondere Rolle der christlichen Religion, welche den Durchbruch im 11. und in ähnlicher Weise später im 17. Jahrhundert ermöglicht haben, er geht auch auf die Gründe ein, warum die präkolumbianischen Zivilisationen dem europäischen Druck nicht widerstehen konnten und beleuchtet auch die andersartigen Verhältnisse in China und im islamischen Bereich. Den größten Raum nehmen dabei die Revolutionen in Europa ein, mit denen die geistigen Blockaden des Mittelalters durchbrochen wurden (Kopernikus, Galilei und andere). Die besondere Rolle des Christentums wird ebenso herausgearbeitet wie die Bedeutung der Geographie. Dargestellt wird ferner, warum gerade England der Ort der ersten industriellen Revolution war, also der Ort der Erfindung der Metallindustrie, der mechanischen Produktion, der chemischen Industrie.

Um 1850 beginnt erstmals der Ausstieg aus einem technischen System (dem der ersten industriellen Revolution), ohne dass es aufgrund der Erschöpfung der Ressourcen bereits notwendig gewesen wäre. Dies hat mit der neuen Rolle der Wissenschaft zu tun, führt zu revolutionären neuen Techniken hinsichtlich der Verteilung von Energie und Information und ermöglicht damit den Übergang in ein zweites industrielles System, zugleich damit verbunden auch zu ganz neuartigen Exzessen und Perversionen der Tötungsmaschinerien, die nun nach der neolithischen Revolution und damit der Erfindung des Krieges einen weiteren Höhepunkt erreichen. Der Autor bemerkt hierzu: „Technik ohne Ethik ist ein seelischer Ruin".

Die dritte industrielle Revolution erfolgt zur Zeit vor unseren Augen, noch schneller als die vorherige und erneut zu einem Zeitpunkt, an dem die Ressourcenbasis der vorherigen Revolution noch längst nicht erschöpft ist, diesmal vor allem vorangetrieben durch die immer höhere Bewertung, Förderung und Instrumentalisierung der Wissenschaft. Wissenschaft wird zur Pseudoreligion, zugleich zum politischen Profilierungsgegenstand. All das kumuliert in dem Zustand, den die Welt heute hat, ein Zustand, der von dem Autor als absolut lebensgefährlich und katastrophal eingeschätzt wird: Wir befinden uns auf dem geschichtlichen Höhepunkt der Fähigkeit, weltweit Unordnung und Zerstörung zu bewirken, und in allem, was wir tun und mit jedem Versuch, die Welt für die Menschen – vermeintlicherweise – besser zu gestalten, machen wir sie, in inhärent unvermeidbarer Weise, noch verwundbarer – ja, wir bedrohen die Lebensgrundlagen insgesamt.

Vor diesem Hintergrund beschreibt der Autor im dritten Teil „Die technische Schöpfung" eine Vision der Zukunft, ausgehend von dem Befund der globalen Überbevölkerungssituation, dem Erkennen des millionenfachen Sterbens durch Verhungern und der Herausarbeitung der geistigen und seelischen Nöte und vielfachen Perversionen der Wohlstandsgesellschaft. Er geißelt viele unserer alltäglichen Selbstverständlichkeiten, die gesamte Logik des ökonomischen und gesellschaftlichen Systems, die selbstgesetzten eitlen Idealbilder der Schule und der Wissenschaft, die Niedrigbewertung der körperlichen und handwerklichen Tätigkeit, er geißelt die industrielle Hässlichkeit, die Phantasielosigkeit, die Einförmigkeit und setzt dem allem die Idee eines achten Schöpfungstages entgegen, die Hoffnung, dass es uns selbst gelingen könnte, in Form einer kontrollierten Evolution, in Form der Beschränkung unserer eigenen Ansprüche, selber den Weg in ein neues stabileres technisches System zu finden.

Der Autor spricht hierzu, wenn auch relativ wenig präzisiert, von einer Solartechnik, einer Technik, die auf erneuerbaren Energien basiert, die es deshalb erlaubt, Stabilität über längere Zeiträume zu sichern. Er beschreibt dazu präzise das geistige Umfeld, das hierfür Voraussetzung wäre: Ziele wie erheblich mehr Solidarität und Gleichheit unter den Menschen und breitere Erfahrungshorizonte – Dinge, die nur zu erreichen sind, wenn wir unsere Vorstellungen und unsere Ziele substantiell verändern, wenn nicht länger Konsum eine primäre Orientierung darstellen würde, wenn unsere Gesellschaft nicht auf Differenzierung und Konkurrenz hin ausgelegt wäre. In diesem Umfeld sieht er entscheidende Ansatzpunkte in einer Revitalisierung der Religion, insbesondere der christlichen Religion, die für ihn eine Möglichkeit des Kraftschöpfens, auch ein Ausgangspunkt des Widerstandes gegen den realen Irrsinn darstellt. Er formuliert hierzu die These, dass es angesichts der Evolution des Menschen und seines Gehirns sehr gut sein kann, dass weitere Schritte zu einem wirklichen Fortschritt der Gesellschaft nur in Form einer entsprechend verinnerlichten Moral, Ethik und Religion möglich sind – womit er übrigens nichts aussagen will über die Existenz Gottes oder die Korrektheit der entsprechenden Theologie, sondern nur eine Feststellung trifft über ihre praktische Effizienz in Wechselwirkung mit der erfolgten Evolution des menschlichen Geistes.

Das Buch wird sicher in manchen Teilen für manchen schwer erträglich sein. Die Art, wie der Autor mit bestimmten wissenschaftlichen Disziplinen, wichtigen Personengruppen und etablierten Sichtweisen bewertend umgeht, mag manchem hart und ungerecht erscheinen. Andere wird der nüchtern-analytische Blick und die emotionslose Betrachtungsweise stören, etwa dort, wo er die technische Logik der Tötungsmaschinerie des Dritten Reiches studiert. Wieder anderen wird die stark religiöse Ausrichtung im letzten Teil des Buches als nicht unbedingt zwingend erscheinen. Viele der konkreten Aussagen treffen vielleicht nicht immer den Sachverhalt in all seinen Ausprägungen, und an manchen Stellen, wo er Fragezeichen setzt, andere Sichtweisen unbeachtet lässt oder Erklärungsmuster ausschließt, etwa hinsichtlich mechanistischer Weltbilder oder hinsichtlich von anderen artikulierten Zweifeln an der Freiheit des Menschen, wird es Widerspruch geben.

Aber all dies kann nicht die Richtigkeit der entscheidenden Aussagen und der aufrüttelnden Botschaft abschwächen, die das Buch vermittelt, nämlich auf der Basis eines tiefen technischen Verständnisses der konkreten Evolutionsprozesse wie der dahinterliegenden Physik das Öffnen der Augen für die Tatsache, dass unsere jeweilige Stabilität erkauft ist durch die dadurch gleichzeitig verursachte, immer schneller zunehmende globale Unordnung, die zu unser aller Lasten, vor allen Dingen zu Lasten kommender Generationen oder des Lebens überhaupt, gehen kann bzw. wird.

Daraus folgt fast notwendig die Konsequenz, dass kein Weg daran vorbeiführen wird, dass wir uns zurücknehmen müssen hinsichtlich unserer Zahl und in unseren Ansprüchen, wenn dies alles nicht in eine Katastrophe führen soll. Hier sollte unbedingt der Gedanke einer bewussten Beschränkung und einer Stabilisierung der Bevölkerungszahlen auf einem viel niedrigeren als dem heute erreichten Niveau einen ganz anderen Stellenwert in der öffentlichen Diskussion erhalten.

Der von Jacques Neirynck vorgeschlagene Weg besteht in seinem Kern in einer Beschränkung auf eine Technik, die mittelfristig nur auf regenerierbaren Rohstoffen und regenerierbaren Energien aufbaut, eine Beschränkung, aus der automatisch vielfältige weitere Handlungskonsequenzen folgen – zum Beispiel meines Erachtens nach eine weltweite Politik, die über einige hundert Jahre in Richtung auf eine extreme Reduktion der Weltbevölkerung abzielt. Ein solcher Schritt ist möglich, eine solche Welt ist denkbar, sie ist in einer Weise gestaltbar, dass sie global unseren Vorstellungen von Gerechtigkeit sehr viel näher kommt als der Status quo, wobei sie gleichzeitig die Chance eröffnet, die seelische Stabilität und die innere Zufriedenheit der meisten Menschen im Vergleich zur aktuellen Situation wesentlich zu verbessern. Aber die einzigen, die dieses Ziel erreichen können, sind wir selber. Wir können dies erreichen, gemeinsam durch Einsicht und aufgrund eines daraus resultierenden, fundamental veränderten Verhaltens. Dazu beizutragen, ist das Ziel des vorliegendes Werkes von Jacques Neirynck, und angesichts der Bedeutung dieses Zieles wie der analytischen und visionären Kraft des Buches sind ihm eine große Verbreitung und viele – offene – Leser zu wünschen.

Ulm, Januar 1994 Prof. Dr. Dr. F. J. Radermacher

Eine Gebrauchsanweisung

Der Zufall wollte es, dass ich 1990 eine Konferenz über Kommunikationssysteme in einem der großen Hotels in Crans-Montana veranstaltete. Wie gewohnt, versuchte ich, nach Ankunft in meinem Zimmer, nach Hause und ins Büro anzurufen, um die Telefonnummer des Hotels und meine Zimmernummer durchzugeben.

Ich entdeckte einen funkelnagelneuen Apparat und wählte die 0, die zu dieser Zeit übliche Nummer, um eine Fernleitung zu erhalten. Ohne Resultat. Ich wählte die 9, die übliche Nummer, um die Telefonvermittlung zu erreichen. Keine Antwort. Keine Telefonvermittlung. Ich stellte also fest, wie kompliziert der Apparat zu sein schien. Ich zählte nicht weniger als 32 Tasten. Zusätzlich zu den 10 numerischen Tasten der vorangehenden Telefongeneration gab es 22 weitere Tasten, jede mit einem Piktogramm verziert. Die meisten waren unverständlich.

Wenigsten konnte man noch erraten, dass ein Piktogramm wohl dem Zimmermädchen entsprach. Ich versuchte diese Taste. Ohne Resultat. Kein Zimmermädchen, keine Telefonvermittlung. Ich versuchte nacheinander all die esoterischen Tasten, in der Hoffnung, dass eine von ihnen der Außenwelt oder der Rezeption entsprechen würde. Ohne Resultat. Vielleicht musste man gar zwei Tasten gleichzeitig drücken oder nacheinander. Ich versuchte, schnell die Anzahl der Möglichkeiten zu überschlagen, zwei Tasten von 32 zu drücken, und entdeckte, dass es 992 waren. Selbst wenn ich 10 pro Minute schaffte, war ich eine Stunde beschäftigt. Da war es ratsamer, zur Rezeption hinabzusteigen.

Ich kam dort an, um festzustellen, dass die einzige Rezeptionistin, die während der Mittagspause den Dienst versah, eine Praktikantin war, die weder Französisch, noch Englisch, noch Deutsch, noch Italienisch, noch etwa Holländisch sprach. Es gelang ihr aber zu erklären, dass sie Serbin sei, und sie versuchte, sich in Russisch auszudrücken. Durch sukzessive Annäherung an die indoeuropäischen Sprachen verstand sie schließlich, dass ich nach draußen zu telefonieren wünschte. Sie wählte die 0, mit dem gleichen enttäuschenden Resultat wie ich.

Am Ende ihrer Möglichkeiten, verschwand sie, um den Rezeptionschef zu stören. Der unterbrach seine Mahlzeit und kam uns, sich den Mund abwischend, zu Hilfe. Er sprach Französisch und bekannte mir, dass die Telefonapparate gerade an diesem Morgen installiert worden seien. Er suchte vergeblich eine Gebrauchsanweisung. Er besaß keine. Er verschwand, um den Hoteldirektor zu stören, der ebenfalls kam, sich den Mund abwischend. Er bekannte, dass der Installateur tatsächlich keine Gebrauchanweisung geliefert habe. Es gelang aber dem Direktor, den Installateur zu erreichen, indem er die Telefonzelle auf der Straßenseite gegenüber benutzte. Er verfügte ebenso wenig über eine Gebrauchsanweisung. Die Herstellerfirma dieser Telefone lieferte keine.

Einige Zeit später wurden auch an der Technischen Hochschule in Lausanne, an der ich lehre, unsere gewohnten Telefone durch ähnliche Apparate ersetzt. Immer noch ohne Gebrauchsanleitung, trotz der 32 Tasten. Die Herstellerfirma, am Rande des Bankrotts, versicherte, dass sie nicht über die menschlichen Ressourcen verfüge, um eine Gebrauchsanleitung zu verfassen. Aber an einer Ingenieurschule gibt es solche Ressourcen. Durch Herumspielen gelang es einer Gruppe mutiger Experimentatoren, wenn auch nicht alle, so doch die wichtigsten Funktionen der Geräte zu entschlüsseln. Eine hingebungsvolle Sektretärin erstellte so etwas wie eine Bedienungsanleitung und verteilte sie.

Dieses Telefon war nur das erste in einer langen Reihe von Apparaten, die ich gezwungen war zu benutzen, alle verschieden voneinander und ausgestattet mit exotischen Funktionen. Die Erfindung der Mikroprozessoren und die Selbstverständlichkeit ihres Einsatzes hatte die Firmen der Telekommunikation auf einen fatalen Weg gebracht. Ein an sich einfacher Apparat wurde immer komplizierter, um Funktionen zu erfüllen, die die Mehrzahl der Benutzer nicht brauchte.

Die Kosten der Abfassung einer Bedienungsanleitung überstiegen ja vielleicht die Kosten der Herstellung des Apparates. Oder die Ingenieure, die den Apparat entworfen hatten, hatten vergessen zu notieren, was er leisten konnte. Oder, wenn sie sich erinnerten, war es ihnen nicht gelungen, dies den Redakteuren einer möglichen Bedienungsanleitung zu erklären. Oder diese hatten die Erklärungen, die sie erhalten hatten, nicht verstanden. Oder die Bedienungsanleitung war in Koreanisch oder Finnisch verfasst, und sie hatten keinen Übersetzer für diese Sprachen ins Französische gefunden.

Jedenfalls stellen die Bedienungsanleitungen diverser Geräte wie TV, Recorder, automatische Herde, Geschirrspülmaschinen, Rechner, eine voluminöse und schwer verdauliche Literatur dar, deren Lektüre entmutigt. Und der, dem es schließlich gelingt, sie zu meistern, entdeckt stets, dass der Apparat, den er besitzt, sich von dem unterscheidet, den der Verfasser der Gebrauchsanweisung beschrieben hat. In der Tat sind die Ingenieure nie mit ihrem Ergebnis zufrieden und entwickeln es unaufhörlich weiter. Von Serie zu Serie wird der Apparat perfektioniert und schließlich unbrauchbar – außer für den, der ihn entworfen hat. Seine Zielsetzung ist nicht, etwas herzustellen, das wirkliche die Bedürfnisse des Verbrauchers erfüllen könnte. Seine Absicht ist es, seinen persönlichen Weg der technischen Perfektion zu finden, die aber darin besteht, den leistungsfähigsten Apparat zu realisieren.

Diese Beobachtung, die für einen einzelnen Apparat gilt, lässt sich mühelos auf das gesamte technische System ausweiten. Wie eine Vielfalt von Beobachtern bemerkt hat, entwickelt sich dieses System autonom, nach eigenartigen Gesetzen. Ein Gerät lässt sich nur verkaufen, wenn es Spitzentechnologie darstellt. Es veraltet bereits, bevor es auch nur eine Panne gab. Der Hersteller beendet die Wartung, sobald er eine neue Version auf den Markt bringt. Austauscheile werden nicht hergestellt. Ein defekter Apparat wird mitleidslos verworfen, denn seine Reparatur würde in Handarbeit mehr als den Preis des Nachfolgegerätes kosten. Was sich am Fließband durch Roboter montieren lässt, kann nicht von Menschen repariert werden. Das nachfolgende Gerät gehorcht anderen Befehlen als das vorherige. Es wird defekt oder ist nicht mehr up-to-date, bevor man sich mit seinem Umgang vertraut gemacht hat.

Alles spielt sich so ab, als ob die wachsende Zahl von Geräten durch eine andere, von uns verschiedene menschliche Art hergestellt würde, unfähig, mit uns zu kommunizieren, – es sei denn, man geht auf die Vorstufe vor der Erfindung des Alphabets zurück, auf das Niveau von Piktogrammen. Der Fluss fließt nur in eine Richtung: Kein Gerät kommt an seinen Ursprung zurück, versehen mit Kommentaren der Benutzer.

Die Öffentlichkeit ist fasziniert von dieser schnellen Entwicklung, die unaufhörlich neue Möglichkeiten produziert, – aber sie reagiert ebenso gereizt auf die Ausgaben, den Ärger und die wirklichen oder eingebildeten Gefahren, die damit verbunden sind. Eine mächtige Protestbewegung hat sich quer durch die Verbraucherorganisationen und alle ökologischen Parteien gebildet. Kernkraftwerke werden stillgelegt, Mobiltelefone und Mikrowellenherde werden verdächtigt, gesundheitsschädlich zu sein, die Herstellung genetisch modifizierter Organismen wird verhindert. Der Pessimismus bezüglich der Technik ist die gängige Haltung geworden. Man erwartet nur mehr Nachteile: Gefahren für die Gesundheit, Schädigung der Umwelt, schnelles Veralten beruflicher Erfahrung, Arbeitsplatzabbau, Konzentration der Macht bei anonymen Institutionen, Verlagerung von Fabriken, bewaffnete Konflikte um Erdölbesitz. Der durchschnittliche Bürger ist außer sich bei dieser ständigen Veränderung, dem beschleunigten Verlauf, der weder definierte Ziele hat noch durchschaubaren Regeln folgt.

Wenn man diesen Techno-Pessimismus mit den großen Erwartungen des Jahrhunderts der Aufklärung und der industriellen Revolution vergleicht, kann man nur betroffen sein über die Umkehrung der Fronten. Für Lenin lässt sich der Kommunismus zurückführen auf die Diktatur der Sowjets plus Elektrizität. Ein aufgeklärter Despotismus sollte die Anwendungen von Wissenschaft und Technik in den Dienst eines Volkes stellen, das nun von Elend und Unwissenheit befreit war. Die erste Veränderung durch eine sozialistische Macht bestand darin, die Industrialisierung zu ermutigen, selbst in Bereichen wie dem Handwerk und der Landwirtschaft. Die Linke war die Partei des sozialen Fortschritts, unterstützt durch die technische Entwicklung. Die Zielsetzung war es, die gesamte Bevölkerung zu ernähren, zu kleiden, zu versorgen, zu unterrichten, ihr Wohnraum zu geben – ausgehend von einer Situation, in der den meisten Leuten die allerwichtigsten Dinge fehlten. Die Explosion von Tschernobyl und der Fall der Berliner Mauer bedeuteten das Ende dieser doppelten Illusion.

Die neue Linke verwirklicht sich in der internationalen Bewegung der Grünen, chaotisch und desorganisiert, gewiss, aber von einer ungeheuren Hoffnung getragen: Ist es möglich, zu den Anfängen zurückzukehren, die Geschichte neu zu beginnen, sich der Natur anzuvertrauen statt sie zu erforschen, um ihre Gesetze zu entdecken und ihrem natürlichen Verlauf Gewalt anzutun? Jede Innovation ist verdächtig, jeder Rückschritt willkommen. Man führt gewissenhaft Luchs und Wolf wieder ein, „zum Wohl" der Rehe und Gämsen, die das allerdings nicht so gewünscht hatten. Mit immer restriktiveren Gesetzen bemüht man sich, den wissenschaftlichen Fortschritt in Schranken zu halten.

Der spontane und affektive Charakter der ökologischen Bewegung spiegelt die Verwirrung von Völkern wider, die mit einem Technosystem konfrontiert sind, das sie nicht verstehen, für das man ihnen keine Gebrauchsanweisung gegeben hat, … weil es vielleicht keine gibt. Unsere Labors und Fabriken sind in der Lage, eine Unzahl von technischen Prothesen für unser tägliches Leben herzustellen, aber wir fragen uns, ob es nicht besser wäre, etwas ganz anderes herzustellen, um Ziele zu erreichen, die man vorher erarbeitet hat.

Diese Welt ist auf der Suche nach einer fundamentalen Gebrauchsanweisung. Die Absicht dieses Buches ist es, einen Entwurf dafür zu erarbeiten, indem wir die Irrwege der Vergangenheit untersuchen, um zu lernen, wie wir uns gegen sie schützen können, und um sie durch eine rein physikalische Argumentation zu erklären. Es ist deshalb der Mühe wert, sich der Vergangenheit zuzuwenden und sich in einen der herausragenden Momente der Geschichte zu versetzen, wo das Schicksal der Menschen umkippt. Wie konnten wir die ultimative Maschine installieren, die uns zu vernichten in der Lage ist, es nur bisher noch nicht getan hat?

Inhaltsverzeichnis

Anhang

Erster Teil:
Die technische Illusion

Kapitel 1

Die Höllenmaschine

In jeder Vollmondnacht flogen während des Zweiten Weltkrieges verdunkelte Flugzeuge im Pendelverkehr zwischen dem abgekapselten Kontinent und England, dem Brückenkopf der Freiheit, hin und her. Wichtige Persönlichkeiten, deren Transport in die freie Welt es wert war, ein Flugzeug und eine Mannschaft zu riskieren, konnten auf diese Weise entfliehen. Einige Privilegierte entrannen dem Massengefängnis Europas in der Absicht, alle anderen zu retten.

Die Reise von Niels Bohr

Der Passagier in jener Nacht im September 1943 wurde bevorzugt behandelt: Sein Sitz befand sich über dem Bombenschacht, so dass er durch Betätigung eines Handgriffs durch den Piloten abgeworfen werden konnte. Dieser Mann war in der Tat so gefährlich, dass die Engländer entschlossen waren, ihn lieber umkommen zu lassen, als seine Gefangennahme zu riskieren, für den Fall, dass das Flugzeug abgefangen würde. Der Passagier hieß Niels Bohr, war 58 Jahre alt und hatte gerade fluchtartig seine Stellung als Direktor des Instituts für Theoretische Physik in Kopenhagen verlassen. Er war berühmt unter den Physikern und zugleich dem breiten Publikum unbekannt, unfähig, einer Fliege ein Leid anzutun, und entschlossen, die Atombombe zu entwerfen.

Niels Bohr war – nach Albert Einstein – zweifellos der hervorragendste Physiker seiner Zeit, ein Schüler Rutherfords, der als erster Materie umgewandelt und damit den Traum der Alchimisten verwirklicht hatte. Niels Bohr war der Erfinder des Atommodells, nach dem ein aus Protonen und Neutronen bestehender Kern von einer Wolke aus Elektronen umgeben ist, was heutzutage jedem Schüler bekannt ist. 1922 erhielt er den Nobelpreis für Physik und war mit 37 Jahren ein theoretischer Physiker, der zu jener merkwürdigen Kaste von Wissenschaftlern gehörte, die sich bemühen, eine gewisse Ordnung und Einheit in die unzähligen Versuchsergebnisse anderer Physiker zu bringen.

Seit Beginn dieses Jahrhunderts beschäftigte sich ein kleiner Kreis von Wissenschaftlern mit dem ebenso vergeistigten wie selbstlosen Vorhaben, die innerste Struktur der Materie zu entdecken. Neben Niels Bohr gelangten die übrigen Mitglieder dieser Gruppe erst später zu Ruhm: der Neuseeländer Ernest Rutherford, der Russe Piotr Kapitzka, der Franzose Joliot Curie, der Deutsche Werner

Heisenberg, der Amerikaner Robert Oppenheimer, der Engländer Paul Dirac, der Italiener Enrico Fermi, der Österreicher Wolfgang Pauli. Sie stammten aus den verschiedensten Ländern der Welt, kannten sich jedoch alle gut, da sie sich während ihrer Studienjahre in Göttingen, Cambridge oder Kopenhagen getroffen hatten und sich seitdem auf alljährlichen Kongressen wiederfanden. Selbstverständlich spielte die Farbe ihrer Pässe überhaupt keine Rolle, einzig der Verstand, die Arbeit und die Begabung hatten Gewicht. Jeder legte seine Ehre darein, seine Kenntnisse weiterzuvermitteln, sie zu veröffentlichen und sie zu lehren. Diese leidenschaftlichen und sensiblen Menschen haben als letzte die reine Wissenschaft miterlebt; es war nicht ihre Absicht, deren Quelle zu trüben, und dennoch haben sie diese, ohne es zu wollen, endgültig verseucht.

Der Spaziergang von Ny-Carlsberg

Diese nüchternen Studien bereiten einen Menschen nicht unbedingt für einen heimlichen Nachtflug vor, über dem Bombenschacht zu sitzen, bereit, notfalls über der Nordsee wie ein Doppelagent abgeworfen zu werden. Niemand kann sagen, was in Niels Bohr damals vorgegangen sein mag. Möglicherweise dachte er an den denkwürdigen Besuch, den ihm sein ehemaliger Schüler Werner Heisenberg Ende Oktober 1941 abgestattet hatte. Da Niels Bohr zweifellos von der nationalsozialistischen Sicherheitspolizei bespitzelt wurde und sowieso wegen seiner jüdischen Abstammung verdächtig war, hatte Heisenberg seinen Lehrer auf einen nächtlichen Spaziergang durch das Stadtviertel Ny-Carlsberg von Kopenhagen mitgenommen. Fern von neugierigen Ohren stellte er seinem ehemaligen Professor die Frage, ob es für einen Physiker gerechtfertigt sei, sich in Kriegszeiten noch der Uranforschung zu widmen, da derartige Kenntnisse möglicherweise zur Konstruktion von Waffen benutzt werden könnten. Niels Bohr begriff sofort, worauf Heisenberg hinaus wollte und war darüber derart verwirrt, dass er ihm eine Antwort schuldig blieb. War Heisenberg ein Agent, der ihn provozieren wollte? Versuchte er im Auftrag der Nazis herauszufinden, ob Bohr weiterhin mit seinen ehemaligen, in die USA ausgewanderten Schülern in Verbindung stand und ob diese an einer Atombombe arbeiteten? Dies war nun Heisenbergs Absicht nicht. Ganz im Gegenteil versuchte Heisenberg, seinen amerikanischen Freunden über Bohr eine Botschaft zukommen zu lassen: Die deutschen Physiker hatten beschlossen, die Forschung an der Atombombe zu bremsen, da sie nicht die Absicht hatten, sie Hitlers Händen zu überlassen. Diese Botschaft wurde indessen von Niels Bohr nicht verstanden. Heisenberg zögerte zweifellos aus persönlichen Sicherheitsgründen, sich zu enthüllen; vielleicht spiegelte das Misstrauen zwischen Lehrer und Schüler ein universelles Misstrauen wider, in einer Welt, die auf der Lüge aufgebaut ist. Bohr irrte sich so gründlich in Heisenbergs Absichten, dass er beschloss, Dänemark zu verlassen und sich den Kriegsanstrengungen der Alliierten anzuschließen.

Heisenbergs Bemühungen wurden also durch seinen mangelnden Mut zunichte gemacht. Sie trugen nicht dazu bei, die amerikanische Atombombe zu verhindern; im Gegenteil, sie beschleunigten vielmehr deren Herstellung. Aus Mangel an Deutlichkeit und Klarheit seiner Aussagen hat Heisenberg sich das Unheil zuschulden kommen lassen, das er um jeden Preis hatte verhindern wollen.

„Hätte ich Kenntnis von etwas, das meiner Nation Nutzen bringt, einer anderen jedoch Schaden zufügt, so würde ich dasselbe meinem Fürsten nicht vorschlagen, denn ich bin an erster Stelle Mensch, dann erst Franzose“. Diese Maxime von Charles-Louis Montesquieu, die den aufgeklärten Humanismus des 18. Jahrhunderts so gut nachempfinden lässt, wurde von den deutschen Physikern bis zum Heldentum hochgehalten: Sie verrieten ihr Volk, um der Menschheit treu zu bleiben. Diese klare und mutige Entscheidung hatte jedoch nur eine begrenzte Wirkung auf die späteren Ereignisse, da die amerikanischen und englischen Physiker nicht die gleichen Bedenken hatten. Ein deutscher Physiker besaß damals gute Gründe, der Nazi-Herrschaft zu misstrauen und ihr die absolute Waffe zu verweigern; ein amerikanischer Physiker dagegen hatte nicht den geringsten Grund, Franklin Roosevelt oder seinen Nachfolgern zu misstrauen. Dieser Mangel an Misstrauen der Macht gegenüber, jeglicher Macht, ist für die Explosion der Atombombe von Hiroshima am 6. August 1945 direkt mitverantwortlich, die auf einen Schlag 66.000 japanische Zivilisten getötet hat, mit dem einzigen Ziel, die Sowjetunion zu beeindrucken und die amerikanische Vorherrschaft auf dem gesamten Planeten zu festigen. Nach heutiger Auffassung handelt es sich dabei ganz einfach um ein Kriegsverbrechen, vergleichbar einem Völkermord.

Die Entdeckung des Guten und des Bösen

In Hiroshima haben alle Physiker ihre Unschuld verloren, genau so wie Adam, als er vom Apfel aß. Sie entdeckten, dass sie unbekleidet waren, dass sie nicht schuldlos dastanden; es wurde ihnen klar, dass sogar die allerreinste Forschung durch das absolut Böse beschmutzt werden kann, ohne Wissen, ohne Wollen und ohne eine Möglichkeit, dagegen anzugehen. Im Jahre 1939, am Vorabend des Konfliktes, gab es sicher höchstens ein Dutzend Wissenschaftler, die die Fähigkeit besaßen, die Atombombe zu ersinnen. Es ist verführerisch, sich eine zugleich wissenschaftliche wie politische Fiktion zu erträumen, in der jene zwölf Männer ihr furchtbares Geheimnis nicht preisgegeben hätten. Aber das ist reine

Utopie: Nach ihnen wären hunderte junger Physiker durch harte Arbeit zu dem gleichen Wissen gelangt und wären den gleichen Versuchungen erlegen. Die Atombombe ist das unabwendbare Ergebnis der Arbeit der intelligentesten, selbstlosesten und friedfertigsten aller Menschen.

Im Jahre 1896 entdeckte Becquerel durch Zufall, dass fotografische Platten, die zusammen mit Uransalzen in einer Schublade lagerten, belichtet waren. Damit offenbarte sich zum ersten Mal für die Menschen die Existenz von Radioaktivität. Diese liebenswerte Kuriosität war der erste Schritt, den man hätte vermeiden müssen, um zu verhindern, dass unabwendbar fünfzig Jahre später 66.000 Unschuldige vernichtet wurden. Als Marie Curie 1898 in einer verlassenen Scheune sich mit eigenen Händen darum bemühte, die ersten Spuren von Radium zu isolieren, bereitete dieses Abbild von wissenschaftlicher, weltlicher und weiblicher Heiligkeit den Bau des riesenhaften Atomarsenals vor, das immer noch das Überleben der Menschheit bedroht.

Niels Bohr zwischen zwei Welten

Auf seinem heiklen Sitz einer britischen Moskito flog Niels Bohr in der Tat zwischen zwei Welten. Er verließ die alte Welt, die schutzlos einem inneren Krieg ausgesetzt war, und wandte sich der Neuen Welt zu, die Europa ihren Frieden und ihre Ordnung auferlegen würde. Er verließ die bequeme Sicherheit der reinen Wissenschaft, um die perverse Welt der fortgeschrittenen Technik zu betreten. Er streifte die Unschuld des irdischen Paradieses ab, um die Verantwortung über Gut und Böse zu übernehmen. Er beschritt den Weg, der von der Wissenschaft für den Menschen zur Wissenschaft gegen den Menschen führt.

Dabei wäre er beinahe aus der Welt der Lebenden in die Welt der Toten getreten: Er hatte nämlich vergessen, die Sauerstoffmaske anzulegen, wie es bei Flügen in großer Höhe, in einer Kabine ohne Luftdruckregulierung erforderlich ist. So fiel er in Ohnmacht und wäre ums Haar vor der Landung in England, dem ersten Schritt seiner Reise, durch Ersticken ums Leben gekommen.

Sein alter Freund Albert Einstein war schon in den USA in Sicherheit, am Institute for Advanced Studies in Princeton. Er hatte bereits 1932, vor Hitlers Machtergreifung Deutschland verlassen. Übrigens sollten die Nazigesetze Juden untersagen, weiterhin an Universitäten zu lehren. Im Jahre 1939 schickte Albert Einstein einen berühmten Brief an Franklin Roosevelt, um ihn auf die Möglichkeit aufmerksam zu machen, eine Atombombe zu bauen. Diese Botschaft gab den

Anstoß zum Manhattanprojekt, das das Blutbad unter japanischen Zivilpersonen in Hiroshima und Nagasaki zur Folge hatte und den zweiten Weltkrieg beendete.

So verlor Hitler – wegen seines irrationalen Eigensinns, die Juden zu verfolgen – den Krieg, bevor er ihn auch nur begonnen hatte. Der Aufstieg Amerikas begann aus dem einzigen Grund, dass es bereit war, die Eliten aufzunehmen, die Europa verstossen hatte. Ein Büronachbar von Einstein in Princeton war John von Neumann, ein ungarischer Jude, der seiner Wahlheimat die Informatik brachte. Wenig später wechselte Wernher von Braun, der visionäre Erfinder Raumfahrt, ohne Gewissensbisse aus den Diensten Hitlers in die Trumans, nachdem das Wissen emigrierter Juden den Amerikanern den Sieg über die antisemitischen Nazis verschafft hatte, denen von Braun in purer Gleichgültigkeit gegenüber politischer Macht gedient hatte. Die Nuklearwaffe, getragen von Interkontinentalraketen und gesteuert mit Methoden der Informationsverarbeitung, verschaffte den USA die Weltherrschaft, dank der unbeabsichtigten Zusammenarbeit zweier verbannter Juden und eines Überläufers der Nazis.

Die Atombombe heute

Vierzig Jahre nach der historischen Reise Niels Bohrs hatte sich unser Planet in ein Waffenlager verwandelt. Die Vernichtungskraft der gesamten Atomsprengkörper, mit denen das Wissen der Physiker und die Geschicklichkeit der Ingenieure die Streitkräfte heute ausgestattet haben, dürfte etwa 16.000 Megatonnen betragen. Angenommen, eine Bombe von einer Megatonne explodierte in angemessener Höhe senkrecht über Notre-Dame von Paris, so würde ihre Explosion augenblicklich durch den erzeugten Luftdruck und die Hitze fast alle Lebewesen im Inneren des Ringboulevards töten; kurz- oder langfristig würde die Bevölkerung der Ile de France insgesamt durch Strahlung, radioaktiven Niederschlag, Hungersnot, mangelnde Pflege und durch allgemeine Anarchie zugrunde gehen.

Man kann dieses räumlich begrenzte Ergebnis nicht auf die ganze Erde hochrechnen: Wenn eine Bombe von einer Megatonne über einer Großstadt explodiert und zehn Millionen Einwohner tötet, dann bedeutet das nicht, dass 16.000 Megatonnen 160 Milliarden Menschen vernichten würden, also weit mehr als die ca. 6 Milliarden Bewohner unseres Planeten. Einige Bomben würden über weniger dicht besiedelten Gebieten explodieren andere würden möglicherweise abgefangen. Auf Einzelheiten kommt es nicht an: Tatsache ist aber, dass die 1985 bestehende nukleare Rüstung ausreichend war, um die gesamte Menschheit auf der Erde auszurotten. Ihr Einsatz hing von einem Einschätzungsfehler oder einer Stimmungsschwankung eines einzigen Menschen ab. Während zweier oder dreier Jahrzehnte hatte sich die Menschheit die Mittel zu einem kollektiven Selbstmord verschafft. Man kann sich keinen Einsatz der Wissenschaft vorstellen, der abwegiger wäre, kein besseres Mittel sie in Misskredit zu bringen.

Seither hat die Ost-West Entspannung dieses Waffenlager vermindert, ohne es jedoch zu beseitigen. Die Bedrohung dauert an und wird so lange fortbestehen, bis der letzte Atomsprengkopf entschärft worden ist. Diese Bedrohung ist heute weniger die eines offenen Konfliktes zwischen zwei Staaten als eine durch Terrorakte. Es lohnt also, über die Sackgasse nachdenken, in die die Menschheit geraten ist und aus der sie sich nur mühsam befreit; nichts sagt uns, dass sie sich eines Tages nicht von neuem darin festfahren wird.

Betrachtet man die seinerzeitige Ausrüstung einer der beiden Großmächte, dann tritt das Missverhältnis zwischen dem angeblichen Ziel – der Abschreckung – und den verwendeten Mitteln klar zu Tage. Die Sowjetunion besaß 1981 insgesamt 6302 strategische, von Interkontinentalraketen getragene Atomsprengköpfe, die taktischen, für die Schlacht zwischen den feindlichen Streitkräften bestimmten Projektile nicht inbegriffen. Diese 6302 Atomsprengköpfe waren hauptsächlich auf die Großstädte der Vereinigten Staaten gerichtet. Nun gibt es in den USA nur 2.000 Siedlungen, die mehr als 10.000 Einwohner zählen. Die Sowjets hätten also systematisch alles, was einer Stadt ähnelt, dem Erdboden gleichmachen können.

Der Sicherheitsfaktor

Um dieses Ziel zu erreichen, hatte sich die Sowjetunion tatsächlich dreimal mehr Bomben als nötig verschafft. Ihre Herstellung hatte größte Anstrengungen gekostet und die Kaufkraft einer am Rande der Armut lebenden Bevölkerung stark beschnitten. Die Sowjets hatten sich einen „Sicherheitsfaktor“, wie es in der Sprache der Ingenieure heißt, vorbehalten. Gleichgültig, ob es sich um den Bau oder um die Zerstörung einer Brücke handelt, ein Ingenieur wird stets – je nach Sachlage – eine größere Menge an Beton bzw. Dynamit als unbedingt nötig vorsehen, um seine Erfolgsaussichten zu erhöhen.

Das Ziel der sowjetischen Atomrüstung schien folglich nicht allein die Abschreckung der Vereinigten Staaten zu sein, sondern ihre eventuelle Vernichtung: Man stimmt Ausgaben, die das Notwendige um ein Dreifaches übertreffen, nicht zu, wenn man lediglich beabsichtigt, seinen Gegner ein wenig stärker abzuschrecken. Im Jahre 1945 genügten zwei Atombomben und die Zerstörung zweier Städte, um den Widerstand Japans zu brechen. Die Sowjetführer dürften die

Vereinigten Staaten gut genug gekannt haben, um sich auszumalen, dass die drohende Vernichtung von New York als Abschreckung ausgereicht hätte.

Eine illusorische Abschreckung

Betrachtet man eine Macht mittlerer Größe wie Frankreich, deren Atombewaffnung keinesfalls mehr als eine abschreckende Wirkung ausüben könnte, so erscheint diese ebenso verlässlich, wie es seinerzeit die Maginot-Linie war. Wäre Frankreichs Territorium von einigen Zehntausenden russischer Panzer überrannt worden, was hätte es dann noch genützt, Moskau, Kiew oder Leningrad zu zerstören oder mit Vernichtung zu bedrohen, da die Antwort darauf die sofortige Zerstörung von ganz Frankreich gewesen wäre? Es erscheint ganz offensichtlich, dass die bloße Abschreckung angesichts der tatsächlichen Vernichtungskapazität nicht glaubhaft ist.

Infolgedessen dient die angebliche Abschreckung als Alibi für die Überbewaffnung und spielt sich tatsächlich auf imaginärer Ebene ab: Die Großmächte täuschen vor, die Anhäufung eines Überflusses an Waffen diene ausschließlich dem Ziel, die anderen abzuschrecken; die mittleren Mächte geben vor, die Großmächte abzuschrecken, ohne jedoch wirklich in der Lage zu sein, sie zu vernichten. Zumindest eine dieser beiden Behauptungen muss falsch sein. Zweifellos sind sie es beide.

Die Abschreckungstheorie

Es lohnt sich also, diese Illusion der Abschreckung, die angeblich den Frieden durch Überbewaffnung garantierte, näher zu untersuchen. Dabei entdeckt man nach und nach, dass es sich hier um eine wahrhaft pathologische Form von Kommunikation handelt, um eine Pathologie, die nicht mehr nur Einzelpersonen, Paare oder Familien, sondern die gesamte Menschheit betrifft. Es handelt sich nicht um ein Missverständnis, das durch Nachlässigkeit oder die Unfähigkeit sich auszudrücken hervorgerufen wird. Es geht hier vielmehr um eine krankhafte Art der Kommunikation, um ein kollektives Psychodrama auf globaler Ebene. Dieses Beispiel erlaubt uns, den ganzen Umfang der technischen Illusion zu ermessen.

Ehe wir mit der Analyse dieser Illusion beginnen, lohnt es sich, an das berühmte „rote Telefon" zu erinnern, bei dem es sich in Wirklichkeit um einen Fernschreiber handelt. Von dieser technischen Spielerei wurde erwartet, dass sie einen Ersatz für die schlechte Beziehung zwischen den Staatsoberhäuptern bot. Obwohl diese die Möglichkeit gehabt hätten, sich unter vier Augen zu sprechen, stützten sie sich auf dieses technische Werkzeug der letzten Rettung, um das übliche Stillschweigen oder den gewohnten schlechten Willen zu beschönigen. Das „rote Telefon" war also das eigentliche Symbol dessen, was wir zu untersuchen wünschen: Die irrige Überzeugung, wonach die Technik einfach ein Ersatz für die Politik zu sein hat.

Nach der Abschreckungstheorie lässt sich die Atomapokalypse sicher dann verhüten, wenn wenigstens die beiden wichtigsten Atommächte über eine Schlagkraft verfügen, die groß genug ist, einen möglichen Angreifer zu vernichten, selbst wenn dieser einen Überraschungsangriff durchgeführt hat, der das Atompotential des Angegriffenen teilweise zerstört hat. Außerdem muss der Angreifer von der Entschlossenheit des Angegriffenen, sein Atompotential zu benutzen, überzeugt sein. Diese Doktrin wurde von Robert McNamara für die Präsidenten Kennedy und Johnson aufgestellt, und zwar nach folgender Regel: Die Abschreckung bedeutet für den Angreifer mit Sicherheit Selbstvernichtung, nicht allein für sein Heer, sondern ebenso für sein gesamtes Volk. Nach Henry Kissinger, der damals mit der Umsetzung dieser Theorie beauftragt war, ist sie – im Rahmen eines Universitätskurses vorgetragen – vollkommen überzeugend, in Wirklichkeit für einen Politiker in einer konkreten Situation jedoch unbrauchbar. Diese Lehre ist imaginär und abstrakt. Hätte die Strategie von McNamara Erfolg, dann erlangten beide Gegner, wenn auch nicht den Frieden, so doch wenigstens jene bewaffnete Nichteinmischung, die „kalter Krieg" genannt wird. Die Apokalypse wird so lange verhindert, wie jeder Gegner die Einhaltung einer strengen politischen Passivität beachtet; in der Tat zieht jede Initiative, die eigene politische Einflusssphäre auszudehnen oder zu erhalten, das Risiko nach sich, dass ein örtlich begrenzter Konflikt in eine globale Konfrontation ausufert, ein konventioneller Krieg in eine atomare Apokalypse. In diesem Sinne dient die Atomrüstung keineswegs den politischen Zielen eines Landes, sie schadet ihnen vielmehr. Ihre Übermacht hat den Vereinigten Staaten im Vietnamkrieg überhaupt nichts genützt; ebensowenig hat die Übermacht der Sowjetunion dieser in ihrem afghanischen Abenteuer geholfen. Die USA haben sich in Afghanistan und im Irak eingelassen. In der Tat werden sie nun von der Nuklearwaffe in Form einer rudimentären Bombe bedroht, die Terroristen in New York oder Washington zur Explosion bringen könnten, ohne dass die amerikanische Supermacht einen Vergeltungsschlag ausführen könnte.

Misslingt die Strategie von McNamara, dann überfällt ein Gegner überraschend den anderen, dieser antwortet mit einem Gegenschlag, es folgen Erwiderungen und Angriffe aufeinander, bis sich die Gegner gegenseitig vollständig vernichtet haben, was den politischen Zielen der beiden Nationen wohl kaum dient. Die beiden Gegner haben, um ihre persönlichen Streitigkeiten auszutragen, beiläufig die gesamte Menschheit ausgerottet, was niemandes politisches Ziel darstellen kann.

Sicherheit durch Überbewaffnung

Im Hinblick auf die nicht wieder gutzumachenden Folgen im Falle eines Scheiterns der Abschreckungstheorie muss alles daran gesetzt werden, damit sie gelingt. Die Logik der Abschreckung ist: Je mehr Bomben es gibt, um so geringer ist die Wahrscheinlichkeit, dass sie explodieren. Diese Behauptung birgt jedoch einen inneren Riss in sich, der bis in die eigentlichen Grundmauern unserer Gesellschaft hineinreicht, an der prekären und sich bewegenden Schnittstelle zweier inkohärenter Absichten, einer politischen und einer technischen.

Der Riss ist leicht zu entdecken, wenn man die Formulierung eines der ersten Theoretikers der Abschreckung, Bernard Brodie, genauer untersucht. Im Jahre 1946 schrieb er: „Bisher war es das Ziel der militärischen Institution, Kriege zu gewinnen. Von jetzt ab wird es ihr einziges Ziel sein, sie zu verhindern.“ Dieses Argument wurde von Jonathan Schell meisterhaft entkräftet.

Der Riss

Diese Formel ist deswegen verführerisch, weil sie die technische Rolle der atomaren Waffe in die im höchsten Grade politische Absicht der Friedenserhaltung integriert. Idealismus und Realismus werden wie durch eine Zauberformel miteinander in Einklang gebracht. Der Frieden ist nicht mehr ausschließlich Sache der Diplomaten; er gehört nun auch zum Alltag des Generalstabes. *Es gibt kein ethisches Problem mehr; es bleibt nur noch das technische Problem, einen ausreichenden Vorrat an Bomben herzustellen, damit letztere nie angewandt werden müssen.*

Tatsächlich betrügt man sich selbst und die anderen, wenn man behauptet, zwei sich widersprechende Ziele zu erreichen: Das erste Ziel, das Überleben der Menschheit, glaubt man durch die Schaffung eines gegenseitigen Terrors, der mit Sicherheit den Gebrauch der Atombombe verhindern soll, bewahren zu können. Das zweite Ziel, die Wahrung der nationalen Interessen, glaubt man durch Drohen mit der Anwendung der Bombe garantieren zu können. Dabei handelt es sich nicht um ein subtiles Paradoxon, wie es von einigen Theoretikern der Abschreckung behauptet wird, sondern ganz einfach um einen reinen Widerspruch. Man kann nicht gleichzeitig einerseits mit der Apokalypse drohen und andererseits durch eben diese Drohung die Apokalypse vermeiden. Man kann nicht zugleich die Menschheit um jeden Preis retten wollen und dieses Heil dadurch garantieren, dass man fest dazu entschlossen ist, sie gegebenenfalls auszurotten.

Die beiden Postulate

Hätte die Strategie von McNamara tatsächlich die mathematische Genauigkeit, die sie zu besitzen vorgibt, dann würde sie innerhalb der Abschreckungstheorie das Nebeneinanderbestehen von zwei grundsätzlich zusammenhanglosen Postulaten anerkennen, das Postulat des konventionellen Krieges und das des Atomkrieges: das Postulat des konventionellen Krieges, demzufolge die Kräfte der Kriegführenden *schwach genug* sind, damit einer der Gegner erschöpft und der Krieg damit beendet ist, bevor beide Länder vernichtet sind und das Postulat des Atomkrieges, nach dem die Kräfte der Kriegführenden *stark genug* sind, damit beide Länder vernichtet werden, noch ehe einer der beiden Gegner erschöpft ist. Da jedes dieser Postulate die Verneinung des anderen bedeutet, können sie beide zusammengenommen keine kohärente Politik begründen – ebenso wie es unmöglich ist, eine Geometrie auf der gleichzeitigen Behauptung aufzubauen, durch einen Punkt laufe eine einzige Parallele zu einer Geraden, und durch diesen gleichen Punkt laufe eine unendliche Zahl solcher Parallelen. Werden diese beiden Postulate gleichzeitig benutzt, dann tritt man in den Teufelskreis der Abschreckung ein. Geben wir vor, uns vor der Apokalypse zu bewahren, indem wir den Gegner damit bedrohen, dann müssen wir die Atombombe herstellen, und zwar mit dem festen Entschluss, sie auch anzuwenden: Das bedeutet, dass wir die Apokalypse, vor der wir uns bewahren möchten, gegebenenfalls selbst auslösen müssen.

Der Riss, dessen ganzes Ausmaß einem nun klar wird, liegt im Zentrum des Abschreckungsarguments selbst, nach dem der Angreifer automatisch den Gegenschlag, d.h. die Erwiderung des Angegriffenen erfährt. Dabei ist es sehr bedeutsam, dass diese Theorie einzig und allein die technische Fähigkeit zu erwidern und den festen Willen, dies auch wirklich zu tun, in Betracht zieht: Sie erklärt nicht, aus welchen Gründen der Angegriffene erwidern würde. Die Abschrekkungstheorie ignoriert den menschlichen Faktor, dessen Rolle jedoch entscheidend wäre, *da nicht eine Maschine, sondern ein Mensch* die Erwiderung auslösen muss.

Der Gegenschlag ist sinnlos

Angenommen, das überfallene Land ist in Asche verwandelt worden, das Volk ausgerottet, der fiktive Präsident der Nation sitzt allein überlebend in einem unterirdischen Luftschutzkeller: Zu welchem Zweck sollte er eine Erwiderung in die Wege leiten? Aus politischen Motiven sicher nicht, etwa um die Interessen einer untergegangenen, substanzlosen Nation zu verteidigen. Er mag den Wunsch hegen, das Volk zu rächen, weiß aber ebenso sicher, dass ein Gegenschlag das Risiko der Auslöschung der gesamten Menschheit weiter erhöht. Der Präsident wird versucht sein, ein nutzloses Massaker abzubrechen und sich zu ergeben, um sein eigenes Leben und das zahlreicher anderer zu schonen. Im Grunde genommen ist die Erwiderung auf einen Erstschlag vollständig sinnlos. Man kann sich vor der ersten Aggression nicht dadurch vernünftig schützen, dass man ihr logischerweise eine vernunftwidrige Antwort folgen lässt.

Die Ausschaltung ethischer Bedenken

Dieser Riss ist den Abschreckungstheoretikern sehr bald bewusst geworden. Die Hellsichtigsten oder Zynischsten unter ihnen haben geglaubt, sich aus der Affäre ziehen zu können, indem sie sich absichtlich immer tiefer in die Vernunftwidrigkeit hineinstürzten. So behauptete Herman Kahn, der optimistische Zukunftswissenschaftler des Hudson-Instituts, die Abschreckung sei nur glaubwürdig, wenn der Präsident der Vereinigten Staaten sich entschlossen zeigt, auf alle Fälle zurückzuschlagen, selbst wenn er seine Nation, d.h. den eigentlichen Erwiderungsgrund, verloren hat. Die Politik der „Vernunft der Unvernunft", die Kahn vertritt, besteht darin, dass man kaltblütig die Entscheidung trifft, sich wie ein Irrer zu verhalten, und den Gegner davon überzeugt. Nach den Memoiren von H. Haldemann war Richard Nixon der festen Überzeugung, dass die Sicherheit der gesamten Welt von der Furcht Leonid Breschnews vor einer Wahnsinnstat von Seiten des Präsidenten der USA abhänge. In Anbetracht der Enthüllungen in der Watergate Affäre bezüglich Richard Nixons Unterscheidungsvermögen und Ausgeglichenheit ist man sich nicht mehr so ganz im klaren, ob man vollends beruhigt sein durfte oder äußerst besorgt sein musste.

Der Nachtrag im Testament des geplanten Wahnsinns, durch den behauptet wird, man könne den Zusammenhang einer Theorie ohne Zusammenhang wiederherstellen, zerstört übrigens vollends die Abschreckungstheorie, wonach beide Gegner bei klarem Verstand und Herr ihrer selbst zu sein haben. Kurz, jeder Gegner müsste also vernünftig genug sein, den anderen nicht zu überfallen, von dem er annimmt, er sei wahnsinnig genug, todsicher einen Angriff zu erwidern, und gleichzeitig doch vernünftig genug, nicht als erster anzugreifen, aus Angst, die Wahnsinnsantwort herauszufordern, die darauf folgen würde. Jeder muss also davon überzeugt sein, zugleich wahnsinnig und vernünftig zu sein, und dass das gleiche auch für seinen Gegner gilt.

Kahns Maschine

Die Verzerrung der politischen Analyse ist hier dermaßen auf die Spitze getrieben, dass man annehmen könnte, die Urheber dieser Theorie würden eines Tages von sich aus deren Unhaltbarkeit einsehen. Vergebliche Hoffnung. Hermann Kahns Vorschlag, eine Höllenmaschine im buchstäblichen Sinn des Wortes herzustellen, stammt aus den sechziger Jahren. Die besagte Maschine besteht aus einer Kette von Bomben, die durch einen eventuellen sowjetischen Überfall automatisch ausgelöst würden: Der Präsident der USA wäre somit der Bedenken enthoben, die Bomben abzuwerfen, und der Möglichkeit beraubt, ihre Auslösung zu verhindern. Auf diese Weise steht die Erwiderung außer Zweifel, und der menschliche Faktor – in Wirklichkeit die ethischen Bedenken – ist gänzlich ausgeschaltet. Dieser ungeheuerliche Plan, mit kalter Berechnung realiter vorgeschlagen, ist von Stanley Kubrik in dem Film „Dr. Seltsam, oder wie ich lernte, die Bombe zu lieben“ behandelt worden.

Im Glauben, ein politisches Dilemma mit Hilfe eines technischen Feuerwerks zu lösen, enthüllte Kahn auf exemplarische Weise ein verstecktes Postulat unserer gegenwärtigen Gesellschaft: Es ist besser, einer Maschine zu vertrauen, die dem Menschen dadurch überlegen ist, dass sie keine moralischen Bedenken hat. Damit gelangt Kahn folgerichtig zu seinem Vorschlag, der den Höhepunkt der technischen Illusion darstellt: Das Überleben der Menschheit durch eine Maschine zu sichern, die die Fähigkeit besitzt, die gesamte Spezies auszurotten, auf den freien Willen des Menschen zu verzichten und ihn auf eine Maschine zu übertragen.

Der Wahnsinn der Dinge

Kommen wir nochmals auf den ganz realen Fall einer nuklearen Abschreckung zurück, deren Auslösung einer menschlichen Entscheidung bedarf. Die Hauptverantwortlichen, von deren Entschluss unser Schicksal abhängt, sind nicht speziell ihrer Intelligenz, ihrer Ausgeglichenheit oder ihrer Tugend wegen auf ihre Posten gewählt worden. Betrachten wir nur die demokratische Regierungsform, das „kleinste Übel“, so kommt man nicht umhin, von der merkwürdigen wechselnden Folge von Unerfahrenen und Betrügern im Weißen Haus beeindruckt zu sein. Die Unfähigkeit des amerikanischen Volkes, seinen oberflächlichen Idealismus mit seinem grundsätzlichen Realismus in Einklang zu bringen, lässt den Wähler zwischen Männern von geistiger Mittelmäßigkeit und angeborener Ungeschicklichkeit wie Gerald Ford, Jimmy Carter oder George Bush einerseits und skrupellosen Politikern wie Richard Nixon, Lyndon B. Johnson oder Bill Clinton andererseits schwanken. Die letzteren mögen es riskieren, gegebenenfalls aus freiem Willen auf den Auslöseknopf zu drücken, die ersteren ebenso leicht aus Versehen.

Außerhalb der demokratischen Staatsformen, die eine Ausnahme darstellen, werden die Machthaber durch irrationale, barbarische und blinde Mechanismen eingesetzt. Von Machtdurst beseelt, von ihren Ideologien besessen und ohne jegliche wissenschaftliche Bildung stellen diese Männer auf jeden Fall eine öffentliche Gefahr dar, die sich – dank des Übereifers der Wissenschaftler und Ingenieure – in eine weltweite Bedrohung verwandelt hat. Man denke nur an Namen wie Stalin, Hitler, Khomeini, Pol Pot, oder Sadam Hussein, um an die Möglichkeit erinnert zu werden, dass ein Machthaber wünschen kann, sein Volk und die ganze Menschheit in einen Holocaust zu stürzen.

Es gibt übrigens Schlimmeres als den Wahnsinn des Menschen; es gibt den Wahnsinn der Dinge. Die Menschheit kann untergehen, ohne dass dies irgend jemand entscheidet. Kann man schon den Wahnsinn eines Machthabers nicht ausschließen, so noch viel weniger einen Irrtum, eine Geistesabwesenheit, ein Missverständnis, ein Versehen oder ganz einfach eine Panne. Kein Ingenieur kann das sichere Funktionieren seiner Maschine oder deren fachgerechte Bedienung seitens des Ausführenden garantieren. Es gelingt ihm, das Risiko einer Fehlfunktion zu verringern, es sehr klein zu machen, d.h. es unter eine geforderte Schwelle hinabzudrücken, aber er kann es nicht zu Null machen. Die Atombombe ist selbstverständlich ein ganz klein wenig zuverlässiger als ein Rasenmäher, da die Ingenieure sich in ihrem Falle besonders große Mühe gegeben haben.

Ihre Anstrengungen mögen jedoch noch so groß sein, es besteht trotzdem kein Zweifel daran, dass die Trennungslinie zwischen unserer Generation und der Apokalypse einzig und allein aus ein paar Kurzschlüssen oder einem Fehler in der Software eines Computers besteht. Programmierfehler, die den Fehlalarm zu einem nuklearen Angriff ausgelöst hätten, sind schon vorgekommen; kein Informatiker kann sicherstellen, dass die Programme, deren heutige Aufgabe darin besteht, uns zu schützen, nicht weitere Fehler enthalten.

Die Atombombe ist ein autonomer Mechanismus

Diese Hypothese ist die unhaltbarste von allen, weil sie dem Mythos, auf den sich die Atombombe stützt, widerspricht: Je fester man an die Behauptung glaubt, der Fortschritt der Technik bedeute den Fortschritt der Menschheit im allgemeinen, um so weniger dürfte er das Überleben der Menschheit in Gefahr bringen. Mag es noch durchgehen, dass ein grausamer und beschränkter Diktator eine schlechte Entscheidung trifft; es ist jedoch widersinnig, d.h. widerspricht der Ideologie des technischen Fortschritts, wenn wir zugrunde gehen, nur weil sich eine Schraube gelockert hat. Es mag den Anschein haben, als hätte die Maschine an unserer Stelle entschieden; in Wirklichkeit haben wir ihr die riskante Macht übertragen, uns im Falle einer Panne zu töten. Wir waren ganz einfach nicht bereit, uns mit dem Problem des Friedens auseinanderzusetzen. Die atomare Abschreckung hat keineswegs eine *automatische* Lösung dieses Problems herbeigeführt. Der Unterschied zwischen der von Kahn erdachten Höllenmaschine und der von uns tatsächlich hergestellten ist demnach gar nicht so groß; beide besitzen die gleiche *selbständige* Macht, der Geschichte der Menschheit ein Ende zu setzen.

Nun muss aber darauf hingewiesen werden, dass der Aufbau der Abschreckungsmacht keine Kleinigkeit gewesen ist. Es handelt sich hier keineswegs um das Werk von ein paar bösartigen Bastlern, missratenen Terroristen oder verrückten Wissenschaftlern. Es hat dazu des Genius, des Fleißes und der intellektuellen Aufrichtigkeit der gesamten Welt bedurft.

Wie ist es möglich, dass all dies in den ungeheuerlichen Entwurf der Atombombe münden konnte? Allein schon die niederschmetternde, überhaupt nicht zu leugnende, allgegenwärtige Tatsache, dass die Höllenmaschine existieren könnte, stellt einen wissenschaftlichen, technischen und politischen Skandal dar.

Das Scheitern ist der Lohn der Illusion

Es handelt sich um einen wissenschaftlichen Skandal, weil die Beobachtungsgabe Becquerels, die Aufopferung Marie Curies, der Genius Einsteins, der Mut Niels Bohrs, die ethischen Überlegungen Heisenbergs einer teuflischen Absicht gedient haben, einem Plan, den sie selbst weder aufgestellt noch gewünscht haben und der den Absichten der Wissenschaft widerspricht.

Es handelt sich um einen technischen Skandal, weil auch die Ingenieure nichts dergleichen beabsichtigt hatten: Bis 1939 betrachteten die Bergleute von Katanga das Uran als ein unbrauchbares Nebenprodukt; Marconi erfand das Radar, damit den Schiffen in Seenot geholfen werden konnte und keineswegs, um eine bewaffnete Rakete auf unschuldige Zivilisten zu lenken.

Es handelt sich schließlich um einen politischen Skandal, weil die Atombombe sich aus der menschlichen Unfähigkeit ergeben hat, die notwendigen Bedingungen für einen echten Frieden zu schaffen, weil sie die notwendigen Ressourcen von Milliarden von Hilfsbedürftigen verschlungen hat, weil sie weiterhin das Überleben der Menschheit in Gefahr bringt, weil die Menschen sich schließlich doch mit ihrer Existenz abgefunden haben, weil sie eine andauernde Bedrohung bis zum Ende der Menschheit bleiben wird. Wir haben das Rezept eines kollektiven Selbstmords gelernt und werden es nie mehr vergessen können. Wir haben einen wesentlichen historischen Irrtum begangen, der definitiv auf der Zukunft der Menschheit lasten wird.

Das Scheitern der Wissenschaftler, das Scheitern der Ingenieure, das Scheitern der Politiker, dies ist der Preis der technischen Illusion. War dieses Scheitern unvermeidlich, und ist es endgültig? Von einem bestimmten wissenschaftlichen Entwicklungsstand an und im politischen Kontext der Nationalstaaten hat die Atombombe zwangsläufig einen Platz eingenommen, da kein führender Politiker ihre Herstellung verweigern kann, ohne sein eigenes Land dadurch in Gefahr zu bringen und ohne seine eigene Macht dadurch zu verlieren. An diesem Beispiel entdecken wir so zum ersten Mal den erstaunlichsten Charakterzug des technischen Fortschritts, *seinen autonomen Charakter* in bezug auf die Entscheidungsgewalt, die die Menschen zu besitzen glauben. Diese Autonomie stellt ganz einfach das Maß der menschlichen Verblendung dar.

Die paradoxe Pädagogik der Krisen

Wie könnte man diesen Fortschritt der Technik unter Kontrolle halten? Die Ereignisse der letzten 20 Jahre deuten die einzuschlagende Richtung an: Als die Machthaber in Ost und West auf eine aggressive Politik verzichteten, als sie es aufgaben, sich von der Macht der Nationalstaaten blenden zu lassen, fanden sie schnell eine Verständigungsgrundlage. Die Autonomie der Atombombe und des technischen Fortschritts ist nicht schicksalhaft. In gewisser Weise hat das Grauenhafte der Situation, in die uns die nukleare Rüstung getrieben hatte, wenn auch verspätet, eine plötzliche Einsicht gebracht. Sollten diese Ereignisse sich in Zukunft in gleicher Richtung weiterentwickeln, dann wird die Menschheit durch die Erkenntnis der Nichtigkeit jeder Eroberungspolitik einen entscheidenden Schritt vorwärts tun. Bleibt allerdings zu erwähnen, dass neue Gefahren aufgetaucht sind: ein versteckter Konflikt um die Ressource Erdöl, das uns ausgehen wird, gekoppelt mit ernsthaften Umweltschäden, wie sie sich z.B. im Treibhauseffekt zeigen. Dies sind die Herausforderungen von morgen.

Durch dieses ganze Buch hindurch offenbart sich uns immer wieder diese harte Lektion der technischen Evolution, die uns unaufhörlich an den Rand des Abgrunds treibt, um uns dadurch umso klarer erkennen zu lassen, welche Richtung einzuschlagen ist.

Auf diese Weise haben Becquerel und Marie Curie, Einstein und Bohr vielleicht – durch ihr Erforschen der innersten Struktur der Materie – im Sinne einer Förderung der geistigen Werte gearbeitet. Die Mutation der Menschheit hat sich jedoch nicht geheimnisvoll allein durch die Erkenntnis vollzogen: Die Erkenntnis hat eine ethische Krise hervorgerufen, die der Mensch jetzt überwinden muss, indem er sich aus freien Stücken für einen andauernden Frieden engagiert. Die technische Evolution ist die Wirkung eines geistigen Fortschritts gewesen und könnte nun zu seiner Ursache werden – total paradox.

Kapitel 2

Die technische Illusion

Die Atombombe ist sicher das beste Beispiel, das man für eine technische Illusion auswählen kann, für diese Schwäche, die unserer Epoche eigen ist, die von der Technik Dinge erwartet, die sie nicht leisten kann. Die darin besteht, sie wie eine allmächtige Zauberei anzuwenden und sich in aller Seelenruhe unvorstellbare Katastrophen zu bereiten. Aus diesem Beispiel geht sehr klar hervor, dass es gefährlich ist, mit der Technik von heute eine Politik von gestern zu betreiben, dass die Technik nicht einfach ein Instrument der Politik ist, sondern dass sie vielmehr deren Gesetze grundlegend verändert. In einer bestimmten technischen Situation kann eine Politik unmöglich werden, wogegen eine andere, scheinbar unmögliche Politik unumgänglich wird.

Es gibt andere Rezepte des Selbstmords für die Menschheit als die Atombombe, aber keine, die so offensichtlich ist. Mag auch nach wie vor bestritten werden, dass Probleme wie die Umweltverschmutzung, die Erschöpfung der Bodenschätze, die Manipulation des Ökosystems und die kulturelle Wüste ebenso schwerwiegende Bedrohungen für die Zukunft der Menschheit darstellen, so kann weder die Existenz der Atombombe mit ihrer apokalyptischen Auswirkung noch die gewaltige Fehlanpassung von Technik und Politik bestritten werden, von der sie zeugt. Selbst wenn die Bomben im Laufe der kommenden Jahre teilweise verschrottet werden, so bleibt dennoch immer eine Möglichkeit, sie wieder zu bauen.

Es wäre unterdessen falsch zu glauben, die Atombombe bilde eine Art Ausnahme, einen Grenzfall, etwa eine krankhafte Abweichung der technischen Entwicklung. Um sich davon zu überzeugen, genügt es, sich an einige weitere Beispiele dieser Pathologie zu erinnern. Mögen sie auch weniger tragisch sein, so sind sie doch nicht weniger erbaulich, trotz oder dank ihres völlig absurden oder lächerlichen Charakters.

Die Illusion der Concorde

Ohne sich im einzelnen mit den Verwicklungen zu beschäftigen, die den Misserfolg des Überschallflugzeuges Concorde nach sich gezogen hat und die endgültige Aufgabe dieses Projektes, kann man arglos folgende Frage stellen: Welches praktische Problem haben wir eigentlich zu lösen versucht? Es handelte sich offenbar um die für einen Interkontinentalflug aufzuwendende Zeit, wofür die Strecke zwischen Europa und den Vereinigten Staaten ein gutes Beispiel ist. Mit den Überschallflugzeugen vom Typ DC 10 beträgt die Flugzeit von Paris nach New York 7:55 Stunden. Hinzu kommen die Fahrstrecken zwischen den Flughäfen und der Wohnung bzw. dem Reiseziel, der Zeitaufwand für die Gepäckabfertigung und das Einladen der Koffer bei der Abreise (eine Stunde in Paris und 1,5 Stunden in New York), das Abladen und Verteilen der Gepäckstücke bei der Ankunft, die Zoll- und Polizeiformalitäten sowie die Sicherheitsspannen und unvermeidlichen Wartezeiten zwischen den einzelnen Etappen. Zur Zeit nehmen all diese Verrichtungen mindestens 4 Stunden in Anspruch; das bedeutet mehr als die Hälfte der tatsächlichen Flugzeit. Es bedarf aber nur eines Verkehrsstaus in einer dieser Riesenstädte, eines Bummelstreiks der Zollbeamten oder der Fluglotsen, eines Massenandrangs von Reisenden während einer Spitzenstunde, einer Verspätung der Flugzeuge, die gezwungen sind, Warteschleifen auf überbelegten Luftkorridoren zu fliegen, um die besagten Wartezeiten zu verdoppeln. In diesem Falle kann die für die Bodenabfertigung benötigte Zeit insgesamt die Flugzeit erreichen oder sie sogar überschreiten. Dabei muss betont werden, dass der anstrengendste Teil der Reise gerade aus diesen Wartezeiten besteht.

Wenn man tatsächlich beabsichtigt, die Reisezeit zwischen Europa und den USA zu verkürzen, dann gibt es zwei Lösungen des Problems: die erste, rein technischer Art, besteht darin, die Concorde herzustellen, um die Flugzeit zu verkürzen; die andere, technischer und menschlicher Art zugleich, besteht in einer Verkürzung des Zeitverlusts am Boden. Dem nationalen Prestige zuliebe hat man sich für die erste Lösung entschieden. England und Frankreich wollten damit beweisen, dass ihre Flugzeugindustrie noch fähig sei, die USA zu überflügeln. Zwei untergehende Weltreiche wollten einmal noch die Wonnen der Macht genießen. Das eigentliche Problem wurde dabei völlig vernachlässigt.

Die Spitzentechnik ...

Die Concorde ermöglichte eine Einsparung der Flugzeit von über vier Stunden: Der Flug Paris – New York dauerte nur 3:45 Stunden. Diese Zeitersparnis wurde jedoch mit einem beträchtlichen Preisaufschlag bezahlt: Anfang des Jahres 1990 kostete ein Flug mit der Concorde 30.735 FF gegenüber 14.450 FF für einen normalen Flug. Zu diesem Flugtarif arbeitete die Air France übrigens mit Verlust. Das bedeutet, dass die Gesamtheit der französischen Steuerzahler, die ärmsten eingeschlossen, derartige Flugreisen mit der Concorde durch ihre Steuern subventionierte, Reisen, die den Reichen vorbehalten waren. Die Kundschaft für eine solche kostspielige und so wenig interessante Dienstleistung ist äußerst begrenzt.

... oder die Organisation

Hätte man sich dagegen für die zweite Lösung entschieden, dann wäre man nicht gezwungen gewesen, kostspielige Forschungsarbeiten und Entwicklungsarbeiten durchzuführen. Es hätte genügt und es würde heute noch genügen, eine direkte U-Bahn zwischen dem Stadtzentrum und dem Flughafen zu bauen. Dies ist in Paris erst im Jahre 1981 geschehen, in New York bis heute noch nicht. Man könnte die vorzeitlichen und unwirksamen Zoll- und Polizeikontrollen sehr wohl abschaffen, weil sie in dieser Schärfe ausschließlich auf den Flughäfen ausgeführt werden und man die gleichen Grenzen auf dem Landwege praktisch ohne Kontrolle überschreiten kann. Man kann sich das Einsteigen der Passagiere und die Gepäckabfertigung am gleichen Ort und in einem Vorgang vorstellen. Es ist wünschenswert und möglich, Abflug und Landung planmäßig und mit ausreichenden Sicherheitsspannen zu lenken, um Wartezeiten der Flugzeuge zu vermeiden. Man kann schließlich die sozialen Konflikte regeln, anstatt sie ausufern zu lassen.

Kurz, man kann viel Zeit gewinnen, indem man gut organisiert, statt ein fliegendes Riesenspielzeug herzustellen. Geht es darum, vier Reisestunden einzusparen, dann ist es viel einfacher, dies über den Bodenbetrieb zu erreichen als über den Flug selbst. Da der Vorteil der Concorde in einer Zeitersparnis von 4 Stunden auf einem sonst 12 bis 16 Stunden dauernden Flug liegen soll, ist es nicht normal, den Preis für eine Flugkarte zu verdoppeln, ganz zu schweigen von den Sozialkosten, die sich in den Steuern verbergen. Und wer ist schließlich die Person, deren Zeit so außerordentlich wertvoll ist, dass vier ihrer Stunden 16.285 FF wert waren, d.h. weit mehr als damals ein volles Monatsgehalt einer großen Zahl von Werktätigen ausmachte?

Die Concorde ist das typische Beispiel für eine irrationale, von der technischen Illusion vorgeschlagene Lösung. Unter dem Vorwand, Zeit zu sparen, wurde das schnellste Transportflugzeug der Welt gebaut, ohne dass man sich überlegte, in welche Art von Umwelt diese Maschine integriert wurde. Dabei hängt in einem verketteten System die Funktionssicherheit vom schwächsten Kettenglied ab: Wozu also dient es, das stärkste Glied der Kette weiter zu verstärken und die übrigen Glieder im alten, unzureichenden Zustand zu belassen? Wie kann man ein Flugzeug bauen, das Unmengen von Erdöl verschlingt – 20 Tonnen pro Stunde für 100 Passagiere gegenüber 6 Tonnen pro Stunde beim Airbus, der 280

Passagiere transportiert – wo sich doch die Reserven dieses Rohstoffs erschöpfen und seine Kosten steigen? Die technische Illusion hat Staatsmänner, Industrielle und Ingenieure bis zur Verblendung fasziniert, selbst wenn sie sich damit brüsten, klare und rationale Entscheidungen getroffen zu haben: Die technische Illusion hat sie vor aller Augen in Verruf gebracht. Im Jahre 2004 wurde das Abenteuer wegen wirtschaftlichen Misserfolgs beendet und definitiv aufgegeben, nachdem es zuvor, im Jahr 2000 zu einem Unfall mit 113 Toten gekommen war ...

Die Illusion des Superphönix

Die Basisidee des Projektes Superphönix ist genial, seine Realisierung war gewagt und sein Zusammenbruch majestätisch. Die Idee besteht darin einen Supergenerator zu bauen, einen Reaktor, der mehr nuklearen Brennstoff produziert als er verbraucht, weil er nicht spaltbares Uran in spaltbares überführt: Letzteres ist im natürlichen Mineral nur zu 1 Prozent enthalten. Im Jahr 1977 beschloss Frankreich einen solchen Supergenerator in industriellem Maßstab zu bauen, mit einer Leistung von 1.250 MW. Am 30. Juli desselben Jahres lösten 20.000 Demonstranten auf dem geplanten Gelände einen Tumult aus, der etwa 100 Verletzte und einen Toten zur Folge hatte. Im Jahre 1981, während der Konstruktion, ereignet sich ein erster Unfall mit der Drehbrücke. Man befestigt sie, jedoch ohne das Risiko eines Erdbebens zu berücksichtigen.

1985 wird der Supergenerator gestartet. Technische Unfälle häufen sich, bis ein Entweichen von flüssigem Natrium, das als Kühlmittel benutzt wird, dazu zwingt die Zentrale stillzulegen. Erst 1989 wird sie wieder in Betrieb genommen, aber Pannen häufen sich im Jahr 1990. Im Dezember stürzt das Dach der Zentrale ein, unter dem Gewicht des Schnees, der am Fuß des Jura besonders reichlich vorkommt.

1994 wird das Brennstoff-Brüterprinzip aufgegeben. Die französische Regierung versucht den Fehlschlag zu verschleiern, indem sie den Supergenerator in eine Verbrennungsanlage für nukleare Abfälle umwandelt. Anstatt die ursprüngliche Aufgabe zu erfüllen, nuklearen Brennstoff zu erzeugen, ist die Anlage nun mit der umgekehrten Mission betraut. Nach neuen Enttäuschungen wird die Zentrale 1997 aufgegeben. Sie hat im Verlauf von 20 Jahren tatsächlich etwa zehn Monate lang funktioniert, insgesamt 7410 Stunden. Die Gesamtkosten dieses Abenteuers werden sich, nach Abwicklung, auf etwa 10 Milliarden Euro belaufen, in vollem Umfang bezahlt durch die Stromverbraucher.

Die Apollo-Illusion

Damals, als Armstrong seinen Fuß auf den Mond setzte, machte er eine einfallsreiche, sicherlich im voraus von den Public Relations der NASA ausgedachte Bemerkung: „Ein kleiner Schritt für einen Menschen, ein großer Schritt für die Menschheit". Diese Großtuerei des Astronauten unterstrich nur noch stärker die allgemeine Gleichgültigkeit der Fernsehteilnehmer, die sich gähnend das Schauspiel ansahen. Zweifellos war der Schritt für die Menschheit nicht allzu wichtig, da die USA sehr schnell darauf verzichteten, weitere kleine Schritte auf dem Mond finanziell zu unterstützen. In einer Anwandlung ungewohnter Offenheit sprach Richard Nixon das abschließende Urteil über das Apollo-Projekt mit der Bemerkung, die USA hätten ihre Fähigkeit bewiesen, drei Männer 250.000 Meilen weit zu transportieren, seien jedoch nicht in der Lage, innerhalb von New York 250.000 Menschen drei Meilen weit fortzubewegen ...

Das unangemessene Apollo-Projekt

Hierin liegt in der Tat das unangemessene Verhältnis zwischen dem Ziel und den Mitteln im amerikanischen Weltraumprojekt. Als John F. Kennedy die russische Herausforderung annahm, indem er versprach, vor 1970 einen Menschen auf den Mond zu schicken, beging er einen schwerwiegenden Fehler; er sah eine Herausforderung dort, wo es keine gab, und verkannte die tatsächlich drohenden Herausforderungen, den Vietnamkrieg, die Kriminalität in den amerikanischen Großstädten, die Verschwendung des Erdöls und seine Verknappung, die Unzufriedenheit der stark benachteiligten Gesellschaftsschichten und insbesondere der Schwarzen. Die für das Apollo-Projekt bestimmten technischen Mittel wurden anderen Bedürfnissen entzogen, die weitaus dringender waren. Trotz seines Gelingens hat das Apollo-Projekt dem Ansehen der USA weniger genützt als ihm der Vietnamkrieg seinerzeit geschadet hat. Auch hier hat wieder einmal die technische Illusion die verschiedenen Wahlmöglichkeiten verwirrt. Man glaubte, vollständig ungestraft eine imperialistische Politik betreiben und sich gleichzeitig eine Führungsrolle durch eine spektakuläre technische Leistung einkaufen zu können.

Dies bedeutet nicht, dass die Weltraumtechnik unnütz ist. Die Satelliten für Telekommunikation, Meteorologie, Navigation und Astronomie sind unersetzliche Hilfsmittel des technischen Systems geworden. Sie verbessern konkret das Leben der Menschen und hätten Vorrang vor Apollo erhalten sollen. Erneut bemerken wir, dass die Weltraumtechnik nicht per se zu verdammen ist. Es genügt eine Technik richtig einzusetzen, um zu guten Anwendungen zu gelangen.

Die Illusion der technischen Medizin

Seit zwei bis drei Jahrzehnten haben die Kosten der medizinischen Versorgung eine regelrechte Explosion erlebt. Die gleiche Tendenz zeigt sich sowohl in Ländern mit liberalem als auch in Ländern mit staatlichem Gesundheitswesen und stellt die Verantwortlichen für die öffentlichen Finanzen, die Versicherungsgesellschaften und den Bürger vor verzwickte Probleme. Die Fortschritte der Medizin scheinen paradoxerweise die Zahl der Kranken zu erhöhen, ihren Krankheitsstand zu verschlimmern und folglich gewisse medizinische Versorgungen für die Mehrzahl unerschwinglich zu machen.

Das folgende Beispiel mag uns eine Vorstellung von der Größenordnung des Problems vermitteln: Die 600 Millionen reichsten Bewohner unserer Erde haben im Jahre 1981 bereits 7 Prozent ihres Bruttosozialprodukts für ihre Gesundheit ausgegeben; 2004 betrug dieser Anteil mindestens 10 Prozent! Diese Summe entspricht dem Gesamteinkommen des ärmsten Bevölkerungsanteils, d.h. der drei Milliarden Menschen, die mit einem Bruchteil dessen, was ein Europäer oder ein Amerikaner allein für seine Gesundheit ausgibt, zum Überleben auskommen müssen. In den industrialisierten Ländern sind zudem die Gesundheitskosten während der letzten 10 Jahre doppelt so stark gestiegen wie die Kaufkraft. In der Bundesrepublik Deutschland z.B. machte das „Business Medizin" im Jahr 2000 250 Milliarden Euro aus – soviel wie der Staatshaushalt! Gleichzeitig wüten banale und heilbare Krankheiten wie Malaria, Röteln und Tuberkulose in Afrika.

Wenn man vernünftigerweise unterstellt, dass es die Aufgabe der Medizin ist, zu heilen und infolgedessen die Zahl der Kranken zu verringern, dann sollte einem diese widersinnige Entwicklung zumindest paradox erscheinen. Hier muss ein radikales Missverhältnis zwischen angestrebtem Ziel und den von der Medizin verwendeten Mitteln bestehen.

Die Krankheit, eine soziale Epidemie

Immer zahlreicher sind die Ratsuchenden in den Ärztepraxen, die ausgezeichnete Gründe haben, dort zu sein und zugleich wenig Aussicht, geheilt wieder herauszukommen. Die Ursache der mehr oder weniger klar umrissenen Unpässlichkeiten, über die sie klagen, ist wohlbekannt und liegt meist in ihrer Lebensweise: Ein übermäßiger Alkohol- und Tabakkonsum; eine unausgeglichene Ernährungsweise durch ein Übermaß an Fleisch, Fett, Zucker und Salz; eine frustrierende und fieberhafte Arbeit; laute und bedrückende Wohnbedingungen; seelische Einsamkeit; mangelnde körperliche Bewegung; eine verunreinigte Luft; ein maßloses Einnehmen von Medikamenten. All diese Gründe sind letztendlich das Ergebnis der Industriearbeit und der städtischen Wohnverhältnisse. Sie verursachen ein vielseitiges Krankheitsbild, angefangen mit Schlaflosigkeit, seelischen Erkrankungen, einer gestörten Verdauung und einem gestörten Atmungssystem und enden mit Herz- und Gefäßkrankheiten sowie Krebs, die heutzutage den Hauptanteil der Todesursachen darstellen.

Die zeitgenössische Medizin stellt dieser echten Epidemie sozialen Ursprungs eine rein technische Strategie gegenüber. Die Krankheit wird durch eine genaue Diagnose fest umrissen und in einem bestimmten Organ lokalisiert. Die Behandlung sieht außerordentlich aggressive Methoden für einen bereits geschwächten Organismus vor: beschwerliche, ja manchmal sogar gefährliche Untersuchungen, Chemotherapie, Chirurgie, Unterbringen in Krankenhäusern und Nervenheilanstalten. Nehmen wir an, der Patient überlebt die Behandlung, dann kann es vorkommen, dass die Symptome zwar verschwinden, die Krankheit selbst jedoch in einer anderen Form wiederauftaucht, da die tatsächliche Ursache nicht beseitigt worden war.

All dies hat natürlich nicht mehr viel mit der traditionellen Medizin zu tun, deren Ziel es immer gewesen ist, den Gesunden die Gesundheit zu erhalten, den anderen zu helfen, sich selbst gesund zu pflegen und den Sterbenden durch Milderung der Schmerzen beizustehen. Das Übermaß an technischen Mitteln, über die ein Arzt heute verfügt, hat es ihm ermöglicht, gewisse Krankheiten tatsächlich zu besiegen (Schwarze Pocken, Tuberkulose, Syphilis, Meningitis). Dieser Teilsieg hat wohl auch den Mythos einer allmächtigen Medizin geschaffen, selbst was Degenerationskrankheiten und Krankheiten sozialen Ursprungs betrifft.

Die Medizin – ein Alibi

In diesem letzteren Fall dient die Medizin als Alibi, das uns davon befreit, an die Lösung der sozialen Probleme heranzugehen. Wenn eine städtische Autobahn die Bürger an ihrem Schlaf hindert – was eine äußerst *normale* und keine krankhafte Reaktion des Organismus auf übertriebenen Lärm bedeutet – dann werden Schlafmittel den Opfern des Autoverkehrs erlauben, sich Schlaf vorzutäuschen und das Übel mit Geduld auf sich zu nehmen. Wenn die Arbeit am Fließband, Handarbeit oder Geistesarbeit, Existenzangst oder Unzufriedenheit hervorruft (was allein schon Grund wäre, sie zu verbannen), dann erlauben Beruhigungsmittel und schmerzstillende Medikamente, diese ungesunden Tätigkeiten, die die normalen Kräfte des Arbeiters übersteigen, weiter fortzusetzen.

In der Tat könnte sich der Patient oft, zumindest während der ersten Entwicklungsphase der Krankheit, durch Änderung seiner Lebensgewohnheiten selbst gesund pflegen, vorausgesetzt, dass der Arzt sich die Mühe macht, die Ursachen seines Unwohlseins durch ein ausführliches Gespräch mit ihm, durch einen Hausbesuch und durch Kenntnis seines familiären Milieus herauszufinden. All diese menschlichen Maßnahmen werden beiseite geschoben zugunsten der finanziellen Rentabilität der Ärztepraxis, des Krankenhausdienstes, der Krankenversicherung, pharmazeutischer Firmen und einer immer größeren Zahl technischer Behandlungsmaßnahmen. Die Medizin ist an der technischen Illusion geistig erkrankt, die Patienten sind es physisch.

Die Versicherungsfalle

Da die Medizin für bescheidene Einkommen unerschwinglich geworden ist, ist es in den entwickelten Ländern üblich geworden, die Kosten im Rahmen von Pflichtversicherungen zu verschleiern. Die Versicherungsprämien stellen letztlich nichts anderes dar als eine Steuer wie viele andere. Nun steigen diese Prämien ständig, weil die Medizin technische Fortschritte macht. Sie werden teurer allein durch die Tatsache, dass dieser Fortschritt das menschliche Leben verlängert; und es entsteht ein neuer preistreibender Faktor. Der Anteil der Medizin am Bruttosozialprodukt hat die Linie von 10 Prozent überschritten und man darf sicher sein, dass er weiter ansteigt. Dies ist einer der ärgerlichsten Faktoren in der politischen Debatte geworden.

In dieser Kontroverse spielt sich alles so ab, als wären die Finanzprobleme allein in der Inkompetenz der Entscheidungsträger begründet. Jahr für Jahr wachsen die Kosten, während die Leistungen der Versicherungen tendenziell abnehmen. In mehr oder weniger versteckter Form sehen sich die Entscheidungsträger gedrängt, Rationalisierungsmaßnahmen anzuwenden. In England muss man sich in eine so lange Warteliste einschreiben, dass man Gefahr läuft zu sterben, bevor man behandelt wird. In Oregon, USA gibt es eine Liste der genehmigten und von der Kasse bezahlten chirurgischen Operationen in Abhängigkeit vom Alter des Patienten. In Holland hat der Staat administrative Regeln für die Sterbehilfe bei unheilbar Kranken aufgestellt, die ziemlich schwer auf dem Budget der Sozialversicherung lasten. Dies ist die logische Konsequenz einer total irregeleiteten Medizin, deren vorgegebenes Ziel schließlich unerreichbar wird.

Dies kommt daher, dass der Tod als radikale Niederlage angesehen wird. Ein langes Leben ist immer noch die beste Annäherung an die Ewigkeit: es ist deshalb jeden Preis wert. Es ist Aufgabe des Staates den Bürger an dieses Ideal heranzuführen, indem er allen, unabhängig von ihrem Vermögen, die beste medizinische Versorgung zusichert, gleichgültig welches die Kosten sind. Dieser kindliche Wunsch stößt sich naturgemäß an der Realität. Die Medizin ist offenbar fixiert auf das Ziel, das menschliche Leben so lang wie möglich zu erhalten.

Dagegen lehrt uns die Biologie, dass der Tod kein Skandal ist. Nicht nur individuelle Zellen sterben, um durch neue Zellen ersetzt zu werden, um nämlich das Überleben des vielzelligen Organismus sicherzustellen, auch jede Zellgruppe besitzt ihren eigenen internen Mechanismus, der sie, nach einer gewissen Zahl von Teilungen, verschwinden lässt. Das lebende Wesen ist deshalb von Geburt an dazu bestimmt zu sterben. Warum? Weil es nur dann eine biologische Evolution gibt, wenn die Generationen aufeinanderfolgen. Diese Evolution führt zu immer weiter entwickelten Lebensformen, deren vorläufig letzte Blüte wir darstellen.

Von dem Augenblick an, in dem er sich reproduziert hat, verbessert jeder Mensch, der stirbt, die Chancen der Art. Aus der Sicht der Biologie stellt die Medizin, wenn sie gewisse Grenzen überschreitet, ein sinnloses Unternehmen dar. Aber der Mensch besteht nicht allein aus Fleisch. Er nährt einen Wunsch nach Unsterblichkeit. Die Wende, die die Krankenversicherung eingeschlagen hat, zeigt diesen Wunsch, entartet ins Fantastische. Er stößt sich an der harten Realität der Biologie. In einer traditionellen Gesellschaft erhält der Tod einen wirklichen transzendenten Sinn, im Herzen einer religiösen Kultur. Die technische Illusion, die einen Ersatz für die Religion darstellt, zerstört diese kulturelle Stütze und mündet in eine Sackgasse.

Die technische Illusion als Magie

Man könnte noch eine ganze Reihe von Beispielen anführen, man könnte von der Kernenergie sprechen, dem Auto, der Landwirtschaft und der Ernährungsindustrie, der Unterhaltungselektronik etc. Jede einzelne dieser Analysen endet systematisch bei der technischen Illusion. Sie stellt die vorherrschende Ideologie unseres Jahrhunderts dar und liegt weit über den untergeordneten Auseinandersetzungen zwischen Liberalismus und Sozialismus, miteinander wetteifernde Methoden, die das gleiche Ziel anstreben. Für jedes politische, soziale, wirtschaftliche, seelische, kulturelle oder geistige Problem stellt die technische Illusion eine materielle Lösung zur Verfügung. Es ist dabei belanglos, ob das vorgeschlagene Heilmittel überhaupt irgend etwas mit dem bestehenden Problem zu tun hat. Im Grunde genommen kommt es gar nicht drauf an, das Problem, dessen Lösung evident und mühsam ist, wirklich zu lösen, sondern es vielmehr durch das moderne, rationale und objektive Äquivalent eines magischen Ritus auszutreiben.

Wenn eine traditionelle Gesellschaft mit einer übermäßig großen Herausforderung konfrontiert war, wie etwa der Pest oder einer Trockenperiode, hatte sie zwei Antwortmöglichkeiten, die man nicht verwechseln darf, eine religiöse und eine magische.

Da es praktisch unmöglich war, eine Epidemie einzudämmen oder Regen auszulösen, organisierte die Religionsgemeinschaft einen Tanz, ein Opfer oder eine Prozession, in der Hoffnung, die Gottheit zu erweichen. Eine solche Zeremonie schmiedet die Gesellschaft angesichts der Gefahr zusammen, drückt ihr Sehnen nach Überleben aus, stellt Sühne dar und verhindert vor allem das Aufkommen von Groll und Verzweiflung. Am Ende eines solchen Ritus war alles gesagt und getan, was gesagt und getan werden konnte. Die Menschen, die ihr Schicksal nicht physisch ändern konnten, hatten es psychologisch auf sich genommen. Selbst wenn es weiterhin nicht regnete und wenn die Pest fortdauerte, hatte die Geißel ihre Sinnlosigkeit verloren. Sie verkörpert die negative Antwort der Gottheit oder wird zum Maß der Sünde des Volkes; die Plage verliert ihre Absurdität und nimmt den Sinn an, den die Menschen in ihr entdecken.

Die Magie verhält sich grundlegend anders, oder sie gibt dies jedenfalls vor. Durch okkulte Vorgänge schafft der Zauberer absichtlich ein unerklärliches Naturphänomen: der Regen fällt, die Krankheit verschwindet, der Feind stirbt, der Liebhaber wird gar verzaubert. Die Zuflucht ist nicht psychologischer, sondern materieller Art. Es geht nicht darum, die Gottheit zu erweichen oder sich auf ihre Gnade zu verlassen, sondern darum, sie zu manipulieren. Es handelt sich nicht mehr darum, einen Sinn in seinem Schicksal zu entdecken, sondern es zu beseitigen.

Die technische Illusion stellt die moderne Form dieser magischen Versuchung dar. Die Erfindung der Kernspaltung machte den Aufbau einer internationalen Ordnung, die Beseitigung des Krieges und die Abschaffung der Nationalstaaten dringend erforderlich; ganz im Gegenteil wurde sie zur Herstellung der Atombombe benutzt. Das Überschall-Transportflugzeug bedeutete im Jahre 1960 eine abstrakte Herausforderung für die Ingenieure der Flugzeugindustrie. England und Frankreich haben diese Herausforderung angenommen, weil diese ehemaligen Großmächte den Rückgang ihres Machteinflusses sehr schmerzlich empfanden. Beide Länder haben sich politisch gedemütigt und materiell ruiniert, indem sie sich eines Mittels wie der Concorde bedienten. Amerika hat den Mond erobert, da es nicht in der Lage war, seine eigenen Widersprüche zu meistern, ohne sie indessen beseitigen zu können. Medizinische Techniken können weder das Leid unterdrücken noch den Tod abschaffen.

Der Cargo-Kult

Nichts ist wohl aufschlussreicher als die Überlagerung der beiden Einstellungen, der traditionellen Magie und der technischen Illusion. Gewisse Volksstämme in Neuguinea und Melanesien üben eine Art Magie aus, die „Cargo-Kult“ genannt wird, in der die Riten die äußeren Merkmale der Technik simulieren. Da diese Eingeborenen traditionell in einem technischen System auf Steinzeitniveau leben, konnten sie den Ursprung des Überflusses an Gütern im Besitz der Weißen nicht verstehen. Sie vermuteten also, dass Gott der Verteiler dieser Reichtümer sei und dass sie den Weißen zukommen, da diese Flugplätze besitzen. In der Tat ist im Urwald das Flugzeug das einzige Transportmittel. Das Auftauchen von Flugzeugen mit Frachträumen, die von Waren überquellen, kann in den Augen jener Völker nur auf außergewöhnlicher Zauberei beruhen. Um wenigstens einen Teil dieser Quelle des Reichtums zu ergattern, haben die Eingeborenen mit ihren primitiven Mitteln Flughäfen gebaut: In Ermangelung eines Besseren werden Kontrollturm und Radar aus Bambus hergestellt. Am Rande dieser fiktiven Flughäfen warten ganze Stämme geduldig darauf, dass das Wunder geschieht, dass die Flugzeuge landen und dass sie Pakete abladen, die von Gott kommen und an die Einwohner von Melanesien adressiert sind.

Man kann über diese Naivität lächeln, sie unterscheidet sich jedoch grundsätzlich nicht von der Haltung der entwickelten Länder im Rahmen der erwähnten Beispiele. Eine klare und objektive Untersuchung der Mittel, die verwendet wurden, hätte gezeigt, dass keines dieser Projekte seine vorgegebene Zielsetzung erreichen konnte, ebenso wenig wie ein melanesisches Radargerät funktionieren kann.

Die Sondierungsflugzeuge

Diese Art technischer Täuschung ist nicht das Erbe unterentwickelter Völker. Die Story der Sondierungsflugzeuge hat unverblümt ans Licht gebracht, dass Frankreich nicht unempfänglich für solche Naivitäten ist:

Eine Art „Professor Sonnenblume“, der Graf von Villegas, unterstützt von einem malerischen italienischen Hochstapler, behauptet einen mysteriösen Apparat entwickelt zu haben, der es gestatten würde, mehrere tausend Meter unter die Erde zu „sehen“. Die Firma Elf-Erap lässt sich beeindrucken und unterstützt die Forschungen von Villegas von 1969 an. Der Apparat, dessen physikalisches Prinzip unbekannt bleibt, wird an Bord eines Flugzeugs gebracht, das Territorien überfliegt, die sondiert werden sollen. Am 28. Mai 1976 unterzeichnet die Gruppe französischer Erdölfirmen einen regelrechten Vertrag mit einer Firma des Namens Fisalma, deren Bevollmächtigter niemand anderes als Philippe de Weck ist, der Präsident der Union Schweizer Banken.

1977 treibt die Fa. Elf eine Bohrung in Gesteinslagen voran, die angeblich durch den magischen Apparat entdeckt wurden. Das Gestein erweist sich als unergiebig. Die Forschung wird indessen fortgesetzt und die Sondierungen werden vervielfacht, ohne ein einziges positives Resultat. 1978 erhält Villegas nochmals eine Zuwendung von 500 Millionen Francs.

Die Affäre endet mit der Aufdeckung, dass es sich bei den Apparaten um plumpe Fälschungen handelte. Sie sondierten überhaupt nichts, sondern zeigten auf einem Bildschirm vorgespeicherte Bilder. Es hätte genügt, diese Apparate gleich zu Anfang zu öffnen, um hunderte Millionen von Francs einzusparen, die man zwei genialen Gaunern bezahlt hat, die gut in eine Comic-Serie gepasst hätten. Inzwischen hatten diese nicht nur die Chefs der betrogenen Unternehmen manipuliert, sondern auch mehrere Minister der Republik. Ein Prozess wurde nicht angestrengt, da die Lächerlichkeit die Kläger politisch total diskreditiert hätte.

Die technische Illusion – ein dogmatisches System

Die technische Illusion, die im 20. Jahrhundert grassiert hat, nimmt nun den Charakter eines kulturellen, weltanschaulichen, ja religiösen Sturmes an. Es ist unmöglich, ihr die Wirklichkeit, die Vernunft oder die Wissenschaft entgegenzusetzen, da sie vorgibt, selbst realistisch, rational und wissenschaftlich zu sein. Das Verlangen des Menschen nach Magischem und Wunderbarem lässt sich nicht unterdrücken; es hat sich heimtückisch in eben das eingeschlichen, was heute den Platz der traditionellen Magie eingenommen hat. Nichts hat sich also geändert, außer dass dieses Verlangen, wenn das überhaupt möglich war, noch stärker degradiert und materialisiert worden ist.

Die technische Illusion tritt als ein dogmatisches System auf, ebenso wie ehemals der politische Marxismus und heute der Liberalismus. Keines dieser vereinfachenden politischen Modelle verträgt die geringste Kritik oder den kleinsten Einwand; ein Einwand wird auf der Stelle als „irrational" abqualifiziert. Hier liegt gerade der innere Widerspruch dieser beiden zeitgenössischen Weltanschauungen. Die Wissenschaft hingegen erstellt Modelle der Wirklichkeit, die zwangsläufig einer fortwährenden Kritik unterworfen werden; jede experimentelle Tatsache, die einem Modell widerspricht, erklärt dieses für ungültig. Die Heimtücke der technischen Illusion, des Liberalismus und des Marxismus beruht darauf, dass sie sich jedem wissenschaftlichen Experiment überordnen. Es hat 70 Jahre gedauert, bis die wirtschaftlichen Misserfolge der kommunistischen Systeme den Marxismus in Verruf gebracht haben. Wie lange wird es dauern bis der Liberalismus sich disqualifiziert hat?

Die Verwendung wissenschaftlicher Ausdrücke im Marxismus hat einen rein formellen, rituellen und zauberartigen Charakter. Der Zusammenbruch des marxistischen Mythos lässt den des Dogmas der technischen Illusion ahnen, wenn das industrielle System früher oder später mit einer größeren Krise konfrontiert sein wird, wie z.B. mit einer Erschöpfung der Erdölvorkommen oder einer klimatischen Veränderung aufgrund des Treibhauseffektes. Der Fall der Berliner Mauer im Jahr 1989 könnte sich wiederholen; es genügt ein Jahr, damit ein Weltreich implodiert, damit seine Ideologie durch die Lächerlichkeit seiner Widersprüche zusammenbricht.

Vier Auswirkungen der technischen Illusion

Welches sind eigentlich die Auswirkungen der technischen Illusion? Selbstverständlich handelt es sich nicht um die Effekte, mit denen man rechnet, da eine unangemessene Technik natürlich nicht die Wirkungen hervorrufen kann, die zu Unrecht erhofft werden und die der Natur dieser Technik nicht entsprechen. Ganz im Gegenteil bringt die technische Illusion unerwartete und pathologische Wirkungen hervor. Man kann versuchen, diese in vier Gruppen einzuteilen.

Die *perverse Auswirkung* ist zweifellos die merkwürdigste, denn sie stellt genau das Gegenteil von dem dar, was erwartet wurde. So garantiert die nukleare Überbewaffnung weder den Frieden noch das Gleichgewicht, und nichts beweist, dass sie auf Dauer die Apokalypse verhindern kann, ganz im Gegenteil. Das Concorde-Projekt hat die englisch-französische Luftfahrtindustrie geschwächt, die Budgets der Fluggesellschaften beider Länder erschöpft und beinahe ostentativ ihren politischen und wirtschaftlichen Abstieg offengelegt. Je stärker die offizielle Medizin auf technisch außergewöhnliche Mittel zurückgreift, umso tiefer sinkt ihr Prestige und umso stärker behauptet sich die Begeisterung für die traditionellen Therapien wie die Homöopathie, die Akupunktur, die Pflanzenheilkunde und selbst das Handauflegen von mehr oder weniger glaubwürdigen Propheten.

Die *zentralisierende Auswirkung* läuft darauf hinaus, dass eine übermäßige Macht in den Händen einer oder mehrerer Personen konzentriert ist, ebenso wie die traditionelle Magie die Entlassung des Kranken in die Hände eines Zauberers bedeutet. Im speziellen Fall der Atombombe bedeutet die übermäßige Macht, die sich in den Händen der führenden Kreise in Russland und den USA befindet, die tatsächliche Möglichkeit, den Selbstmord der gesamten Menschheit herbeizuführen. Die technischen Perversionen der zeitgenössischen Medizin lassen sich sämtlich als ein „Sichaufgeben“ der Kranken in die Hände des Arztes zusammenfassen, der Gewalt über Leben und Tod besitzt.

Die *amoralische Auswirkung* besteht darin, dass unter dem Vorwand der Leistungsfähigkeit die gewohnten Hinweise auf eine gewisse Ethik und selbst auf rein konventionelle „Spielregeln“ unter zivilisierten Menschen abgeschafft werden. Nehmen wir als Beispiel die Genfer Konventionen, insbesondere die aus dem Jahre 1949 zum Schutz der Zivilbevölkerung in Kriegszeiten. Die Atombombe zielt nun aber kaum mehr auf die Streitkräfte; das Gleichgewicht des Schreckens beruht auf einer planetarischen Erpressung, bei der die Zivilbevölkerung die Geiseln darstellt. Auf diese Weise ist der Krieg zu etwas geworden, was er selbst im Altertum nicht war: Man ist in der Lage, ein ganzes Volk auszurotten und riskiert, die gesamte Menschheit auszulöschen. Die Abschreckung setzt sogar voraus, dass die verantwortlichen Staatsmänner keinerlei menschliches Mitgefühl haben. Wir haben oben festgestellt, dass selbst der geringste Skrupel schon störend ist und dass der Idealtyp für die Auslösung der Apokalypse ein Irrer oder ein Roboter wäre.

Jenseits einer gewissen Schwelle zwingt die *Zwangswirkung* der technischen Illusion die scharfsinnigsten und ehrlichsten Menschen, sich so zu verhalten, als seien sie Opfer eben dieser Illusion, und veranlasst sie schließlich dazu, diese aufrechtzuerhalten. Einstein, Bohr, Roosevelt, Truman, Oppenheimer waren die bewussten und gewissenhaften Urheber der ersten Atombombe, weil sie Hitler zuvorkommen wollten und sich dazu verpflichtet fühlten. Sie hofften, damit dem Krieg mit Japan ein rasches Ende zu bereiten, die stalinistische Diktatur einzuschüchtern, also damit den Weltfrieden wiederherzustellen und die Demokratie zu schützen. Man kann selbst heute, aus der Distanz betrachtet und mit unseren Kenntnissen über die damaligen Ereignisse, diesen Menschen unmöglich vorwerfen, sie hätten eine Fehlentscheidung getroffen. Bis vor kurzem konnte keine der beiden Großmächte einseitig abrüsten, ohne möglicherweise eine Apokalypse zu entfesseln. Es scheint selbst nötig, dass eine mittlere Macht wie Frankreich Nuklearmacht wird, um nicht Protektorat einer Supermacht zu werden: trotz seines persönlichen Widerwillens und nachträglicher Kritiken, hat Francois Mitterand nichts anderes getan als das, wozu schon Charles de Gaulle gezwungen war. Es bedarf der prophetischen Persönlichkeit eines Gorbatschow, um aus dieser Fatalität auszubrechen, die stets von neuem zum Vorschein zu kommen droht.

Kapitel 3

Das Gesetz Kranzbergs

Die technische Illusion kann sich angesichts der Enttäuschungen, die sie hervorruft, nur auf dem Umweg einer Weltanschauung von fast religiösem Charakter erhalten. Zwei Jahrhunderte hindurch, etwa zwischen 1750 und 1950, hat diese Ideologie den ausschließlich positiven Charakter des technischen Fortschrittes bestätigt. Die Idee vom materiellen Fortschritt der Gesellschaft war den Philosophen des Altertums und des Mittelalters völlig fremd. Sie wurde von den Denkern des 18. Jahrhunderts erfunden, von den Liberalen in ein wirtschaftliches Projekt umgewandelt, von den ersten Sozialisten in ein politisches umgestaltet und von den Kommunisten in eine Magie umgeformt. Zu Anfang war diese Idee einfach großartig und großzügig; sie ist dann zunächst in den Vereinigten Staaten und anschließend in Westeuropa rational und anwendbar geworden. Das Buch von Jean Fourastié „Die Zivilisation von 1975", das 1974 veröffentlicht wurde, kennzeichnet das Umschwenken der traditionellen Rechten Frankreichs in das Lager des Produktivismus. 1947, in der Folge der Krise von 1929 und dem Krieg von 1939 – 1945, war das gemeinsame Gefühl das einer unaufhaltsamen Dekadenz Europas, das der Tyrannei der Nazis nur entkommen war, um der Bedrohung ausgesetzt zu sein von der sowjetischen Diktatur verschluckt zu werden. Niemand konnte sich vorstellen, dass das Europa von 1975 blühender sein würde als das von 1947. Die folgenden Ereignisse haben Fourastié recht gegeben: Europa und die Welt haben „30 glorreiche" Jahre erlebt, während derer sich ein außerordentlicher Aufschwung der Kaufkraft der Verbraucher vollzog – bis zur ersten Ölkrise von 1973. Wir werden weiter unten entdecken warum diese Unterbrechung kein Zufall war.

Die These von der positiven Technik

Ein Beispiel der feierlichen Verkündigung dieser zu Grabe getragenen Ideologie kann im Bericht „Technologie, Beschäftigung, Wachstum" exhumiert werden, der am 5. Juni 1982 anlässlich der Gipfelkonferenz von Versailles von Francois Mitterand den Staatschefs des Westens präsentiert wurde. Darin wird andächtig das produktivistische Glaubensbekenntnis wiederholt, wonach die Elektronik und Biotechnik zugleich die Probleme der Inflation, der Arbeitslosigkeit, des Missverhältnisses zwischen Nord und Süd und selbst der existentiellen inneren Unruhe lösen würden. Es hat sich sehr schnell gezeigt, dass diese Gipfelkonferenz ohne Einfluss auf die folgenden Ereignisse war. Der Promotor dieses Berichtes hat seine Innenpolitik später von Grund auf geändert. Es hat sich herausgestellt, dass der technische Fortschritt nicht verordnet werden kann und dass ihm außerdem jene perversen Wirkungen innewohnen, die im vorausgehenden Kapitel angeführt worden sind. Die Ideologie der positiven Technik verliert seitdem an Bedeutung.

Die Antithese der Wachstumsverweigerung

Im Übrigen hat sich nun angesichts dieser produktivistischen Weltanschauung eine gegensätzliche Ideologie gebildet, die Ideologie der *Wachstumsverweigerung,* die behauptet, die Technik sei schlecht. Es handelt sich um die Auffassung einer eigenartigen Minorität, in deren Mitte man religiöse Fundamentalisten, Anhänger des Schutzes der Verbraucherinteressen, Ökologen, Philosophen wie Denis de Rougemont, E.F. Schumacher oder Ivan Ilich findet. Nachdem sich die klassische Linke sowie die klassische Rechte mit dem Produktivismus ausgesöhnt hatten, behauptete sich die *Wachstumsverweigerung* meist außerhalb der politischen Sphäre, in einer sogenannten außerparlamentarischen Protestbewegung, von der ihre Kraft und zugleich ihre Schwäche stammen. Sie wird heute durch die jene grünen Parteien getragen, die sich auf der äußersten Linken positioniert haben. Selbst wenn diese Parteien Minoritäten darstellen, können sie eine Unterstützungskraft für sozialistische Parteien sein und dadurch deren Doktrin beeinflussen. Mehr und mehr wird die klassische Linke misstrauisch gegenüber dem technischen Fortschritt. Die Aufgabe des Projektes Superphönix durch die Regierung Jospin, beeinflusst durch die ökologische Partei, war eine der spektakulärsten Manifestationen hierfür. Und wenn die Linke nicht mehr an den Fortschritt glaubt, bedeutet dies, dass sich in der politischen Welt etwas Fundamentales gewandelt hat.

Die Synthese von Kranzberg

Angesichts der offenbaren Paradoxien der Technik, die zugleich gut und schlecht, positiv und negativ ist, nötig und schädlich, tun die Produktivisten und die Wachstumsverweigerer nichts anderes, als das besagte Paradoxon aus dem Weg zu räumen, indem sie die Hälfte der Realität vernachlässigen. Die ersten behaupten, die Technik sei gut, um dadurch ihr Handeln zu rechtfertigen; die letzteren geben vor, sie sei schlecht, ohne jedoch dementsprechend zu handeln. Angesichts dieser beiden extremen Standpunkte glauben einige, dem Dilemma, wie es jedes Paradox verursacht, entrinnen zu können, indem sie behaupten, die Technik sei neutral, und indem sie so tun, als sei sie gut.

Melvin Kranzberg hat alle diese Auffassungen durch seinen folgenden Grundsatz über einen Kamm geschoren:

„Die Technik ist weder positiv, noch negativ, noch neutral."

Dieses Gesetz verwirft die grob vereinfachenden Schemata der positiven sowie der negativen Technik und widersteht der natürlichen Versuchung, daraus den Schluss zu ziehen, sie sei neutral. Allerdings muss noch erklärt werden, warum die Technik nicht neutral ist, und wenn sie es wirklich nicht ist, so muss gesagt werden, was sie in Wirklichkeit ist.

Die falsche Synthese von der neutralen Technik

Diese sogenannte Neutralität der Technik stellt heutzutage den zuverlässigsten ideologischen Unterbau der technischen Illusion dar. Die These der Neutralität beruht dem Anschein nach auf einer Überlegung, die gesunden Menschenverstand verrät. Wenn die Technik weder gut noch schlecht ist, dann scheint es, sie müsse infolgedessen neutral sein, und alles übrige hinge von dem Gebrauch ab, der von ihr gemacht wird. Letzten Endes würde die gute oder die schlechte Anwendung der Technik auf Grund von Regeln beurteilt, die selbst nichts mit der Technik zu tun haben. Neutralität würde bedeuten, dass es genügt, eine gute Anwendung der Technik im Sinn zu haben.

Diese These trennt unwiderruflich zwei verschiedene Schritte: den in die materielle Sphäre gehörenden technischen Akt und das Werturteil, das sich auf einer anderen Ebene befindet. Die neutrale Technik wird in bezug auf gewisse politische Optionen, berufsethische Normen oder religiöse Überzeugungen bewertet. Auf den ersten Blick erscheint es übrigens offensichtlich, dass jedes Werturteil eine Gewissensfrage darstellt, unabhängig von den Werkzeugen oder Maschinen, die der Mensch verwendet oder herstellt. Mit anderen Worten, wir glauben, der Mensch sei angesichts der Technik *souverän* in seinen auf *unabänderlichen* Prinzipien beruhenden Entscheidungen. Er betrachtet Techniken wie eine gewisse Zahl von Schachteln in einem Regal, von denen er, nach reiflicher Überlegung und Prüfung auf Herz und Gewissen, eine öffnet, um damit eine positive Anwendung zu starten.

So lautet die Formulierung der dritten, zweifellos verbreitetsten und zugleich heimtückischsten Haltung gegenüber der Technik. Die Hauptbedeutung des Kranzbergschen Gesetzes liegt darin, dass es die dritte Haltung ebenso entschieden ablehnt wie die beiden ersten. Stellt man nämlich die Technik in ein ethisches Vakuum, so gesteht man der Technik tatsächlich volle Bewegungsfreiheit zu. Dank dieser merkwürdigen Unterscheidung zwischen Handlungen ohne Eigenwert einerseits und Werten, die von den Handlungen nicht abhängen, andererseits, führt aber die Menschheit unaufhörlich technische Neuerungen ein, so als handle es sich um ein Naturgesetz, das in Abrede zu stellen vergeblich wäre. Der Mensch stellt mit der gleichen natürlichen Unschuld Maschinen her, die Atombombe inbegriffen, mit der ein Vogel sein Nest baut oder der Biber seinen Damm. Die Hypothese der ethischen Neutralität verweist die Technik in die Welt der Materie und die Ethik in die Welt der abstrakten Spekulation.

Das Werturteil

Diese organisierte Schizophrenie wirft ein schlimmes Problem auf, dessen Lösung keineswegs angestrebt wird. Wer kann das Werturteil abgeben? Jeder für sich selbst? Die Gesamtheit der Arbeiter für eine Firma? Oder ausschließlich der Führungsstab? Die Regierung eines jeden Staates? Die internationalen Institutionen? Wenn eine für die gesamte Menschheit potentiell gefährliche Technik wie die Atombombe oder die Genmanipulation von einer dieser Instanzen verbannt wird, wer sorgt dafür, dass diese Verordnung respektiert wird? Wenn ein Staat ein besonderes politisches Interesse darin sieht, bakteriologische Waffen zu entwickeln, wer wird ihn bei der gegenwärtigen Ohnmacht der internationalen Organisationen daran hindern? Haben die führenden Kreise dieses Staates die moralische Pflicht, oder sogar das Recht, diese Waffe nicht zu entwickeln, während ein Feindesstaat es möglicherweise tut? Hier tauchen sofort wieder die Zweideutigkeit und Inkohärenz der Strategien der Abschreckung auf, die sich den politischen Entscheidungsträgern infolge der Sachzwänge der technischen Illusion aufdrängen.

Es geht nicht darum, ein abstraktes Werturteil abzugeben, sondern die praktische Entscheidung zu treffen, ob eine bestimmte Technik in Angriff genommen werden soll oder nicht. Es handelt sich nicht darum, prinzipiell zu verurteilen und diese Verurteilung in die Praxis umzusetzen. Es ist vielmehr wichtig, genau festzulegen, *wer* das ethische Problem zu lösen hat und *wer* für die Einhaltung dieser Entscheidung geradesteht.

Nun hat man sich aber ohne viel Gerede und ohne langes Nachdenken für die merkwürdigste von allen verfügbaren Lösungen entschlossen. Diejenigen, die das Werturteil in technischen Angelegenheiten abgeben, sind eben die, die sich mit der Technik nicht beschäftigen und also nichts von ihr verstehen. Die kulturelle Schizophrenie verkörpert sich entschieden in zwei selbständigen Kasten, in *zwei Kulturen,* die sich gegenseitig vollständig ignorieren.

Dies erinnert uns seltsamerweise an die Organisation eines Termitenhügels, in dem die Arbeiter schuften, die Soldaten sich bekriegen, die Königin Eier legt und der König die Königin befruchtet, ohne dass bekannt ist, von wem der Termitenhügel dirigiert wird. Oder genauer gesagt, ohne dass der Termitenhügel von etwas anderem als einem abstrakten, in den Genen der Spezies kodierten Programm gesteuert wird, einer Gesamtheit von Routinen, die durch Rückkopplungsmechanismen verzahnt sind. Dieser zoologische Vergleich ist nicht nur als eine simple poetische Metapher aufzufassen; er bedeutet buchstäblich genommen, dass die technischen Spezies, gleichgültig ob Mensch oder Ameise, dazu neigen, sich gleichartig zu organisieren. Und wenn wir danach streben, die Techniker und Moralisten einseitig zu spezialisieren, so heißt das weniger, dass wir über die Natur hinauswachsen, als vielmehr, dass wir ihr gehorchen. Man braucht nur die beiden Kasten getrennt voneinander zu untersuchen, um sich von dieser Tatsache zu überzeugen.

Die Immunität der Techniker

Die Technikerkaste, zu der Ingenieure und Physiker, Agronomen und Chemiker, qualifizierte Arbeiter und Nobelpreisträger gehören, führt ihre Arbeit aus, ohne von ihrem Werk aufzublicken; man benötigt übrigens seine vollständige Geistesfreiheit, um sich heutzutage in die produktivistische Konkurrenz einzufügen. Die Kaste der Techniker ist geistig und physisch viel zu stark mit Beschlag belegt, um die Folgen ihrer Handlungen vorauszusehen, ein entsprechendes Urteil fällen zu können und getroffene Entscheidungen etwa aufzuhalten. In den meisten Fällen ignoriert sie die politischen und wirtschaftlichen Strategien, in die sich ihr Handeln einordnet. Sie besitzt keine Kontrolle über die Anwendungen und kümmert sich schließlich nicht einmal mehr darum.

Politisch, sozial und moralisch betrachtet handelt ein Techniker wie ein Minderjähriger, der für seine Handlungen nicht verantwortlich ist. Jedes Bestreben von Seiten eines Technikers, ein Werturteil zu fällen, es öffentlich auszusprechen und dementsprechend zu handeln, wird übrigens mit äußerster Schärfe zurückgewiesen, das geht von der Kündigung (Oppenheimer) bis zur Verbannung (Sacharow) oder zur Internierung in einer Nervenheilanstalt (Plioutch).

Das Beispiel von Peenemünde

Wenn sich ein Techniker, der ein Werturteil fällt, disqualifiziert, so genießt dagegen der Techniker, der auf ein solches Urteil verzichtet, eine totale Immunität. Ohne Zweifel stellt die vom Naziregime in Peenemünde installierte und von Wernher von Braun geführte Wissenschaftlergruppe für Raketenforschung das beste Beispiel für eine derartige Unantastbarkeit dar. Diese Forschergruppe entwickelte die erste einsatzfähige militärische Rakete, die V2, die in den Jahren 1944 und 1945 zur Bombardierung von London und Antwerpen eingesetzt wurde, und zwar mit einer derartigen Intensität, dass einen Moment lang der Ausgang des Krieges fraglich erschien. Einige Experten behaupten, die Deutschen hätten zweifellos den Krieg gewonnen, wenn sie die V2 sechs Monate früher hätten entwickeln können. Wenn außerdem die deutschen Atomphysiker, unter der Leitung von Heisenberg, ebenso wenig Skrupel besessen hätten wie die Peenemünder Gruppe, dann hätte die Kombination dieser beiden Anstrengungen sicher den Abwurf einer Atombombe auf London schon ab 1944 erlaubt und allein deswegen schon Hitler den Sieg gesichert.

Die geschichtliche Verantwortung der Gruppe von Peenemünde und insbesondere Wernher von Brauns ist demnach erdrückend. Liest man indessen die Memoiren dieser Ingenieure, so scheinen sie sich dessen keineswegs bewusst gewesen zu sein, nicht einmal im nachhinein. Die Besessenheit der Weltraumfahrt hat bei ihnen jeglichen Vorbehalt, jegliche kritische Überlegung, jeglichen Gewissenseinwand verdrängt. Es genügte in ihren Augen, der nationalsozialistischen Partei nicht anzugehören, um sich an jeglicher politischen Entscheidung und militärischen Anwendung ihrer Arbeit unschuldig zu fühlen.

Die Fortsetzung der Ereignisse hat übrigens das Nötige dazu getan, um die pragmatische Richtigkeit dieser funktionellen Schizophrenie zu bestätigen. Die Peenemünder Gruppe wurde von der Armee der USA festgenommen, mit größter Rücksicht behandelt und als Ganzes zum Übungsgelände von White Sands gebracht, um dort von ihren Talenten Gebrauch zu machen. Wernher von Braun und seinen Gefährten wurde die amerikanische Staatsangehörigkeit gewährt, und sie haben so weitergearbeitet, als sei nichts geschehen: Es ist bekannt, wie ausschlaggebend die Arbeit dieses Teams bei der Bereitstellung der Atombombe war. Zur gleichen Zeit, um gewissermaßen diese Verherrlichung des Kriegsverbrechens zu kompensieren, wurde ein Geistesgestörter namens Rudolf Hess in Nürnberg feierlich verurteilt und in Spandau prunkvoll mehrere Jahrzehnte lang gefangengehalten. Die Moral dieser Geschichte zeigt, dass sich ein Verbrechen lohnt, vorausgesetzt, man ist ein kompetenter Verbrecher.

Dies deckt natürlich die ganze Gefahr der vorgegebenen Neutralität der Technik und sogenannten Unschuld der Techniker auf. Die Tatsache, dass von Braun den Vereinigten Staaten sein Mitwirken zur Verfügung gestellt hat, rechtfertigt seine Zusammenarbeit mit den Nazis nicht. Eine Rakete in White Sands herzustellen, ist nicht moralischer, als dies in Peenemünde zu tun, da es für das Menschengeschlecht nicht weniger gefährlich ist, solange es Staaten gibt, die man nicht ohne weiteres in gute und böse einteilen kann. Es ist auch nicht moralischer, eine Rakete zur Erforschung des Mondes als eine Rakete für militärische Zwecke herzustellen, weil man in beiden Fällen an der Entwicklung der gleichen Technik arbeitet, von der hinterher von irgendwem zu irgendeinem Zweck Gebrauch gemacht werden kann. Es wäre vielleicht einfacher, von Braun freizusprechen, wenn er die V2 ausschließlich zur Verteidigung seines eignen Landes hergestellt hätte, und wenn er es nach dem Kriege abgelehnt hätte, mit seinen ehemaligen Feinden zusammenzuarbeiten. Seine erheuchelte Gleichgültigkeit der Politik gegenüber diente als bequemer Schutzschild für seinen persönlichen Ehrgeiz und für eine hochmütige Verachtung des Menschengeschlechtes.

Die Macht der Schwätzer

Heutzutage bleibt die Abgabe eines Werturteils einer anderen Kaste vorbehalten, der Kaste der Wortführer, die das Wort, die Macht der Worte, kurzum die Macht selbst ergreifen. Es handelt sich um die Politiker, Unternehmensleiter, die kirchlichen Würdenträger, bekannte Gewerkschaftsführer, viele Schriftsteller, Journalisten, Professoren und Advokaten. Es ist bemerkenswert, dass die Hauptfiguren des Zweiten Weltkrieges beinahe alle perfekte Redner waren: Churchill, Roosevelt, Hitler, Mussolini, de Gaulle waren alle ausgezeichnete Rhetoriker, die nach Sitte jener Epoche dazu bestimmt waren, die wichtigen Entscheidungen zu treffen. Es scheint, als seien diejenigen, die in der Lage sind, eine Ansprache zu halten, deshalb allein schon befähigt, die besten Entscheidungen zu erkennen. Umgekehrt rekrutieren sich die Techniker vorzugsweise unter den mathematisch Begabten, die ein wenig legasthenisch oder unbelesen sind und demzufolge keine Ehrenämter anstreben können.

Die Kaste der Redner bezieht ihre Legitimation aus zahlreichen, ebenso verschiedenen wie widersprüchlichen Mechanismen: vom allgemeinen Wahlrecht bei freien oder gefälschten Wahlen, dem Besitz des Kapitals, dem Glauben der Gläubigen, der Bewunderung des Volkes für geschickte Schönredner, von der außerordentlichen Bedeutung des zurückgezogenen Denkers. In normalen Zeiten verstärken sich diese Kategorien gegenseitig: Die Macht stützt sich auf die Gewalttätigkeit der Institutionen, auf das Gold, das Auge Gottes und den intellektuellen Terrorismus.

Die Herrschaft der Schwätzer verschafft den Bastlern ihren Frieden. Die von der Informatik oder von Autos besessenen, die Visionäre des Weltalls, die Rüstungsexperten können ungestraft ihrer Beschäftigung nachgehen. Die Macht der Redner verbietet nichts, sie bewilligt finanzielle Unterstützung eher dem einen Projekt als einem anderen. Es gibt jedoch nicht ein einziges historisches Beispiel für ein technisches Projekt, das zwar einen finanziellen Vorteil versprach, aber einige Menschenleben kostete, das ein Machthaber von sich aus untersagt hätte. Die produktivistische Weltanschauung durchdringt nach wie vor die Politiker in einem Umfang, dass sie nicht in Frage gestellt werden kann. Die Wirtschaftskolloquien, Wahlprogramme, Parlamentsdebatten, die internationalen Konferenzen sind tatsächlich gezwungen, liturgische Hinweise auf Schlüsselworte wie Forschung und Entwicklung, Schaffung von Arbeitsplätzen, Ankurbelung der Nachfrage, industrielle Expansion und Spitzentechnologie zu machen.

Die Teilung der Macht

Die Zweiteilung zwischen der tatsächlichen Macht der Techniker und der institutionellen Macht der Redner übt eine beruhigende Wirkung auf die öffentliche Meinung aus. Würden die Techniker die Macht über die Materie mit der des Geldes und der des Rechtes kombinieren, dann nähmen sie eine Diktatorenstellung ein. Ein unfähiger Politiker, ein redseliger Gewerkschaftler und ein dekadenter Schriftsteller repräsentieren weit deshalb weit besser die schweigende Mehrheit als ein gewissenhafter Mathematiker oder nüchterner Ingenieur. Die technische Inkompetenz ist kein Nachteil, wenn es darum geht, Unwissende zu repräsentieren. Letzten Endes sind intellektuelle Mittelmäßigkeit, Engstirnigkeit und wissenschaftliche Unwissenheit sogar Trümpfe für einen Politiker, der die Massen zu repräsentieren wünscht.

Dennoch bleibt es paradox, dass wichtige Entscheidungen Männern anvertraut werden, die sich deren Bedeutung nicht bewusst sind. Es ist unmöglich vorzugeben, dass die beste Lösung von dem gefunden wird, dem bestimmte Gegebenheiten des Problems unbekannt sind, eben *weil er* diese Gegebenheiten *ignoriert*. Dies wäre nur dann erträglich, wenn der institutionellen Macht eine andere versteckte Macht, von magischem Charakter unter dem unbestimmten Namen „politische Intuition“ hinzugefügt würde.

Diese Magie ist selbstverständlich von gewissen Ritualen umgeben, das sie stützten und bestärken: Der Staatschef ist manchmal mit einem Arbeitsanzug und Helm bekleidet, zur Besichtigung eines Bauplatzes, inmitten einer ganzen Heerschar von Höflingen; seine charismatische Gegenwart verwandelt das Wesen der Dinge; sein bohrender Blick entdeckt im Zeitverlauf einer Stunde die Lösungen, die den Ingenieuren ein ganzes Leben lang entgangen sind. In diesem Zusammenhang sei nur daran erinnert, dass Karl Marx sein Leben lang nie als Arbeiter tätig gewesen ist und, nach Aussagen gewissenhafter Historiker, niemals eine Fabrik besichtigt hat. Emile Zola hat einen schönen Skandal hervorgerufen, als er sich für eine einzige Reise von Paris nach Rouen und zurück in die Führerkabine einer Lokomotive setzte, um Unterlagen für sein zukünftiges Werk „La Bête Humaine“ zu sammeln; sein Roman konnte, nach den intellektuellen Normen der Belle Epoque, durch diese Promiskuität nur Schaden erleiden.

Die Meinung Platons ...

Diese vornehme Verachtung des Werkzeugs durch das Wort wird in einer berühmten Passage des „Gorgias“ von Platon zusammengefasst. Im Namen aller Philosophen stellt Platon hier die Beziehungen zwischen Geistesarbeitern und Handwerkern fest. Dieser engstirnige Text stellt einen der Eckpfeiler der westlichen Zivilisation dar; das sollte man im Auge behalten.

„Demnach steht fest, dass du (der Philosoph) ihm gegenüber (dem Ingenieur) voller Geringschätzung bist, ebenso wie du seine Kunstfertigkeit mit Verachtung betrachtest; dass es eine Schande bedeuten würde, wenn du ihn als Mechaniker anredetest und dass du weder bereit wärst, seinem Sohn die Hand deiner Tochter zu überlassen, noch die seine etwa annehmen würdest.“ Die gesamte Geschichte der Beziehungen zwischen der Handarbeit und den Intellektuellen liegt in diesem Text enthalten, der für den Philosophen vernichtender ist als für den Ingenieur. Heute wäre zweifellos der Ingenieur seinerseits in der Lage, den Philosophen durch seine Weigerung, in seine Familie einzuheiraten, zu beleidigen, mit dem Unterschied, dass die Heirat keine Geld- oder Rangaffäre mehr darstellt und dass die Eltern nicht mehr die Hochzeiten ihrer Kinder in die Wege leiten. Diese zweifellos wünschenswerte Evolution der Gebräuche ist nicht das Werk der Philosophen, sondern das der Ingenieure, die die Gesellschaft durch Wirken des technischen Fortschrittes umgestaltet haben.

... ist ebensoviel wert wie die von Aristoteles

Der zweite Eckpfeiler der westlichen Philosophie, Aristoteles, der gewöhnlich als das wissenschaftliche und realistische Gegengewicht zu dem idealistischen Platon dargestellt wird, hegt für die Techniker keine höhere Achtung. Die Sklaven, die die Handarbeit verrichten, „besitzen keine Fähigkeit, vernünftig zu denken". Handwerker sind es nicht wert, Bürger zu sein und müssen ihrer Rechte enthoben werden. Nach Auffassung von Koestler erklärt sich diese phantastische Einstellung durch den Glauben Aristoteles', die Technik habe einen derartigen Grad der Vollendung erreicht, dass ein Fortschreiten nicht mehr nötig oder möglich sei. Eine solche Einstellung ist für die Epoche der Dekadenz typisch, in der die großen Denker eine Ideologie der Beständigkeit aufbauen, um ihre Privilegien zu sichern.

Der Ritus des Gutachtens

Die These der neutralen Technik führt also zu einer zweifachen Inkonsequenz: Die technische Kompetenz müsste die politische Inkompetenz hervorbringen und die technische Inkompetenz die politische Kompetenz erzeugen. Kaum steht derartiges schwarz auf weiß geschrieben, so scheint es absurd, und dennoch *begründet diese Absurdität die zeitgenössische Gesellschaft.* Breschnew, Andropow und Tschernjenko waren an der Macht, und Andrei Sacharow befand sich in Hausarrest: Der Hersteller der Nuklearwaffe besitzt keine Herrschaft über sie, und derjenige, der über diese Herrschaft verfügt, besitzt nicht die politische Weisheit des regimekritischen Physikers.

Um diesen offensichtlichen Widerspruch zu beseitigen, greifen die Machthaber zuweilen zu einem merkwürdigen Versöhnungsritus, dem Gutachten. Im allgemeinen besitzt der Sachverständige unleugbare wissenschaftliche Qualifikationen, ist jedoch nicht um deren willen auserwählt worden. Seine Beliebtheit beim breiten Publikum, seine allgemeine Bekanntheit in den wissenschaftlichen Kreisen, seine Zustimmung zu den politischen Zielen der Regierung stellen ebenso entscheidende Argumente für seine Wahl dar, weit mehr als eine gründliche Kenntnis des technischen Problems, das dem Gutachten zugrunde liegt. Um zum Beispiel die Bedenken der Bevölkerung zum Thema Atomkraftwerke zu zerstreuen, ist es sinnlos, als Experten einen auf solche Kraftwerke spezialisierten Ingenieur zu ernennen, da er in der Öffentlichkeit unbekannt und in diesem Falle weniger glaubhaft als ein reiner Wissenschaftler ist: Der ideale Experte für Atomkraftwerke ist vielmehr ein Nobelpreisträger für Physik, der den Gipfel seiner Laufbahn erreicht hat, schon zahlreiche Beweise für seine Unterwerfung der

Regierung gegenüber erbracht hat und viel zu stark durch seine Verpflichtungen belastet ist, um sich ernsthaft dem Gutachten widmen zu können. Diese Wahl ist aufschlussreich für das wahre Ziel des Unternehmens, das nämlich keine objektiven Tatsachen zu entdecken sucht, um daraus dann etwa praktische Schlussfolgerungen zu ziehen, die für die Machthaber unvorhersehbar wären. Es handelt sich nicht darum zu ermitteln, in welchem Umfang ein Kraftwerk gefährlich ist, sondern vielmehr darum, die öffentliche Meinung davon zu überzeugen, dass keine Gefahr besteht, oder jedenfalls nur eine ganz minimale. Indem er wissenschaftliche Schlussfolgerungen regelrecht vortäuscht, die *in der vorherrschenden Weltanschauung unwiderlegbar sind,* beendet der Experte tatsächlich eine politische Debatte nach einem schon vorbestimmten Drehbuch. Eine politische Entscheidung, die zweifelhaft, schwach und riskant ist, wird durch eine sichere, solide und zuverlässige wissenschaftliche Lösung verschleiert.

Die Wissenschaft als objektives Dogma

Nun aber ist die Wissenschaft nur in dem Maße objektiv, wie sie auch widerlegbar ist, da ein einziger Versuch bereits eine ganze Theorie widerlegen kann. Durch dieses unaufhörliche Widerlegen von wissenschaftlichen Theorien wurden „weniger schlechte" entdeckt, wobei nie von einer Theorie behauptet werden kann, sie sei die letztlich richtige. Von der Außenwelt wird diese Tatsache nur selten erkannt; die zeitgenössische Mythologie schreibt der Wissenschaft die kontradiktorische Eigenschaft eines *objektiven Dogmas* zu. Die Anwendung dieses Widersinnes begründet die magische Wirkung der Expertise. Dabei bedienen wir uns nach wie vor des althergebrachten Schemas, in dem der Kaiser den Papst bestimmt und der Papst den Kaiser weiht.

Das Gutachten von Sachverständigen enthüllt auf vorbildliche Art und Weise die intimen und undurchsichtigen Beziehungen zwischen den beiden Kasten, Politikern und Wissenschaftlern. Man bemüht sich, mittels einer triumphierenden Allegorie die „objektive Wissenschaft" darzustellen, indem man „dem demokratischen Machthaber den positiven Charakter der neutralen Technik enthüllt".

Die ambivalente Technik

Ist die Technik weder neutral, noch positiv, noch negativ, dann muss die Frage nach ihrer tatsächlichen Wesensart aufkommen. Es wurde schon darauf hingewiesen, dass wir uns angesichts eines Paradoxon befinden, das man nicht ohne weiteres mühelos auflösen kann.

Der Wert eines technischen Gegenstandes wird nicht von seiner Anwendung bestimmt, in dem Sinne wie die Handhabung ein und desselben Messers, je nachdem, ob es zum Brotschneiden oder zur Ermordung des Ehegatten benutzt wird, eine andersartige Bedeutung annimmt. Diese triviale Tatsache gestattet dem Messerfabrikanten nicht zu entscheiden, ob seine Tätigkeit zulässig sei; sie verleitet ihn zu der Annahme, sein Beruf sei neutral. Nun ist er dies jedoch nicht: Der mit einem Messer bewaffnete Mensch ist nicht mehr dasselbe Tier; ob er gut oder schlecht handelt, hat ein schwerwiegenderes Gewicht. Jedem technischen Handeln wohnt eine Schwere inne, die ihm eine mysteriöse und weitreichende Wirkung verleiht. Wenn man versucht, dem ersten Paradoxon (die Technik ist zugleich gut und schlecht) billig zu entrinnen, so führt das unumgänglich zu einem zweiten Paradoxon: Die Technik ist zugleich evident und mysteriös.

Um mit der technischen Illusion provisorisch fertig zu werden, kann man Jacques Elluls Formulierung annehmen: Die Technik ist ambivalent. Das bedeutet, dass sie *gleichzeitig* gut und schlecht ist; die gleiche technische Handlung ist nicht – je nach der Natur der Umstände – positiv oder negativ: Sie ist stets zugleich positiv und negativ, weil sie die Gesamtheit des menschlichen Wesens, das niemals ausschließlich gut oder schlecht ist, in Anspruch nimmt. Diese Formulierung bleibt selbst über die bewusste Absicht des Menschen hinaus gültig. Die besten Absichten der Welt genügen nicht, um einem technischen Akt einen positiven Wert zu verleihen. Im ersten Kapitel wurde klar darauf hingewiesen, in welchem Maß die Atombombe das unvorhersehbare Ergebnis einer Verschwörung der allerbesten Absichten und der außergewöhnlichsten Talente darstellt.

Die Technik ist nicht nur ambivalent, sondern auch mehrdeutig. Selbst wenn man im Vorhinein weiß, dass sie zugleich gut und schlecht ist, ist es unmöglich zu erraten, welche Anwendungen sich als positiv, welche als negativ erweisen werden. 1955 bewies das gemeinsame Gefühl hinsichtlich der Kernphysik eine ziemlich große Naivität. Man nahm an, dass die Atombombe die schlechte Anwendung darstellte, die Kernkraftwerke dagegen die gute, da sie eine unerschöpfliche Energiequelle liefern würde, billig und sauber. Die militärische Anwendung war natürlich schlecht, die pazifistische zwangsläufig gut.

Die Folge der Ereignisse hat gezeigt, dass diese Wertschätzung grundfalsch war. Tatsächlich hat die Atombombe den Ausbruch eines Krieges zwischen der kapitalistischen und der kommunistischen Welt verhindert. Trotz aller im ersten Kapitel ausgesprochenen Vorbehalte hat die Atombombe bisher in positiver Weise funktioniert. Dagegen hat die schlimme Katastrophe von Tschernobyl die Erzeugung nuklearer elektrischer Energie in einem Maße in Verruf gebracht, dass sie praktisch aufgegeben wurde: Die Kernkraftwerke wurden von nun an als das absolute Übel angesehen. Indessen wird man sich, bei nochmaligem Nachdenken, daran erinnern, dass Tschernobyl das Totenglöcklein für die kommunistische Ideologie geläutet hat.

Nicht die Atombombe hat die sowjetische Macht gestürzt, sondern die Elektrizitätserzeugung durch Kernkraft, die in gewisser Weise, von dieser Warte aus, als positiv betrachtet werden kann. Sie war positiv, weil sie sich als negativ erwies. Tatsächlich wurde die Zentrale durch einen unfähigen Apparatschik geleitet, der nichts von Kernphysik verstand und der ein falsches Manöver nach dem anderen ausführte. Im Moment des Schmelzens des Reaktorkerns hielt er daran fest, dass eine solche Katastrophe sich im Land des Kommunismus nicht ereignen könne und vernachlässigte alle Anordnungen, die ihm von den Ingenieuren gegeben worden waren. Der oben erwähnte Satz Lenins wurde also experimentell widerlegt: Der Kommunismus beendete die Illusion, dass es möglich sei, Kernenergie in einer Diktatur zu erzeugen.

Der Fortschritt der Technik – ein unkontrolliertes Phänomen

Wir müssen uns also von dem allgemeinen Vorurteil trennen, der Mensch sei angesichts der Technik *souverän und unveränderlich.* Souverän in dem Sinne, dass er nach Belieben den Lauf der technischen Entwicklung durch Beschlüsse, Entscheidungen oder Ablehnungen bestimmen könnte. Unveränderlich in dem Sinne, dass er sich durch Bezug auf ein System von Werten bestimmen könnte, die angeboren und permanent sind, was man etwa natürliche Moral nennt.

Die Wirklichkeit ist sehr viel beunruhigender. Jacques Ellul hat klar gezeigt, dass die Technik ein autonomes, einheitliches, allgemeines und totalitäres Phänomen darstellt, angesichts dessen der Mensch allein oder in der Gemeinschaft gegenwärtig schutzlos und ohne Hilfsmittel dasteht. Er kann den Fortschritt der Technik in dem einen oder anderen Punkt ein wenig beschleunigen; aufhalten kann er ihn jedoch nicht. Nehmen wir ein alltägliches Beispiel: Ein Ingenieur legt dem Direktor einer Computerfirma einen Vorschlag für einen neuen Computer vor. Dieser beruht auf den Grundlagen der Optoelektronik, welche die Herstellung eines tausendfach schnelleren Gerätes in einem tausendfach kleineren Volumen zu einem tausendfach geringeren Preis erlauben würde, kurz, es handelt sich hierbei um die Herstellung eines milliardenfach leistungsfähigeren Computers, verglichen mit konventionellen Geräten. Lässt sich dieses Projekt mit den verfügbaren Mitteln der Gesellschaft verwirklichen, bleibt dem Direktor wohl kaum die Wahl, es abzulehnen. Lässt er die Chance an sich vorübergehen, dann wird eine Firma der Konkurrenz sie aufgreifen und all diejenigen, die den Fortschritt verweigert haben, vom Markt ausschließen. Nimmt er das Projekt an, dann zwingt dieser Direktor die Direktoren der konkurrierenden Firmen, ebenso zu handeln wie er selbst.

Mit einem Wort, kein Firmenleiter hat wirklich die Freiheit einer prinzipiellen Wahl. Trifft er sie nicht in der angezeigten Richtung, so wird er vom Spiel ausgeschlossen. Die einzige ihm bleibende Freiheit bewegt sich auf der Ebene der Ausführungsbestimmungen. Kurz: *Jeder technische Fortschritt, der sich im Bereich des Möglichen befindet, wird zwangsläufig.* Es fehlt nur ein kleiner Schritt, um daraus abzuleiten, dass der technische Fortschritt positiv und gerechtfertigt ist. Dieser Schritt wird von all denjenigen gemacht, die in der technischen Illusion leben und darum bemüht sind, sie mit Hilfe der produktivistischen Ethik zu rechtfertigen. Der Gemeinplatz, „der Fortschritt kann nicht aufgehalten werden“ bedeutet zugleich, dass man ihn weder aufhalten kann noch soll, dass Ergebenheit in dieses „Naturgesetz“ die höchste Weisheit darstellt.

Die entmystifizierte technische Illusion

Man darf also mit Jacques Ellul den Verdacht hegen, dass der Fortschritt der Technik ein automatischer Vorgang ist, der seine eigene Ursache darstellt, und der demnach neben seinem eigenen Anwachsen keine andere Zweckbestimmung besitzt und jeden Grundes entbehrt, den Bedürfnissen oder Interessen der Menschen zu dienen. Es genügt nicht, rituell die Erinnerung an die freie Marktwirtschaft oder die Wonnen der staatlichen Planwirtschaft wachzurufen, um sich dadurch von dieser Angst einflössenden Feststellung zu befreien. Zusammenfassend haben wir in diesem ersten Teil, in dem die technische Illusion entmystifiziert worden ist, die Feststellung gemacht, dass die Technik nicht nur nicht positiv und nicht einmal neutral ist, sondern dass wir über ihren Verlauf keine Kontrolle besitzen. Wir sind das Objekt einer Evolution, die wir nicht beherrschen und die uns einem unbekannten Ziel entgegenführt. Sie hat uns zu dem gemacht, was wir heute sind. Es ist also der Mühe wert, rückwärts zu blicken und geduldig zu lernen, wie die Technik den Menschen geformt hat und den Glauben aufzugeben, dass wir es sind, die die Technik gemacht haben.

Welches ist diese mysteriöse Kraft, der wir gehorchen, im Glauben, sie zu beherrschen? Besteht eine Möglichkeit, ihr den Gehorsam zu verweigern? Und wenn dies nicht möglich ist, wie kann man sich am besten mit ihr abfinden? Wie kann man eine Gebrauchsanweisung für die Technik schreiben, wo es doch schon außerordentlich schwierig ist eine Gebrauchsanweisung für ein einfaches Telefon zu schreiben.

Zweiter Teil:

Die technische Evolution

Kapitel 4

Entropie und Entropologie

Um eine Gebrauchsanweisung für die Technik zu entwerfen, ist es interessant sich dem fundamentalsten Prinzip der Physik zuzuwenden. Albert Einstein, Experte für neue Prinzipien, schätzte, dass dies das einzige Gesetz sei, das vielleicht nie revidiert würde. Es stellt zwangsläufig den Rahmen dar, in dem die Technik sich entwickelt, denn die physikalischen Gesetze kann man, im Unterschied zu den Gesetzen der Juristen, nicht verletzen.

Das Prinzip der Entropiezunahme

Die beiden Hauptprinzipien der Thermodynamik können wie folgt zusammengefasst werden:

1. Die im Weltall enthaltene Energie ist eine Konstante.
2. Die Entropie des Weltalls nimmt ständig zu.

Die Energie, deren Ganzes seit der Erschaffung des Universums vor 15 Milliarden Jahren bis zu seinem Verschwinden in 30 Milliarden Jahren invariant bleibt, kann demnach weder erzeugt noch vernichtet werden. Andererseits nimmt Energie, die zur Ausführung einer Arbeit verfügbar ist, unaufhörlich ab, und der nicht mehr für eine Arbeitsleistung verfügbare Anteil, den man durch die *Entropie* misst, wächst unaufhörlich an. Mit anderen Worten: Jede Arbeitsleistung an der Materie ruft die Entwertung (Degradation) einer bestimmten Menge Energie hervor, sie verschwindet zwar nicht, verliert aber ihre *Qualität.*

Um eine mythologische Metapher zu verwenden: Man kann sich einen allmächtigen und wohlwollenden Gott vorstellen, der das erste Gesetz erlassen hätte, um den Menschen zu garantieren, dass sie nie unter Energiemangel zu leiden hätten. In dieser Legende hat der Teufel das Recht, das zweite Gesetz zu erlassen, das er in einer total unverständlichen Form abfasst. Sein göttlicher Partner akzeptiert mit geschlossenen Augen und besiegelt so das Schicksal des Universums. Wohl bleibt die Energiemenge konstant, aber ihre Qualität nimmt ständig ab. Das gleicht dem, was in einem Land passiert, das von einer Inflationswoge erreicht wird. Der Bürger verfügt immer über die gleiche Geldmenge, mit der er aber immer weniger Güter und Dienste erwerben kann.

Die Zeit, die wir immer als eine irreversible Größe wahrnehmen, veranschaulicht vielleicht am besten diese unaufhörliche qualitative Degradation der Energie: Eine zerbrochene Vase fügt sich nicht spontan wieder zusammen; ein Stein, der den Berg hinuntergerollt ist, wird niemals etwa spontan den Abhang wieder hinaufrollen; ein erloschenes Feuer wird sich nicht von allein wieder anfachen; Eisen verwandelt sich spontan in Rost; der Rost jedoch verwandelt sich nicht spontan in Eisen. Wir altern unerbittlich und verjüngen uns nie wieder. Einmal gestorben, leben wir nicht wieder auf, es sei denn vielleicht in einer anderen Welt, mit anderen Gesetzen.

Es ist nicht einfach, das Prinzip der zunehmenden Entropie zu erklären, und zwar nicht allein deshalb, weil es eine Abstraktionsfähigkeit erfordert, zu der die hervorragendsten Köpfe nicht vor Mitte des vergangenen Jahrhunderts gelangt sind (Sadi Carnot 1824, Rudolf Clausius 1868), sondern auch und vor allem, weil dieses Prinzip unseren hartnäckigsten Vorurteilen und tief verwurzelten Sehnsüchten widerspricht. In einfachen Worten besagt dieses Prinzip, dass jedes Individuum sterblich ist, dass die Menschheit sterblich ist und dass das Universums sterblich ist.

Um seine Bedeutung zu verstehen, werden wir dieses Prinzip an vier einfachen Beispielen aus dem technischen Bereich veranschaulichen.

Das Beispiel Wärmekraftwerk

Betrachten wir zunächst eine Tonne Kohle. Wir wissen aus Erfahrung, dass diese Tonne nur ein einziges Mal verbrannt werden kann, dass die Verbrennung der Kohle ein irreversibles Phänomen darstellt. Diese erfahrungsbedingte Tatsache ist schon eine Anwendung des Prinzips der zunehmenden Entropie. Die durch die Verbrennung erzeugte Wärme verschwindet nicht, sondern löst sich gewissermaßen in der Umwelt auf; die heiße Luft vermischt sich mit kalter Luft und wird zu lauer Luft. Es ist unmöglich, zur Anfangssituation zurückzukehren und aufs neue die Wärme von der Kälte zu trennen, ohne eine Arbeit zu verrichten.

Um die durch Verbrennung entwertete Energie wieder aufzufangen, kann man sie zum Aufheizen von Wasser und zur Herstellung von heißem Dampf verwenden, der dann das Antreiben einer Turbine erlaubt, die ihrerseits einen Teil der Wärmeenergie in mechanische Energie umwandelt; diese mechanische Energie kann teilweise mit Hilfe eines Stromgenerators in elektrische Energie umgewandelt werden. Jede dieser Umwandlungen schließt *gezwungenermaßen* Verluste mit ein. Ungefähr 45 Prozent der in der Kohle enthaltenen ursprünglichen Energie wird in elektrische Energie umgewandelt, der Rest geht mit den Dämpfen oder im Kühlwasser verloren. Diese ganz unvermeidlichen Verluste stellen eine weitere Anwendung des Gesetzes der Entropie dar.

Der nutzbare Anteil, der in der elektrischen Energie enthalten ist, kann seinerseits in Ofenhitze, in motorische Kraft oder in Licht für eine Lampe umgewandelt werden. Die Aufgabe der mechanischen Energie eines Motors liegt ausschließlich darin, gegen die Reibung anzukämpfen und sich bei diesem Vorgang in Wärme umzuwandeln; mit dem Licht geht es ebenso. Letztendlich kann die gesamte ursprüngliche Energie unserer Kohle mit Hilfe einer Bilanz der Energieumwandlungen wiedergefunden werden, allerdings immer nur in degradierter Form, d.h. als Wärme bei niedriger Temperatur, die nicht rückgewinnbar ist zur Ausführung irgendeiner Arbeit.

Die Temperatur ist also ein Indikator für die Qualität der thermischen Energie. Die Energiemenge, die im Wasser des Mittelmeers enthalten ist, ist riesig. Da aber die Temperatur des Wassers nie 100 ^{0}C erreicht, kann diese ganze Energie nicht dazu dienen ein einziges weiches Ei zu kochen.

Dieses erste Beispiel, das ausschließlich die technische Verwertung der Energie betrifft, zeigt, dass wir diese nicht zerstören, sie jedoch entwerten. Ist sie einmal entwertet, so ist sie unbrauchbar geworden. Das ist in Abbildung 4.1 zusammenfassend dargestellt.

Das Beispiel Wasserkraftwerk

Betrachten wir ein zweites Beispiel für den energetischen Zyklus. Die Sonne verdampft das Meerwasser, das dann die Wolken bildet. Diese werden vom Wind getrieben, der eine andere Art Sonnenenergie darstellt, erreichen einen Kontinent, kondensieren und erzeugen Regen. Dieses Wasser kann in einer Talsperre aufgefangen und zum Antrieb einer Wasserturbine verwandt werden. Letztere treibt einen Generator an, der elektrische Energie erzeugt, deren endgültige Bestimmung vorher beschrieben worden ist.

Dieser Zyklus, der in der Abbildung 4.2 schematisch dargestellt ist, ähnelt dem vorangehenden insofern, als letztlich jede Energie degradiert. Er weicht jedoch insofern vom ersten Zyklus ab, als es sich bei dem untersuchten System nicht

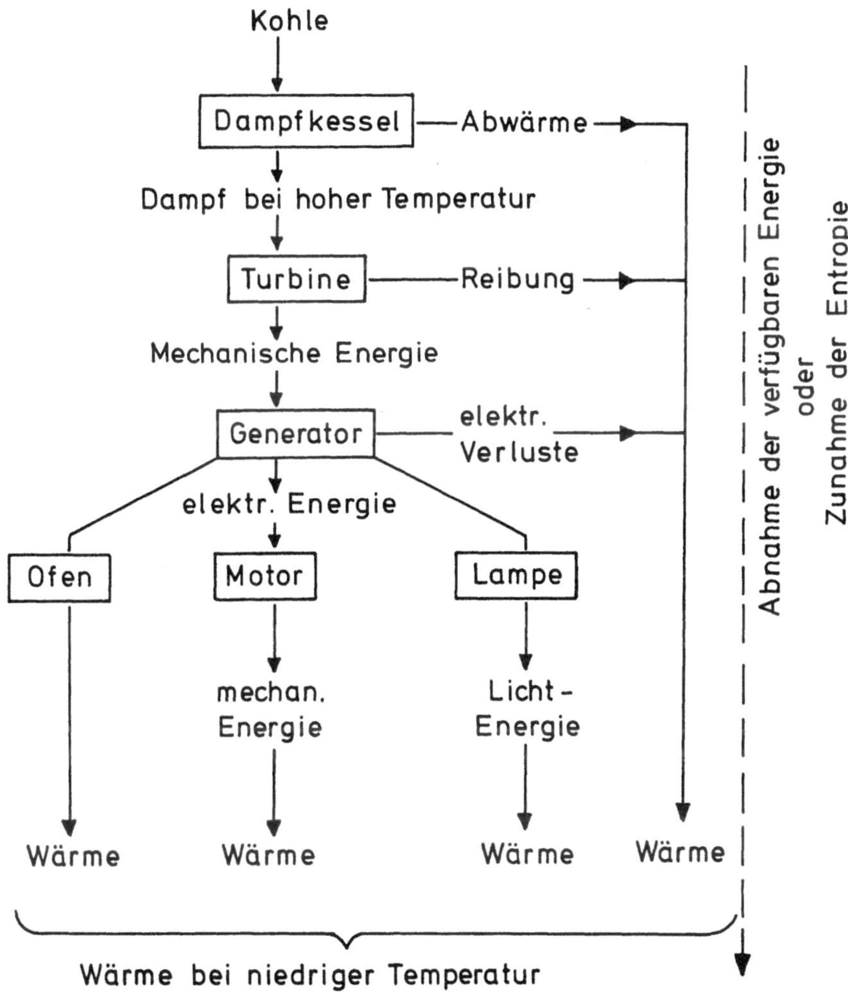
Kohle
Dampfkessel
Abwärme
Dampf bei hoher Temperatur
Turbine
Reibung
Mechanische Energie
Generator
elektr.
Verluste
elektr. Energie
Ofen
Motor
Lampe
mechan.
Energie
Licht-
Energie
Wärme
Wärme
Wärme
Wärme
Wärme bei niedriger Temperatur
Abnahme der verfügbaren Energie
oder
Zunahme der Entropie

Abb. 4.1

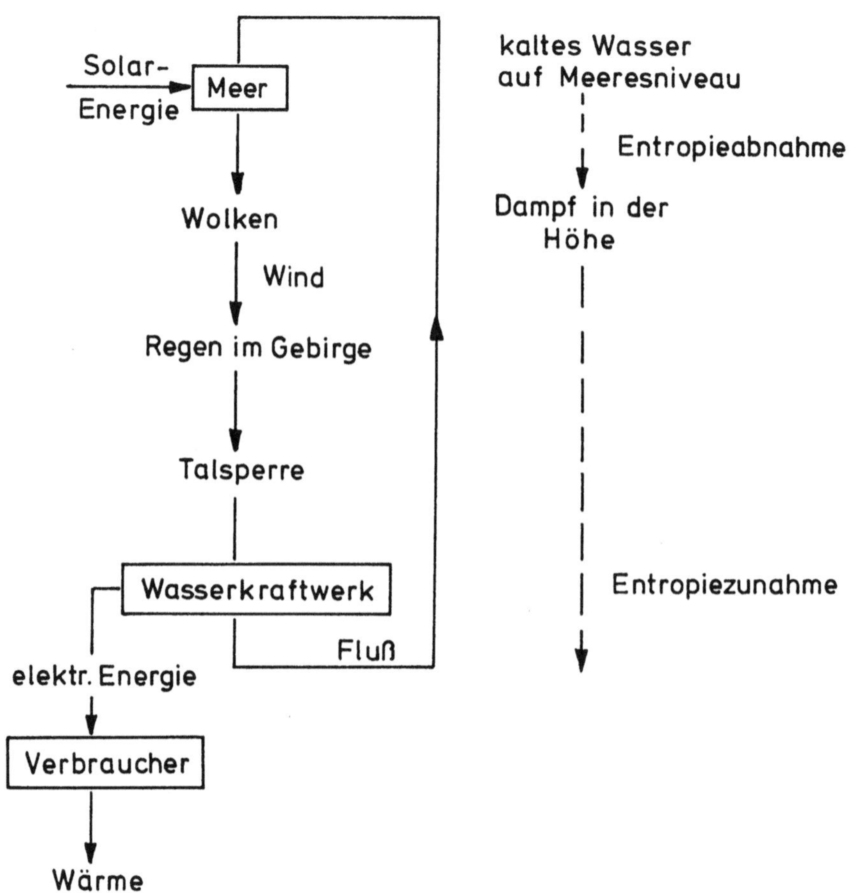
Solar-
Energie
Meer
Wolken
Wind
Regen im Gebirge
Talsperre
Wasserkraftwerk
Fluß
elektr. Energie
Verbraucher
Wärme
kaltes Wasser
auf Meeresniveau
Entropieabnahme
Dampf in der
Höhe
Entropiezunahme

Abb. 4.2

um ein geschlossenes handelt: Hier besteht eine unaufhörliche Zufuhr von Sonnenenergie; das System ist ein offenes und kann ohne Ende funktionieren, jedenfalls in unserem Maßstab. Es wird allerdings unvermeidlich zum Stillstand kommen, wenn der Kernreaktor erlischt, den die Sonne darstellt.

Unserer Ansicht nach besteht indessen ein Unterschied zwischen der Jahr für Jahr durchgeführten Gewinnung der Sonnenenergie, die auf unseren Planeten einfällt, und der Verwendung der Sonnenenergie, die vor einigen Milliarden Jahren in Kohle und Erdöl gespeichert worden ist. Es geht dabei um den Unterschied zwischen einer erneuerbaren und einer nicht erneuerbaren Energiequelle. Zwischen diesen beiden Konzepten gibt es ein Zwischending, nämlich die langsam regenerierbaren Quellen wie das Holz, von dessen ebenso großen Bedeutung wir uns später überzeugen werden.

Der Umgang mit der Energie

Hat man erst einmal den Mechanismus der Entwertung der Energie verstanden, kann man sich dem konkreten Umgang mit der Energie in unserem technischen System zuwenden. Wir haben gelernt, dass wir über zwei Arten von Energiequellen verfügen: eine, die erneuerbar ist, nämlich die Sonnenenergie; die andere, die nicht erneuerbar ist und die aus Kohle, Erdöl, Naturgas und Uran besteht. Die erste stellt ein Einkommen an Energie dar, die zweite ein Kapital. Wenn wir einen hydroelektrischen Staudamm konstruieren, wird die dafür verbrauchte Energie aus dem Kapital geschöpft; sie garantiert uns anschließend ein regelmäßiges Einkommen. Das ist eine kluge Investition des Kapitals.

Wenn wir dagegen Erdöl verbrennen, mit dem einzigen Ziel, uns aufzuwärmen oder fortzubewegen, verbrauchen wir einen großen Teil des Kapitals für unsere laufenden Bedürfnisse. Wenn man die Finanzierung unserer aktuellen Ausgaben analysiert, stellt man fest, dass sie zu 95 Prozent durch das Kapital und zu 5 Prozent durch das Einkommen gedeckt werden. Bedeutet dies, dass unser Einkommen zu gering ist um unsere Ausgaben zu decken? Keineswegs. Die Sonnenenergie, die auf den Planeten Erde fällt, ist um einen Faktor 15.000 (!) höher als unser Energieverbrauch. Aber statt unsere Einkünfte anzuzapfen, schöpfen wir aus dem Kapital, weil es soviel einfacher ist. Einfacher bedeutet kostengünstiger, rein finanztechnisch. Aber unser Bewertungsverfahren eines Gutes in Geld ist rein konventionell und umfasst nicht die zugrunde liegende physikalische Realität.

Wir gleichen einem reichen Erben, der ein Unternehmen besitzt und es nicht dadurch finanziert, dass er Rechnungen an seine Kunden verschickt, sondern dadurch, dass er aus dem Kapital schöpft, das ihm vererbt wurde. Wenn eines seiner Bankkonten zur Neige geht, greift er ein anderes an, da er sich sagt, dass seine Vorfahren ihm ein unendliches Kapital hinterlassen haben. In dieser Weise beruhigt man sich auf internationalen Konferenzen, indem man behauptet, dass es nach dem Öl das Naturgas, dann noch die Kohle, dann die Kernspaltung, dann die Kernfusion existiere, schließlich das, was die Wissenschaftler in Zukunft noch erfinden würden.

Ein Unternehmen, das so wie der Planet Erde geführt wird, endet unausweichlich im Konkurs. Die Realität, die so sachkundig von den Entscheidungsträgern ignoriert wird, ist einfach: Es existiert irgendwo ein letzter Barrel Erdöl, der an Energiedegradation ebenso teuer kommen wird wie das, was er in das System einbringt. Wir wissen nicht genau, wo dieser unüberschreitbare Horizont exakt liegt. Aber unser Unwissen beruhigt uns. Da das Kapital so groß ist, dass wir es nicht abschätzen können, stellen wir uns vor, es sei unendlich. Das ist falsch.

Im übrigen, warum verbrauchen wir soviel mehr Energie als unsere Vorfahren, die Öl und Kohle entbehren konnten, die ganz vom solaren Einkommen des Planeten lebten??

Das Beispiel Eisenindustrie

Die beiden ersten Beispiele könnten uns glauben machen, dass die alleinige Bedeutung der zunehmenden Entropie in der Degradation der Energie und ihrem auf die Dauer unvermeidbaren Versiegen liegt. Diese Problematik ist allen seit dem Erdölschock im Jahre 1973 vertraut geworden. Die Konsequenzen der Entropiezunahme haben indessen hinsichtlich der Rohstoffquellen eine andere Bedeutung.

Betrachten wir ein drittes Beispiel, das durch die Abbildung 4.3 veranschaulicht wird. Angenommen, wir haben Eisenerz mit einem Eisengehalt von 5 Prozent, das alle möglichen Verunreinigungen enthält. Durch Anwendung von Energie in Form von Kohle in einem Hochofen besitzen wir die Möglichkeit, dieses Erz zu reinigen und es in einen Stahlblock umzuwandeln, d.h. in eine höchst geordnete Form der Materie. Der Hauptanteil der dazu verwandten Energie ist im übrigen in der Umwelt in Form von Wärme verschwunden; ein kleiner Teil hat die Umwandlung von einem ungeordneten Material in ein strukturiertes und nützliches Material ermöglicht. Mit anderen Worten, die Materie kann vorteilhaft strukturiert werden, wenn dabei eine Degradation der Energie akzeptiert wird. Dies erklärt, warum wir, seit Beginn des industriellen Zeitalters, sehr oft gezwungen waren, aus unserem Energiekapital zu schöpfen.

Diese erste Lektion wird durch eine zweite Betrachtung erweitert, die nicht weniger erstaunlich ist. Wird der Stahlblock den schädlichen Einwirkungen der Umwelt unterworfen, dann wird er, sobald er einmal zu Eisenträgern oder Blech umgeformt wurde, nach und nach rosten: Eisen verwandelt sich auf Dauer in Oxyde, die sich auf einer Mülldeponie mit anderen Materialien vermischen. Die Eisenatome sind zwar nicht verschwunden, da sie jedoch nur einen kleinen Anteil dieses Abfalls darstellen, können sie nicht zurückgewonnen werden, ohne dass dabei eine erhebliche Menge Energie degradiert würde. Das Eisenerz ist damit zu einem umweltbelastenden Stoff geworden.

Während dieses Vorgangs, der in Abbildung 4.3 im Detail dargestellt ist, entdeckt man, dass die Energiezufuhr die Herstellung einer bestimmten Ordnung in der Materie erlaubt, eine Ordnung, die jedoch zum Schluss degradiert. Es ist demnach möglich, provisorisch eine Ordnung zu schaffen, lokal strukturierte Systeme aufzubauen, indem man die Energie global degradiert, d.h. die Entropie steigert. Wir entkommen diesem Wachstumsgesetz nicht.

Das Beispiel Quecksilber

Das vorangehende Beispiel mag unpassend erscheinen, da das Eisen tatsächlich die Eigenschaft besitzt, sich leicht in Oxyd umzuwandeln. Tatsächlich aber ist die Situation für alle Materialien die gleiche. Führen wir uns, um dies einzusehen, ein viertes Beispiel vor Augen, das in Abbildung 4.4 schematisch dargestellt ist. Im Falle des Quecksilbers muss das Metall durch Raffinieren eines Erzes gewonnen werden: Bei diesem Vorgang ist eine Degradation von Energie unvermeidbar, in dem vorliegenden Fall von elektrischer Energie. Obgleich das Quecksilber ein relativ beständiges Metall in bezug auf die Umwelt darstellt, löst es sich dennoch unaufhörlich in dieser auf. Batterien, die Quecksilber enthalten, werden rücksichtslos in den Mülleimer geworfen; Thermometer zerbrechen, und das Quecksilber endet in der Kanalisation; die auf Quecksilber beruhenden Fungizide, die auf die Feldern verteilt werden, werden durch den Regen bis ins Grundwasser verschleppt; und Quecksilber, das in der chemischen Industrie als Katalysator benutzt wird, geht in kleinen Mengen durch Entweichen verloren etc.

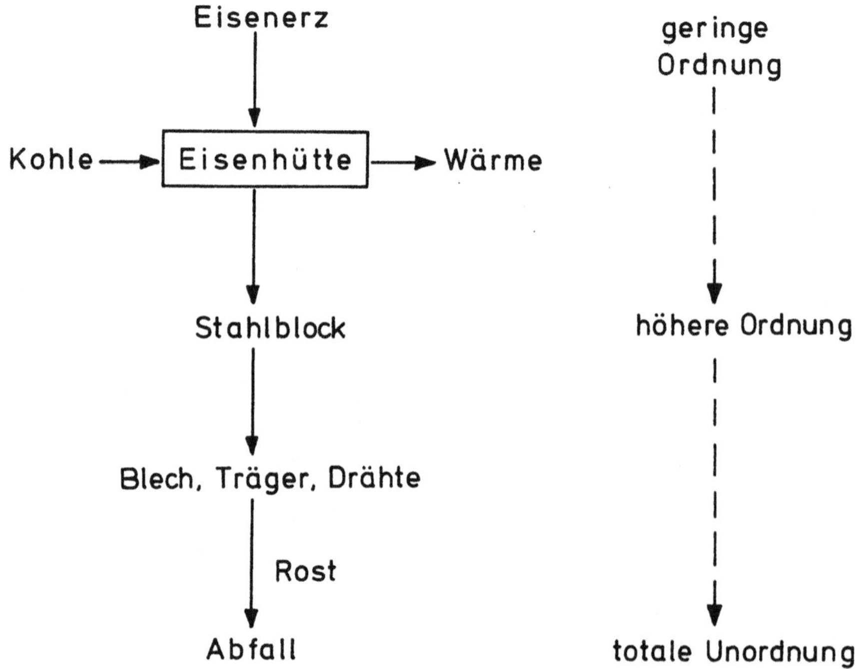
Eisenerz
Kohle
Eisenhütte
Wärme
Stahlblock
Blech, Träger, Drähte
Rost
Abfall
geringe Ordnung
höhere Ordnung
totale Unordnung

Abb. 4.3

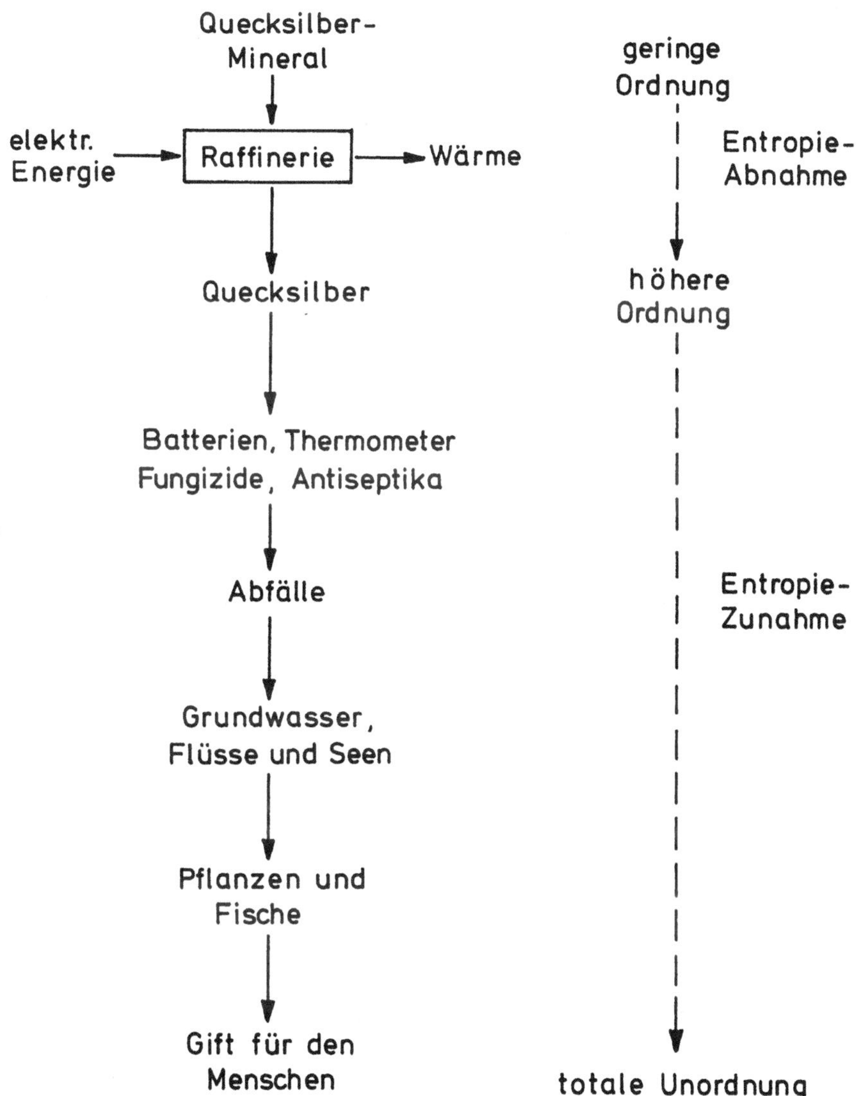
Quecksilber-
Mineral
elektr.
Energie
Raffinerie
Wärme
Quecksilber
Batterien, Thermometer
Fungizide, Antiseptika
Abfälle
Grundwasser,
Flüsse und Seen
Pflanzen und
Fische
Gift für den
Menschen
geringe
Ordnung
Entropie-
Abnahme
höhere
Ordnung
Entropie-
Zunahme
totale Unordnung

Abb. 4.4

Letzten Endes wird dieses Quecksilber in den Wasserläufen und Seen in sehr kleine Mengen verdünnt, weniger als 1 : 1.000.000. Es dringt in die Nahrungskette ein, wo es ein gefährliches Gift für sämtliche Lebewesen bedeutet. Ebenso wie im vorausgehenden Fall kann man hier also deutlich die Schaffung einer vorübergehenden Ordnung erkennen, die Ordnung des gereinigten Quecksilbers, das zum Schluss in eine schädliche Unordnung degradiert.

Es könnte entgegnet werden, dass die in einem See verstreuten Atome des Quecksilber im Prinzip zurückgewonnen werden können. Die außerordentlich geringe Konzentration des Quecksilbers würde jedoch das Unternehmen sehr kostspielig machen, und zwar sowohl finanziell wie auch in puncto *Energie.* Zur Bereitstellung dieser Energie müsste ein Elektrizitätskraftwerk gebaut werden, das Erdöl oder Kohle verbrennt. Dieses Verfahren besitzt den Nachteil, dass es Stickoxyde als auch Schwefeloxyde erzeugt, die die Luft verunreinigen und die Ursache von saurem Regen und Waldsterben sind. Jede Verbrennung erzeugt Treibhausgase, die Klimaänderungen nach sich ziehen.

Wir verstehen nun, dass die Art einer Verschmutzung geändert werden kann, dass eine Reinigung indessen grundsätzlich unmöglich ist. Man kann Ordnung nicht an einem Ort wiederherstellen, ohne anderswo eine zu mindest äquivalente Unordnung zu verursachen. Das Prinzip der zunehmenden Entropie zieht als Konsequenz eine sich immer weiter ausbreitende Verschmutzung nach sich, ohne dass eine Umkehr möglich wäre. Was man heute Reinigung zu nennen pflegt, stellt eine technische Illusion dar, die mit unserem Prinzip der zunehmenden Entropie inkompatibel ist.

Es ist unmöglich, Verschmutzung rückgängig zu machen

Um eine bekannte Situation als Beispiel zu nehmen, betrachten wir, was sich beim Geschirrspülen abspielt. Man reinigt das Geschirr und verschmutzt das Wasser. Man kann diese unsere tägliche Erfahrung zusammenfassen, indem man ein Erhaltungsprinzip der Verschmutzung ausspricht:

Es ist unmöglich, etwas zu reinigen, ohne etwas anderes zu verschmutzen.

Was das schmutzige Wasser angeht, so wird es den Schmutz weiter verbreiten, es sei denn, es fließt durch eine Aufbereitungsanlage. Falls diese allein auf der Wirkung von Bakterien beruht, die mit Solarenegie arbeiten, würde das Wasser gereinigt, ohne den Schmutz anderswohin zu übertragen. Die Verwendung jeder anderen Energie, beispielsweise in Pumpen, trägt zum Wachstum der Entropie bei. Ein etwaiges Rückgängigmachen der Verschmutzung ist nur eine Illusion.

Natürlich legt das Prinzip der Erhaltung des Schmutzes das folgende verwandte Prinzip nahe:

Es ist möglich, alles zu verschmutzen, ohne etwas zu reinigen.

Das erste Beispiel hierfür, das einem in den Sinn kommt, ist der Krieg. Eine Armee wird aufgestellt, um die Ordnung des Feindes zu zerstören und die eigene Unordnung zu organisieren.

Die technische Bedeutung der Entropie

Der Vorteil des Begriffs Entropie liegt darin, dass er drei verschiedene Situationen vereint: Das Anwachsen der Entropie ist zugleich ein Maß für die Degradation der Energie, für die Unordnung eines Systems und für die Verschmutzung dieses Systems. Es besteht eine Wechselwirkung zwischen zwei Prozessen: Die Herstellung eines geordneten Systems erhöht die globale Entropie durch Degradation von Energie; die Aufrechterhaltung der Ordnung eines Systems entspricht einem sparsamen Umgang mit der Energie.

Vergleichen wir als vertrautes Beispiel zwei verschiedene Situationen. Ein undifferenziertes Sammeln unserer Abfällen bedeutet einen großen Energieverbrauch, wenn man nämlich diese Abfälle in einer Aufbereitungsanlage entsorgen möchte. Wenn aber die Verbraucher diszipliniert sind und verschiedene Abfallbehälter verwenden um organische Abfälle, Papier, Glas, Metall, Plastik zu trennen, so erlaubt dies, die Abfälle beim Recycling als Rohmaterialien zu behandeln. Wenn man also Sorge trägt, Unordnung nicht durch pure Nachlässigkeit einzuführen, vermeidet man ein Anwachsen der Entropie.

Geschlossene und offene Systeme

Untersucht man sorgfältig eine technische Maßnahme, so entdeckt man dabei stets einen gewissen Fluss von Entropie im Sinne einer Zunahme, vorausgesetzt, es handelt sich bei dem betrachteten System um ein *geschlossenes,* d.h. es besteht keinerlei Austausch von Energie oder Materie mit der Umwelt außerhalb des Systems. Oft gibt man sich falschen Hoffnungen hin bei der Betrachtung eines offenen Systems, das außerhalb Energie oder Rohstoffe schöpfen und sich in zunehmend spektakulärer Weise organisieren kann. Ein Beobachter, der in einem derartigen System eingeschlossen ist, neigt dazu, das Gesetz der zunehmenden Entropie zu ignorieren. Das trifft auf die isolierte Untersuchung eines einzelnen technischen Vorgangs zu, wie es sich aus den vorher erwähnten Beispielen ergibt. Indessen gilt dies nicht weniger für ein technisches System, für eine bäuerliche oder industrialisierte Gesellschaft, die auf der Anwendung zahlreicher technischer Vorgänge beruht.

Der römische Bürger im 1. Jahrhundert oder der britische Bürger im 19. Jahrhundert hat geglaubt, es genüge, die römische oder die britische Ordnung in die restliche Welt zu exportieren, um Frieden und Reichtum sicherzustellen. Keiner von beiden konnte begreifen, dass der Wohlstand und das angenehme Leben der Metropole auf der Ausbeutung der Kolonien beruhte, oder, genauer noch, dass der Preis für die (höchst relative) Ordnung in Rom oder in London eine kompensatorische Unordnung an den Grenzen des Weltreichs war.

Das Leben als eine lokale Ausnahme von der Zunahme der Entropie

Dies ist unser naiver Eindruck, wenn wir an das Phänomen des Lebens denken. Es ist klar, dass ein Embryo, und später ein Kleinkind, ein ungeheuer kompliziertes, hoch geordnetes System aufbaut. Aber dies kann nur gelingen durch eine unaufhörliche Nahrungszufuhr und Produktion von Abfällen. In gleicher Weise heilt eine Wunde, wenn sie nicht allzu schlimm ist, von selbst: Das aus dem Körper bestehende biologische System schließt die Hautwunde, indem es neue Zellen herstellt, kann dies jedoch nur auf Kosten von Nahrungsressourcen tun, d.h. durch freie Energie. Im Gegensatz dazu kann sich eine Spalte, die in einem Stein auftritt, durch Einwirkung der Witterung nur weiter vertiefen, bis hin zum Bersten des Steines und zu seiner Verwandlung in Staub.

Auf jeden Fall stirbt jedes Lebewesen schließlich und kehrt zur Unordnung zurück. Dennoch scheint die Ordnung, vorübergehend und lokal, über die Unordnung zu triumphieren: Bei einer ersten naiven Betrachtung scheint uns das Leben aufgrund eines mysteriösen Prinzips, des Vitalismus, fortzuschreiten. Diese Illusion führt oft in den aktuellen Debatten in eine Sackgasse: Das Lebewesen wird betrachtet, als habe es übernatürliche Eigenschaften, die Privilegien rechtfertigten.

Mit Hilfe eines analogen Arguments ist es möglich, auch die biologische Evolution zu erklären, die einfache und wenig organisierte Organismen in höher entwickelte umwandelt, von denen der Mensch den bisher höchst entwickelten darstellt. Das Leben bringt immer kompliziertere Systeme hervor, die nur durch immer umfassenderes Ausschöpfen der Außenwelt überleben.

Das Paradoxon Ordnung – Unordnung

Will man unsere bisherigen Entdeckungen zusammenfassen, so stößt man auf ein Paradoxon: Einerseits tendiert die Materie dazu, sich spontan in hierarchische Systeme zu organisieren, die von den Elementarteilchen, über das Atom, das Molekül, die Zelle, die Pflanze, das Tier, bis hin zu menschlichen Gesellschaften gehen; andererseits werden durch dieses Streben die Ressourcen an freier Energie unerbittlich erschöpft, und die Schaffung einer lokalen Organisation trägt unvermeidlich zu globaler Unordnung bei. Kurz und gut, man fände, auf einem höheren Abstraktionsniveau, banale Feststellungen in bezug auf die Existenz einer Lebenskraft und einer Todeskraft, die jeder Mensch durch die Macht der Dinge erfährt und die in einer zugleich konstruktiven wie destruktiven Dialektik vereint sind.

Es gibt allerdings einen grundlegenden Unterschied zwischen der herkömmlichen Formulierung und der der zeitgenössischen Physik. Wir haben aufgehört, diese Kräfte als an das Resultat transzendenter Absichten zu betrachten; wir haben uns vom Animismus befreit. Im besonderen vermeiden wir die dualistische Erklärung des Weltalls, die auf dem ewigen Konflikt zwischen einem guten und einem bösen Prinzip beruht. Dualistische Schöpfungsmythen, wie die Zarathustras oder Manis, sind entmutigend: Warum soll man arbeiten, und wie soll man sich in einem Weltall verhalten, in dem das Böse zur Hälfte allmächtig wäre und wo jeglicher Fortschritt per definitionem eine Illusion darstellt?

Die kreative Kraft des Chaos

In Wirklichkeit, oder genauer gesagt, nach bestem gegenwärtigen Wissen gibt es keine zwei entgegengesetzten Kräfte, von denen die erste kleine Inseln der Ordnung in einer allgemeinen Unordnung schafft, die unter dem Einfluss der zweiten zunähme. Intellektuell betrachtet, wäre ein solches Schema nicht sehr befriedigend, da es kompliziert ist. Wozu sollte sich eine Ordnung etablieren, die die Ausnahme in Zeit und Raum darstellt, die ihrerseits dem Prinzip der Unordnung unterworfen sind? Diese Sisyphus-Arbeit, der sich das Universum ausgeliefert hätte, ähnelt eher einem moralisierenden Märchen als einer rationalen Erklärung.

P. Atkins und I. Pripogine haben deutlich gemacht, dass diese beiden physikalischen Eigenschaften des Universums nicht gegensätzlich, sondern vielmehr komplementär sind. Die Ordnung von gewissen Strukturen erklärt sich durch zufälliges Auftreten dieser Strukturen in der umgebenden Unordnung und durch ihre natürliche Auslese. Diese natürliche Auslese stammt keineswegs von einem

Schöpfungsprinzip, sondern ganz einfach vom bekannten Gesetz der zunehmenden Entropie selbst her. Von allen Strukturen, die das Chaos auf zufällige Weise schafft, sind diejenigen am stabilsten, die einer maximalen Entropie *für das gesamte zu betrachtende System* entsprechen.

Man kann eine kleine Insel der Ordnung schaffen, wenn dies die Erzeugung von Unordnung außerhalb dieses offenen Systems mit einschließt. Dies erklärt insbesondere, warum die Evolution dahin tendiert, immer stärker strukturierte Organismen hervorzubringen, *denn ihre Schaffung schließt ein maximales Anwachsen der Entropie für die Umwelt mit ein.*

Das Gleichnis vom Öl und vom Wasser

Das Weltall ähnelt einer Vase, die Wasser und ein wenig Öl enthält. Normalerweise vermischt sich Öl nicht mit Wasser, sondern sammelt sich vielmehr an der Oberfläche an. Um eine enge Vermischung von Öl und Wasser zu erreichen, muss die Flüssigkeit heftig geschüttelt werden, d.h. es muss Energie in das System eingeführt werden, das aus der Vase und ihrem Inhalt besteht.

Nun vermischen sich aber, wenn man warmes Wasser in einen Behälter mit kaltem Wasser gießt, die beiden grundsätzlich spontan miteinander, nach dem Prinzip der zunehmenden Entropie. Ebenso geht es, wenn man Wein, Tinte oder Salz in Wasser gießt: Die Vermischung vollzieht sich auf irreparable Weise. Dies ist eben die Definition der Unordnung, der vollständig chaotischen Verteilung der Moleküle, die nicht ihrer Spezies entsprechend gruppiert bleiben. Warum macht die Vermischung von Wasser mit Öl offenbar eine Ausnahme? Der Grund dafür liegt in der ganz besonderen Natur der Ölmoleküle, die sehr verschieden von den Wassermolekülen sind. Wenn jedes Ölmolekül inmitten von Wassermolekülen isoliert ist, dann müssen sich diese in exakter Weise in der Umgebung des Ölmoleküls anordnen. Je vereinzelter die Ölmoleküle sind, desto stärker ordnen sie die Wassermoleküle in ihrer Umgebung. Die Auflösung von Öl in Wasser kommt einem Strukturieren des Wassers gleich und demnach einer Abnahme der Entropie des Systems. All dies ist natürlich nur möglich, wenn die Mischung geschüttelt wird. Wird dagegen die Mischung nicht geschüttelt, dann strebt das System spontan nach seiner maximalen Entropie, und zwar durch eine neue Gruppierung aller Ölmoleküle, gesondert von den Wassermolekülen.

Anhand dieses höchst einfachen Beispiels kann man sich vorstellen, warum die DNA Moleküle, die die Basis des Lebens darstellen, so spontan aufgetaucht sind. Es ist nicht nötig, zu errechnen, mit welcher lächerlich kleinen Wahrscheinlichkeit eines dieser Moleküle spontan aufgetaucht ist, um daraus zu folgern, das Erscheinen dieses Moleküls sei der Hinweis auf die Existenz irgendeines vitalistischen Prinzips oder auf die Nachhilfe eines göttlichen Schöpfers. Atkins hat gezeigt, dass die raffinierte Architektur dieser Moleküle einer maximalen Entropiezunahme für die Umwelt entspricht.

Die Ordnung als Folge der Unordnung

Von nun an braucht man sich nicht mehr zwei entgegengesetzte Kräfte vorzustellen, weil eine einzige, die Zunahme der Entropie, alles zu erklären vermag. Diese Erklärung ist überraschend: Sie behauptet, Unordnung bedeute nicht die Abwesenheit von Ordnung, sondern im Gegenteil, Ordnung sei die lokale und vorläufige Abwesenheit von Unordnung. Diese vorübergehenden Inselchen der Ordnung, die wir selbst darstellen und die wir erzeugen, sind das Resultat gerade dieser exzessiven Tendenz zur Unordnung. Im Bemühen, ein maximales Chaos zu schaffen, organisiert sich die Natur unaufhörlich und ist gezwungen, sich der Ordnung zu entledigen, indem sie diese in einer Art fixierter Abszesse lokalisiert. Je bedeutender diese Inselchen nach Ausbreitung und Verfeinerung ihrer Struktur sind, um so mehr kann die Unordnung an anderer Stelle anwachsen. Je stärker die Entropie global zunimmt, um so mehr perfektionierte lokale Systeme schafft sie.

Es ist also gar nicht verwunderlich, wenn die Technik, in dem Maße, wie sie fortschreitet, immer mehr Energie verbraucht und immer mehr Umweltschäden verursacht. Ihr Fortschritt wird von der Unordnung bedingt, die sie anderswo verursacht. Diese Betrachtung erklärt die Ursache der Paradoxa in Bezug auf die Technik. Es hat einen Sinn, wenn behauptet wird, die Unordnung verursache Ordnung, das Schlechteste sei die Bedingung für das Beste, und das Mysterium erkläre das Offensichtliche. Was immer sich auf unserem Planeten abspielt, das Gesetz der Zunahme der Entropie bleibt immer respektiert und stellt in der Tat eine hintergründige Erklärung für die verschiedensten und widersprüchlichsten Phänomene dar.

Selbst wenn man dies verstandesmäßig zugibt, so ändert es nichts daran, dass diese Auffassung von der Technik das Gegenteil der technischen Illusion darstellt und dass sie auf den ersten Blick nicht besonders stimulierend ist. Das erklärt auch, warum das Prinzip der zunehmenden Entropie so hochmütig ignoriert wird. C. P. Snow erzählt, dass er es anlässlich sämtlicher Essen, bei denen Professoren aus Oxford oder Cambridge versammelt waren, nie versäumte, heimlich das Konzept der Entropie zu erwähnen, um zu entdecken, dass seine Kollegen der Geisteswissenschaften nicht einmal deren Existenz vermuteten. Zur Erläuterung sei gesagt, dass das Äquivalent für einen britischen Physiker das Ignorieren von Shakespeares Namen bedeuten würde.

Das Gleichnis vom Kasino

In Las Vegas, USA gibt es Kasinos, in denen sich verbissene Spieler abmühen, durch frenetisches Spielen ein Vermögen zu gewinnen. Während der Spielpausen diskutieren sie endlos über ausgeklügelte Spielsysteme, die ihnen dieses Vermögen einbringen könnten, vergleichen die Vorteile des Roulettes, der Spielautomaten und der Kartenspiele. Allerdings hüten sie sich sehr wohl davor, die Grundregel des Kasinos zu erwähnen, wonach nämlich die Spiele so organisiert sind, dass sie dem Kasino eine bestimmte Gewinnspanne sichern, und dass ein Spieler um so sicherer sein darf zu verlieren, und zwar immer mehr zu verlieren, je mehr er spielt. Man kann oft Spieler beobachten, die gleichzeitig zwei Geldautomaten bedienen, in der Illusion, so ihre Chancen zu erhöhen. Tatsächlich beschleunigen sie nur den unvermeidlichen Ausgang des Spiels nach der evidenten Regel: Je schneller man spielt, umso schneller verliert man alles.

Jedes Kasino ist also der Ort einer Kafka-Intrige, wo das Wesentliche zwar allen bekannt ist, jedoch niemals ausgesprochen wird, weil das Aussprechen der Grundregel des Kasinos ohne Zweifel den Spielern das Vergnügen zerstören würde. Und weil es todsicher das Kasino ruinieren würde, wenn sich die Spieler die Grundregel bewusst machten. Man braucht von der Wahrscheinlichkeitsrechnung nichts zu verstehen, um frenetisch in einem Kasino zu spielen. Dazu muss man einfach nur ein Geheimnis aus dem machen, was offensichtlich ist.

Die Analogie mit der Technik ist klar. Je mehr die Technik sich entwickelt, um so mehr erzeugt sie eine globale Unordnung, die die Vorbedingung für eine lokale Ordnung ist. Diese Wahrheit steht in sämtlichen Büchern über Thermodynamik und ist allen Ingenieuren wohlbekannt. Dennoch vollzieht sich die gegenwärtige Entwicklung der Technik im Laufschritt, und man bildet sich ein, je mehr man industrialisiere, um so mehr würde man gewinnen. Die technische Illusion ist daher dem fieberhaften Spiel ähnlich. Sie stammt von der gleichen psychologischen Verschrobenheit und führt zu einem ebenso absurden Ruin.

Das Gleichnis vom Kasino bedeutet nicht etwa, man solle diese Institutionen verbannen, unter dem Vorwand, sie seien die Tempel des Irrationalen. Man muss sich den glücklichen Spieler vorstellen, selbst wenn sein Verhalten absurd ist. Spielt er gern, dann kann man ihm indessen vor Augen führen und zu verstehen geben, dass er um so länger spielen kann, je geringer seine Einsätze sind. Das ist auch die Strategie, die in den Bereich der technischen Entwicklung übertragen werden müsste und die am Schluss dieses Werkes dargelegt werden wird.

Wir leben in einem Universum, das einem riesigen Kasino gleicht, das durch drei Gesetze gesteuert wird, die Kafka ausgedacht hat:

- Es ist unmöglich zu gewinnen.
- Es ist unmöglich, seinen Einsatz zu bewahren.
- Es herrscht Spielzwang.

Die Mehrzahl der Spieler zieht es vor, die Gesetze des Kasinos zu ignorieren, um nicht zu verzweifeln. Wir schlagen dagegen vor, sie bestmöglich kennen zu lernen, um nicht getäuscht zu werden und sie auf eine Art zu verwenden, die am wenigsten schadet.

Die technische Evolution – Resultat der Zunahme der Entropie

Es ist das Ziel dieses zweiten Teils des Buches über die technische Evolution, ihren geschichtlichen Ablauf zu verfolgen, und zwar mit Hilfe einer eher physikalischen Erklärung, statt der üblichen, weitgehend ideologisch gefärbten Schemata. Kann die Geschichte der Technik nach einem einfachen Prinzip erklärt werden? Kann der zukünftige Ablauf der technischen Evolution vorausgesagt werden, ähnlich wie ein physikalisches Experiment voraussehbar ist? Kann man den Lauf dieser Evolution beeinflussen, sie beschleunigen, sie verlangsamen, sie verändern?

Wir werden systematisch das Konzept der Zunahme der Entropie dazu benutzen, die Natur der technischen Evolution zu erklären. In diesem Sinne kann man, mit Levy-Strauss, von einer *Entropologie* sprechen, die die notwendige Basis jeder Anthropologie ist; die Institutionen und die Techniken jeder menschlichen Gesellschaft sind Antworten auf eine permanente Herausforderung; diese resultiert aus einem periodischen Mangel, der früher oder später immer infolge der unvermeidlichen Zunahme der Entropie auftaucht.

Diese Erklärung gibt gezwungenermaßen das allgemeine Vorurteil auf, wonach der Mensch der unwandelbare und souveräne Urheber dieser Evolution darstelle. Wir werden uns, im Gegenteil, darum bemühen zu zeigen, dass der Fortschritt der Technik kein zufälliger Vorgang ist oder genauer gesagt: war, der das Ergebnis des menschlichen Genies wäre, das sich absichtslos übt. Der Fortschritt der Technik ist nicht die historische Inkarnation eines vorsätzlichen Planes gewesen, durch den die Menschheit, im Bewusstsein ihres Schicksals, beschlossen hätte, dieses scharfsichtig zu modifizieren. Es gibt demnach nicht unbedingt eine vollständige Übereinstimmung zwischen dem Fortschritt *der* Technik und dem Fortschritt *durch* die Technik. Jedenfalls waren zu Anfang unsere Vorfahren unfähig – was auch immer – zu kontrollieren.

Wir sind uns inzwischen zweifellos besser im klaren über den Einsatz und die Regeln des Spieles. Wir brauchen nicht mehr auf den Zufall zu wetten. Vielleicht ist es das Ziel der technischen Evolution, uns auf das Bewusstseinsniveau zu heben, auf dem die Anthropologie nicht mehr das deterministische Resultat der Entropologie ist.

Kapitel 5

Adam, der Steinzeitmensch

Wie immer ist die Realität zugleich enttäuschend und faszinierend, enttäuschend, weil sie die von uns erträumte Fiktion nicht herstellt, und faszinierend, weil sie die kühnste Fiktion bei weitem übertrifft. Um welche Realität handelt es sich in Adams Fall? Mit anderen Worten: Woher kommen wir? Warum sind wir da?

Unser Platz im Universum

Die gesamte Menschheit von heute gehört einer einzigen Spezies an, abgesehen von ganz oberflächlichen rassischen Unterschieden, der Spezies Homo Sapiens, der einzigen überlebenden von der Gattung Homo, von der Familie der Hominiden, vom Stamme der Primaten, von der Klasse der Säugetiere, vom Zweig der Wirbeltiere des Tierreichs des Planeten Erde. Dieser Planet ist der dritte des Sonnensystems, das nach dem Stern Sonne benannt ist. Dieser ist ein Stern mittlerer Größe, der der Galaxie Milchstraße angehört, die ungefähr 100 Milliarden Sterne enthält. Im Universum gibt es ungefähr 100 Milliarden Galaxien, was auf eine Gesamtzahl von 3×10^{23} Sternen hinausläuft (3 gefolgt von 23 Nullen). Nach vorsichtigen Schätzungen gibt es in der Milchstraße eine Million Sterne, um die Planeten kreisen, die fähig sind, Leben zu tragen. Unter Berücksichtigung der Zahl der Galaxien würde das bedeuten, dass die Gesamtzahl der bewohnten Planeten im Universum durch eine 17 stellige Dezimalzahl ausgedrückt würde. Nach dieser Hypothese müsste es im Universum von Leben und Bewusstsein nur so wimmeln. Wir hätten Unrecht, würden wir uns als eine Ausnahme betrachten.

Die Dimension dieses Universums liegt, in Metern ausgedrückt, in einer Größenordnung von 12, gefolgt von 25 Nullen, was bedeutet, dass ein Lichtstrahl rund 13 Milliarden Jahre benötigte, um diese Distanz mit einer Geschwindigkeit von 300.000 km pro Sekunde zurückzulegen. Das Universum ist circa 13 Milliarden Jahre alt, die Erde 4,6 Milliarden Jahre. Das Leben ist vor 3,5 Milliarden Jahren entstanden, die ersten Vielzeller erst vor 600 Millionen Jahren. Die ersten Säugetiere datieren 200 Millionen Jahre, und der Mensch tritt vor 2 bis 3 Millionen Jahren auf. Das Sonnensystem wird das Leben in 5 Milliarden Jahren nicht mehr gewährleisten können. Auch das Universum wird zu einem Zeitpunkt verschwinden, den manche in 30 bis 50 Milliarden Jahren festsetzen. Natürlich sind diese Zahlen einer beträchtlichen Unsicherheit unterworfen. Nichts besagt übrigens, dass das Weltall das einzige seiner Art sei. Es können andere, vielleicht sogar eine unendliche Zahl von Kosmen mit ihrer eigenen Zeit und ihrem eigenen Raum existieren. In der Tat wäre die Annahme, unser Weltall sei einzigartig, weil es von uns selbst bewohnt wird, ein weiterer Akt von Anthropozentrismus.

Was stellt, nach Blaise Pascal, ein Mensch hierin dar? „Ein Nichts angesichts des Unendlichen, ein Alles angesichts des Nichts, eine Mitte zwischen Nichts und Allem."

Adams Grab

Wir werden das Grab Adams niemals kennen lernen, dieses ersten Menschen, der vor 2 oder 3 Millionen Jahren einen Feuerstein mit Hilfe eines zweiten beklopft hat, um ein paar scharfe Splitter – die ersten Werkzeuge – abzuspalten. Damit löste er das Fleisch vom Aas, das von großen Raubtieren zurückgelassen worden war, schnitzte Stöcke, grub Wurzeln aus, jagte kleine Tiere und schützte sich seinerseits gegen die Angriffe der Raubtiere. Die Überreste des ersten Menschen sind zweifellos durch einen Erdrutsch zerdrückt oder unter Ablagerungen begraben worden. Jedenfalls hatten seine Artgenossen offensichtlich nicht die Gewohnheit, ihre Toten zu begraben, und wenn sie den Leichnam Adams nicht haben verwesen lassen, haben sie ihn möglicherweise verzehrt, da jegliches Aas gut zu verwerten war. Viel wichtiger als ein Begräbnis war das Fortführen der Aufgabe des Vaters und das Behauen anderer Steine. Im Gegensatz zu den Menschenaffen, wie etwa dem Schimpansen und dem Gorilla, die gelegentlich Stöcke und Steine als Werkzeuge oder Waffen benutzen, unterscheiden sich die ersten Menschen durch die folgenden beiden Züge: Sie behauen Werkzeuge, und sie übermitteln diese Technik von einer Generation auf die folgende. Wir besitzen letztlich in einem paläontologischen Gebiet kein anderes Kriterium zur Beurteilung, ob es sich um tierische oder menschliche Skelette handelt, als die Funde von Werkzeugen. Folglich hat der Mensch nicht *vor* dem Werkzeug existiert. Er ist in dem Moment Mensch geworden, als er einen Stein behauen hat, mit der Absicht, ihn anschließend zu benutzen, und indem er diese Technik seinen Kindern beigebracht hat. *So hat der Mensch das Werkzeug geschaffen, und das Werkzeug hat den Menschen geschaffen.*

Wir sollten indes nicht vergessen, dass zahlreiche Tiere Techniken verwenden. Jede Vogelart baut ihr Nest, nach Methoden, die sehr verschieden sind, aber unerlässlich um das Überleben der Art zu sichern. Der Unterschied zu den Menschen besteht in der Weitergabe dieser Technik. Der kleine Vogel hat seiner Mutter nicht zugeschaut, als sie das Nest gebaut hat, in dem er geboren wurde. Er wird es später ebenso tun, ohne es gelernt zu haben, auf rein instinktive Art. Mit anderen Worten, der Entwurf des Nestes ist von Geburt an in sein Gehirn eingeschrieben. Die Evolution der Technik des Nestbaus vollzieht sich auf rein biologische Weise, indem sie die Nachkommen bevorzugt, die vom Instinkt her die zweckmäßigsten Nester konstruieren können.

Die Wiege der Menschheit

Die Wiege der Menschheit befindet sich mit ziemlicher Sicherheit in Ostafrika, in einem Landstrich, der sich von Südafrika bis Äthiopien erstreckt. Man kann sich zu Recht fragen, warum diese Landschaft privilegiert gewesen ist, warum die in Asien lebenden Ramapitheken nicht auch eine bis zum Menschen führende Nachkommenschaft hervorgebracht haben? Die einzige sinnvolle Erklärung liegt in der besonderen Natur des Bodens, im warmen und relativ trockenen Klima der Hochebenen Ostafrikas, wo der stickige äquatoriale Urwald der Savanne Platz gemacht hat. In diesen Savannen lebten seit mehreren Millionen Jahren Australopitheken verschiedener Arten. Es handelte sich um einen anthropoiden Affen kleiner Statur (eine zartgliedrige Spezies kaum größer als ein Meter), der die aufrechte Haltung angenommen hatte. Diese Tatsache gewährte ihm einen offensichtlichen Vorteil in einer mit hohen Gräsern bewachsenen Gegend, in der ein weiter Ausblick wichtig war, um die Beute zu entdecken und den Raubtieren zu entkommen. Der Schädel des Australopitheken besaß ein Volumen von 500 cm^3, kaum ein Drittel von dem eines modernen Menschen. Die Überreste dieses Tieres sind nie zusammen mit behauenen Steinen vorgefunden worden.

Inmitten dieser Bevölkerung von Tieren ist allmählich eine neue Spezies aufgetaucht, der Homo habilis, der sich durch einen leicht vergrößerten Schädel von 700 cm^3 Volumen und die Technik der behauenen Steine auszeichnet. Wer hat das Auftauchen dieser neuen Spezies provoziert?

Der Betrug von Piltdown

Die Hypothesen variieren und divergieren je nach den Vorurteilen ihrer Autoren. Zu Darwins Zeit, im Geist der industriellen Revolution und des Überlebens der Fähigsten, wurde stark auf den Gebrauch des Steines als Waffe bestanden, die ihrem Benutzer einen offenkundigen Vorteil verschafft. Zu Beginn des letzten

Jahrhunderts wurde das Volumen des Schädels hervorgehoben, das man für proportional zur Intelligenz hielt: Ein Amateurarchäologe namens Charles Dawson ging so weit, im Jahre 1912, im Steinbruch von Piltdown im Süden von England den Schädel eines modernen Menschen mit dem Unterkiefer eines Orang-Utan zu vergraben, um damit den „Beweis" zu erbringen, dass der Mensch bereits mit einer vollständigen Intelligenz aufgetaucht sei, und – was noch wichtiger ist – dass er in Großbritannien aufgetaucht sei. Stephen Jay Gould zufolge ist der tatsächliche Urheber dieser Farce vielleicht Teilhard de Chardin gewesen, der Dawson auf seinen Ausgrabungen begleitete.

Wie dem auch sei, es ist bemerkenswert, dass dieser plumpe Betrug von den besten Paläontologen jener Zeit ohne Widerspruch akzeptiert wurde, und dass man bis 1955 warten musste, ehe die modernen Datierungsmethoden dieses präfabrizierte Fossil demystifiziert haben. Dies erfüllte mit seinem Menschenschädel und seinem Affenkiefer wohl eine implizite Erwartung der Spezialisten sowie der öffentlichen Meinung; es ist nur zu wahr, dass es die wichtigste Funktion der Wissenschaft ist, die üblichen Vorurteile zu bestärken. In diesem Fall ist es natürlich verlockend, zu beweisen, der Mensch sei *zuerst* mit einer Intelligenz begabt gewesen, ehe er all die Techniken entwickelt hatte; die Evolution habe ihn also mit einem Gehirn ausgestattet, das dem des modernen Menschen äquivalent sei, ehe noch sein Kiefer seine tierische Robustheit infolge der Benutzung von steinzeitlichen Werkzeugen verloren habe. Der Mensch von Piltdown ist somit die gefälschte und groteske Inkarnation des Mythus, nach dem der Mensch unwandelbar und souverän in bezug auf die Technik wäre.

Der Feuerstein und der Schädel

Die Paläontologie scheint uns vielmehr das Gegenteil zu lehren. Nach dem Stand unseres heutigen Wissens hängt die physiologische Evolution unserer Ahnenreihe während der ersten 3 Millionen Jahre von dem Verhältnis zwischen der Größe der Steine und der Größe des Gehirns ab, wie es von Leroi-Gourhan dargelegt wurde. Die Qualität eines Werkzeuges lässt sich an der Gesamtlänge der Schneiden abmessen, die aus einem Kilo Feuerstein gewonnen werden. Nun stellt man aber fest, dass diese Länge in 3 Millionen Jahren von 40 cm bis auf einen Meter anwächst, während sich das Schädelvolumen von 700 auf 1.500 cm^3 vergrößert. Dabei ist zu beachten, dass es sich um Durchschnittswerte handelt: Gewisse Schädel von Neandertalern weisen eine größere Kapazität auf als die eines zeitgenössischen Menschen.

Nichts erlaubt uns, auf einfache und rigorose Art, eine Beziehung, gemäß Ursache und Wirkung, zwischen dem Schädelvolumen des Arbeiters und der Länge der Schneide aufzustellen, die aus einem Kilo Feuerstein gewonnen wurde; es sei denn, man stellt sich eine wechselseitige Beziehung vor: Ein größeres Gehirn ermöglicht eine Verbesserung der Technik im Behauen der Steine. Sei es, dass das Sehvermögen und die manuelle Geschicklichkeit von einem größeren Gehirn abhängen. Sei es auch, dass dieses Gehirn gestattet, die Sprache zu perfektionieren und besser zu kommunizieren. Diese zweite Hypothese ist sehr verführerisch: Wir sind die einzige Art, die eine technische Evolution erfährt und die der Sprache mächtig ist. Es ist verlockend zu denken, dass die Weitergabe der Technik verbessert wurde durch die Möglichkeit Sprache zu verwenden. Und die Sprache hat sich nur in dem Maße entwickeln können als sie uns zusätzliche Überlebenschancen verschafft hat. Wir sprechen nicht, weil wir intelligente Wesen sind: Wir sind intelligent geworden, weil uns dies geholfen hat zu überleben, durch die Verwendung eines entwickelten Hirnrinde.

Leistungsfähigere Werkzeuge und Waffen bieten größere Chancen zu überleben. Es besteht also keinerlei Grund für ein Zunehmen des menschlichen Schädels, wenn nicht dadurch irgendein biologischer Vorteil entstehen würde, der sich in diesem Falle in der Verbesserung einer technischen Prothese niederschlägt. Es bestände also eine positive Rückkopplung zwischen der Verbesserung des Werkzeugs und der Menschwerdung des Körpers, die nach und nach durch die aufrechte Haltung, das Freiwerden der Hände, die Entwicklung des Gehirns und den gleichzeitigen Rückgang des Kiefers charakterisiert wird, sowie die Erfindung einer artikulierten Sprache.

Nachdem sich diese dreifache Evolution, nämlich die technische, physiologische und intellektuelle, drei Millionen Jahre hindurch fortgesetzt hat, veränderte sie ihre Natur. Dies geschah als die Technik einen derart hohen Entwicklungsgrad erreicht hatte, dass die natürliche Selektion des Körpers durch die Umwelt aufgehoben war. Jenseits einer bestimmten Schwelle verändert die Technik die Umwelt so, dass sie an den Körper angepasst wird. In unserer Zeit gibt es keinen Grund anzunehmen, dass die robustesten und intelligentesten Leute sich mehr reproduzieren als die anderen. In der Tat, der Mensch ist nicht mehr in eine Natur, sondern in eine *Technonatur* getaucht, wie es Ph. Roqueplo nennt, nach einem Konzept von Jacques Ellul.

Das Schema von Leroi-Gourhan bricht völlig mit der natürlichen und verführerischen Idee eines Adams, der unverrückbar und souverän gewesen wäre, etwa intellektuell und geistig identisch mit unseren Zeitgenossen; der sich – koste es was es wolle – an die Aufgabe gemacht hätte, seine Umwelt technisch zu gestalten. Tatsächlich ist die technische Evolution gleichzeitig Ursache und Wirkung der Menschwerdung. Das Wachstum der Intelligenz der menschlichen Art ist das Resultat des entropologischen Druckes.

Wir sind eine höchst erstaunliche Art, in dem Sinne, dass wir uns biologisch nicht mehr weiterentwickeln müssen, um doch alle möglichen Arten von Mutationen zu erfahren, die uns tatsächlich zur mutationsfreudigsten von allen Gattungen machen.

Der kulturelle Ausweg aus der biologischen Sackgasse

Sehr früh kann eine starke Interaktion zwischen der Kultur und der Technik festgestellt werden. Nach dem Schema von Leroi-Gourhan bedeutet das Zunehmen des Schädels einen positiven Faktor, der durch die natürliche Selektion verstärkt wurde, wobei jedoch in dieser Evolution eine Krise unvermeidlich gewesen ist: Die aufrechte Haltung, ein weiterer positiver Wesenszug, der das Blickfeld in einer Savannenlandschaft erweitert und dadurch die Jagdausbeute erhöht, hat aber eine Begrenzung der Beckenbreite und damit der Passage des Kopfes eines Säuglings während der Geburt zur Folge. Es entsteht also eine evolutorische Sackgasse, und die Art verstrickt sich in einen physiologischen Widerspruch: Die technisch begabtesten Kinder, mit den größten Schädeln, starben bei der Geburt oder brachten ihre Mütter um. Und diese Fehlgeburten hielten den Schlüssel unseres Schicksals in der Hand.

Das Menschengeschlecht ist dieser Sackgasse durch einen doppelten Schritt entkommen, einen physiologischen und einen kulturellen. Die physiologische Lösung besteht darin, Frühgeburten zuzulassen, deren Schädel den endgültigen Umfang erst nach der Geburt erreicht. Andererseits ist das „frühgeborene" Kind aber auch empfindlicher als das Neugeborene eines Tieres. Eine junge Gazelle bleibt nach ihrer Geburt kaum mehr als eine halbe Stunde, um laufen zu lernen, wenn sie den Raubtieren entkommen möchte, während der kleine Mensch nicht vor Erreichen seines ersten Jahres läuft. Man muss mehrere Jahre warten, bevor er sich gegen Tiere wehren kann, die auf der Lauer liegen. Er muss unbedingt durch einen Erwachsenen beschützt werden.

Für die Evolution einer großköpfigen Spezies ist es unumgänglich, dass die Geschlechter sich die Arbeit teilen: Den Männern kommt die Jagd zu, den Frauen das Aufziehen der Kinder und das Sammeln von Pflanzen zur Ergänzung der Nahrung. Die Logik der Evolution hat die Männer muskulöser ausgestattet als die Frauen, was uns deutlich von den katzenartigen Raubtieren unterscheidet, wo das weibliche Tier ebenso jagt wie das männliche.

Der Ritus der Mahlzeit

Diese Spezialisierung (Arbeitsteilung) konnte nur insoweit Erfolg haben, als die ersten Männer gelernt haben, einen Teil ihrer Jagdbeute in die Schlupfwinkel zu tragen. Dies bezieht nicht nur den Transport mit ein, der durch die aufrechte Haltung und den freien Gebrauch der Hände erleichert ist, sondern impliziert ebenfalls, und hauptsächlich, die Geste der geteilten Nahrung. Die in Gruppen lebenden Primaten, wie z.B. die Paviane, essen gemeinschaftlich nach einem ganz bestimmten Ritus, wobei die Haupttiere sich als erste bedienen und den Schwächeren erst dann Nahrung überlassen, wenn sie selbst gesättigt sind. In den Gruppen der primitiven Jäger, die bis auf den heutigen Tag überlebt haben, existiert dieses Dominieren in den Beziehungen nicht, weil es das Überleben der Gruppe gefährden würde. Die gemeinschaftlich eingenommene Mahlzeit unterscheidet den Menschen sicherlich ebenso stark vom Tier wie das Wort oder das Werkzeug.

Man versteht nun auch die Besonderheiten der Fortpflanzung und der Sexualität im Menschengeschlecht besser: Einerseits ist die Geburt für die Frauen ganz besonders schmerzhaft und gefährlich, verglichen mit dem, was sich bei den anderen Säugetieren abspielt. Diese Anomalie ist allein durch den evolutorischen Vorteil zu erklären, Kinder mit großen Schädeln in die Welt zu setzen, die die Fähigkeit besitzen, Techniken zu entwickeln, die die Überlebenschancen verbessern. Andererseits ist das Sexualleben des Menschen anhaltend, wogegen die Paarung der Tiere streng auf eine zur Fortpflanzung günstige Jahreszeit begrenzt ist. Diese Besonderheit ermöglicht eine festere Bindung zwischen Mann und Frau und verhindert, dass letztere mit ihren Kindern verlassen wird, wenn diese noch unfähig sind, selbständig zu überleben.

Kurz, es gibt keine noch so primitive Gruppe von Menschen, in der die familiären Beziehungen nicht durch bestimmte Riten und Vorschriften geregelt wären, ergänzt durch Tabus und Sanktionen. Sobald eine Frau niedergekommen ist, ist es verbindlich, dass sie ernährt wird, ebenso wie ihre Kinder. Die männlichen Jäger haben kein Recht, ihren Sexualtrieb rücksichtslos auszuleben.

Die Technik und das Geistige sind Verbündete

So sind seit dem Auftauchen der menschlichen Art die biologischen, technischen und kulturellen Evolutionen untrennbar miteinander verflochten, und es ist unmöglich, die eine als Ursache oder Wirkung der anderen zu bezeichnen, die eine als materiell und die andere als geistig darzustellen: Das Geistige ist vom Materiellen einfach nicht verschieden. Die Konzeption einer neutralen Technik, so wie sie vorher besprochen wurde, verliert jegliche Konsistenz, wenn man sie mit dem Vorgang der Menschwerdung konfrontiert. Unser Körper, unser Geist, unsere Kultur sind mit der Entwicklung der Technik verknüpft.

All dies widerspricht den Vorurteilen und Traditionen, die noch dem allgemeine Empfinden, gewissen philosophischen Überlegungen und der Kunst des Regierens zu Grunde liegen. Ein gesundes Verhältnis zur Technik ist nur möglich, wenn wir einsehen, dass diese sich materiell zwar außerhalb des Menschen befindet, seinen Körper und seinen Geist jedoch gestaltet hat, wenn ein Unterschied zwischen den beiden überhaupt ausgemacht werden kann. Dieser komplexe Mechanismus, der uns geformt hat, hört nicht auf, uns fortwährend weiter zu gestalten, ohne dass wir bisher irgendetwas unternommen hätten, ihn unter unsere Kontrolle zu bringen. Dieser komplexe Mechanismus hängt von einem einfachen Prinzip ab, dem Prinzip der zunehmenden Entropie, die eine globale Erklärung dafür gibt.

Der wahre Grund, warum wir Adams Grab nie kennen lernen werden, ist demnach recht einfach: Adam existiert nicht, weil es unmöglich ist, unter unseren entfernten Vorfahren denjenigen zu bezeichnen, der die Schwelle zwischen Tier und Mensch überschritten hätte; das ist ganz allmählich geschehen; *und das geschieht unaufhörlich weiter.* Es ist vergeblich, das fehlende Kettenglied zu suchen, weil jeder Mensch ein Kettenglied zwischen dem Affen und dem menschlichen Wesen darstellt. Jeder von uns ist Adam für seine Nachkommen.

Kapitel 6

Die technischen Systeme im Paläolithikum

Während dieser Periode, der längsten der technischen Evolution, befreit sich die Menschheit langsam von ihrer tierischen Natur. Wir verfügen nur über wenige Spuren, Knochen und Steinwerkzeuge aus der Anfangsphase, dann über einige Gräber, Fresken, die in Höhlen erhalten sind, schließlich erste kleine Statuen. Um die Geschichte der ersten zwei Millionen Jahre zu skizzieren, haben wir nur ein einfaches Gewebe von Vermutungen. Die Genealogie der verschiedenen Arten ist noch nicht verbürgt und wird es zweifellos noch lange bleiben.

Das technische System im Früh-Paläolithikum

Unser entferntester Vorfahre, Homo habilis, hat 1,5 Millionen Jahre lang in einem technischen System gelebt, das Altsteinzeit oder Paläolithikum genannt wird und das durch die grobe Behauung von Steinen charakterisiert ist. Er ernährte sich ausschließlich von leicht zu jagenden alten, kranken oder schon toten Tieren und kompensierte die zufällige Jagdbeute durch Sammeln von Früchten, Beeren, Körnern oder Wurzeln. Das Wohngebiet des Homo habilis ist auf Ostafrika begrenzt, weil das angewandte technische System derartig primitiv ist, dass es eine größere Ausbreitung über die ursprüngliche Umgebung der Spezies hinaus nicht zulässt. Das Klima ist warm, aber dank der Höhenlage nicht heiß. Die Umwelt ist durch eine mit hohen Gräsern bewachsene Savanne charakterisiert, die einladender ist als der äquatoriale Urwald.

Das technische System im mittleren Paläolithikum

Das darauffolgende Entwicklungsniveau wird durch das Auftauchen einer neuen Art Hominiden, des Homo erectus, charakterisiert, der 1,60 m groß ist und aufrecht auf seinen beiden Beinen geht; sein Schädel besitzt ein Volumen von 1.000 cm^3, die Stirn ist fliehend und das Kinn unauffällig. Diese Spezies hat während der letzten Million Jahre gelebt und ist erst vor 100.000 Jahren verschwunden. Der Homo erectus hat eine entscheidende Schwelle überschritten: Er hat das Feuer gebändigt. Die älteste uns bekannte Spur einer Feuerstelle ist die der Grotte von l'Escale in der Nähe von Aix-en-Provence, die auf ein Alter von 600.000 bis 700.000 Jahren datiert wird.

Das Feuer eröffnet der Technik eine neue Dimension: Es ermöglicht das Kochen und ein längeres Aufbewahren der Nahrung, macht sie verdaulicher und erleichtert das Kauen; die Kinnlade kann daher zurückgehen und dem Gehirn einen größeren Platz einräumen; das Feuer erlaubt vor allem, sich vom afrikanischen Klima zu befreien und den alten Kontinent zu erobern: Man kann Reste des Homo erectus in Afrika, Asien und Europa entdecken. Und schließlich ermöglicht das Feuer, die Nacht zu erhellen, liefert eine materielle, aber auch symbolische Erleuchtung: Wer das Feuer beherrscht, fühlt sich von den Tieren völlig verschieden.

Andere technische Verbesserungen tauchen auf: Das Leben in kaltem Klima setzt zweifellos den Gebrauch von Pelzkleidung und damit die Gerbung von Fellen voraus; das Behauen der Steine wird verfeinert und diversifiziert; Werkzeuge aus Holz und Knochen wurden ohne Zweifel mit Hilfe von Steinwerkzeugen angefertigt, hinterlassen aber keine Spuren; die Menschen wohnen in Höhlen oder sehr einfachen Hütten.

Warum ein technisches System ändern?

Diese Mutation des frühen Paläolithikums zum Hochpaläolithikum, vom Homo habilis zum Homo erectus, wirft notwendigerweise zwei wichtige Fragen auf: Warum ist der Homo habilis verschwunden? Warum hat der Homo erectus den gesamten alten Kontinent besetzt, einschließlich der Gegenden mit dem kältesten Klima?

Akademisch betrachtet, stellen diese beiden Fragen das eigentliche Kernproblem der ganzen technischen Evolution dar: Warum schreitet die Technik fort, und was geschieht mit den menschlichen Gruppen, die an diesem Fortschritt nicht teilhaben? Man mag versucht sein, auf diese Frage einfach zu antworten: Der technische Fortschritt offenbart die Genialität gewisser Menschen, während die anderen von ihnen gewaltsam eliminiert werden. Diese Antwort ist nicht völlig falsch, verlangt jedoch eine Nuancierung, die im folgenden erläutert wird. In der Tat gibt es im Paläolithikum zwei weitere Mutationen gleicher Art, die analoge Fragen aufwerfen und eine umfassende Antwort verdienen.

Das technische System des Spätpaläolithikums

Vor 100.000 Jahren ist eine Gattung von Hominiden aufgetreten, der Homo sapiens – zuerst in seiner Neandertal-Version, mit tiefliegenden Augen unter hervorstehenden Augenbrauenbogen und einem kräftigen Gebiss. Vor 35.000 Jahren erscheint dann der Homo sapiens sapiens, d.h. menschenartige Wesen, die von uns physiologisch nicht zu unterscheiden sind. Alle heute lebenden Menschen gehören dieser letzten Gattung an, die anderen Arten sind vollständig verschwunden. Was umso dringlicher aufs neue die Frage aufwirft, die durch das Verschwinden des Homo habilis aufgeworfen wurde.

Das Siedlungsgebiet des Homo sapiens dehnt sich über den alten Kontinent hinaus aus, auf den der Homo erectus begrenzt gewesen war. Die ersten menschlichen Überreste in der neuen Welt sind 12.000 Jahre alt; 5.000 Jahre später war der gesamte Kontinent besiedelt. Die wahrscheinlichste Hypothese besagt, dass Amerika von sibirischen Jägern besetzt worden ist, die während der letzten Eiszeit trockenen Fußes die Beringstrasse überquerten.

Dagegen ist die Besiedlung der meisten ozeanischen Inseln ein weit erstaunlicheres Unternehmen: Es bedarf seriöser Beweggründe, um sich auf einen unbekannten Ozean zu wagen, ohne Seekarten, an Bord von schlecht steuerbaren Flößen oder Kanus mit Auslegern. Am erstaunlichsten ist das Besiedeln der Osterinsel, die 1700 km vom nächsten Festland entfernt ist. Dem Glaubensakt eines Christoph Kolumbus sind unzählige wahnwitzigere und gefährlichere „Sprünge ins Unbekannte“ vorausgegangen. Wie viele Familien mögen inmitten des pazifischen Ozeans untergegangen sein, ohne Lebensmittel und ohne Trinkwasser, bis es schließlich zur Besiedlung all dieser Inseln kam? Warum haben die Menschen es so häufig akzeptiert, die Sicherheit eines bekannten Lebens aufzugeben, um sich auf solche unsinnigen Wanderungen einzulassen?

Die Technik entwickelt sich parallel mit der Physiologie weiter: Während des Spätpaläolithikums erreicht das Behauen von Steinen Perfektion. Die Liste der spezifischen Werkzeuge und Waffen wächst an: Schneide, Spitze, Beil, Kratzeisen, Meißel, Bohrer, Grabstichel, Nadel, lange Spieße, Harpunen, Spachtel, Keil, Hacke. Die Erfindung von Pfeil und Bogen kommt ziemlich spät, und wir verfügen nicht vor Ende des Paläolithikums, um 10.000 v.Chr., über gesicherte Spuren. Die Menschen wohnen nicht mehr in Höhlen, sondern in Hütten und Zelten. Schließlich wird der Hund, dessen Nützlichkeit für Jäger auf der Hand liegt, das erste Haustier.

Die Überlebenden des Paläolithikums

Anfang des 20.Jahrhunderts gab es noch authentische steinzeitliche Jäger: Die Eskimos von Sibirien bis Grönland, die Buschmänner von Südafrika, die Ureinwohner von Australien, die Indianerstämme des Amazonasbeckens. Diese Menschengruppen haben während mehr als 30.000 Jahren in einem perfekten Gleichgewicht mit ihrer Umwelt gelebt und stellen ein ziemlich seltenes Beispiel von Stabilität für ein technisches System dar: Unter bestimmten Umständen schreitet die Technik nicht fort, weil kein Grund zum Fortschreiten besteht.

Man würde in einen primitiven Rassismus verfallen, wenn man die Stabilität eines technischen Systems durch irgendeine Beschränktheit der Menschengruppe erklären wollte, die in diesem System lebt. Wenn ein technisches System sich nicht verändert, dann erfüllt es vortrefflich seine Funktion, nämlich das Überleben einer Gruppe von Menschen zu sichern. Wenn sich dagegen ein technisches System verändert, dann entspricht dies einer ganz bestimmten Notwendigkeit, die wir nun entdecken müssen.

Der Begriff des technischen Systems

Zuallererst müssen wir uns von der allgemeinen Idee befreien, wonach eine bestimmte Technik ein vollständig kostenloses Element darstelle, das willkürlich aus dem Nichts auftaucht und von einem Genie erfunden wurde, um allen den Dummköpfen in seiner Umgebung beizustehen. Wir sind letztlich zu diesem Vorurteil durch unser Leben in einer Technonatur gelangt, die von so wenig entbehrlichen Gegenständen wie PCs, Camcorders und Surfboards überflutet ist. Die Technik hat sich jedoch nicht immer in einem solch pathologischen Zustand befunden: Normalerweise wird jede Technik durch eine Notwendigkeit hervorgebracht, ist nicht isoliert und gehört zu dem, was Jacques Ellul und Bertrand Gille als ein *technisches System* bezeichnen, d.h. eine kohärente Gesamtheit von Techniken. Jede Komponente dieses technischen Systems verbessert das Resultat der übrigen Komponenten, und die Abwesenheit einer wichtigen Komponente paralysiert das System vollständig.

Die steinzeitlichen Jäger hingen grundlegend vom Behauen der Steine und der Qualität dieser Bearbeitung ab. Der behauene Stein lieferte die Waffen für die Jagd und die Werkzeuge, mit denen Holz, Knochen und Häute verarbeitet werden konnten. Die Felle dienten als Kleidung und zur Errichtung von Zelten. Dies erlaubte den Menschen, sich vor der Kälte zu schützen und zudem Jagdgründe zu betreten, die dem unbekleideten Menschen verwehrt waren. Das Feuer lieferte die Mittel, gegen die Kälte zu kämpfen, das Fleisch zu konservieren, den Feuerstein zu bearbeiten. Die steinernen Sicheln erleichterten dagegen die Ernte der Samenkörner. Die Vervollkommnung einer jeden technischen Leistung verstärkte das Ergebnis der anderen. Ohne die Technik des Steinhauens wäre das ganze System sicherlich schnell überholt gewesen.

Der Übergang von einem technischen System in ein anderes

Die Unterscheidung zwischen den drei verschiedenen technischen Systemen des Paläolithikums ist natürlich ziemlich willkürlich und kann akademisch künstlich erscheinen. Dennoch muss zugegeben werden, dass die Entdeckung des Feuers eine entscheidende Etappe darstellt, die eine Teilung zwischen dem Früh- und dem Spät-Paläolithikum bedeutet. Der Mensch, der das Feuer besitzt, stellt eine von seinen Vorfahren verschiedene Gattung dar, allein dadurch schon, ganz abgesehen von der gleichzeitigen biologischen Evolution. Dank der gleichzeitigen Erfindung der Kleidung lebt er jetzt in einer Technonatur, in der er die eisige Kälte ertragen kann, ohne sich mit einem biologischen Pelz belasten zu müssen. Man kann bei Leroi-Gourhan analoge Kommentare über das Steinhauen finden. Auch da können kleinste Änderungen dem Werkzeug oder der Waffe eine grundlegend neue Funktion verleihen. Halten wir vorläufig einfach fest, dass die Technik die Tendenz hat, sprungweise fortzuschreiten, sobald die Menschen einem „Schwelleneffekt" unterworfen sind.

Die anthropologische Überstruktur

Ein technisches System impliziert ebenfalls ein adaptiertes soziales, wirtschaftliches und kulturelles System, da jede Nichtanpassung zwischen den einzelnen Systemen das Überleben der betroffenen Menschengruppe in Gefahr bringt. Das Studium der Sprache, der Riten, der Sitten, gehört in den Bereich der Anthropologie; wir erwähnen diese nur, um auf ihre Existenz hinzuweisen, auf ihre Bedeutung und ihre Verbindung mit der Entropologie, die sich eigentlich mit dem technischen System und seinem Verhältnis zur physischen Umwelt befasst.

Das Überleben der steinzeitlichen Jäger setzt das Bestehen kleiner Gruppen von etwa 30 Mitgliedern voraus, die sehr beweglich sind und nur das Lebensnotwendigste besitzen, was sie selbst zu tragen vermögen: ihre Kleidung, die Waffen, die Werkzeuge, ein paar Vorräte. Die Wirtschaft beruht auf dem Teilen und dem Geben. Die Begriffe „Arbeit" und „Anhäufung von Reichtümern" haben keine Bedeutung. Die Autarkie der Gruppe ist uneingeschränkt, mit Ausnahme von geringem Waffen-, Werkzeug- und Schmuckhandel mit gleichartigen Gruppen. Die Solidarität innerhalb der Gruppe muss vollständig sein und durch präzise und unveränderliche Regeln bestimmt werden, um Zank und Streitigkeiten zu verhindern. Die Unterstützung, die jedem Gruppenmitglied zukommt, hängt von seinem Beitrag zum Überleben der Gruppe ab. Sobald es zu einer untragbaren Last wird, muss es lernen, sich spontan von der Gruppe zurückzuziehen.

Diese Regeln der Solidarität stimmen also nicht mit denen einer landwirtschaftlichen Gesellschaft überein. Zum Beispiel wurden die alten Eskimos, die unfähig waren, der Gruppe auf ihrer Suche nach Beute zu folgen, den Zähnen der Eisbären überlassen. Anlässlich des letzten Vorstoßes von Robert Scott in Richtung Südpol im Jahre 1912 erkrankte Kapitän Oates während des Rückzugs. In der Absicht, das Leben seiner Kameraden zu retten, verließ er freiwillig in einer Blizzardnacht sein Zelt und ließ sich nach Sitte der Eskimos erfrieren; damit hat er zu einer Grundregel der paläolithischen Ethik zurückgefunden, seine englische Erziehung verleugnend, in deren Augen der Selbstmord Feigheit bedeutet.

Die Erfindung der Kunst und der Religion

Gegen Ende der Steinzeit werden die Toten rituell begraben, die Höhlen sind die Stätte für Weihekulte oder Sühnekulte, und ihre Wände werden mit Zeichnungen bedeckt. Man entdeckt auch Schmuckstücke, kleine Statuen, verzierte Waffen und graphische Zeichen, die aus dieser Zeit stammen. Die Menschen des späten Paläolithikums haben die Religion und die Kunst entdeckt, und zwar nicht durch Zufall oder spielerisch, sondern um einem Bedürfnis des Menschen nachzukommen, das ebenso stark ist wie sein Bedürfnis nach Nahrung. Wie hätte ein Jäger, mit der Fähigkeit, die Zukunft vorauszusehen, nicht auch seinen eigenen Tod voraussehen können, und wie wäre ihm der Gedanke daran erträglich gewesen ohne diesen Glauben an ein Jenseits?

Das Überleben durch eine technische Mutation

Es muss noch eine Antwort auf zwei vorher aufgeworfene Fragen gegeben werden, die grundlegend mit dem technischen Fortschritt selbst verknüpft sind. Warum hat jede neue Hominidengattung die vorausgehende Gattung eliminiert? Warum haben die Menschen die Erdoberfläche bevölkert und gleichzeitig die nötigen Techniken hervorgebracht, um ihren anfangs primitiven Lebensbedingungen zu entkommen?

Die Paläontologen haben keine sehr präzise Vorstellung davon, wie sich eine Art in eine andere verwandelt. Es ist ausgeschlossen, dass es sich um eine Mutation der Gesamtheit handelt, da es unvorstellbar ist, dass dieselbe zufällige Mutation gleichzeitig bei allen Repräsentanten einer Generation erfolgt. Sie nehmen deshalb an, dass gewisse isolierte Gruppen, die bestimmten, beispielsweise klimatischen, Bedingungen unterworfen sind, sich rasch entwickeln und günstige Mutationen aufgrund ihrer Isolation bewahren. Für die menschliche Art ist diese Mutation nicht nur biologischer, sondern auch technischer Art. Dies entspricht nämlich einer unerhört beschleunigten Fähigkeit zur Vervollkommnung einer Spezies, ist aber auch, notgedrungen, mit einer Fähigkeit zur unbekannten Vernichtung einer anderen Gattung verbunden und mit einer Tendenz, die Entropie des Systems, das die Umwelt darstellt, schnell anwachsen zu lassen. Man kann also über technische Mutationen im entropologischen Rahmen nachdenken.

Um das Verschwinden des Homo habilis unter dem Druck des Homo erectus zu erhellen, das Verschwinden des Homo erectus angesichts des Neandertalers und dessen Untergang in Gegenwart des Homo sapiens sapiens: Es darf nicht angenommen werden, es habe sich dabei um ebenso kaltblütig durchgeführte Völkermorde gehandelt wie in unserem Jahrhundert. Es wäre völlig irrig, sich diese Elimination etwa als das Ergebnis einer Art Krieg vorzustellen, bei dem die entwickelteren, mit besseren Waffen ausgestatteten Gruppen die anderen, rückständigeren Gruppen physisch vernichtet hätten. Eine solche Interpretation würde letztlich darauf hinauslaufen, den Völkermord an angeblich minderwertigen Rassen als einziges Mittel zur Weiterentwicklung der menschlichen Art rechtlich und ethisch zu rechtfertigen.

Sicherlich sind die Jäger des Paläolithikums keine Anhänger der Gewaltlosigkeit gewesen. Man kann sich mühelos die Raufereien um eine Beute, eine Wasserquelle oder eine Höhle vorstellen. Bei Fleischmangel, oder um einem unmäßigen Zunehmen der Gruppe vorzubeugen, wurden auch Kindesmord, Menschenopfer oder gar Kannibalismus praktiziert, wie es die Darstellungen gewisser Feste bezeugen. Der Krieg, so wie wir ihn kennen, scheint jedoch nicht praktiziert worden zu sein, *weil er keinen Grund hatte zu existieren.*

Ein technisches System ohne Kriege

So haben die Paläontologen niemals Skelette aus dieser Epoche entdeckt, bei denen der Tod auf eine Waffe zurückzuführen wäre. Unsere Kenntnisse über die noch kürzlich in diesem System lebenden Völker bestätigen diese Beobachtung. Das System der Steinzeit schließt den Krieg auch logischerweise aus: Nomaden haben keine Güter oder Ländereien zu verteidigen. Die persönlichen Besitztümer in einer Jägersippe beschränken sich auf das, was jeder tragen kann: Es lohnt sich nicht und ist unnütz, die anderen auszurauben. Das alleinige Vermögen einer Sippe von circa 30 Mitgliedern, mit einer Lebenserwartung von ungefähr 20 Jahren, besteht in einem halben Dutzend erwachsener Jäger, deren Leben einzig für das Ziel der Jagd aufs Spiel gesetzt werden darf. Was das Jagdgebiet anbetrifft, so wäre es wertlos ohne Jäger. Daher liegt es im Interesse der schwächeren Gruppe, zu verschwinden, statt sich niedermetzeln zu lassen.

Eine einzige ökologische Nische für eine einzige technische Spezies

Wenn es den Krieg, wie wir ihn kennen, nicht gab, warum und wie sind dann die weniger entwickelten Hominidengruppen mit einer derartigen Härte eliminiert worden? Sehr wahrscheinlich durch den Wettkampf um die begrenzten Ressourcen. Der Homo habilis ist wahrscheinlich ein ziemlich mittelmäßiger Jäger gewesen, der sich auf kranke, alte, oder schon tote Beute beschränkte. Zwischen diesem Quasi-Aasjäger und den Gruppen des Homo erectus, die die Fähigkeit besaßen, gesunde Beute zu erlegen, liegt das Ergebnis dieses Wettkampfes auf der Hand: Der Homo habilis findet kein Fleisch mehr und wird unmerklich während der regelmäßig auftretenden Hungerperioden selbst verschwinden. Die übermäßige Beanspruchung eines Ökosystems durch eine Spezies, die in einem verbesserten technischen System lebte, ließ die Ressourcen verschwinden, von denen die primitiven Hominiden lebten.

Der gleiche Prozess wurde in Gang gesetzt, als die europäischen Siedler mit Karabinern die Bisonherden ausrotteten, mit denen sich die nur mit Pfeil und Bogen bewaffneten indianischen Jäger Nordamerikas seit vielen Jahrhunderten im Gleichgewicht befunden hatten: Innerhalb kürzester Zeit sind so die Indianerstämme dezimiert und manchmal durch Hungersnot eliminiert worden, von der Alkoholsucht und den Infektionskrankheiten ganz zu schweigen, die durch den Kontakt mit dem Weißen Mann hervorgerufen wurden. Offenbar gilt die allgemeine Regel, wonach sich auf einem bestimmten Gebiet nur *eine einzige ökologische Nische für eine technische Spezies* befindet, während im gleichen Umfeld mehrere *nichttechnische* pflanzenfressende oder fleischfressende Gattungen zusammenleben können und jede von ihnen eine andere Nische beansprucht.

Diese Regel stellt die eigentliche Basis für den technischen Fortschritt dar. Andere Spezies können Millionen Jahre lang im Gleichgewicht mit ihrer Umwelt leben, ohne sich merklich weiterzuentwickeln. Die Umwelt wird von Menschen durch die Anwendung von Techniken derart ausgebeutet, dass zu einem gewissen Zeitpunkt das Leben auf einem bestimmten Territorium im traditionellen technischen System unmöglich wird. Und zwar zum einen, weil die Bevölkerung, bei zunächst ausreichenden Ressourcen, bis auf ein Niveau zunimmt, wo diese nicht mehr ausreichen, zum anderen, weil die Ressourcen nicht alle erneuerbar oder nur sehr langsam erneuerbar sind. Um im technischen System des Paläolithikums zu bleiben, braucht nur an das Untergehen gewisser tierischer und pflanzlicher Gattungen erinnert zu werden, deren Möglichkeit zur Fortpflanzung durch eine übermäßige Nutzung zerstört wurde: Lange vor der Erfindung der Schusswaffen schon waren zahlreiche Tierarten infolge der Jagd verschwunden. Die Buschbrände, die mit schöner Regelmäßigkeit zum Erleichtern der Treibjagd angezündet wurden, sorgten ebenfalls für eine langsame, aber nicht wiedergutzumachende Verarmung der Böden und damit für eine Verarmung an interessanten Pflanzen und Pflanzenfressern.

Es gibt ohne Zweifel eine Menge anderer Mechanismen, durch die eine bestimmte Umwelt plötzlich mit der menschlichen Bevölkerung, die sie ertragen muss, übersättigt ist. Selbst wenn in einem primitiven technischen System keine nicht erneuerbaren Ressourcen verbraucht werden, so genügt es schon, eine Ressource auszubeuten, die nur langsam erneuerbar ist, um den Mechanismus der Entropiezunahme in Gang zu setzen.

Die Scheidelinie

Mit sehr allgemeinen und abstrakten Worten kann man sagen: Die Entropie des geschlossenen Systems nimmt bis zu *dem* Moment zu, wo die Menschen nicht mehr imstande sind, dort die Ressourcen an freier Energie zu schöpfen, die sie zur Sicherung ihres Überlebens brauchen. Selbstverständlich fügt diese abstrakte Formulierung nicht viel zur Feststellung der Tatsachen hinzu, es sei denn folgendes: Das Gesetz der zunehmenden Entropie erlaubt uns, zu behaupten, dass eine derartige Mangelsituation zum Schluss *immer* auftritt.

Da sich diese Situation systematisch reproduziert und wir ihr im folgenden regelmäßig begegnen, werden wir sie nach Jeremy Rifkin mit dem Ausdruck *Scheidelinie* bezeichnen: Eine Menschengruppe, die unfähig ist, im Rahmen eines bestimmten technischen Systems und in einem bestimmten Gebiet ihr Überleben sicherzustellen, stößt auf eine Scheidelinie, ebenso wie ein Wanderer, der in einer bergigen Gegend immer höher steigt, sich schließlich an einer Wasserscheide zwischen zwei Tälern befindet.

In dieser Metapher bedeutet jedes Tal ein technisches System, und die Bergkette symbolisiert die Schwierigkeiten, von einem System in ein anderes zu gelangen.

Zu einem gewissen Zeitpunkt, wenn nämlich alle verfügbaren Ressourcen eines technischen Systems infolge des Gesetzes der zunehmenden Entropie erschöpft sind, wird sich eine Menschengruppe genötigt sehen, das technische System, in dem sie lebte, zu verlassen, d.h. das Tal, in dem sie residierte.

Angesichts einer solchen Situation reagieren die verschiedenen Menschengruppen verschieden. Die einen verschwinden ganz einfach, weil sie unfähig werden zu überleben und so nicht ausgerottet zu werden brauchen; dies war der Fall beim Homo habilis, beim Homo erectus und beim Neandertaler; dies ist nach wie vor der Fall bei den Völkern der Sahel-Zone und auch bei den Indianerstämmen des Amazonasbeckens. Andere überschreiten die genannte Scheidelinie und beginnen in einem anderen technischen System zu leben, jedoch im gleichen Gebiet. Das ist in Europa vor 35.000 Jahren passiert, als die Homo sapiens sapiens die Neandertaler ersetzten: Es genügt sich vorzustellen, dass die ersteren, bewaffnet mit Pfeil und Bogen, das Wild erlegt hatten, bevor die anderen, durch Alter oder Krankheit geschwächtes Wild im Lauf erreichen und mit einem Speer erlegen konnten.

Noch andere überschreiten schließlich die Scheidelinie, nicht durch eine Änderung des technischen Systems, sondern durch Emigration in ein neues Land: Dies war der Fall bei den Invasionen aus dem Osten, die Europa bevölkert haben. Die gesamte Kolonisationsgeschichte der Erde seitens der Europäer, vom 15. Jahrhundert an, beruht auf der gleichen Methode.

Das Überleben durch Kolonisation

Dieses zuletzt erwähnte Verhalten im Angesicht einer Scheidelinie beantwortet die zweite vorher gestellte Frage: Warum hat sich der Besiedlungsraum unserer Spezies schließlich über die gesamte Erde ausgebreitet? Eine im günstigen Klima Ostafrikas lebende Hominidengruppe hatte offenbar beschlossen, in ein gemäßigt kaltes Klima auszuwandern, und zwar nicht ohne zwingenden Grund, selbst wenn sie sich vor der Kälte zu schützen wusste. Die Eskimos haben sich nicht in einem so harten Klima wie etwa der Arktis festgesetzt, ohne durch den Wettkampf um Jagdgelände dazu gezwungen gewesen zu sein. Die Polynesier haben alle Inseln des pazifischen Ozeans nur kolonisiert, da die Bevölkerung, die ein Atoll aufnehmen konnte, natürlich begrenzt war. Da die übliche Technik zur Kontrolle der Bevölkerung in Menschenopfern bestand, ist es natürlich, dass gewisse Wagehälse ihr Leben, das sowieso verloren war, aufs Spiel setzten und das Risiko der Entdeckung unbekannter Inseln in Kauf nahmen.

So sind wir seit Anbeginn unserer Frühgeschichte dem unerbittlichen Gesetz der zunehmenden Entropie unterworfen gewesen, und wir haben darauf geantwortet durch unsere Beteiligung an diesem Schöpfungsakt, der unser Universum seit seinem Erscheinen umfasst. Dass die technische Evolution des Paläolithikum, die sich über zwei Millionen Jahre erstreckt hat, *langsam* fortgeschritten ist, darf uns ihr gegenüber keine Verachtung einflößen. Es handelt sich, im Gegenteil, um den Ausdruck eines stabilen technischen Systems, das nur sehr langsam nicht erneuerbare Ressourcen aufbraucht.

Kapitel 7

Die neolithische Revolution und die Erfindung des Krieges

Der Bruch dieses Gleichgewichtes ist zum ersten Mal im Nahen Osten vor 10.000 Jahren eingetreten. Im Verlauf von zwei oder drei Jahrtausenden werden die Jäger zu Bauern, die Nomaden sesshaft und Landwirtschaft, Viehzucht, Architektur, Töpferei, Metallgewinnung, Gerberei erfunden. Diese gewaltige Wandel wird wegen seiner Geschwindigkeit und seiner Bedeutung als *neolithische Revolution* bezeichnet, da sie nur mit der industriellen Revolution vergleichbar ist.

Was ist die Ursache der neolithischen Revolution? Warum hat sie sich zum ersten Mal im Nahen Osten, vor 10.000 Jahren, abgespielt und nicht anderswo oder zu einem anderen Zeitpunkt? Die Historiker der Technik, R. Wenke, C. Singer, B. Gille, haben zahlreiche Hypothesen, die sich widersprechen und keineswegs überzeugend sind. Wir schlagen eine von Jeremy Rifkin vertretene Erklärung vor, die das Schema bestärkt und präzisiert, das für das Paläolithikum angewandt wurde.

Die Illusion eines tugendhaften Kreises

Die klassischen Antworten auf die von uns vorher aufgeworfene Frage gruppieren sich um ein Schema, das die häufigsten Vorurteile über den technischen Fortschritt – so wie er heute auftritt – wiederholt. Für uns ist der technische Fortschritt das Handlungsresultat seitens der reichsten und am weitesten entwickelten Menschengruppen: Ein Überschuss an wirtschaftlichen Mitteln ermöglicht Investitionen im Erziehungswesen, der Infrastruktur, der Forschung und Entwicklung. Dadurch wird ein neuer technischer Fortschritt erzeugt, der sowohl die Verbesserung der Produktivität und als auch die Freisetzung neuer ökonomischer Ressourcen erlaubt, die ihrerseits neue Investitionen erlauben und damit den Beginn eines neuen Zyklus ermöglichen. Das Ganze gruppiert sich auf diese Weise um das, was man einen *tugendhaften Kreis* nennt: Der Fortschritt erzeugt Fortschritt; der Reichtum zieht Reichtum an; die Entwicklung ruft Entwicklung hervor; man beraubt die, die wenig haben, um denen zu geben, die viel haben. Dies ist das entschieden optimistische und grausame Schema, das die Grundlage der technischen Illusion darstellt.

Ihr zufolge resultiert der technische Fortschritt aus einem Überschuss, was die irrige Idee eines unbegrenzten Fortschrittes begründet, nach der jede Erfindung die Bewegungsfreiheit der Menschheit erweitere. Diese höre nie auf, fortzuschreiten, da sie durch einen unsichtbaren Motor – von völlig unbestimmter Natur – angetrieben werde, der sie zur Entdeckung immer neuer Techniken und neuer Gebiete führen werde. Jeder technische Fortschritt könnte auf diese Weise der Menschheit immer mehr Ressourcen zur Verfügung stellen.

Dieses Schema eines tugendhaften Kreises hält einer sorgfältigen Analyse nicht stand, wenn man es auf die neolithische Revolution anwendet. Es ist schwer vorstellbar, dass ein besonders entwickelter Stamm, der seine Jagd- und Sammeltechnik bis aufs äußerste perfektioniert hat, reichlich über Jagdwild, Fische, Körner und Früchte verfügt, plötzlich den genialen Einfall gehabt hätte, die Landwirtschaft und Viehzucht zu erfinden. Dies wäre eine verrückte Idee gewesen. Warum soll man eine altüberlieferte, wenig anstrengende und abwechslungsreiche Lebensweise ändern, wenn sie gänzlich zufriedenstellend ist? Warum soll man den Boden mühsam mit mittelmäßigen Werkzeugen aufkratzen, wenn man sich schon satt gegessen hat?

Es kommt manchmal vor, dass ein Mensch in glücklicher Ehe, beruflich erfolgreich, von Freunden umgeben, bei bester Gesundheit, plötzlich alles aufgibt, um anderswo ein ungewisses neues Leben zu beginnen: Seine Umgebung wird ihn für verrückt halten. In Wirklichkeit aber wird ihm zweifellos etwas missfallen haben, wenn er sein vorheriges Leben aufgibt, oder er war aus einem versteckten Grunde dazu gezwungen. Ebenso schlagen die Theorie des wirtschaftlichen Überflusses und das Schema des tugendhaften Kreises eine verrückte Erklärung für die technische Evolution und insbesondere für die neolithische Revolution vor. Wir werden immer wieder, im Laufe der technischen Evolution, solchen abrupten Sprüngen von einem System in ein anderes begegnen, denen jeweils eine – auf verschiedenen Seelenzuständen beruhende – Erklärung gegeben wird, die jedoch nichts erklärt, weil sie alles zu erklären vermag.

In Wirklichkeit ist die die plausibelste Evolution zweifelsohne eine andere: Ein bestimmter, im technischen System des Paläolithikum lebender Volksstamm hat seine Jagd- und seine Sammelmethoden dermaßen verbessert, dass seine wohl genährte Bevölkerung sich stärker vermehrt hat als der Tragfähigkeit dieses technischen Systems entsprach. So sind die natürlichen Ressourcen der Umwelt übermäßig ausgebeutet worden und haben sich erschöpft. Der Volksstamm hat, unter dem Druck der entstandenen Mangelsituation und des Zwanges, die Kraftprobe bestanden und die Jagd in Viehzucht, das Sammeln in Landwirtschaft umgestaltet.

... oder ein Teufelskreis

Mit anderen Worten, statt in einem tugendhaften Kreis befindet man sich in einem *Teufelskreis*: Durch die Vervollkommnung eines technischen Systems erfährt die erfolgreichste Menschengruppe einen Bevölkerungszuwachs und erschöpft die Ressourcen ihrer Umwelt. Zu einem bestimmten Zeitpunkt stößt sie auf eine Scheidelinie, wie es vorher im Kapitel 6 dargelegt wurde: Es ist unmöglich geworden, der bestehenden Bevölkerung im bestehenden System das Leben zu sichern. Wenn diese Menschengruppe eine ausreichende Kreativität besitzt, dann gelingt es ihr vielleicht, in ein neues technisches System überzuwechseln, das ihr erlaubt, ihre Umwelt besser auszunutzen und ihrer Bevölkerung das Überleben zu sichern. Dann beginnt der Zyklus von neuem; es kann sich nur um einen Teufelskreis handeln.

In diesem Schema eines Teufelskreises stellt jedes Werkzeug, jede Waffe, jede Methode eine Art und Weise dar, die freie Energie besser einzufangen. Die Sozialordnung ist ein weiterer Mechanismus, die freie Energie umzuwandeln und sie unter den Mitgliedern der Gruppe aufzuteilen. Allerdings muss jede einzelne dieser Erfindungen auch als ein Mittel betrachtet werden, den Degradationsprozess der Energie zu beschleunigen und die Entropie zu steigern. Jede Erfindung ruft eine weitere Erfindung hervor, weil die Entropie des – aus der Biosphäre der Erde bestehenden – geschlossenen Systems (die Sonnenstrahlung ausgenommen) nur zunehmen kann, weil die technische Evolution ihr Anwachsen immer mehr beschleunigt und deswegen neue Mittel zur Ausbeutung der noch übriggebliebenen Ressourcen benötigt werden. *Eine technische Revolution erzeugt keine neuen Ressourcen; sie ermöglicht den Zugang zu noch nicht ausgebeuteten Ressourcen; sie leitet deren Abbau ein, der mit der Zeit eine neue technische Revolution erforderlich macht.* Die technische Illusion besteht im Glauben an den Zugang zu unbegrenzten Ressourcen, weil man soeben neue Ressourcen entdeckt hat.

Am Beispiel der neolithischen Revolution, des Überschreitens der Scheidelinie zwischen den technischen Systemen des Paläolithikums und des Neolithikums, hat man zwei Schemata für die Erklärung des technischen Fortschritts einander gegenübergestellt, die sich beide grundlegend widersprechen: Die vorherrschende Wirtschaftstheorie und ihre bekannten populären Versionen sehen ein Heil ausschließlich im Wirtschaftswachstum, das auf dem technischen Fortschritt beruht und dem Zugang zu einem endlos wachsenden Vorrat an Ressourcen. Die Entropie dagegen entschlüsselt die technische Evolution als einen verzweifelten Kampf einer immer einfallsreicheren Spezies, durch eine beschleunigte und immer weniger wirksame Ausbeutung eines abnehmenden Vorrats an Rohstoffen zu überleben.

Die Technik der Landwirtschaft

Die Landwirtschaft ist nicht nur eine Variante des Pflückens oder Sammelns, die systematischer und wohlgeordneter wären. Es reicht nicht, ein wildes Getreidefeld von seinem Unkraut zu befreien, was ohne Zweifel eine erste Etappe gewesen ist. Die Landwirtschaft erfordert buchstäblich ein fast wissenschaftliches Vorgehen: Durch Beobachtungen, Nachprüfungen, Erfahrungen und erste Versuche muss man zur Entdeckung gelangen, dass das im Herbst oder Frühjahr ausgesäte Getreidekorn im Sommer einen Halm hervorbringt. Dieses biologische Phänomen erscheint uns heute als selbstverständlich, war es aber zu jener Epoche nicht. Andererseits kann nur zu bestimmten Jahreszeiten gepflanzt und geerntet werden: Die Landwirtschaft hängt von der Entdeckung des Zyklus der Jahreszeiten ab, von einem zumindest primitiven Kalender, der Beobachtung des Sonnenaufgangs zu den verschiedenen Jahresperioden. Und schließlich setzt die Landwirtschaft eine Auswahl der Pflanzen voraus, also eine Vorform von Genmanipulation. Der Weizen, der ein Grundnahrungsmittel im Mittelmeerraum darstellt, ist vom Standpunkt der Natur aus ein degeneriertes Getreide. Es wurde sorgfältig ausgewählt, damit seine Körner an der Ähre haften, sich nicht ausstreuen und sich nicht spontan ausbreiten. Erst einmal ausgewählt, überlebt der Weizen nur noch in Symbiose mit der menschlichen Art.

Die Landwirtschaft bedeutet eine originelle und raffinierte Methode, pro Quadratkilometer mehr Proteine zu erzeugen, als ein auf dem Pflücken beruhendes technisches System einbringen kann. Es ist bemerkenswert, dass die ersten Bauern vor 10.000 Jahren auf dem Gebiet, das den Irak, Syrien, Palästina, die Türkei und Mazedonien umfasst, systematisch die Getreidearten (Hartweizen, Hirse, Gerste) mit den Hülsenfrüchten (dicke Bohnen, Erbsen, Linsen) kombiniert haben. Die wesentlichen Aminosäuren, die für den menschlichen Körper unentbehrlich sind und die er nicht zu synthetisieren vermag, befinden sich zum Teil im Getreide, zum Teil in den Hülsenfrüchten. Durch ihre Verbindung *in demselben Gericht* wird ein ausgeglichenes Angebot an Proteinen bewirkt, das ebenso nahrhaft ist wie die Fleischproteine.

Der wesentliche Vorteil des technischen Systems Feld – Bauer liegt in der größeren Wirtschaftlichkeit, verglichen mit einem System von Weideland – Pflanzenfresser – Jäger oder Hirt. Bevor ein Tier sein volles Gewicht erreicht, muss es ein Vielfaches dieses Gewichts in Form von Viehfutter fressen. Sich von

Fleisch zu ernähren bedeutet also einen entropologischen Luxus. Dank der Landwirtschaft können, auf einem vorgegebenen Gelände, mehr Menschen regelmäßiger ernährt werden. Heutzutage erlaubt es die perfektionierte Landwirtschaft, einen Menschen auf 0,4 Hektar zu ernähren, das bedeutet 250 Menschen pro Quadratkilometer, wogegen ein einziger Jäger mehrere Quadratkilometer für seine Ernährung benötigt. Dies erklärt (rechtfertigt jedoch nicht), warum es heute tausendmal mehr Menschen auf der Erde gibt als zu Beginn des Neolithikums, für das die gesamte Erdbevölkerung auf ein paar Millionen Menschen geschätzt wird.

Schließlich sollte noch bemerkt werden, dass die Landwirtschaft gezwungenermaßen aufkommen musste, wenn auch nicht unbedingt im Nahen Osten, so doch wenigstens in einem analogen Klima. Im übrigen ist die Landwirtschaft des Mais in Mexiko entstanden, mit ein paar Jahrtausenden Verspätung gegenüber dem Nahen Osten. Da mit großer Sicherheit keinerlei technischer Austausch zwischen diesen beiden Zentren stattgefunden hat, muss daraus gefolgert werden, dass der Mensch ein kulturelles Entwicklungsstadium erreicht hatte, in dem die Landwirtschaft notwendigerweise aufkommen musste, wo die Umweltbedingungen *es erlaubten und verlangten.* Umgekehrt war die Erfindung der Landwirtschaft in der gemäßigt kalten Zone, wo die Getreidearten nicht spontan wachsen, nicht möglich; in der tropischen Klimazone brauchte sie indessen nicht entdeckt zu werden, da dort die pflanzliche Produktion das ganze Jahr über zur Reife gelangt und deshalb keinerlei Grund besteht, zu ernten und zu lagern, um zu überwintern.

Der wahrscheinliche Zeitpunkt des ersten Auftretens der technischen Innovation Landwirtschaft ist in sechs Zentren, die als unabhängig voneinander angesehen werden können, folgender: Mesopotamien: 8000 v.Chr.; Ägypten: 7000 v.Chr.; Indien: 6500 v.Chr.; China: 3500 v.Chr.; Südamerika: 2000 v.Chr.; Mittelamerika: 1500 v.Chr.

Die Technik der Viehzucht

Die Viehzucht tritt zu etwa gleicher Zeit auf wie die Erfindung der Landwirtschaft, vielleicht sogar etwas früher. Seit Ende des Paläolithikums war der Hund, wegen seiner offenbaren Nützlichkeit für eine Gruppe von Jägern, domestiziert worden. Die Zähmung stellt demnach eine der Zucht vorausgehende Technik dar. Das Schaf ist das erste Tier, das gezüchtet wurde: Dieser Vorgang wird auf 9000 v.Chr. im nördlichen Irak datiert; darauf ist 1.500 Jahre später die Ziege gefolgt; im Jahre 6.200 v.Chr. findet man das Schwein und den Ochsen in

Mazedonien. Die Auswahl dieser vier Gattungen von Pflanzenfressern ist sicher nicht zufällig gewesen. Es handelt sich um Pflanzenfresser, die auf Wiesen weiden und sich zur Verteidigung gruppieren. Sie sind daher leicht zu fangen, zu umzingeln und in einer Umzäunung einzuschließen. Hingegen ist die Zähmung von Hirsch oder Antilope problematischer, weil sich ihre Rudel eher zerstreuen als in einer Gruppe zusammenfinden.

Aus ähnlichen Gründen sind Tiere wie der Büffel, der Zebu und der Elefant etwa um die gleiche Zeit in Indien domestiziert worden. Die präkolumbianischen Zivilisationen dagegen besaßen praktisch keine zur Zähmung geeignete Tiergattungen: In Amerika gab es weder Rinder noch Schafe oder Ziegen oder Pferde; die Viehzucht musste sich auf die Zucht von wenigen Alpakas, Lamas und Guanakos beschränken, die als Zugtiere ungeeignet und sehr mittelmäßige Tragtiere waren. Zusammenfassend war der Nahe Osten, was die Viehzucht anbetrifft, sicher ein bevorzugter Ort für die neolithische Revolution. Alle Komponenten eines neuen technischen Systems waren dort latent vorhanden: Es genügte eine hinreichend dichte, durch Wildmangel motivierte Bevölkerung, um sie in Gang zu setzen.

Die Techniken der anorganischen Stoffe

Die Töpferei entstand ungefähr 1.000 Jahre nach dem Beginn der Landwirtschaft, gegen 7000 v.Chr. Es hatte gereicht, Feuerstellen mit bestimmten Tonarten aufzubauen, um sich über die besonderen Eigenschaften dieser Materialien klar zu werden. Die Töpferei ist unbrauchbar für einen Nomaden, der sich weder mit solchen zerbrechlichen Gegenständen belasten noch für ihre Herstellung sesshaft werden konnte. Die Nützlichkeit der Töpferei liegt dagegen für die Bauern auf der Hand: Sie dient zur Aufbewahrung, zum Transport und zur Zubereitung seiner Produkte. Nebenbei sei bemerkt, dass ein sehr nahe verwandtes Material, an der Sonne getrocknete Tonziegel, das erste Baumaterial war. Fast gleichzeitig sind der Gips, das Glas und der Kalk bekannt geworden.

Noch viel eindrucksvoller, ja sogar verblüffend, ist die Erfindung der Metallgewinnung in einem so primitiven technischen Stadium. Gewiss, die ersten, auf etwa 8000 v.Chr. datierten, Metallgegenstände waren schlichte und gediegene Gold- oder auch Kupferklumpen, besonders verlockend wirkende Steine, die man zur Herstellung von Schmuck gestalten konnte. Sie haben keine große technische Rolle gespielt. Unterdessen findet man um 6000 v.Chr. die ersten Überreste einer wirklichen Kupfer- und Bleimetallurgie in der Türkei – in Catal Hüyük. Nun setzt aber die Kupfermetallurgie eine Reihe komplexer Arbeitsvorgänge voraus, die schwerlich durch Zufall entdeckt worden sein können. Die Menschen müssen dazu verstehen lernen, dass der grüne Malachit und der blaue Azurit, die äußerlich keineswegs dem Kupfer ähneln, dennoch Kupfer enthalten. Man muss lernen, gewisse Mineralien zu erhitzen, Schmelzmittel wie Kreide beizumischen, das Reduktionsvermögen der Holzkohle zu nutzen, Öfen zu bauen, die eine Hitze von über 1.000 Grad erreichen, Metall zu gießen und es zu schmieden. Diese Operationsreihe kann nur infolge von systematisch durchgeführten Versuchen gelingen: Die Spuren von Öfen, die für diese Metallurgie verwandt worden sind, werden auf 4000 v.Chr. datiert. In Jugoslawien wurden Spuren von Minen aus der gleichen Epoche entdeckt. Und schließlich ist die Bronze entwickelt worden, eine Legierung von Kupfer und Zinn, die hart ist und zur Herstellung von Waffen geschliffen werden kann – um 3500 v.Chr. in Ur, in der Morgendämmerung der Geschichte. Sie hat den Anfang der Bronzezeit markiert. Aus dieser Zeit stammt das Schwert, die Waffe, die der Mensch gegen den Menschen erhebt. In dieser Epoche werden auch Skelette junger Menschen entdeckt, die an Verwundungen durch diese Waffen gestorben sind: die Toten der ersten Kriege.

Die Ausbreitung des neolithischen Systems

Die neolithische Revolution hat sich mit einer, für die damalige Zeit erstaunlichen Schnelligkeit ausgebreitet, entweder weil Wanderungen der Bauernvölker stattgefunden haben, oder weil die Nomaden durch den Kontakt mit neolithischen Dörfern die nötigen Techniken erlernt haben und nach und nach schnell sesshaft geworden sind.

Die erste Hypothese wird allerdings nach neuesten Erkenntnissen favorisiert: Danach wäre die Landwirtschaft im Donautal mehr durch eine langsamen Ausbreitung der Landbevölkerung fortgeschritten und weniger durch eine Ausbreitung dieser Technologie innerhalb der Gesellschaft der Jäger. Es handelt sich hier um einen geschichtlichen Punkt, der geklärt werden müsste, da er uns lehren könnte, ob Technologien exportfähig sind, oder ob jeder Menschengruppe die Zeit gelassen werden soll, sie selbst zu entdecken. Im letzteren Fall würde der zeitgenössische Mythus des Technologietransfers von Norden nach Süden zerstört werden.

Vom fruchtbaren Halbmond (Irak, Syrien, Türkei, Palästina) gegen 5000 v.Chr. ausgehend, hat die neolithische Revolution die gesamten Mittelmeerküsten erreicht, das Donaubecken und anschließend das Rheintal. Um 3500 v.Chr., zu Beginn der geschichtlichen Zeit, wird die Landwirtschaft in ganz Europa praktiziert, mit Ausnahme von Skandinavien und Nordrussland. In östlicher Richtung erreicht sie den Iran, Indien und China: Es wird übrigens angenommen, dass die Landwirtschaft mit einer kleinen Zeitverschiebung in voneinander unabhängigen asiatischen Gebieten erfunden worden ist. Die Lehre aus dieser schnellen, beschleunigten Ausbreitung und dem beinahe gleichzeitigen Auftreten bedeutet den *notwendigen* Charakter dieser technischen Revolution: Keine Gemeinschaft, von hinreichender Größe und in einer angemessenen Umwelt, kann umhin, diesen entscheidenden Schritt zu vollziehen. Die Zunahme der Entropie zwingt sie dazu.

Ebenso wie die leblose Materie schwanger mit Leben und das Leben schwanger mit Bewusstsein ist, im Gegensatz zu Jacques Monods Auffassung, ist der Mensch der instinktive Erzeuger von technischen Systemen, die immer perfektionierter werden.

Die Reize des neolithischen Systems

Das neolithische System ist das vierte technische System, das in der Geschichte auftritt. Bis auf den heutigen Tag stellt es das System dar, in dem Hunderte von Millionen unserer Zeitgenossen leben: Es hat keinerlei wesentliche Modifikation erfahren, von 8000 v.Chr. bis 1500 n.Chr., der Epoche der großen Entdeckungen. Das neolithische System ist in gewisser Weise konträr zum paläolithischen System. Die Nomadenvölker werden sesshaft, und die Bevölkerungszahl nimmt pfeilschnell zu. Die Fleischesser lernen, sich mit Getreide zu ernähren, die Jäger verwandeln sich in Viehzüchter; das gemeinschaftliche Jagdgebiet wird zu einem in Parzellen aufgeteilten Privatbesitz, die Zeit hört auf, frei zu sein, um mit Arbeit ausgefüllt zu werden, und die Menschen erfinden den Krieg. Es handelt sich hierbei sowohl um eine kulturelle als auch um eine technische Revolution.

Die Reize des neolithischen Systems müssen gewaltig gewesen sein, wenn man es an seiner schnellen Ausbreitung zu einem beinahe universellen System misst. Offensichtlich ist die neolithische Revolution eine Vorbedingung für all die Erfindungen, die eine stabile, dichte und wohlhabende Bevölkerung voraussetzen: die Schrift, der Handel, die Künste, die Wissenschaften, kurz alles, was wir als Zivilisation zu bezeichnen versucht sind. All das ist, im Keime, in einem bescheidenen neolithischen Dorf enthalten. Für einen Nomaden erscheint der Fortschritt offenkundig: Die Nahrung ist, zumindest am Anfang, viel reichlicher, verschiedenartiger, weniger zufallsbedingt. Das Haus ist komfortabler als das Zelt, der Schmuck verlockender, die Wolle- oder Baumwollstoffe sind leichter als die Tierfelle. Kurz und gut, das Verhältnis zwischen dem Sesshaften und dem Nomaden spiegelt gut die Beziehung zwischen dem Entwickelten und dem Unterentwickelten von heutzutage wider. Die Versuchung, sich dem technischen Fortschritt zu beugen, ist unwiderstehlich: Die technische Illusion ist zwangsläufig.

Der Fluch der Arbeit und des Krieges

Im ersten Moment merkt man den zu zahlenden Preis nicht. Die Ländereien sind fruchtbar und frei, die Arbeit leicht. In dem Maße, wie die Felder ermüden, wie die Quellen infolge der Abholzung austrocknen, wie die wohlgenährte Bevölkerung zahlenmäßig immer mehr zunimmt, wird jedoch die Landwirtschaft mühsamer, weil die Felder unergiebiger werden und härter bearbeitet werden müssen. Die Bevölkerung kann auf die Dauer nur gerade eben noch ernährt werden, durch einen unaufhörlichen Anbau, den der unfruchtbare Boden von den Ärmsten verlangt. Versuche, das System über seine ursprüngliche Umgebung zu erweitern, beschleunigen diesen Prozess. So kann die Düngung, erfunden um zu trockene Böden zu kultivieren, sie tatsächlich unfruchtbar machen, wenn das Wasser mit gelösten Salzen beladen ist.

In dem neuen technischen System tritt eine neue Scheidelinie auf. Diese Scheidelinie, die das System von Ackerbau und Viehzucht vom industriellen System trennt, ist tatsächlich erst gegen Anfang des 18. Jahrhunderts in England überschritten worden. Selbst heute gibt es noch zahlreiche Völker, die jenseits dieser Linie verharren.

Das neolithische System überlagert dem Fluch der Arbeit und der Hungersnot den Determinismus der Kriege. Im Kapitel 6 ist dargelegt worden, dass im Paläolithikum der Krieg unbekannt war, weil es offensichtlich keinerlei Motivation für ihn gab. Die neolithische Revolution erschüttert diese Tatsachen, wie man es aus den Skeletten der ersten Kriegsopfer herleiten kann. In der Tat verfügt der Landwirt nicht mehr über die Freiheit des Jägers; die urbar gemachten Felder, die ausgebaggerten Bewässerungsgräben, die mit Getreide gefüllten Scheunen, die Werkzeuge und das eigene Vieh sind die Früchte einer Investition, die die Dorfgemeinschaft retten muss, *wenn sie überleben will.* Da die Bevölkerungsdichte unabänderlich solange zunimmt wie es keinen Mangel gibt, treten früher oder später Konflikte auf, sei es zwischen Sesshaften und Nomaden, sei es zwischen benachbarten Dörfern wegen Streitigkeiten um Grundbesitz.

Der Krieg, eine fundamentale Komponente des neolithischen Systems

Die einzige Regulierung der Zahl eines bäuerlichen Volkes liegt in den Hungersnöten, die durch das Auslaugen der Böden hervorgerufen werden, den Kriegen, die um zu selten gewordene Ländereien geführt werden und den Epidemien, die die beiden vorausgehenden Plagen begleiten. Im neolithischen System stellen die Pest, die Hungersnot und der Krieg nicht einfach Zufälle infolge der menschlichen Bosheit dar, sondern sie resultieren ebenso sehr aus Mechanismen, die dem Gesetz der zunehmenden Entropie unterworfen sind und von dessen Existenz die Menschen selbstverständlich nichts wussten.

Landwirtschaft als auch Viehzucht genießen in der zeitgenössischen ökologischen Mythologie den Status natürlicher und friedfertiger Tätigkeiten. Im Vergleich mit der Industrie ist diese optische Täuschung fast unvermeidlich. Absolut gesehen, ist diese Ansicht von Grund aus falsch. Die Erfindung der Landwirtschaft zieht nämlich unerbittlich die Erfindung des Krieges nach sich. Die Landwirtschaft ist also ebenso wenig wie jegliche andere Technik positiv oder auch nur neutral. Sie hat all die Auswirkungen zur Folge, die schon in bezug auf die zeitgenössischen Techniken hervorgehoben wurden: die perverse Wirkung, die friedliche Bauern dazu treibt, die Jagdwaffen ihrer Vorfahren wieder zu ergreifen, um sie gegen andere Menschen zu richten; die zentralisierende Wirkung, die sozial völlig ungleiche, Gemeinschaften mit ausgeprägten Hierarchien erzeugt, die immer stärker verpflichtenden Gesetzen unterworfen sind (Rousseau hat es vorausgeahnt); die Zwangswirkung, die die Nomaden unwiderstehlich dazu drängt, sesshaft zu werden, um nicht eliminiert zu werden; die unmoralische Wirkung, die es quasi zur Pflicht macht, gewalttätig, geizig und neidisch zu werden.

Der Mythos vom Paradies auf Erden – Sehnsucht nach dem Paläolithikum

Die in der frühen Morgendämmerung der Geschichte ausgearbeiteten Mythologien sind klar pessimistisch hinsichtlich des technischen Fortschritts. Der Mythus des Adams, der aus dem Paradies verjagt wurde, weil er den Zugang zur Erkenntnis angestrebt hatte, ist direkt übertragbar auf das Schicksal der neolithischen Jäger, die gezwungen waren, neolithische Bauern zu werden: Jagd, Fischfang, Sammeln und Pflücken, das freie Umherirren in einem weiten, natürlichen Garten werden durch eine mühselige Arbeit ersetzt. Der von Kain an Abel verübte Mord, vom Bauern am Hirten, symbolisiert das Einbrechen von einer kriegerischen Gewalttätigkeit in diese heruntergekommene Gesellschaft.

All die Sehnsucht und die Anziehungskraft, die Jagd und Fischerei noch in der bäuerlichen Gesellschaft Frankreichs haben, können mit dem vorher Gesagten in Verbindung gebracht werden. Die Jagd, ein Privileg des Adels unter dem Ancien Regime, das die Wilddieberei mit harten Urteilen bis zur Galeere bestrafte, stellt einen der ersten Ansprüche dar, der vom Dritten Stand anlässlich der Französischen Revolution formuliert wurde. Heutzutage gibt es bei jeder Eröffnung der Jagd mehr Jäger als Hasen. Das Ziel dieser scheinbar unsinnigen Aktivität liegt weniger darin, sich Fleisch zu beschaffen oder ein erworbenes Recht zu behaupten, als vielmehr die Freiheit des paläolithischen Jägers wiederzufinden, diese zugleich unschuldige und grausame Freiheit des Menschen, frei vom Gesetz und frei von Schuld, in einem verlorenen Paradies.

Kapitel 8

Sechs Mal Erfindung des Staates

Einige Jahrhunderte oder einige Jahrtausende nach der neolithischen Revolution sind im Mittelpunkt eines jeden Zentrums, in dem die Landwirtschaft erfunden wurde, Königreiche entstanden, die sich untereinander verbündet haben oder aber deren Ausdehnung die Dimension von Weltreichen angenommen hat. Um eine klare Vorstellung zu vermitteln, werden hier die folgenden approximativen Zahlen genannt: 3000 v.Chr. in Ägypten und Mesopotamien; 2500 v.Chr. im Industal; 1500 v.Chr. in China; zu Beginn unseres Zeitalters: in den beiden präkolumbianischen Zivilisationen. Die Wiederholung von sechs gleichartigen Ereignissen legt natürlich die Existenz einer gemeinsamen Ursache nahe. Eine Aufzählung der simplifizierenden oder spitzfindigen Schemata, mit denen die Historiker behauptet haben, die Ursache für das sechsmalige Entstehen eines Staates unter analogen Umständen erklären zu können, würden kein Ende nehmen. Diese Schemata enthüllen vor allem die Vorstellung, die sich Historiker wie G. Gille oder R. Singer vom Staat machen. Wir werden ein entropologisches Modell entwickeln, das auf der Linie des Vorangehenden liegt.

Der Staat als Notbehelf in der Stagnation

Zwei Tatsachen sind überraschend: Einerseits ist der Staat jeweils dort erfunden worden, wo die Landwirtschaft erfunden worden ist, und nie anderswo. Diese Tatsache suggeriert uns deutlich die Idee von einem zwangsläufigen Phänomen, das mechanisch vom Zunehmen der Entropie herrührt. Auf der anderen Seite ist keiner dieser Staaten die treibende Kraft für bedeutende technische Neuerungen gewesen, außer in militärischer Hinsicht. Es kann also angenommen werden, dass die Schaffung des Staates ein kompensatorischer Akt für eine mangelnde technische Kreativität ist, oder sogar den Zerstörer dieser Kreativität darstellt.

Wir haben vorher festgestellt, dass der Krieg zwischen den einzelnen Dörfern einen Automatismus des neolithischen Systems darstellt, das sich an einem Scheideweg befindet. Die einzige Möglichkeit, diesem Automatismus entgegenzuwirken, besteht in einem Zusammenschluss der Dörfer zu einem Rechtsstaat. Die Erfindung des Staates wäre somit ein weiterer Automatismus, durch den ein Volk, das sich an einer Scheidelinie befindet, aber zum Überschreiten dieser Linie, sei es durch Erfindung eines neues technischen Systems, sei es durch die Kolonisierung neuer Ländereien, unfähig ist, die Knappheit mit einem sozialen

System bestmöglich verteilt, um Hungersnot und Anarchie zu vermeiden. Es handelt sich um eine ganz und gar originelle Antwort, da die Software einer Gesellschaft den Mängeln der Hardware abhilft. Die politische Überstruktur muss aber erst einmal diese Gewalttour zustande bringen. Das beste Beispiel ist das Sowjetreich, das wegen eines zu schwerfälligen Staatsapparates eine spektakuläre ökonomische Stagnation hervorgebracht hat. Es hat es schon in den 20er Jahren fertiggebracht, eine Hungersnot in der Ukraine herbeizuführen, die seit dem Altertum als traditionelle Kornkammer Europas gilt.

Um die soziale Struktur auch in Notzeiten zu bewahren, darf die Knappheit nicht in gleicher Weise verteilt werden, da dies den Untergang aller angesehenen Persönlichkeiten bedeuten könnte (Könige, Adlige, Priester, Beamte, Offiziere). Sie verkörpern und stützen die Institutionen, deren Überleben ja von grundlegender Wichtigkeit ist: Es *muss* daher eine ungleiche Gesellschaft geschaffen werden. Königreiche haben ausnahmslos diese Regel respektiert. Die Apparatschiks des sowjetischen Systems waren die großen und privilegierten Priester in einer vorgeblich kommunistischen, d.h. egalitären Wirtschaft. Um die Ideologie aufrecht zu erhalten, musste man die Ideologie verletzen. Ebenso sind im menschlichen Körper alle lebenswichtigen Organe, wie z.B. das Herz und das Gehirn, besser geschützt als die Haare oder die Nägel.

Kurz und gut, die Königreiche sind große politische, kulturelle und religiöse Überstrukturen gewesen, die dazu dienten, die technische Infrastruktur der Bauerndörfer abzudecken. Da die Menschen nicht mehr ungeschützt mit der Scheidelinie konfrontiert sind und da man ihnen den heiligen Charakter ihres Unglückes erklärt, da ihnen vorgetäuscht wird, dass das Leben ebenso angenehm für alle sein könnte, wie es für die Oberschicht ist, und dass der Überfluss nur durch deren offenbare Nachlässigkeit verhindert würde, kommt es ihnen gar nicht mehr in den Sinn, Zuflucht zu technischen Erfindungen zu nehmen.

Anhand zweier Beispiele, Ägypten und Mesopotamien, werden wir die Art der Beziehungen zwischen der technischen Evolution und der Geschichte dieser Königreiche aufdecken. Das Beispiel Ägypten illustriert das völlige Stagnieren eines Königreiches, das durch seine natürlichen Grenzen vor Kriegen geschützt ist; das Beispiel Mesopotamien dagegen eine gewisse, durch endlose Kriege stimulierte Kreativität.

Das Ägypten der Pharaonen, ein stabiles technisches System

Das Ägypten der Pharaonen reicht von 3000 v.Chr. bis 332 v.Chr., von der Vereinigung des Landes durch Narmer bis zu seiner Eroberung durch Alexander den Großen. Während dieser 27 Jahrhunderte bildete Ägypten ein stabiles technisches System, das durch einen geringen Erfindungsgeist gekennzeichnet war. Gewisse technische Erfolge der Ägypter sind eindrucksvoll wegen ihrer schieren Ausmaße, wie z.B. die Pyramiden. Sie stellen jedoch nur die systematische und ausgedehnte Anwendung von sehr rudimentären Techniken dar. Die technische Sterilität Ägyptens stammt ohne jeden Zweifel von seinem hauptsächlich landwirtschaftlichen Charakter und seiner Isolation. Die Organisation des Königreiches, seine entstehende Bürokratie, seine Staatsreligion haben dazu beigetragen, Neuerungen zu bremsen.

Zur Zeit der Entstehung Ägyptens sind die wichtigsten technischen Neuerungen des Neolithikums schon weit verbreitet: Landwirtschaft, Viehzucht, Töpferei, Metallurgie und Architektur. Die Beiträge der Ägypter sind pünktlich gefolgt: Der Esel ist hier ohne Zweifel ab 3000 v.Chr. gezähmt worden. Die erste Darstellung eines Esels auf einem Fresko stammt von 2000 v.Chr. Das Pferd taucht 1700 v.Chr. auf, ist jedoch in Mesopotamien schon seit 2800 v.Chr. gezähmt worden. Der Technologietransfer zwischen Nord und Süd verlief also unglaublich langsam. Die Ägypter haben hartnäckig versucht, ungeeignete Gattungen wie Hyänen, Kraniche, Gazellen, Hirsche und Steinböcke zu domestizieren, um es dann aber wieder aufzugeben. Sie betrieben dagegen mit Erfolg seit 1400 v.Chr. die Bienenzucht.

Die Ägypter waren mittelmäßige Metallurgen. Einerseits sind die lokalen Erzlagerstätten nicht sehr reichhaltig, andererseits waren die militärischen Bedürfnisse bescheiden: Tatsächlich hatte Ägypten nie besondere imperialistische Absichten und nur wenige Invasionen auf seinem Boden erlitten, der durch die Wüste und das sumpfige Nildelta geschützt war. Ein sicheres Indiz für ein friedliches Leben in Ägypten liegt in der Tatsache, dass die wenigen Städte nicht von Schutzwällen umgeben waren, im Gegensatz zu Mesopotamien, wo dies die Regel darstellte, da das Land für alle Invasionen zugänglich war. Die Bronze erscheint jedenfalls in Ägypten erst um 2200 v.Chr., wogegen sie in Mesopotamien schon ein Jahrtausend früher bekannt ist. Das Eisen tritt sehr verspätet auf, gegen 700 v.Chr., wogegen es im Nahen Osten und in Griechenland schon seit 1200 v.Chr. existiert.

Das technische Ansehen der Ägypter beruht hauptsächlich auf einigen großen Monumenten, Pyramiden, Obelisken und Tempeln. Nebenbei muss betont werden, dass nicht ein einziger Überrest der gewöhnlichen, alltäglichen Architektur von Palästen und Häusern erhalten geblieben ist, die mit rohen, sonnengetrockneten Ziegelsteinen gebaut waren. All dies war recht primitiv und ist vollständig verwittert.

Eine grobe Architektur

Die großartige Architektur aus behauenem Stein stellt dagegen eine echte Neuerung dar, die jedoch mehr der Kunst des Steinhauers als der des Ingenieurs verdankt. Drei Jahrtausende lang haben die Ägypter Steine in Steinbrüchen behauen, um sie anderswo aufzuschichten. So enthält die große Pyramide von Gizeh 2.300.000 Steinblöcke mit einem Durchschnittsgewicht von 2,5 Tonnen und hat die Arbeit von 70.000 Arbeitern erfordert, 100 Tage pro Jahr, während 20 Jahren, das bedeutet 140 Millionen Arbeitstage. Die Pyramiden stellen den Prototyp einer sich stets wiederholenden technischen Aktivität dar, ohne Erfindungsgabe und Ziel. Es handelt sich um ein Bauwerk religiösen Ursprungs, das dazu diente, die Grabstätte des Pharaonen zu schützen und ihr Überdauern zu garantieren. Dies rechtfertigte die Mobilisierung einer übermäßig großen Arbeiterschaft während der gesamten Herrschaftsdauer des Pharaonen. Es sollte hier jedoch erwähnt werden, dass diese „Pyramidenepidemie" nur von 2780 v.Chr. (Saquara) bis etwa 2200 v.Chr. gedauert hat. Der technische Vorteil des Unternehmens war wirklich gering.

Die Tempel weisen eine stereotype Architektur auf, bei der die Säulen als Stützen der zu schweren Steinplatten des Daches vervielfacht werden. Der Mörtel ist unbekannt. Das Gewölbe war dagegen seit der Gründung des Königreiches bekannt, mit einer Montagetechnik des schrägen Gestells, ohne Bogengerüst. Seit 2400 v.Chr. findet man Tonnengewölbe. Dazu waren die Ägypter ohne Zweifel durch die relative Seltenheit des Holzes gezwungen. Dieses fehlte für das Gebälk und blieb eher für wertvolle Kunstschreinerei reserviert, wie es die Verzapfungen der Möbel bezeugen, die in den Grabstätten der Pharaonen gefunden worden sind. Diese Technik des Gewölbes hat jedoch niemals eine systematische Anwendung gefunden. So haben die Ägypter z.B. nie daran gedacht, das Gewölbe zum Bauen von Aquädukten zu benutzen. Dabei wurde doch Ninive zur gleichen Zeitepoche von Wasser versorgt, das aus einer 50 km entfernten Quelle stammte und ein Tal überqueren musste, mit Hilfe eines Aquäduktes von 300 Metern Länge.

Eine primitive Mechanik

Im Bereich der Mechanik sind die Ägypter ebenso wenig einfallsreich gewesen. Sie haben das Rad nicht erfunden, sondern einfach aus Mesopotamien übernommen und dann viel später für militärische Kampfwagen verwendet. Der Transport der enormen, für die Architektur benutzten Monolithen wurde durch ungeeignete Schlitten bewerkstelligt: Man kann sich vorstellen, was das bei einem Obelisk von 374 Tonnen Gewicht bedeutet, wie den der Königin Hatchepsout in Karnak. Die Errichtung dieser Obelisken fand ohne jedes Hebewerkzeug statt, mit der aufwendigen Technik der schrägen Ebene aus Sand. Der andere traditionelle Gebrauch des Rades, die Töpferscheibe, ist dagegen geläufig gewesen.

Wegen seines begrenzt bewohnbaren Gebietes stellt Ägypten ein Lieblingsobjekt für die Historiker der Demographie dar. So wird die Bevölkerung um 3000 v.Chr., zu Beginn des Königreiches, auf ungefähr eine Million geschätzt. Zwei Jahrtausende später erreichte sie 2,5 Millionen, was ein gutes Beispiel für Stabilität darstellt. Während der hellenistischen Periode und unter dem römischen Reich wuchs sie bis auf 5 Millionen und ging im Verlaufe der islamischen Periode bis auf 1,5 Millionen im Jahre 1000 n.Chr. zurück. Im Jahre 1800 war die Bevölkerung immer noch nicht größer als 2,4 Millionen Einwohner. Im Jahr 2005 leben etwa 74 Millionen notleidende Ägypter auf demselben Gebiet, und die Bevölkerung wächst jährlich um eine Million an. Jedes Jahr muss das Nilland zusätzlich eine Million Menschen ernähren, d.h. die Gesamtbevölkerung des Landes vor 5.000 Jahren. Dies ist natürlich nicht möglich ohne Import von Nahrungsmitteln. Das System ist offen und kann mit seinen eigenen Ressourcen nicht überleben.

Zusammenfassend kann man sagen, dass das Ägypten der Pharaonen ein gutes Beispiel für ein blockiertes technisches System darstellt, in dem sich der politische, religiöse und kulturelle Überbau als der einzig blühende Bereich erweist. In diesem Sinne ist die Pyramide das echte Symbol dieser Gesellschaft, in der die Staatsgewalt sich in einem sterilen und absurden Projekt verkörpert, das ihr Ebenbild darstellt. Das historische Prestige Ägyptens rührt von der Existenz der Schrift und einer umfangreichen Ikonographie her: Der traditionelle Historiker hat sich endlich mit recht Bedeutungslosem befassen können: Aufzählen der Dynastien, Kodex der Gesetze, religiösen Bräuchen, Auflisten der Schlachten. Bis zu den ersten Inschriften von Narmer lässt sich jegliche Geschichte mit Hilfe der Geschichte der jeweiligen Techniken zusammenfassen, was übrigens die Historiker philologischer oder philosophischer Ausbildung zweifellos frustriert hat. In Ägypten ergreift das Wort endlich die Macht, und der Historiker des Wortes findet eine Beschäftigung ...

Der Pharao Lenin

Das ehemalige Sowjetrussland ließ sich sicher am besten mit dem antiken Ägypten vergleichen: Man findet die gleiche staatliche Struktur, das gleiche technische Stagnieren, das gleiche technische Entlehnen von den Nachbarn, die gleichen, zum Ruhm des Staates durchgeführten größenwahnsinnigen Projekte. In Ägypten gehörten sämtliche Vermögen rechtlich dem Pharao, ebenso wie diese in Sowjetrussland Eigentum des Staates waren, der selbst wiederum Eigentum der Partei war, die vom Generalsekretär beherrscht wurde, dem modernen Pharao. Die Blockierung des technischen Systems in Ägypten rührt wenigstens zum Teil von der Mobilisierung der besten Handwerker und der besten Architekten her, für das total verrückte Unternehmen, unter einem künstlichen Berg von Steinblöcken ein mit Kunstgegenständen vollgestopftes Grab zu verbergen. Von 1917 bis 1989 wurde die Verknappung der Verbrauchsgüter in Russland durch die Mobilisierung der kostbarsten Ressourcen zugunsten eines gigantischen militärischen Einsatzes verursacht. Die Pyramide hat in der Geschichte der Technik schon den Bau des Überschallflugzeuges Tupolew, des Raumschiffes Sojus und der Atombombe ahnen lassen: Sie stellt die erste monumentale Frucht der technischen Illusion dar. Es ist nur ein Schritt bis zum Zurschaustellen der Mumie Lenins auf dem Roten Platz, die bis zur Besessenheit die pharaonischen Riten reproduziert.

Die militärische Technik der Hethiter

Ägypten soll nur als ein Beispiel unter anderen dienen, für diese Königreiche, die dann für den Übergang vom neolithischen zum griechischen System gesorgt haben. Mesopotamien war der Ort einer anderen, der ägyptischen sehr ähnlichen Zivilisation, hatte aber im allgemeinen einen gewissen technischen Vorsprung: Dies rührt ohne Zweifel von einer größeren Öffnung für Beiträge von außen her, auf einem Territorium, das an seinen vier wichtigsten Ecken offen war. Das innovativste Volk, die Hethiter, ist auch das am wenigsten bekannte – einfach aus Mangel an schriftlichen Dokumenten. Die Hethiter erscheinen um 2000 v.Chr. in Anatolien, erobern einen Teil Syriens, Mesopotamiens und des Nildeltas. Um 900 v.Chr. sind sie jedoch von der Bühne des Nahen Ostens wieder verschwunden. Die Gründe für den Erfolg dieses vorübergehenden Weltreiches beruhen wahrscheinlich auf drei Erfindungen: der Erfindung des Eisens, des Pferdes und des Rades. Die Kombination dieser drei Techniken hat dann den Kampfwagen mit zwei Pferden hervorgebracht, der sich militärisch als unwiderstehlich erwiesen hat. Man muss bedenken, dass ein Holzrad für einen Wagen nur dann von Nutzen ist, wenn es durch eine Eisenbandage geschützt ist: Die Erfindung des Rades ist eine Konsequenz der Eisenverarbeitung. Übrigens können Pferde, die ziemlich primitiv angeschirrt sind, dann nur leichte Lasten ziehen. Das Pferd ist kein Zugtier für einen Pflug.

Schließlich sind es die Königreiche von Ägypten und Mesopotamien, die dieses technische Erbe angetreten haben, wobei die Hethiter uns das erste bekannte Beispiel für eine technische Erfindung liefern, die durch militärische Forschung vorangetrieben wurde.

Die weltweite Ausbreitung des neolithischen Systems

Die Techniken der großen Weltreiche des Orients haben sich langsam über die Balkanländer nach Ungarn und Deutschland ausgebreitet, über das Mittelmeer nach dem Maghreb, der Provence und Italien, über das Niltal nach dem Sudan und über die iranischen Hochebenen nach dem Industal. Um 1000 v.Chr. hat die gesamte gemäßigt warme Zone, vom Atlantik bis zum Indus, ein technisch vergleichbares Entwicklungsniveau erreicht und stellt das Ausbreitungsgebiet der Ausgangspunkte in Ägypten und Mesopotamien dar.

Fast gleichzeitig und ganz unabhängig davon haben sich drei weitere Brennpunkte in China, Mexiko und Peru entzündet. Diese simultanen technischen Erfahrungen stellen, trotz Phasenverschiebungen und Variationen, eine ausreichende Koinzidenz dar, um einzusehen, dass der technische Fortschritt einen quasi zwangsläufigen Charakter hat, als Erwiderung auf eine entropologische Herausforderung. Drei technische Systeme, im Mittelmeerraum, in China und in Amerika, haben sich um drei im wesentlichen einheimische Getreidearten konstituiert: das Korn, den Reis und den Mais, die zur Grundnahrung befördert worden sind. Aus Mangel an Basisgetreide war die Ausarbeitung eines technischen Systems in Skandinavien oder aber in Polynesien zweifellos unmöglich. Die Umwelt hat demnach eine entscheidende Rolle gespielt.

Die Ursprünge des abendländischen Erfolges

Zwei dieser drei technischen Systeme werden sich blockieren, und zwar das Reis-System und das Mais-System. Dagegen wird das Getreidesystem schließlich die industrielle Revolution hervorbringen. Welches sind die Gründe, die eines dieser drei Systeme deblockiert haben?

Die Geographie hat hierbei zweifellos eine gewisse Rolle gespielt. Die präkolumbianischen Zivilisationen waren tragischerweise isoliert, die Getreide-Zivilisation und die Reis-Zivilisation konnten jedoch beide untereinander Informationen und Erfindungen austauschen; und zwar über die Seidenstraße, die nie vollständig unterbrochen war. Die Getreide-Zivilisation, die im Kreuzungspunkt der drei Kontinente der Alten Welt verwurzelt war, ist gewissermaßen, durch ihre Lage, die am meisten geöffnete und damit technisch und kulturell die reichste gewesen.

Es reicht dabei allerdings nicht, über Informationen über benachbarte Königreiche und ihre originalen Erfindungen zu verfügen; man muss diese auch ausnutzen können und wollen. Nun hat sich aber seit dem siebten Jahrhundert unserer Zeitrechnung die Getreide-Zivilisation in zwei feindliche Parteien gespalten, in die mohammedanische und in die christliche Welt. Obwohl die mohammedanische Welt auf den ursprünglichen Positionen der Getreide-Zivilisation angesiedelt war, hat sie sich ihrerseits blockiert. Die christliche Welt, die sich an der kleinen europäischen Halbinsel festklammerte, hat schließlich das Unternehmen zu einem guten Ende geführt, an der Stelle, wo die anderen technischen Systeme gescheitert waren.

Man ist versucht, auf den Faktor hinzuweisen, der den Unterschied ausmacht: Es handelt sich um einen – genau genommen – kulturellen Faktor, nämlich einfach die Fähigkeit, einen rationalen Gedanken zu entwickeln. Unter diesem Gesichtspunkt hat die christliche Welt wohl alles zwei verschiedenen Quellen aus dem Orient zu verdanken: der griechischen Wissenschaft und dem jüdischen Monotheismus.

Wahrscheinlich hätte das technische System des Mittelmeerraumes ohne diese beiden Faktoren ebenso stagniert wie die Weltreiche der Azteken und der Inkas, die mitten im 15. Jahrhundert immer noch im gleichen Rhythmus lebten wie Ägypten zur Zeit der Pharaonen. Hätten diese kulturellen Faktoren in Amerika auftauchen können? Im Laufe der Zeit – zweifellos ja. Die Zeit ist jedoch der Grundstoff der Evolution; sie existiert nur, wenn sie schöpferisch ist. Der Geist allein erlaubt es, die entropologische Herausforderung zu bestehen.

Kapitel 9

Das griechische Halbwunder

Das technische System der Griechen stellt den ersten historischen Versuch dar, die Blockierungen des neolithischen Systems zu sprengen. Das wäre sogar fast auf Anhieb gelungen, denn die alexandrinischen Ingenieure des ersten Jahrhunderts vor unserer Zeitrechnung besaßen alle nötigen Mittel, um ohne Schwierigkeiten in die Renaissance zu gelangen. Sie haben es dennoch nicht geschafft. Die Geschichte des tatsächlichen Misslingens der Griechen ist ohne Zweifel noch lehrreicher als diejenige unseres angeblichen Erfolges. Das Streben der Griechen hat jedoch zur Weiterentwicklung des im Neolithikum erfundenen Systems beigetragen und dieses fast zu einer Vollendung geführt. Ein offenkundiges Zeugnis dafür ist zweifellos die Bewunderung, die es hervorgerufen hat und immer noch hervorruft. Nach zwei Jahrtausenden hatte sich die Renaissance zunächst nichts anderes zum Ziel gesetzt als die Imitation des Alten.

Die Herausforderung der griechischen Erde

Nichts prädestinierte Griechenland, der Ort des griechischen Wunders zu werden. Es handelte sich um ein armes Land, in dem wenige Ebenen kultivierbar und wenige Gebirge bewaldet sind. Wasserläufe sind selten, und es gibt zudem wenig Erzlagerstätten. Der einzige geopolitische Vorteil Griechenlands ist das Meer, von dem es überall umgeben ist.

Und nichts prädestinierte die Griechen, die Künstler des griechischen Wunders zu werden; ein phantastisches und zugleich verwirrtes Volk, in häufige innere Streitigkeiten verstrickt und unfähig, zu einer Nation zusammenzuwachsen, es sei denn angesichts einer realen Bedrohung von außen. Letztlich ist die Einheit das Werk der Mazedonier gewesen und hat hauptsächlich dem römischen Reich gedient.

In gewissen traditionellen Techniken haben die Griechen kaum eine Neuerung eingeführt. Auf dem Gebiet der Landwirtschaft und der Viehzucht haben wir ihnen nichts zu verdanken: Sie haben sich damit begnügt, das Erbe der vorangegangenen Jahrhunderte zu verwalten. Ihr wesentlicher Beitrag auf diesem Gebiet stammt aus der Mechanik: Wir verdanken ihnen die eiserne Pflugschar für den räderlosen Pflug, den Mühlstein und auch die Kelter. Die Griechen waren dagegen durchaus bemerkenswerte Bergmänner: Ihre Ausbeutung der Minen des

Laurion war wohldurchdacht. Ein rudimentäres System der Belüftung durch Schwenken von Tüchern ist von ihnen erfunden worden.

Auf dem Gebiet der Textilien herrschte das aus Ägypten importierte Leinen vor. Die Baumwolle wurde erst im Anschluss an Alexanders Indienfeldzug eingeführt. Die Holzverarbeitung ist nur allmählich vervollkommnet worden. Gegen 600 v.Chr. hat Theodor von Samos die Holzdrechselbank erfunden, die zusammen mit dem Bohrbogen den entferntesten Vorläufer der Werkzeugmaschinen darstellt, die später die industrielle Revolution ermöglichen sollten.

Die Mechanik im Dienste der Architektur

Eine der größten griechischen Errungenschaften ist die Baukunst. Bekanntlich waren die ersten griechischen Tempel aus Holz oder aus Rohziegeln. Die griechische Säule ist ursprünglich ein Baustamm. Von etwa 700 v.Chr. an werden die traditionellen architektonischen Elemente zunehmend aus Stein hergestellt. Wenn auch die Technik der griechischen Steinbrucharbeiter von der Technik der Ägypter nicht abweicht, so erfolgt jedoch die Bewegung der Steine durch eine echte technische Neuerung: Anstatt sich mit schrägen Ebenen aus Sand zu begnügen, was viele Arbeitskräfte kostet, haben die Griechen Hebevorrichtungen und Transportgeräte erfunden. Zur Erreichung dieses Zieles mussten die Riemenscheibe und die Zugwinde erfunden werden, d.h. die Untersetzung der benötigten mechanischen Kraft verstehen. Die archimedische Theorie des Hebels hat sich in dem berühmten Satz „Gebt mir einen festen Ansatzpunkt, und ich hebe die Welt aus den Angeln“ verkörpert. Zur damaligen Zeit hat sie das Anheben von Teilen aus dem Tempelfries mit einem Gewicht von bis zu 30 Tonnen ermöglicht.

Der Transport der Steine vollzog sich mit Hilfe vierrädriger Wagen. Der griechische Wagen war indessen hauptsächlich ein zweirädriger Wagen, der allein dazu diente, Personen oder leichte Waren zu transportieren. Dafür gab es zwei Gründe: Erstens war das Anspannen der Pferde unzureichend, weil sie mittels eines Kummets ziehen mussten, das ihnen die Kehle zuschnürte; dieses Hindernis für Transporte mit Hilfe von Zugtieren kann erst im Mittelalter beseitigt werden. Zweitens war das bewegliche Vordergestell noch nicht erfunden, und vierrädrige Wagen konnten deshalb nur sehr mühsam gedreht werden; dieses Hindernis wird erst im 17. Jahrhundert aus dem Weg geräumt. Die Griechen haben also unter einem mangelhaften Transport zu Lande gelitten, genauso wie die gesamte restliche Welt jener Epoche. Aber sie sind diesem Druck dadurch entkommen, dass sie ihn zu ihrem eigenen Vorteil umgewandelt haben: durch Perfektionierung des Transports zu Wasser.

Die Schiffstechnik

Zwei bedeutende Erfindungen haben den Griechen ihre Vorherrschaft in der Schiffstechnik gesichert: der Hafen und die „Trireme“, ein Ruderboot mit drei Reihen von Rudern auf jeder Seite des Bootes. Der Hafen dient nicht nur zum Schutz der am Kai liegenden Schiffe vor den hohen Wellen des offenen Meeres, sondern er ermöglicht insbesondere den Bau von Schiffen mit vorstehendem Kiel, die stabiler und leichter zu steuern sind. Vorher konnte ein stilliegendes Schiff ausschließlich durch Auflaufen gesichert werden, was die Konstruktion derartiger Kiele ungeeignet erscheinen ließ. Der griechische Hafen umschloss Dämme, Kais, Molen und sogar, im Jahre 283 v.Chr. in Alexandrien, den ersten Leuchtturm von circa 85 Metern Höhe und einer Leuchtweite von 55 km.

Die griechische Trireme stellt ohne Zweifel das Meisterstück unter den Ruderbooten dar. Das technische Hauptproblem besteht darin, ein Maximum an Ruderern auf einem Minimum an Platz unterzubringen, kurz, einen leistungsfähigen Motor in einer leichten Schiffsschale zu konstruieren. Die griechische Trireme verfügt nur über eine einzige Waffe – ihren Rammsporn. Die ganze Kunst einer Seeschlacht bestand damals in möglichst geschicktem Manövrieren, um zu verhindern, selbst gerammt zu werden und um andererseits mit größtmöglicher Geschwindigkeit den feindlichen Schiffen ein Maximum an Schaden zuzufügen. In der Schlacht von Salamis rettete die Schiffstechnik der Griechen das Land vor der persischen Herrschaft, ebenso wie die britische Marine England vor der Eroberung durch Napoleon oder durch Hitler bewahrte.

Von 500 v.Chr. bis 300 v.Chr. verbesserten die Griechen ständig die Gestaltung ihrer Kriegsschiffe, angefangen von der klassischen Trireme bis zu Monstren, bei denen jedes der Ruder jeweils von fünf, sieben oder acht Ruderern bewegt wurde. Dieses Schiff, das für Ptomeläus IV in Alexandrien gebaut worden war, wurde von 4.000 Ruderern angetrieben, war 128 Meter lang, besaß eine Mannschaft von 400 Matrosen und transportierte eine Truppe von 2850 Soldaten. Von Beginn des 3. Jahrhunderts unseres Zeitrechnung an hatten die Römer die Bautechnik der griechischen Trireme bereits vollständig vergessen.

Kurz und gut, die Griechen erwiderten die Herausforderung einer dürftigen Erde mit der Schaffung einer starken Flotte. Diese garantierte ihnen die Herrschaft über die Meere und verschaffte ihnen die Möglichkeit, zum Überleben benötigte tierische und pflanzliche Produkte einzuführen. Um die Herstellung eines Wechselgeldes zu ermöglichen, musste im Mutterland ein erster Ansatz von Industrie entwickelt werden. Nach den Phöniziern hatten die Griechen das System von *Mutterland und Kolonien* adoptiert, ein Vorläufer des britischen Weltreiches. Nach einer entropologischen Analyse ist ein solches System deshalb erfolgreich, weil es *offen* ist und weil es die Bodenschätze importiert, die das Mutterland nicht mehr liefern kann.

Die griechischen Mechaniker

Dieses außerordentliche Gelingen ist der erstmaligen Verbindung von Wissenschaft und Technik in der Geschichte zu verdanken. Die griechische Wissenschaft verdankt gewiss vieles Mesopotamien und Ägypten. Einerseits hatten diese landwirtschaftlichen Zivilisationen die Astronomie entwickeln müssen, um mit Genauigkeit das Sternjahr und die Saatzeit bestimmen zu können; andererseits verlangt die Landwirtschaft selbstverständlich die Vermessung des Bodens; und schließlich machen der hochentwickelte Handel in Mesopotamien, die Verwaltung der großen Ländereien sowie das Einziehen der Steuern eine Entwicklung der Arithmetik notwendig. Es war das Verdienst der Griechen, diese Kenntnisse vereinigt und systematisch geordnet zu haben. Um 300 v.Chr. hat Euklid seine berühmte Geometrie verfasst, das erste Beispiel einer Mathematik, die – anhand einiger Axiome – ausschließlich mit Hilfe logischer Beweisführungen entwickelt worden ist. Es handelt sich hierbei um eine wirkliche intellektuelle Revolution, in der die Klarheit der Begriffe die bisher angenäherten Erfahrungswerte ersetzt. Man kann behaupten, dass die euklidsche Geometrie das Paradigma war, nach dem die gesamte abendländische Wissenschaft ausgearbeitet wurde.

Die Ägypter hatten sehr wohl bemerkt, dass die Summe der Quadrate von 3 und 4 gleich dem Quadrat von 5 ist. Sie waren deshalb versessen darauf, Tafeln zu erstellen, um alle bekannten Fälle zu erfassen. Euklid gibt eine allgemeine Darstellung dieser Beziehung, die nicht auf ganze Zahlen beschränkt ist: Dies ist der berühmte Satz von Pythagoras.
Eine gewisse Beherrschung des mathematischen Werkzeuges hat es der Technik erlaubt, entscheidende Schritte zu wagen. Zu jener Zeit entwerfen unbekannte Erfinder elementare und unentbehrliche technische Komponenten wie die Riemenscheibe, die Zahnräder und die Zahnradgetriebe.

Die Anwendung dieser einfachen Mechanik krempelt die Kriegskunst und das politische Gleichgewicht um. Die ersten Militäringenieure entwickelten eine ganze Maschinerie, von der Philipp und Alexander von Mazedonien den uns wohlbekannten Gebrauch machten: den Sturmbock, um Tore einzurammen, die auf Rollen fahrbaren Türme, die Katapulte. Dieser ganze militärische Eisenwarenhandel musste natürlich in schwierigen Situationen seine Funktion erfüllen. Die griechischen Ingenieure besaßen die Kühnheit, Geräte von nicht alltäglicher Größe zu entwerfen: So hatten die größten beweglichen Türme eine Höhe von bis zu 60 Metern, d.h. die Höhe eines zwanzigstöckigen Gebäudes – mit einer quadratischen Basis von 10 Metern Seitenlänge. Man kann sich vorstellen, welche Probleme es macht, die Stabilität dieser Konstruktionen – zumindest empirisch – zu beherrschen, eine wichtige Voraussetzung beim Bau diese Geräte.

Aus dieser Epoche stammen auch die ersten griechischen Aquädukte mit geschlossenen kommunizierenden Röhren zur Überwindung von Tälern. Im Jahre 200 v.Chr. ist in Pergamon ein solches Aquädukt gebaut worden, das eine Senke von 195 Metern Tiefe überwindet. Dies bedeutet einen Druck von ca. 20 Atmosphären auf der Leitung aus Bronze oder Blei.

Die Alexandrinische Schule

Um 300 v.Chr. wurde dieses technische und intellektuelle Streben von der alexandrinischen Schule, die unter dem Schutz der Ptolomäer stand, ermutigt und zusammengefasst. Um 240 v.Chr. umfasste die Bibliothek Alexandras 490.000 Papyrusrollen: Sie wird erst im Jahre 642 n.Chr. bei der Eroberung Alexandras durch die Araber untergehen. Acht Jahrhunderte lang ist sie eine Referenz für die Wissenschaftler jener Zeit gewesen. Die Bibliothek wurde durch ein Observatorium, Seziersäle und durch einen zoologischen Garten vervollständigt. Diese umfassende Ausrüstung diente Generationen von Wissenschaftlern: dem Mathematiker Euklid, dem Physiker Straton, dem Astronomen Aristarchos, dem Arzt Herophilos, dem Mechaniker Ktesibios, dem Ingenieur Archimedes.

Wir könnten kurz bei diesem letzteren innehalten, um festzustellen, dass er tatsächlich nichts erfunden hat, dass ihm jedoch eine Menge vorausgehender Entdeckungen zugeschrieben worden sind: Die konvergenten Spiegel, durch die er die römische Flotte während der Belagerung von Syrakus in Brand gesteckt haben soll, sind vorher von Euklid beschrieben worden; die Archimedische Schraube wurde im Niltal benutzt, um damit flussaufwärts zu fahren. Tatsächlich war Archimedes aber der erste Ingenieur, da er über die Prinzipien nachgedacht hat, die den empirischen Entdeckungen zugrunde liegen. Er hat versucht, mit den damaligen Ressourcen, die Mathematik auf die Technik anzuwenden.

Um 300 v.Chr. erfand Ktesibios die hydraulische Orgel, deren Bedeutung hauptsächlich in dem Prinzip der Saug- und Druckpumpe lag, die zur Komprimierung der Luft diente. Diese Pumpe umfasst sowohl Zylinder als Kolben: Eines der wichtigsten Elemente der Dampfmaschine stand also schon fast zwanzig Jahrhunderte vor der Erfindung dieser Maschine zur Verfügung. Außerdem ist zu der gleichen Zeit von Heron aus Alexandrien der Heronsball oder Aeolusball erfunden worden: Es handelt sich um einen Zylinder, der Wasser enthält, das von einem Feuer erhitzt wurde; das Entweichen des Dampfes erzeugte eine Drehung des Zylinders um sich selbst. Diese Vorrichtung hatte natürlich eher etwas von einem Laborversuch oder sogar von amüsanter Physik als von einer wirklichen Dampfmaschine, die technisch brauchbar gewesen wäre. Immerhin bedeutet die Existenz des Aeolusballes, dass das Prinzip der Umwandlung von thermischer Energie in mechanische Energie schon seit jener Zeit bekannt war. Es ist ziemlich irritierend, mit anzusehen, wie die hervorragendsten Köpfe einer Epoche an einer wichtigen Erfindung vorbeigehen, wo sie doch offensichtlich über sämtliche Elemente verfügen. Es lohnt die Mühe, die Gründe zu untersuchen, die die Griechen daran gehindert haben, direkt zur industriellen Revolution fortzuschreiten.

Empirismus und Idealismus

Philo von Byzanz hat das Problem gegen 200 v.Chr., wenn nicht erfasst, so zumindest klar vorausgesehen. Seines Erachtens können die Dimensionen einer Kriegsmaschine nicht mehr der Eingebung des Designers überlassen bleiben. Wenn ein Bruch der Maschine durch Unterdimensionieren oder durch Überdimensionieren (exzessives Gewicht!) verhindert werden soll, dann müssen zumindest empirische Formeln benutzt werden, die die Ausmaße der verschiedenen Teile in einen Zusammenhang setzen. Er bekennt sich allerdings als unfähig, diese Formeln durch Beweisführung abzuleiten. Mit einem Wort, er konstatiert einen Bruch zwischen der Realität und der Theorie, eine Nichtangemessenheit der Vernunft in bezug auf die Erfahrung. Das Problem liegt also in der Überschneidung von Wissenschaft und Technik, was wir heute nur mit Mühe verstehen können. Heute wird die Technik gewöhnlich als angewandte Wissenschaft bezeichnet, denn die Grenze zwischen der logischen Schlussfolgerung des reinen Wissenschaftlers und den Rechnungen des Ingenieurs verwischen sich immer mehr. Zur Zeit der Ptolemäer trennte ein begrifflicher und philosophischer Abgrund beide Denksysteme: Er ist ähnlich – und ebenso schädlich – wie derjenige, der heute die Geisteswissenschaften von den Naturwissenschaften trennt.

Das technische System des Altertums, das von den Griechen zwischen 500 v.Chr. und 300 v.Chr. weiter vervollkommnet wurde, geht aus empirischen Versuchen hervor. Hundertausende von Handwerkern haben mündlich und durch ihre Hand Rezepte, Kunstgriffe, praktische Regeln weitergegeben, ohne den Versuch zu machen, diese etwa aus einfachen Grundlagen oder durch eine logische Deduktion abzuleiten. Nichts veranlasste sie im übrigen dazu, und nichts gestattete ihnen, dies zu tun: Solange die wissenschaftliche Methode nicht entwickelt worden war, übersteigt es die Kräfte eines Handwerkers – und sei er noch so begabt – sie sich in dem unklaren Kontext einer Technologie vorzustellen, in der eine große Zahl physiko-chemischer Phänomene interferieren. Außerdem muss man von der Existenz allgemeiner Prinzipien überzeugt sein, ehe man nach ihnen sucht; solange man im religiösen Kontext des griechisch-römischen Animismus lebt, neigt man dazu, in jedem Phänomen das Wirken irgendeiner subalternen Gottheit zu sehen. Dazu kommt, dass die Handarbeit prinzipiell den Sklaven reserviert war, und dass deren Allgemeinbildung lückenhaft war: Die meisten von ihnen waren Analphabeten und entbehrten selbst der elementarsten arithmetischen Kenntnisse.

Die Wissenschaft war also die Sache einer anderen Menschenklasse, nämlich der Philosophen und der Gelehrten. Die wissenschaftliche Überlegung, deren Prototyp die euklidsche Geometrie darstellt, hat zum Ziel, die Gesamtheit der Phänomene auf ein einfaches und ideales Modell zurückzuführen. Da es unmöglich ist, alles auf einmal zu lösen, müssen vorzugsweise einige gut gestellte und abgeklärte Probleme in Angriff genommen werden. Die Geometrie ist eines von diesen Problemen, da Begriffe wie Punkt, Gerade, Kreis oder Fläche intuitiv auftauchen.

Das Beispiel der Astronomie

Auch die Astronomie stellt einen bevorzugten Ort für Beobachtungen und für Begriffsbildung in der Mechanik dar, weil die tatsächlichen Bewegungen der Planeten und die offenbare Bewegung der Sterne eine große Regelmäßigkeit aufweisen. Im Gegensatz zu den – auf der Erde beobachteten – mechanischen Phänomenen wird die Bewegung der Gestirne nicht, oder kaum, durch Reibung gebremst. Es können also bemerkenswerte periodische Bewegungen beobachtet werden, deren Studium sich für die Ableitung allgemeiner Gesetze eignet.

Wir wissen, dass die ersten griechischen Physiker über ausreichend präzise Beobachtungen verfügten und freigeistig genug waren, um sich ein heliozentrisches System vorzustellen. Sie waren in der Lage, zu begreifen, dass die Erde sphärisch ist, und die Größe der Erde und ihre Entfernung von der Sonne in guter Näherung zu errechnen. Aristarchos von Samos, geboren im Jahre 310 v.Chr., beschrieb das Sonnensystem einwandfrei, indem er die Sonne in seinen Mittelpunkt stellte. Die Astronomen der alexandrinischen Schule dagegen, von der platonischen Philosophie und der aristotelischen Physik beeinflusst, stellten die Erde in den Mittelpunkt des Universums und schrieben der Sonne und den Planeten geozentrische Umlaufbahnen zu. Noch schlimmer ist, dass sie sich gar auf die Behauptung versteiften, dass diese Umlaufbahnen kreisförmig sein müssten, da der Kreis die Idealfigur darstellt. Dies ist der schöne Fall einer Rationalität, die zu einer Ideologie, um nicht zu sagen zu einer Zwangsvorstellung, wird. Da die Beobachtungstafeln jener Zeit schon sehr präzise waren, musste ein ganz schrecklich kompliziertes Zykloidenkurvensystem erfunden werden (die Zykloide ist eine Kurve, die ein Punkt eines Kreises beschreibt, der in oder auf einem anderen Kreis abrollt), um die sichtbare Bewegung der Planeten in diesem geozentrischen System darzustellen. Im übrigen kam es nicht so sehr auf die Komplikation an, die Hauptsache bestand darin, den Kreis zu retten. Man ging sogar so weit, die Resultate astronomischer Beobachtungen zu modifizieren, um sie in Übereinstimmung mit der Theorie zu bringen – ebenso wie nazistische oder kommunistische Historiker diejenigen Ereignisse verschwiegen, die im Widerspruch zur Parteilinie standen.

Es handelt sich hier zweifellos um eine der ganz großen verpassten Gelegenheiten der griechischen Wissenschaft. Durch ideologische Korruption, aus Liebe zu den großen Prinzipien, durch Verweigerung der experimentellen Realität, ist die griechische Wissenschaft erstarrt und hat die Technik für 15 Jahrhunderte gelähmt. Obwohl die Bewegung der Himmelskörper sich für eine klare Analyse gut eignet, wurde das Problem, in aller Ruhe, durch intellektuelle Starrköpfigkeit komplizierter gemacht. Die Grundprinzipien der Mechanik konnten daher weder entdeckt noch auf Bauprobleme angewandt werden.

Die Blockierung der griechischen Wissenschaft

Aus den gleichen Gründen hat sich auch die Dynamik festgefahren. Aristoteles hatte in seiner Physik vorlaut verkündet, dass die Kraft proportional zur Geschwindigkeit sei, wogegen heute jeder Schüler weiß, dass sie proportional zur Beschleunigung ist. Man könnte sich sicher ohne Schwierigkeit ein paar einfache Versuche vorstellen, die zur Lösung des Problems beigetragen und Zweifel beseitigt hätten; man musste jedoch auf Galilei warten, bis dieser grundlegende Schritt getan wurde. Die schwerwiegenden Angriffe, denen sich Galilei wegen seiner Experimente ausgesetzt sah – über die wir im folgenden noch sprechen werden – zeigen übrigens, bis zu welchem Gerade die irrigen Ideen von Aristoteles, Platon und der alexandrinischen Schule buchstäblich zum Evangelium erhoben worden waren. Das, was die Alexandriner daran gehindert hat, die Mechanik zu entdecken – und Galilei nicht hindern konnte, es zu tun – ist eine Gesellschaft, die in einer starren Ideologie gelähmt ist, die nicht befähigt dazu ist, sich weiterzuentwickeln, die die Materie verachtet und in einem eitlen Traum verloren ist.

Die Stagnation und der Rückschritt der Wissenschaften durch die alexandrinische Schule bedeuten das Ende der griechischen Welt und die Errichtung der römischen Ordnung.

Kapitel 10

Das technische System der Römer, ein Fall von entropologischer Pathologie

Entgegen ihrem Image waren die Römer nicht die großen Ingenieure, für die sie gehalten werden. Sie haben nur die Techniken verbreitet, die von anderen erfunden wurden; uns ist indessen nicht eine einzige Technik bekannt, die von den Römern selbst erfunden worden wäre. Sie haben sich damit begnügt, das Erbe der Völker des Nahen Ostens und des Mittleren Ostens zu übernehmen, um im Mittelmeerraum das vielfältigste und fortschrittlichste technische System seiner Zeit zu begründen. Allerdings muss man den Chinesen den Vorsprung zugestehen, dass sie das Papier schon entdeckt hatten. Dieses fand im Abendland jedoch erst zehn Jahrhunderte später seine Anwendung.

Indessen haben die Römer selbst nicht einen einzigen Techniker hervorgebracht, dessen Namen uns etwa bekannt geworden wäre. Die technische Literatur der Römer ist im Vergleich zu den großen griechischen Abhandlungen von einer betrüblichen Dürftigkeit. So ist zum Beispiel die Naturgeschichte von Plinius dem Älteren eine pittoreske Rumpelkammer, in der Gelehrsamkeit, Beobachtung und Leichtgläubigkeit untrennbar ineinander verschlungen sind, ohne dass etwas Brauchbares daraus abgeleitet werden könnte. Die Abhandlung über die Architektur von Vitruvius ist oberflächlich: Sie enthält nicht einmal eine Beschreibung der Aquädukte oder der Theater.

Begrenzte Schüler

Die Aufstellung der eigentlich römischen Erfindungen ist schnell gemacht: das Kaninchen, die Ente und die Fensterscheibe. Dagegen haben die Römer während der Dauer des Weltreiches zahlreiche wichtige Erfindungen von ihren barbarischen Nachbarn entlehnt: die Mähmaschine, die Tonne und die Seife von den Galliern; den Stahl von den Germanen; die Wassermühle zweifellos von den Bewohnern Anatoliens, die diese von den Chinesen erhalten hatten.

Die Römer haben dagegen bestimmte klassische Techniken zu einem Grad der Vervollkommnung gebracht, der deren normale Entwicklung zeitlich um 10 bis 15 Jahrhunderte vorwegnimmt. So war der Kuppelbau den Griechen bekannt, die Römer brauchten sein Prinzip nicht zu erfinden; sie brachten jedoch die nötigen materiellen Mittel auf, um den größten Kuppelbau zu verwirklichen, den die Welt bis zum Anfang des 20. Jahrhunderts gekannt hat. Sie errichteten im zweiten Jahrhundert das Pantheon mit einem Kuppeldurchmesser von 43,30 Metern, wogegen der Petersdom, der erst im 14. Jahrhundert gebaut wurde, nur 42,50 Meter erreicht.

Die Straße, die schon den Assyrern bekannt war, gilt als einer der Glanzpunkte des technischen Systems der Römer. Das Straßensystem umfasste ungefähr 300.000 km. Allerdings zogen sie daraus keineswegs den größtmöglichen Nutzen, da sie unfähig waren, Pferde korrekt an einen Wagen zu spannen. Dieser besaß kein bewegliches Vordergestell und war deshalb mühselig zu manövrieren: Die Straßen dienten daher hauptsächlich Reisenden zu Fuß oder zu Pferd oder mit einfachen zweirädrigen Karren.

Den Römer gelang es ebenso wenig ein Transportsytem zu Wasser zu erfinden: Sie begnügten sich damit, die schon existierenden Schiffe zu kopieren. Da ein Steuer fehlte, war es unmöglich gegen den Wind zu segeln. Kurzum, ein mit Getreide beladenes Boot brachte nur eine einzige Hin- und Rückfahrt pro Jahr zwischen Ostia und Alexandrien zustande; die Leistung des Transportsystems war mittelmäßig. Die Nachrichtenübertragung, die in einem so großen Weltreich von großer Wichtigkeit ist, beruhte wie einst zur Zeit der Assyrer auf Reitern, wobei es möglich gewesen wäre, einen optischen Telegraphen vom Typ Chappe zu installieren.

Die Schwäche der Energiebasis

Die Römer zogen geringen Nutzen aus der wichtigen Erfindung der Wassermühle. So ist bekannt, dass in Barbegal in der Provence eine regelrecht fabrikähnliche Getreidemühle bestand: 16 Mühlsteine, die von Wassermühlen angetrieben wurden, zermalmten pro Tag 28 Tonnen Getreide, während anderswo im Römerreich weiterhin das Pferd und der Sklave mit ihrer geringen Leistung als Antriebskraft benutzt wurden: Ein Pferd konnte pro Tag die Energie liefern, die zum Mahlen von 350 kg Korn benötigt wurde; ein Sklave ein Zehntel davon. Auch in diesem Falle stand die Technik bereits zur Verfügung, da die Wassermühle im Abendland seit dem ersten Jahrhundert nach Christus bekannt ist; ihre wirtschaftliche Bedeutung ist durch eine Modell-Installation belegt. Ihre Ausbreitung wurde allerdings durch Vorurteile verhindert: So behauptete doch der Kaiser Vespasian, ein Apparat, der Arbeitskraft einspart, könne eine Verarmung der Bürger durch Erhöhung der Arbeitslosigkeit hervorrufen ....

Nun ist aber das Fehlen einer Antriebskraft *der* Faktor gewesen, der die Ausdehnung des technischen Systems der Römer begrenzt hat. Die energetische Basis ihres ungeheueren Weltreiches entsprach der eines neolithischen Dorfes fünf Jahrtausende zuvor. Die Römer hätten die Scheidelinie zwischen ihrem archaischen System und dem technischen System des Mittelalters überschreiten können, wenn sie die Anwendung der Wassermühle weiter verbreitet und aus dem Pferd einen größeren Nutzen gezogen hätten, z.B. durch die Erfindung eines brauchbaren Wagens etc. Dies haben sie nicht getan; sie haben sich in dem von ihnen übernommenen System isoliert, haben es ausgenutzt und sind noch nicht einmal dazu fähig gewesen, dieses System aufrechtzuerhalten. Sie haben nichts dazu getan, seinen Untergang aufzuhalten; sie haben es vielmehr in einer Katastrophe kontinentalen Ausmaßes zusammenbrechen lassen. Diese Dekadenz des römischen Weltreiches stellt das erste urkundlich belegte geschichtliche Beispiel *eines technischen Rückschritts* dar. Selbstverständlich taucht hier die Frage auf: Warum und wie kann ein – anscheinend gut organisiertes – technisches System auf so radikale Weise zusammenbrechen?

Ein rätselhafter Misserfolg

Diese Frage hat Anlass zu unzähligen Kommentaren gegeben, deren Gesamtheit in der Bibliographie eines zusammenfassenden Werkes wie das von F. Lot gefunden werden kann. Seit dem klassischem Werk von Montesquieu bis zu einer neueren Arbeit von Bergasse hat diese Frage ohne Ausnahme alle fähigen Geister bewegt. Wie hat ein sowohl juristisch, als militärisch, wirtschaftlich und technisch perfekt organisiertes Weltreich unter der Einwirkung einiger Barbarenhorden, die nicht einmal in der Überzahl waren, zusammenbrechen können? Nach Ansicht von Bergasse, haben die Hunnen, die man sich als eine menschliche Flut von Hunderttausenden von Kriegern vorstellt, niemals mehr als etwa 40.000 Kämpfer antreten lassen, wogegen das Römerreich während seiner Blütezeit an die 75 Millionen Einwohner umfasste.

Die gesamte Organisation des Reiches, sein Recht, seine Straßen und seine Häfen, seine – durch dicke Mauern geschützten – Städte, seine disziplinierten Legionen, seine Beamten, seine Reichtümer haben die endlose Agonie dennoch nicht verhindern können. Es ist so als ob *die augenscheinliche Kraft des Weltreiches tatsächlich eine Schwäche darstellte.* Der Untergang des Römerreiches bedeutet also nicht einen historischen Zufall, wie er durch die Unachtsamkeit eines Einzelnen oder durch ein Zusammentreffen ungünstiger Umstände auftreten kann, sondern er ist das Werk eines unerbittlichen Mechanismus', der erläutert werden muss.

Diese Feststellung eines radikalen und unvermeidlichen Misserfolgs ist vom Standpunkt der produktivistischen Ideologie aus rätselhaft. Nach dem Schema des tugendhaften Kreises hätte das römische Reich, das ja über einen bedeutenden wirtschaftlichen Überfluss verfügte, diese Mittel in die Entwicklung eines neuen technischen Systems investieren können und auch müssen. Damit hätte es auf die Herausforderung antworten können, die die Gegenwart der Barbaren an seinen Grenzen darstellte. Es ist nicht so gekommen. Ganz im Gegenteil, das technische System des Mittelalters hat sich im Innern der Klöster entwickelt, die zu Anfang nichts von der Macht eines Weltreiches besaßen. Es scheint also, als sei das Römerreich in einem Teufelskreis gewesen, aus dem man nur durch Aufgabe all dessen entfliehen konnte, was den augenscheinlichen Ruhm von Rom ausmachte.

Von der moralisierenden Erklärung ...

Die meisten unserer Historiker schlagen Erklärungen für die römische Dekadenz vor, die zu offensichtlich moralisierende Absichten hegen. So sei Rom zu Fall gekommen, weil die Männer den Militärdienst verweigerten, die Frauen die Mutterschaft abwiesen, die Eliten sich der Ausschweifung hingaben, die Verteidigung und Verwaltung des Staates den Freigelassenen oder Barbaren anvertraut worden seien. Natürlich sind diese Phänomene auch in der Tat aufgetreten, und ihr Zusammenwirken ließ dem Weltreich relativ geringe Überlebenschancen. Die Frage nach dem *warum* ihres Entstehens bleibt jedoch bestehen. Warum sind die „Römer" plötzlich zu „Italienern" geworden? Warum hat die Tugend dem Laster Platz gemacht? Ist dies die Ursache oder das Resultat des technischen Rückschritts?

Ein entropologisches Modell

Im klassischen Schema der idealistischen Weltanschauung handelt zunächst der Mensch, der der Technik gegenüber souverän ist, der Moral zuwider, und dieses Vergehen wird anschließend mit Dekadenz bestraft.

Das Verhältnis kann jedoch auch umgekehrt werden, und man kann vermuten, dass die Römer sich wohl vergeblich bemüht haben, ein technisches System zu managen, das in Wirklichkeit unstabil war. Da sie nichts von der Natur der wirtschaftlichen und technischen Phänomene verstanden, haben die von ihnen angewandten Hilfsmittel das Übel noch verstärkt. Von da an verloren sie den Glauben an ihre Institutionen und dämmerten tatsächlich in einer kollektiven sozialen Pathologie dahin.

Summa summarum würde dies den Beweis nahelegen, dass man ein technisches System nur verwalten kann, wenn man fähig war, es zu erfinden und weiter zu vervollkommnen: Technische Unwissenheit verhindert die bestmögliche Ausnutzung seiner Ergiebigkeit; eine geringe Erfindungsgabe verbietet das Überschreiten der Scheidelinie, die den Zugang zu einem neuen technischen System ermöglicht. So bleibt die Kolonisation die einzig mögliche Maßnahme, d.h. die extensive Ausbeutung eines immer größeren Gebietes durch ein technisch blockiertes System. Der Zenturio kann sich für eine gewisse Zeit an die Stelle des Ingenieurs, der Prokonsul an die des Gelehrten setzen.

Rom, die einzige Ursache des Misslingens

Von entropologischen Standpunkt aus beruhte das römische Reich auf einem kapitalen Irrtum: Rom selbst, einer Millionenstadt, in einem neolithischen technischen System. Berücksichtigt man das völlig unzureichende Transportnetz für Waren und den geringen Bodenertrag, dann konnte diese Millionenstadt nur auf Kosten des gesamten Weltreiches ernährt werden. Man brauchte Öl, Vieh und Wein aus Sizilien, Ägypten, dem Maghreb und Gallien. Das Weltreich war nichts anderes als eine Maschine zur Ernährung der Hauptstadt.

Um das Funktionieren dieser Maschine zu garantieren, waren Beamte, Matrosen und Soldaten nötig, die sich ihrerseits ebenso auf Kosten des Reiches ernähren mussten. Die Rentabilität dieser riesigen Verwaltungsmaschine ging, wie üblich, mit der Zeit zurück: Jeder Beamte trachtete schließlich nach der Rekrutierung weiterer Beamten. Die Anzahl stieg ins Maßlose; insbesondere ihre Bestechlichkeit lastete immer bedrückender auf dem ganzen Wirtschaftsleben. Dem römischen Volk selbst – das sich dem Müßiggang hingab, da keine Industrie existierte, die Arbeit geboten hätte – blieb als einzige soziale Funktion das Organisieren eines schnellen Kaiserwechsels. Dies geschah durch Aufstände in der Stadtbevölkerung, verbunden mit Rebellionen der Prätorianer. Einfach zur Zerstreuung des Volkes, als Wegbereitung zur Kaiserwürde oder um dieses Amt zu sichern, musste Zuflucht zu Spielen genommen werden, die ihrerseits wieder zusätzliche Ressourcen beanspruchten.

In diesem System, in dem das Schmarotzertum die einzige Form des sozialen Aufstieges bedeutete, stiegen die Steuern unaufhörlich an und erreichten dann gegen Ende des Imperiums 100 Prozent. Zum Einziehen der Steuern mussten die äußersten Maßnahmen ergriffen werden: Einziehung von den Vermögen, Folterungen, Verkauf des Steuerpflichtigen als Sklaven. Nur die Vermögenden waren in der Lage, Steuerfreiheit durch eine Flucht aufs Land erreichen, was die Steuerlasten noch stärker auf die Mittelklasse konzentrierte, die in diesem räuberischen System nach und nach die Lust an der Arbeit verlor. Da die Zahl der Steuerobjekte unaufhörlich abnahm, wurde die Zuflucht zur Inflation eine übliche Quelle zur Beschaffung neuer Staatseinkünfte: Sie erreichte von 335 bis 368 n.Chr. 1.000 Prozent.

Der Untergang Roms – eine Vorahnung von unserem eigenen Untergang?

Dieses Aneinanderreihen von wirtschaftlichen und sozialen Übeln ist für uns heutzutage dermaßen bekannt, dass es sich nicht lohnt, es genauer zu beschreiben, es sei denn, um eben gerade die Ähnlichkeit der Situationen zu unterstreichen. Rom hat in beschränktem Umfang den Prototyp der Konsumgesellschaft dargestellt, die die Lebensweise des Westens und der Neid der restlichen Welt geworden ist. Der Untergang des Römerreiches ergab sich aus der Überhöhung der Stadt, ebenso wie die Übel der Entwicklungsländer heute aus dem Wohlstand der Industrieländer resultieren.

Die wirtschaftliche und soziale Pathologie, die üblicherweise einer plötzlichen und unerklärlichen Änderung des sittlichen Empfindens zugeschrieben wird, hat sich unerbittlich in dem geschlossenen physikalischen System entwickelt, das das Mittelmeerbecken darstellt: Die freien Energieressourcen mussten immer seltener werden, oder mit anderen Worten, die Entropie konnte nur zunehmen. Das bedeutet praktisch, dass die Ausbeute der – übermäßig ausgenutzten – Felder ständig abnimmt, und dass diese Äcker sich, in bestimmten Fällen, wie in Sizilien oder im Maghreb, in Wüsten verwandelt haben. Seit dem ersten Jahrhundert klagte Columella über die mangelhafte Düngung, die schlechte Anwendung der Koppelwirtschaft und die Brachlegung. Die sehr anfälligen Mittelmeerwälder wurden abgeholzt, und die am leichtesten zugänglichen Erzlagerstätten total ausgebeutet. Von der römischen Epoche bis zur Epoche der großen Entdeckungen stellte die Verknappung der Edelmetalle, wie des Silbers und des Goldes, eine wahre Plage dar.

Die Wiederherstellung des demographischen Gleichgewichts

Bei gleichbleibender Technologie nimmt die Bevölkerung in einem begrenzten Gebiet allmählich ab, sobald sie dem Phänomen der zunehmenden Entropie unterworfen ist, denn es ist die einzige Art, jedermann einen angemessenen Teil der abnehmenden Ressourcen des Systems zu sichern. Das Römerreich hat nicht gegen diese Regel verstoßen: Die Bevölkerung, die zu Beginn des dritten Jahrhunderts n.Chr. 75 Millionen Einwohner erreicht hatte, ist gegen Ende dieses Jahrhunderts auf 50 Millionen gesunken, infolge von Hungersnöten, Kriegen und Pestepidemien. Nach dem Untergang Roms reduzierten sich die Dimensionen der Stadt auf die eines neolithischen Systems, d.h. auf knapp 30.000 Einwohner.

Der Zusammenbruch des technischen Systems der Römer

Wegen des Missbrauchs der nicht erneuerbaren oder nur langsam erneuerbaren Ressourcen durch die Römer ist das von den Griechen, Assyrern, Phöniziern und den Hethitern ererbte technische System zusammengebrochen; und zwar bei der Eroberung Roms durch die Westgoten unter Alarich im Jahre 410 n.Chr., bei der Plünderung Alexandriens und der Einäscherung seiner Bibliothek durch die Araber im Jahre 642 und bei der Einnahme Konstantinopels durch die Türken im Jahre 1453. Dieser Untergang kennzeichnet das Ende der großen abendländischen Weltreiche: Es hatte sich herausgestellt, dass diese keinen politisch lebensfähigen Oberbau für eine neolithische technische Infrastruktur darstellten.

Für uns stellt Rom ein echtes Schulbeispiel dar: Es führt uns ganz klar die unwiderstehlichen Auswirkungen der zunehmenden Entropie in einem geschlossenen System vor Augen, in dem die politische Unordnung einfach nur das physikalische Chaos widerspiegelt. Die Stadt Rom verkörperte innerhalb des Imperiums ein offenes System, das seinen ganzen Energiebedarf aus dem geschlossenen System des Mittelmeerraumes deckte. Die Einwohner der Stadt konnten also die Illusion hegen, Zugang zu unbegrenzten Ressourcen zu besitzen. Luxus, Verschwendung und eine gigantische Architektur hatten die Funktion, auf eindrucksvolle Weise die Existenz des Gesetzes der zunehmenden Entropie zu leugnen. Je näher das Römerreich seinem Ende kam, um so unentbehrlicher wurden die Schauspiele für die Aufrechterhaltung der Illusionen.

Von der Barbarei zur Dekadenz

Hätten die Römer diesem Schicksal entrinnen können, und wie wäre das zu bewerkstelligen gewesen? Es geht hier nicht darum, die Geschichte wieder aufzurollen, sondern es geht um den Versuch, die kulturellen Fehler hervorzuheben, welche die Römer daran gehindert haben, ihr Schicksal besser in die eigenen Hände zu nehmen.

Die führende Klasse bestand ausschließlich aus Offizieren, Juristen, Grundbesitzern und Beamten, wogegen die Handarbeit den Sklaven überlassen blieb. Die Regierungsgewalt wurde von Leuten ausgeübt, die weder eine präzise Vorstellung von den materiellen Ressourcen des Imperiums hatten noch von der Art und Weise, sie sich zu verschaffen und sie sogar möglicherweise zu vermehren: Sie kannten ausschließlich die Militär- oder die Rechtsgewalt. Noch stärker als die Griechen haben sich die Römer in dem *Schema zweier Kulturen* isoliert; die eine verbal, juristisch, philosophisch, adlig, die andere materiell, technisch, wissenschaftlich, die den Ausführenden vorbehalten war. Die gesamte lateinische Welt ist heute noch von dieser kulturellen Schizophrenie betroffen, die deutlich macht, warum die industrielle Revolution in den Ländern Nordeuropas erfolgreicher gewesen ist. Die besten römischen Kaiser haben niemals daran gedacht, so wie die Ptolemäer in Alexandrien, eine wissenschaftliche, medizinische und technische Schule ins Leben zu rufen, die alles hätte ändern können.

Im übrigen waren die führenden Persönlichkeiten Roms ganz in eine Staatsreligion versenkt, die sich auf einen primären Animismus beschränkte und die von den Eliten nicht sehr ernst genommen wurde, auch wenn sie sich abergläubisch nach manischen Riten richteten. Von Augustus an gab sich die gesamte kaiserliche Familie einem schwachsinnigen Spiel hin, das darin bestand, sich nach orientalischer Sitte göttlich verehren zu lassen: Was taugen die Entscheidungen einer Persönlichkeit, die sich für Gott hält oder daran zu glauben vorgibt und die ihre jeweilige Inspiration in den Eingeweiden der auf dem Altar dargebotenen Opfer suchte?

Will man den Ausspruch Bernard Shaws über die Vereinigten Staaten auf Rom übertragen, dann könnte man das Schicksal Roms so zusammenfassen: ein Imperium, das unmittelbar den Schritt von der Barbarei zur Dekadenz gemacht hat, ohne je die Zivilisation gekannt zu haben ...

Kapitel 11

Die Erfindung Gottes

Die Hebräer haben unseres Wissens keinerlei Technik erfunden. Uns ist keine Tierart bekannt, die sie gezähmt, keine Pflanzenart, die sie gezüchtet, und keine Metallurgie, die sie erfunden hätten. Die politische Rolle dieses Königreichs Israel ist nur mittelmäßig und vergänglich gewesen, sein wirtschaftliches Gewicht vernachlässigbar, seine künstlerische Bedeutung praktisch gleich null. Es lieferte keinen wissenschaftlichen Beitrag. Und dennoch ist der kulturelle Einfluss Israels außerordentlich stark gewesen und hat in keinem Verhältnis zu seiner geringen politischen Größe gestanden. Die monotheistischen Religionen der Kinder Abrahams, das Judentum, das Christentum und der Islam, üben heute einen Einfluss auf die Hälfte der Menschheit aus; sie sind die einzigen Religionen, die über sämtliche Kontinente verbreitet sind. Die wissenschaftliche, technische und ökonomische Entwicklung war tatsächlich oft verknüpft mit der Ausübung einer monotheistischen Religion. Es ist deshalb der Mühe wert, die metaphysischen Postulate zu studieren, die dem Monotheismus zugrunde liegen, um den daraus resultierenden materiellen Einfluss zu verstehen.

Insbesondere das Christentum hat die religiöse und kulturelle Stütze der europäischen Völker dargestellt, die während der Renaissance und der industriellen Revolution schließlich die gesamte Erde in einem einzigen technischen System vereinigt haben. Sicherlich wäre es eine zu starke Vereinfachung, diesen Erfolg ausschließlich dem religiösen Faktor zuzuschreiben, aber es wäre sicher auch kurzsichtig, diesen zu ignorieren.

Der Gott der Genesis

Die kulturelle Erfindung Israels ist der Monotheismus. Anstatt sich mit einem wirren und romantischen Olymp zu belasten, haben die Hebräer Gott als den grundsätzlich Anderen, Grundverschiedenen, Unnennbaren bezeichnet. Gott ist kein transzendentes Prinzip, deus ex machina einer philosophischen und abstrakten Konstruktion, er ist der Schöpfer von Himmel und Erde, des Lebens und des Menschen. Dieser ist nach dem Abbild Gottes geschaffen und von Gott dazu bestimmt worden, die Erde zu regieren und sie zu beherrschen. Dies lehrt die Schöpfungsgeschichte, Genesis, ein Buch, das ungefähr 500 v.Chr. verfasst wurde und die mündlichen Überlieferungen des vorausgehenden Jahrtausends neu gruppiert.

Im Gegensatz zum Polytheismus und zum Animismus, in denen die Götter allgegenwärtig sind, in denen der Mensch nur ein Eindringling in ihrem Bereich und ein Spielzeug ihrer Launen ist, stellt der jüdische Monotheismus Gott außerhalb seiner Schöpfung. Die Sonne und der Mond sind physikalische Körper und keine Gottheiten. Die Natur bleibt in der Verantwortung des Menschen, der zu einer Art Verwalter wird. Der Mensch ist zwar einem moralisch anspruchsvollen Gesetzbuch unterworfen, den Zehn Geboten Moses', davon abgesehen aber frei in seinen Bewegungen und für sein Handeln verantwortlich. Er hat die Fähigkeit, das Recht und sogar die Pflicht, die Welt umzuwandeln, die Schöpfung zu verbessern, ohne Gefahr zu laufen, ein Tabu zu verletzen oder irgendeine empfindsame Gottheit zu beleidigen. Jede technische Evolution ist summa summarum der achte Schöpfungstag.

In Anbetracht dessen, dass Gott sich aus seiner Schöpfung zurückgezogen hat, und dass er sie sich frei entfalten lässt, ist es sinnvoll nach Naturgesetzen zu suchen. Diese Gesetze sind nämlich der Ausdruck Gottes, ein Mittel, ihn zu entdecken und zu preisen. In diesem Geist haben jedenfalls Kopernikus, Kepler, Galilei und Newton gearbeitet, deren Forschungen im 16. und 17. Jahrhundert die Begrenzung der technischen Systeme des Altertums aufgehoben und den Weg zur industriellen Revolution geebnet haben.

Die jüdische Vorstellung vom Fortschritt ...

Das Wesentliche der jüdischen Botschaft, die dann im Christentum aufgenommen und weiterentwickelt worden ist, liegt in der Idee vom Fortschritt, dessen treibender Einfluss innerhalb einer Zivilisation weiter nicht betont werden muss. Nach christlicher Perspektive hat die Geschichte der Menschen einen Sinn, und sie hat eine Richtung.

Der Sinn der Geschichte der Menschen ist das Heil der Menschen, die von Gott geschaffen, durch die Schuld Adams ins Verderben gestürzt und von Christus erlöst wurden. Gott ist von seiner Schöpfung zwar abwesend, insofern er nicht mit den Naturgesetzen interferiert, denn das Wunder stellt nicht eine Ausnahme von den Naturgesetzen, sondern sie stellt ein religiöses Zeichen dar, im Gegensatz zu einer vereinfachenden und allzu weit verbreiteten Auffassung. Dennoch ist Gott im Menschen anwesend, er ist ihm gegenüber nicht gleichgültig geworden, er spricht zu ihm durch die Stimme der Propheten. Mit einem Wort: Die Geschichte ist nicht sinnlos.

... ist dem ewigen Zyklus entgegengesetzt

Dieser historische Aufstieg, angefangen von der Schöpfung bis zum Ende aller Zeiten, steht im Widerspruch zu dem zyklischen Konzept der Römer und der Griechen. Nach ihrer Vorstellung durchläuft die Geschichte einen Zyklus, der im Goldenen Zeitalter beginnt und bis zum Eisernen Zeitalter reicht: Im Laufe eines langsamen Abstiegs (Degradation) enden die Menschen, die zunächst in Überfluss und Frieden gelebt hatten, in Elend und Gewalttätigkeit. Nach der Endkatastrophe kehrt man dann – durch einen metaphysischen Taschenspielertrick, dem *Rücksetzen auf Null* – zum ursprünglichen Goldenen Zeitalter zurück, und der Zyklus beginnt von neuem. Dieser Mythus ist tatsächlich äußerst pessimistisch, insofern er die Idee einer fortdauernden Degradation ausspricht.

Die Vorstellung der griechischen Philosophie ist noch weitaus pessimistischer. Nach Platon wird notwendigerweise alles immer schlimmer, da Gott – das höchste Gut – die Ideenwelt geschaffen hat, die in eine Scheinwelt, bis hin zum Menschen, degradiert. Platon treibt sein System munter weiter bis zu der Behauptung, dass gewisse Menschen, die ein gemeines Leben gelebt hatten, gar als Frauen wiedergeboren würden, und dass offenbar niedriger Begattungsdrang zu diesem Zeitpunkt entstand. Nach einigen Generationen würden die niederträchtigsten Menschen zu Tieren. Kurz, Platons fantastische Vorstellungen, zur Kosmologie erhoben, beschreiben die Geschichte eher als eine *Involution* (Rückbildung) denn als eine Evolution, eher als einen Abstieg denn als einen Aufstieg. Die Genesis der Hebräer kommt der Evolution, so wie sie von Darwin entdeckt wurde, viel näher als der platonische Wahn. Man zittert noch bei dem Gedanken an die verheerenden Folgen, die diese Lehre der platonischen Philosophie in unserer Zivilisation anrichten konnte.

Die Verachtung der manuellen Tätigkeit durch die griechischen Philosophen, erwähnt im ersten Teil dieses Buches, bringt eine grundlegend pessimistische Haltung zum Ausdruck. Wir erinnern uns, dass die Mythologie der Antike die Anstrengungen der ersten Ingenieure beschreibt: Dädalus konstruiert ein Labyrinth, um den Minotaurus darin einzusperren; aber er wird verdammt, selbst hineingeworfen, gemeinsam mit seinem Sohn Ikarus. Um zu entkommen, stellt er Flügel her, mit Wachs verklebt, das in der Sonne schmilzt. So stürzt Ikarus ins Meer. Jeder Versuch des Menschen sich seinem natürlichen Schicksal entgegenzustellen, wird als eine Manifestation von Hybris betrachtet, als ein Stolz, der den Göttern unerträglich ist. Sie bestrafen ihn daraufhin. Odysseus, Prototyp des griechischen Steuermanns, hat keinen schlimmeren Feind als Poseidon, den Meeresgott, der sich eine diebische Freude daraus macht, ihn zehn Jahre lang an der Rückkehr in seine Heimat Ithaka zu hindern.

Den Hebräern kommt demnach das Verdienst zu, die konzeptionelle Grundlage unserer Zivilisation erfunden zu haben. Heute bestreitet niemand mehr, dass der Zeitablauf nicht indifferent ist. Nach Bergsons Bemerkung existiert die Zeit nur dann, wenn sie erfinderisch ist. Ebenso wie ein Fluss seinen Schlamm in einem fruchtbaren Delta ablagert, so führt jede kumulierte Erfahrung von Generationen auf ein höheres Entwicklungsniveau, sowohl auf der materiellen wie auf der moralischen Ebene. Uns ist diese Idee dermaßen vertraut, dass sie uns selbstverständlich erscheint: Im Kontext anderer Zivilisationen als der unseren ist sie dagegen unvorstellbar. Sie ist subtil pervertiert worden, als die kreative Zeit eine abzählbare Zeit geworden ist, nach der barbarischen Formel „Time is money".

Die Singularitäten des Christentums

Auf dem jüdischen Unterbau wurde das christliche Bauwerk errichtet. In gewisser Weise ist das Christentum keine Religion, da es sich grundlegend von den anderen Kulten unterscheidet, ebenso wie der jüdische Monotheismus die Polytheismen jener Epoche beendet hat.

Das Christentum ist keine Staatsreligion; es hat nicht die Aufgabe, die (weltliche) Herrschaft durch eine göttliche Aura zu festigen. Genau dies wurde dem Christentum von den römischen Kaisern zum Vorwurf gemacht, die – von Augustus an – ohne Ausnahme göttlich verehrt wurden. Das Prinzip der Trennung zwischen Kirche und Staat ist eindeutig formuliert worden durch die Proklamation Christi: Gebt dem Kaiser, was des Kaisers ist, und Gott, was Gottes ist. Dem Staat wird damit sein Platz als weltliche, vorübergehende und zufällige Struktur zugewiesen. Die ersten Christen in Rom wurden verfolgt, weil sie für Atheisten gehalten wurden.

Das Christentum ist keine Gesetzesreligion, die ihren Gläubigen eine Quittung ausstellen würde, vorausgesetzt, sie hätten eine Liste von Vorschriften eingehalten. Das Gesetz steht im Dienste des Menschen, und nicht der Mensch im Dienst des Gesetzes. Letzten Endes steht jeder Mensch vor seinem Gewissen, dessen Anforderungen unendlich verpflichtender sind als ein Gesetz.

Das Christentum ist eine Heilsreligion, die den Tod abschafft. Das Hauptmysterium des christlichen Glaubens liegt im Tod und der Wiederauferstehung Christi, der wahrhaftig Mensch und wahrhaftig Gott ist. Jeder Gläubige erhält von ihm das Versprechen eines ewigen Lebens. Durch diese individuelle Wiederauferstehung sind das Alter und der Tod keine Degradation mehr, sondern der Beginn eines neuen Lebens. In diesem Versprechen kann jeder Mensch die Kraft zu leben und auch die Kraft zu sterben finden, weil sein persönliches Leben zu einem Mikrokosmos der Evolution wird.

Gut verborgene Wahrheiten

Es hat lang gedauert, bis sich diese verborgenen Ideen aus einem Wust von ererbten Praktiken ehemaliger Religionen herausgelöst haben. Kaum war das Christentum durch den Kaiser Konstantin legalisiert worden, als dieser es sich einfallen ließ, eine Staatsreligion daraus zu machen, indem er selbst den Vorsitz des Konzils von Nicäa im Jahre 325 führte. Und es dauerte fast 15 Jahrhunderte, ehe diese Kohabitation von Kirche und Staat dank des Eingreifens einiger Freidenker ein Ende nahm. Die gesamte Geschichte der christlichen Kirchen stellt die Geschichte einer schmerzlichen Befreiung von Vorurteilen, Riten und Vorschriften dar.

Oft hat die Lehre der Kirchen den ursprünglichen Grundgedanken des Christentums widersprochen. Sehr oft sind die Außenseiter, die Verfolgten, die Ketzer, die Agnostiker der Botschaft Christi näher gewesen als die etablierten Kirchen. Aber auch dies gehört zu der Definition des Christentums, wo die Unterdrückten den Gerechten überlegen sind. Der Genius des Christentums hat durch diese mysteriösen und einzigartigen Kanäle ganz Europa und schließlich die ganze Welt befruchtet. Die Sackgasse, in die sich das römische Reich eingeschlossen hatte, beispielhaft für alle mediterranen Königreiche, mündete plötzlich in eine andere Welt. Die geistige Revolution ging der technischen Revolution voraus.

Kapitel 12

Die beiden Scheidewege des Mittelalters

Auf den Untergang Roms sind sechs Jahrhunderte Anarchie gefolgt; politische Anarchie, gewiß, aber auch ein Zusammenbruch des Wirtschaftslebens, eine kulturelle Regression, ein Rückschritt der Technik, die nicht einmal mehr fähig war, die vorher erworbenen Kenntnisse zu reproduzieren. Zwischen den Kirchen von Ravenna aus dem 5. Jahrhundert und den ersten romanischen Kathedralen des 10. Jahrhunderts gibt es praktisch kein einziges Bauwerk, das eine Entwicklung der Architektur bezeugen würde, die diesen Namen verdient wirklich hätte, abgesehen von einigen seltenen Kirchen der Karolinger. Die Überlebenden des römischen Reiches und die barbarischen Eindringlinge kampierten auf einem Trümmerfeld, im übertragenen und im bildlichen Sinne. Die Gebäude des Altertums wurden regelrecht „besetzt": Das Pantheon wird zu einer Kirche, das Mausoleum des Hadrian zu einer Festung, das Forum des Marcellus zu einem Mietshaus. Die unbesetzten Gebäude dienen als Steinbruch. Ganz Europa wurde ein Armenhaus.

Die wissenschaftliche Erkenntnis war ebenfalls rückläufig: Die naive Darstellung von Karl dem Großen, Kaiser des Abendlandes, der zusammen mit Schulkindern Lesen und Schreiben lernt, findet sich in allen Denkschriften. Ohne die Geistlichen wäre der über vier Jahrtausende alte Schriftgebrauch sicher vollständig verschwunden. Die elementaren wissenschaftlichen Tatsachen waren inzwischen in Vergessenheit geraten. Während den Griechen bekannt war, dass die Erde eine Kugel ist und sie deren Radius mit einer Genauigkeit von besser als ein Prozent errechnet hatten, stellten die Mönche im Mittelalter die Erde als eine Art Scheibe dar, die von einem nicht überquerbaren Ozean umgeben ist.

Das Überschreiten der ersten Scheidelinie

Im 11. Jahrhundert vollzieht sich ein Wandel: Das deutlichste Zeichen dafür ist die Bevölkerungszunahme; von 1000 bis 1300 wächst die Bevölkerung Europas gleichmäßig von 42 auf 73 Millionen an. Die Geschichtsbücher schreiben diese erstaunliche Umkehr einem plötzlichen Erwachen des menschlichen Geistes zu, „als ob während der sechs vorausgehenden Jahrhunderte die gesamte Menschheit aus irgendeinem komischen Grunde beschlossen hätte, mit dem Nachdenken aufzuhören und in einen Winterschlaf zu fallen", wie es Jeremy Rifkin bildhaft und ironisch ausdrückt. Diesem Schema, nach dem alle geschichtlichen Bewegungen wechselhaften Seelenzuständen zugeschrieben werden, sind wir schon begegnet. In Wirklichkeit war der mittelalterliche Wandel komplexer. Man kann in ihm sowohl materielle als auch geistige Faktoren entdecken, die unentwirrbar miteinander verflochten sind.

Der wichtigste materielle Faktor ist die Entdeckung und Ausbeutung neuer Energiequellen. Der wichtigste geistige Faktor ist sicher die Christianisierung Nordeuropas.

Selbstverständlich hat die Christianisierung Europas eine gewisse Zeit gebraucht, um ihre Wirkung zu entfalten, um an die Stelle der dekadenten Barbarei Roms und der germanischen Gewalttätigkeit einen neuen Geist zu stellen, der imstande war, die Grundlage einer gerechteren und leistungsfähigeren Gesellschaft zu bilden. Der Mittelpunkt der mittelalterlichen Zivilisation ist indessen nicht mehr Rom, auch wenn es die geistige Hauptstadt Europas geblieben ist. Die Christianisierung allein hat jedoch nicht ausgereicht: Es war darüber hinaus eine physikalische Umwelt nötig, die nicht durch die Exzesse der römischen Kolonisation erschöpft war.

Zugang zu einem Holzvorkommen

Nun aber stellte Nordeuropa ein ursprüngliches und fruchtbares Land dar, unterbevölkert, geringfügig bebaut, ansonsten von einem dichten Wald bedeckt und von Strömen mit regelmäßigem Lauf bewässert. Die Quellen freier Energie, die dem Römerreich gefehlt hatten, waren hier im Überfluss vorhanden. In diesem neuen Raum konnte man ein technisches System aufbauen, wogegen Byzanz und der Islam – die auf den Trümmern der Zivilisationen des Mittelmeerraums ruhten – verfielen, nachdem sie sich lange Zeit um deren Überreste gestritten hatten. Fruchtbare Böden waren in Wüsten verwandelt worden, die Wälder verschwunden, die Minen erschöpft.

Es standen nicht nur neue Naturschätze zur Verfügung, sondern es wurde ein neues technisches System entwickelt, das leistungsfähiger als das römische war. Mit wachsender Nahrungsproduktion wuchs auch die Bevölkerung an. Es kann behauptet werden, dass ungefähr um das Jahr 1000 die Scheidelinie, die die Römer nicht hatten überschreiten können, tatsächlich von den Völkern Westeuropas überquert wurde, sowohl durch die Kolonisation einer neuen Umwelt als auch durch eine technische Revolution, die ein besseres Ausbeuten der Ressourcen an freier Energie erlaubte.

Das Kloster – Vorstufe der Fabrik

Die größte Schwäche des technischen Systems des Altertums, die im Kapitel 10 stark hervorgehoben wurde, bestand eben gerade in einer schlechten Energieverwertung. Dieser Mangel war durch einen Teufelskreis mit der Sklaverei verbunden. Die Tatsache, dass ein großer Teil der Bevölkerung sich auf einem sozial niedrigen Stand befand und nur den nackten Lebensunterhalt erhielt, ermöglichte es, dem Rest der Bevölkerung mit den verfügbaren Ressourcen ein halbwegs erträgliches Leben zu sichern. Die juristische Einführung der Sklaverei kompensierte die Unfähigkeit, ein leistungsfähigeres technisches System aufzubauen; die erste vertuschte die zweite, die ihrerseits die erste unentbehrlich machte. Rom hatte sich einem Teufelskreis verschrieben, der auf einem juristischen Prinzip beruhte, das uns fremdartig erscheinen mag: „Alle Menschen sind ungleich"!

An der Spitze der Herrscher – natürlich göttlich. Dann die Senatoren und die Ritter. Dann die römischen Bürger, gefolgt von den Freien, die sich der Bürgerrechte nicht erfreuten. Schließlich am unteren Ende der Leiter die Sklaven, beraubt selbst elementarster Rechte. Hätte man irgendeinem Römer guter Abstammung, wie Cato oder Cicero, vorgeschlagen, die Sklaverei abzuschaffen, wäre er höchst verwundert gewesen, so sehr betrachtete man diese Einrichtung als Fundament der römischen Macht.

Nach dem Niedergang Roms blieb die Kirche die einzige organisierte Institution mit einer gewissen Beständigkeit und einem deklarierten Ziel. Insbesondere wurden die Benediktinerklöster zu jenem Zeitpunkt gegründet, mit dem Ziel, Zufluchtsorte der Arbeit und des Friedens zu bewahren. Der Benediktinermönch ist ein Intellektueller, der nach der Ordensregel zur Handarbeit verpflichtet war, was dem Brauch des Altertums widerspricht. Selbst wenn die Mönche oft der Versuchung erlagen, sich von den schweren Arbeiten auf Kosten von Laienbrüdern zu befreien, so konnte ein Kloster doch nicht die rein mechanische Kraft des Menschen ausbeuten, der so auf das Niveau eines Lasttieres herabgesetzt worden wäre.

Im Herzen des Christentums findet sich die strikte Anweisung alle Menschen als gleich zu betrachten, da sie lebende Abbilder desselben einzigen Gottes sind. Ein mittelalterliches Kloster ist eine Institution, die diesen geistigen Rat in die Praxis umsetzt und im täglichen Leben Gestalt annehmen lässt.

Arbeite und bete

Das mittelalterliche Kloster stellt somit eine wirklich einzigartige Institution dar, in der eine wichtige materielle Arbeit an erster Stelle als Stütze für ein geistiges Apostolat dient. Die Vorstellung vom Menschen, der durch diese Geistigkeit geprägt ist, verbietet es, auf Patentlösungen wie die Sklaverei zurückzugreifen, um motorische Kraft zu erzeugen. Man macht deshalb systematisch vom Wasserrad Gebrauch, das im technischen System der Römer vernachlässigt worden war. Die Römer kannten zwar das Wasserrad, benutzten es aber nicht, weil sie in einem System mit kostenloser Handarbeit der Sklaven, einfach nicht dazu gezwungen waren. Ein Intellektueller ist unübertrefflich bei der Umwandlung eines technischen Systems, *vorausgesetzt, er ist dazu gezwungen, mit seinen eigenen Händen zu arbeiten.* Ein Handarbeiter ist unübertrefflich beim Philosophieren, *vorausgesetzt, er besitzt Zeit zum Nachdenken.*

Indem die Mönche auf diese Weise Mühe und Zeit sparten, gewannen sie Muße für intellektuelle Tätigkeiten, die im wesentlichen im Kopieren von Manuskripten und im Bewahren des kulturellen Erbes des Altertums bestanden. So kamen die Bedingungen zusammen, die nötig waren, um zur Gründung der städtischen Universitäten im 12. Jahrhundert zu führen, Bologna im Jahre 1154 und Paris im Jahre 1174. Diese Universitäten werden dann zum Schmelztiegel der Renaissance: Der Theologe Pierre Abélard hat als erster die Auffassung ausgesprochen, dass das Universum von Gott *„derart geschaffen worden ist, dass es ohne sein fortwährendes Eingreifen funktionieren kann“*. Es ist demnach möglich, die Regelmäßigkeiten des Weltalls zu beobachten und Gesetze daraus abzuleiten.

Im Inneren der Klöster sind Geistiges, Kulturelles und Materielles untrennbar miteinander verbunden gewesen, wobei jede dieser Aktivitäten die anderen unterstützte und ihrerseits von ihnen unterstützt wurde: Es gibt sicher keine bessere Illustration für das Paradoxon, das weiter oben schon dargelegt wurde: Die technische Evolution ist zugleich die Ursache und die Wirkung der geistigen Höherentwicklung der Menschen.

Die Erfindung der (anonymen) Aktiengesellschaft

Die Zisterzienserklöster, 742 an der Zahl, bedeckten gegen Ende des 12. Jahrhunderts den ganzen Westen Europas mit einem Netz von Wassermühlen, das im Überfluss Antriebskraft lieferte: zum Mahlen des Kornes, Sieben des Mehls, Walken der Textilien, Gerben der Häute, Zerstampfen der Oliven, Zerkleinern der Eisenerze, zum Aktivieren der Gebläse in den Schmieden und zum Sägen des Holzes. Die Klöster machten Schule: Im Jahre 1086 wurden in Großbritannien 5264 Mühlen inventarisiert.

Gegen 1100 wurden in Toulouse drei Stauwerke für die Garonne gebaut, die insgesamt 43 Wassermühlen in Gang setzten. Die Besitzer dieser Mühlen konstituierten sich in Aktiengesellschaften, den ersten dieser Art in Europa, die die Bildung von Aktienkapital während der industriellen Revolution sieben Jahrhunderte vorwegnahmen. Die Dividenden, die in natura, d.h. in Getreide, bezahlt wurden, erreichten – je nach Jahr – 19 bis 25 Prozent, was die außerordentliche finanzielle Gesundheit dieser Gesellschaften zeigt. Im Jahre 1370 wurde die Bazacle Gesellschaft gegründet, die alle Mühlen zweier Stauwerke neu gruppierte: Die Anteile der Aktionäre wurden anonym. Erst im Jahre 1840 erfolgte die Auszahlung der Dividenden in bar. Ende des 19. Jahrhunderts wurden die Stauwerke auf die Erzeugung von Elektrizität umgestellt. Die Toulouser Basacle Elektrizitätsgesellschaft wurde im Jahre 1945 nationalisiert und der EDF einverleibt. Dieses Beispiel für einen Erfolg, der sich über sieben Jahrhunderte erstreckt, zeigt auf eindrucksvolle Weise die Verwurzelung der industriellen Revolution in den weit zurückliegenden mittelalterlichen Neuerungen auf dem Gebiete der Energiegewinnung.

Eine neue Energiebasis

Der Energiehunger des Westens führte dazu, andere Energiequellen zu nutzen. Die Gezeitenenergie wurde überall dort ausgenutzt, wo sich Gelegenheit bot. In dieser Beziehung sind natürlich die atlantischen Küsten im Vergleich zu den Mittelmeerküsten begünstigt, da deren Gezeitenhub sehr gering ist. Das nach dem Zweiten Weltkrieg gebaute Gezeitenkraftwerk von Rance ist in einer Gegend errichtet worden, wo noch einige Mühlen aus dem Mittelalter in Betrieb waren.

Die Erfindung der Windmühle, d.h. die Verwertung der Windenergie, stammt ebenfalls aus dem Mittelalter. Der Vorläufer dieser Technik ist zweifellos die Windmühle mit Vertikalachse, die im Iran und in Afghanistan seit dem 7. Jahrhundert existierte. Die Ingenieure des Mittelalters entwarfen die Windmühle so, wie sie uns bekannt ist: mit horizontaler Achse und einem Orientierungsmechanismus, der die Mühle in den Wind stellte. Diese Windmühlen fanden hauptsächlich im Nordwesten Europas Verbreitung, z.B. in Holland, wo die Winde vom Atlantik her regelmäßig wehen. Dort kommt der Einsatz von Wassermühlen nicht in Frage, da die Höhenunterschiede der Flüsse zu gering sind und diese im Winter zufrieren. Die Erfindung der Windmühle ist bemerkenswert, da sie eine echte Alternative zur Wassermühle darstellt: Die Ingenieure des Mittelalters sind mit allen Mitteln auf Energiesuche gewesen.

Die systematische Verbesserung der tierischen Zugkraft – einer anderen Art, von der Solarenergie Gebrauch zu machen – stellt sicher keinen Zufall dar. Die Pferde des Altertums waren, entgegen aller Vernunft, mit einer Art Halsband angespannt, das sie würgte und daran hinderte, eine Last von mehr als 500 kg zu ziehen. Das Pferd wurde daher nur zum Ziehen leichter Wagen eingesetzt, die hauptsächlich dem Personentransport dienten. Der Acker blieb den Ochsen vorbehalten, die mittels eines Joches angespannt waren. Die Erfindung des modernen Pferdegespanns stammt zweifellos aus Asien; sie erreichte Europa gegen 800. Gleichzeitig breitete sich die Sitte aus, Pferde zu beschlagen, die ebenfalls aus Asien kommt. Schließlich wurden die Pferderassen sorgfältig ausgewählt, und der Anbau von Hafer sicherte ihnen eine reichliche Nahrung. All diese Neuerungen erlaubten um das Jahr 1300 einem Pferd, 2500 kg zu ziehen, das ist fünfmal mehr als vor Einführung dieser Neuerungen. Daraufhin wurde das Pferd anstelle des Ochsen für die Feldarbeit eingesetzt, und zwar aus zwei verschiedenen Gründen: Einmal ist die Kraft eines Pferdes etwa 1,5 Mal größer als die eines Ochsen; zum anderen ist das Pferd widerstandsfähiger als der Ochse und daher imstande, länger zu arbeiten als dieser.

Eine Auswirkung auf die Landwirtschaft

Zur Pferdezucht gehört der Haferanbau. Das Kultivieren dieser Getreidesorte förderte damals in Europa die dreijährige Fruchtfolge (Weizen, Hafer, Brache) anstelle der zweijährigen, die für das Altertum charakteristisch war: Die Römer ließen ein Feld alle zwei Jahre brachliegen, nutzten also den Boden nur zu 50 Prozent aus. Die dreijährige Fruchtfolge (jedes dritte Jahr brach) erlaubt dagegen, den Boden zu zwei Dritteln auszunutzen. Außerdem ist der Landwirtschaft die Erfindung des echten Pfluges zugute gekommen, so wie wir ihn heute kennen; er ist sehr viel leistungsfähiger als sein Vorläufer im Altertum, der gerade gut genug war, den leichten und trockenen Boden der Mittelmeerländer aufzureißen.

Die Energie ist nicht nur mechanisch; sie tritt ebenso in Form von Wärme auf. Im Gegensatz zu den Mittelmeerländern, wo Wälder selten sind und auch so überbeansprucht, dass sie sich nicht erholen können, befinden sich die mittelalterlichen Pioniere mitten in einem dichten Wald, beinahe ein Urwald. Man kann sagen, dass im 13. Jahrhundert die Urbarmacher Nordeuropas sich in der gleichen Situation befanden wie ihre Nachkommen fünf Jahrhunderte später in Nordamerika: Es gab dort Holz in Hülle und Fülle, in einer unberührten Umwelt; dies gestattete billiges Bauen, billiges Heizen sowie das Betreiben von Schmiede- und Kalköfen.

Vom Holz zur Kohle

Die Ausbeutung der Wälder hat nicht ewig gedauert: Jede nicht erneuerbare oder langsam erneuerbare Ressource geht schließlich zur Neige. Zur Herstellung von 50 kg Eisen mussten 25 Festmeter Holz verbrannt werden: Innerhalb von 6 Wochen gelang es einer Gruppe von Kohlefabrikanten, einen Quadratkilometer Wald abzuholzen. Um etwa 1300 machte der Wald in Frankreich nur noch 13 Millionen Hektar aus, d.h. eine Million Hektar weniger als heute.

Die Holzverknappung trieb die Engländer dazu, Kohle abzubauen, die an zahlreichen Orten zu Tage trat. Diese weitere Erfindung des Mittelalters – die Verwertung von fossilem Brennstoff – lässt noch unmittelbarer das Wesen der industriellen Revolution ahnen, die zugleich eine Kohlerevolution und eine englische Revolution war. Vom Jahre 1200 an importierte der Hafen von Brügge englische Kohle aus Newcastle. Mit den einfachen Abbauverfahren in den Erzminen konnte diese technische Lösung des Problems Holzmangel nicht seine volle Wirkung entfalten. Kohlengruben weisen in der Tat ganz besondere Probleme auf, die in Erzgruben unbekannt sind. Das erste Hauptproblem ist das Auftreten von Grubengas, das ein erhebliches Explosionsrisiko darstellt – da die Bergarbeiter eine offene Flamme als Beleuchtung verwenden mussten. Das zweite Problem stellt die Ausfahrt der abgebauten Kohle aus dem Schacht dar, sowie die Ausschöpfung des Sickerwassers. Bei den mechanischen Kraftsystemen der mittelalterlichen Technik war die Neuerung „Kohle“ gewissermaßen verfrüht. Die Kohle ist eine Komponente des *industriellen* technischen Systems, die außerhalb dieses Kontextes unbrauchbar ist.

Die Textilindustrie

Die Energieproduktion ist nun in den Dienst einer aufkommenden Industrie gestellt worden, insbesondere der Textilindustrie. In der Tat ist die Bekleidung, nach der Ernährung, in einem kalten Klima von fundamentaler Bedeutung. Wegen der hohen Bevölkerungsdichte ist es nicht mehr möglich, sich – wie im paläolithischen technischen System – mit Tierfellen zu kleiden, die zudem unbequem sind. Die Spinnerei und Weberei von Wollstoffen ist daher die wichtigste Industrietätigkeit geworden. Das Spinnen mit der Spindel ist durch das Spinnen mit Spinnrad ersetzt worden; der vertikale Webstuhl wurde horizontal, ist verbessert und serienmäßig hergestellt worden. Zehntausende flämischer und pikardischer Arbeiter verarbeiteten die Wolle aus England, das damals ein Entwicklungsland war, das seinen Rohstoff verkaufte und nach der Verarbeitung in anderen Ländern zurückkaufte. Diese erste Textilindustrie hat die gesamte soziale Pathologie hervorgebracht, die im 19. Jahrhundert wieder auftauchen sollte: die Konzentration des Kapitals, Entstehung von Monopolen, Ausbeutung der Arbeiter, Unruhen, Streiks und Aufstände. Die Kontrolle über diese Industrie ist eines der Ziele des hundertjährigen Krieges (1337 – 1453) gewesen, genauso wie die Kontrolle über die Kohle- und Metallvorkommen von Wallonien eine der treibenden Kräfte in den napoleonischen Kriegen war. Gleichzeitig sind bemerkenswerte Fort schritte in der Metallurgie mit dem Schmelzofen für Roheisen, in der Mechanik mit der Verbesserung der Drehbank, in der Architektur mit dem gothischen Gewölbe und dem Strebepfeiler erreicht worden.

Die Übertreibung im Kathedralenbau

Die Kathedralen werden zum Symbol der mittelalterlichen Städte, von denen sich jede im reinsten Yankee-Stil darum bemühte, eine noch höhere Turmspitze zu bauen. Das Straßburger Münster besitzt einen 142 Meter hohen Turm, der bis zum Bau des Eiffelturms fünf Jahrhunderte später, das höchste Gebäude der Welt war. Der Turm der St. Pauls Kathedrale in London, im 18. Jahrhundert erbaut, erreicht nur 124 Meter Höhe. Dieser regelrechte Wettkampf erreichte im Jahre 1284 mit dem Einsturz des Chores der Kathedrale von Beauvais einen Höhepunkt, bei dem ein Gewölbe von 48 Meter Höhe konstruiert werden sollte, was einem Gebäude mit 14 Etagen entspricht.

Der Zusammenbruch des mittelalterlichen Systems

Der Einsturz der Kathedrale von Beauvais ist ein symbolisches Zeichen, das auf das tragische Ende des Mittelalters hindeutet. Auf die kräftige Expansion vom 11. bis zum 13. Jahrhundert folgt ein Jahrhundert der Katastrophen. Eine Hungersnot tritt im Jahre 1315 auf, der Hundertjährige Krieg beginnt 1337, und die Pest bricht im Jahre 1347 aus. Das Zusammenfallen dieser drei Phänomene ist wahrscheinlich kein Zufall, da ihre gemeinsame Auswirkung in einer Reduktion der Bevölkerung besteht. Es darf daher angenommen werden, dass sich die natürlichen Mechanismen der Kontrolle der Bevölkerung einfach automatisch eingeschaltet haben, weil eine demographische Kontrolle von seiten der Bevölkerung nicht existierte und offenbar deren Verstand überforderte.

In der Tat hatten drei Jahrhunderte der Expansion zur Verdoppelung der europäischen Bevölkerung geführt. Frankreich erreichte im Jahre 1300 eine Bevölkerung von 20 Millionen Einwohnern, d.h. knapp die Hälfte seiner Bevölkerung von 1914. Zudem war der Wald schonungslos ausgebeutet worden, und das Holz ging zu Ende, denn es handelt sich hierbei um eine solare Energieressource, die nur langsam erneuerbar ist. Im 14. Jahrhundert bedeckten die Wälder Frankreichs eine kleinere Oberfläche als heute. In der Tat hatte man sämtliche kultivierbaren Bodenflächen mit Hilfe der rudimentären Mittel der damaligen Zeit gerodet. Nichtsdestoweniger waren die fruchtbaren Landstriche mit einer Bauernbevölkerung gesättigt, die nicht in der Lage war, die heranwachsenden Städte zu ernähren. Mit einem Wort, die Bevölkerung war angewachsen, wohingegen die Ressourcen abgenommen hatten, nach dem erbarmungslosen Gesetz von der Zunahme der Entropie.

Die zweite Scheidelinie

Drei Jahrhunderte nach dem Überschreiten der Scheidelinie, über die die Römer gestolpert waren, stolperten die europäischen Völker ihrerseits über eine neue Scheidelinie. Sie geht unerbittlich aus dem physikalischen Gesetz hervor, dessen Folgen sich vor unseren Augen inzwischen deutlich abzeichnen. Es genügt nicht, eine Scheidelinie zu überschreiten, um in ein neues technisches System zu gelangen, dessen Wohltaten sich dann auf unbestimmte Zeit ausdehnen. Früher oder später wird die Zunahme der Entropie eine *neue* Scheidelinie hervorbringen, die von der Erschöpfung der Ressourcen herrührt. Lässt man ein Anwachsen der Bevölkerung zu, dann wird diese neue Scheidelinie um so eher auftreten. Die sich um 1300 abzeichnende Scheidelinie wird erst um 1700 tatsächlich überschritten sein.

Vier Jahrhunderte lang wird Europa eine bewegte Zeit durchleben, während der der Krieg den einzigen inneren Ausweg darstellt, sich Ressourcen zu verschaffen; auf den Krieg wird nicht verzichtet; er wird geführt unter den verrücktesten Vorwänden, wie etwa der Verteidigung des wahrhaft christlichen Glaubens. Gleichzeitig ist eine tatsächliche Rückbildung des religiösen Empfindens zu beobachten, das sich polarisiert zwischen allgegenwärtiger Sünde und quasi unvermeidlicher ewiger Verdammnis und einer Verachtung der materiellen Welt. Da die Europäer keine Möglichkeit sahen, sich ein irdisches Paradies in einer Welt vorzustellen, die der Gewalttätigkeit, dem Elend und der Unordnung ausgeliefert war, fanden sie Gefallen an einem religiösen Masochismus, von dem sich die Christenheit erst heute – nach mehreren Jahrzehnten des Überflusses –

zu entfernen beginnt. Das Geistige löst sich vom Materiellen, sobald dieses seine Rolle nicht mehr spielt.

Gleichzeitig beginnen sich die Nationalstaaten abzuzeichnen; der politische Überbau bemüht sich vergeblich darum, das technische Stagnieren zu vertuschen, indem er die Armut im Innern der Gesellschaft aufteilt oder versucht, die Ressourcen des Nachbarvolkes zu rauben. Damit kehrt man zur schlechten Lösung der Römer zurück, die von der Renaissance bald darauf als Vorbild hingestellt werden wird.

Kapitel 13

Die wissenschaftliche Revolution: Von der mittelalterlichen Doppelzüngigkeit zur modernen Schizophrenie

In der westlichen Welt stellen die Technologien des Jahres 1300 das Äußerste dessen dar, was in einer Gesellschaft erreicht werden kann, die hauptsächlich auf Landwirtschaft basiert: Die Technik ist Angelegenheit der Handwerker, jedes einzelne Gebiet lebt von seinen eigenen Ressourcen, gewissermaßen autark, und die Entnahme der nicht erneuerbaren Ressourcen ist ohne Belang. Möglicherweise handelt es sich dabei um die ökologische Perfektion innerhalb eines technischen Systems, dessen Wurzeln bis ins Neolithikum zurückreichen, also bis 8.000 Jahre weit zurück. Dieses technische System verbraucht praktisch ausschließlich erneuerbare Energie, d.h. solaren Ursprungs, egal ob es sich um Wasser- oder Windmühlen, um Holz zum Heizen oder um tierische Zugkraft handelt. Der Boden, der die Nahrung liefert, wird ökologisch ausgenutzt, und zwar durch die Fruchtfolge, durch das Brachliegen und die tierische Düngung. Wenn Frankreich im 12. Jahrhundert die Wahl getroffen hätte, seine Bevölkerung auf etwa 10 Millionen Einwohner zu beschränken, dann hätte es – ebenso wie das Ägypten der Pharaonen – in diesem System problemlos 3.000 Jahre lang leben können.

Die Geschichte ist jedoch anders verlaufen. Die europäischen Völker haben sich gegen Ende des Mittelalters über die vom vorgegebenen Territorium und der vorhandenen Technik gesetzten Grenzen hinaus entwickelt. Zum Überschreiten dieser Grenzen konnte entweder das Territorium erweitert oder die Technik fortentwickelt werden. Beide Schritte wurden unternommen. Man führte zudem unverzeihliche „Religionskriege“, um sich die wenigen vorhandenen Ressourcen anzueignen.

Der koloniale Ausweg

Die Eroberung unseres Planeten durch Europa beginnt sehr früh. Das 12. Jahrhundert ist das Jahrhundert der Kreuzzüge, durch die Europa vergeblich versucht, den Nahen Osten dem Islam abzugewinnen. Dieses Unternehmen scheitert, weil es die Länder anvisiert, deren Bevölkerung vollständig ausreicht, um die dürftigen Ressourcen auszuschöpfen. Die fränkischen Niederlassungen im Orient haben nicht mehr als zwei Jahrhunderte überdauert: vom Jahr 1099, der

Eroberung Jerusalems durch Gottfried von Bouillon, bis zum 28. Mai 1291, dem Zeitpunkt, an dem St. Jean d'Acre in die Hände der Mameluken fiel. Eine fränkische Armee, die einer arabischen Armee gegenüberstand, besaß übrigens ihr gegenüber keine entscheidende technische Überlegenheit.

Wenn auch der Osten verschlossen war, so blieben doch der Westen und der Süden offen. Kaum hatten Portugal und Spanien ihr Gebiet zurückerobert, als sie sich in das gewaltigste Invasionsunternehmen der Geschichte stürzten. Dieses Entdeckungszeitalter zeugt von einer technischen Überlegenheit der Europäer, die in den Geschichtsbüchern traditionsgemäß durch drei Erfindungen erklärt wird: die Karavelle, den Kompass und die Schusswaffen. Die Karavelle stellt das erste Segelschiff dar, das hochseetüchtig war und durch Benutzung der verschiedenen Segel manövriert werden konnte. Sie erreicht ihre endgültige Form gegen 1400. Der Kompass ist seit dem 11. Jahrhundert in China bekannt und erreicht Europa durch Vermittlung der islamischen Welt. Die ersten Kanonen gibt es seit 1320 und die ersten tragbaren Schusswaffen seit 1403: Das Schießpulver setzte dem Feudalismus ein Ende, da die Kanonen des Königs nunmehr imstande waren, die Schutzwälle der aufständischen Vasallen niederzureißen; es eröffnete außerdem die Möglichkeit, die gesamte Welt militärisch zu erobern.

Das Zeitalter der großen Entdeckungen ist jedoch ebenfalls durch soziale und kulturelle Faktoren ausgelöst worden: die Übervölkerung Europas, die ja gerade von den technischen Verbesserungen des 12. und 13. Jahrhunderts herrührte; die Verlockung von Gewinn, und ganz besonders die Gier nach Gold, dessen Vorräte in den europäischen Gruben erschöpft waren; der Verzicht auf die geistigen Werte, die den Einfluss der Kirche, und insbesondere der Klöster, begründet hatten; das Aufkommen einer auf Geld, Bankwesen und Handel beruhenden Bourgeoisie; die Erfindung der Buchdruckerkunst, die eine rasche und korrekte Verbreitung der Ideen erlaubte.

Eine unbekannte Welt

Zu Anfang des 15. Jahrhunderts war den Europäern nur die Existenz dreier Kontinente bekannt: Europa, Afrika und Asien. Von den beiden letzteren hatten sie nur die Randgebiete erforscht. Die Mohammedaner untersagten das regelmäßige Reisen: Die europäischen Kaufleute hatten höchstens Zugang zu ein paar Häfen im Maghreb, in Syrien, Ägypten und Palästina. Vom Ausgangspunkt Kairo aus konnte man auf dem Roten Meer navigieren und Indien erreichen. Gegen 1250 gelang es einigen Kaufleuten, unter anderen Marco Polo, eine Verbindung zu Lande, quer durch die Mongolei, mit China herzustellen. Diese gefährdeten

Verbindungen wurden jedoch im 14. Jahrhundert von den Ottomanen unterbrochen.

Afrika war noch mysteriöser: Die marokkanische Küste war bis zur geographischen Breite von Agadir bekannt; jenseits davon „brachte die Sonne das Wasser zum Sieden und verwandelte die Weißen in Schwarze". Es gab wohl ein mysteriöses christliches Königreich (tatsächlich Äthiopien), das einem sagenhaften Priester Johannes gehörte, das jedoch noch nie jemand aufgesucht hatte.

Das Epos Heinrichs des Seefahrers

Das Zeitalter der Entdeckungen wurde im Jahre 1415 durch die Eroberung von Ceuta an der marokkanischen Küste durch die Portugiesen eröffnet. Prinz Heinrich der Seefahrer richtete sich in Sagres, am Kap San-Vicente, an der äußersten Spitze Portugals ein. Vierzig Jahre lang sollte er eine Expedition nach der anderen ausschicken, um nach und nach die afrikanische Küste „anzuknabbern". Im Jahre 1434 wurde Kap Bojador erreicht, 1445 das Grüne Kap bei Dakar. Der Äquator wurde 1473 überschritten, die Kongomündung im Jahre 1483 entdeckt. Bartolomeu Diaz umschiffte das Kap der Guten Hoffnung im Jahre 1487. Da sich die afrikanische Küste von diesem Punkt an wieder gegen Norden wendet, gewannen die Portugiesen die Überzeugung, dass es durch Umfahren Afrikas einen Seeweg nach Indien geben müsse. Vasco da Gama verließ Lissabon am 8. Juli 1497, umfuhr das Kap der Guten Hoffnung und erreichte Mosambik, wo er den ersten arabischen Booten begegnete. Etwas nördlich von Mombasa stieß er auf die ersten indischen und persischen Schiffe. Schließlich erreichte er Kalkutta in Indien. Im September 1499 kehrte Vasco da Gama nach Lissabon zurück, nachdem er drei Viertel seiner Matrosen verloren hatte.

Das Vordringen gegen Westen war das Werk der Spanier. Im Jahre 1402 waren die Kanarischen Inseln erreicht und das gesamte Volk der Guanchen hingemordet. Am 3. August 1492 verließ Kolumbus Palos und erreichte am 12. Oktober die Bahama-Insel San Salvador. Die Eroberung Amerikas durch die Spanier ging blitzartig vor sich. Im Jahre 1501 erreichte Amerigo Vespucci Patagonien, nachdem er die Ostküste entlang gefahren war; 1513 durchquert Nunez de Balboa den Isthmus von Panama und entdeckt den Pazifischen Ozean; im Jahre 1519 nimmt Cortes den Kampf mit dem Aztekenreich in Mexiko auf; im Jahre 1527 führt Pizarro einen ähnlichen Angriff auf das Inkareich in Peru aus. Im Jahre 1540 wird Chile besetzt und 1551 die Universität von Mexiko gegründet. Zu diesem Zeitpunkt sind alle Länder südlich des Rio Grande erkundet. Es war also kaum ein halbes Jahrhundert nötig, damit zwei europäische Völker einen enormen Kontinent kolonisierten, weit größer als Europa. Bei diesem Vorgang ist es den Spaniern gelungen, zwei technische Systeme zu vernichten, das System der Azteken und das System der Inkas, deren Existenz die Europäer nicht einmal vermutet hatten.

Die Geschichte überliefert uns kein zweites, ebenso eindeutiges Beispiel für den Untergang eines technischen Systems durch den Kontakt mit einem anderen, höher entwickelten. Weder der Islam noch China noch Indien haben das gleiche Schicksal erlitten, selbst wenn diese Kulturen vorübergehend auf politischer Ebene beherrscht worden waren. Die präkolumbianischen Zivilisationen stellen demnach ein Rätsel dar: Wie haben eine Handvoll spanischer Haudegen, auch wenn sie beritten und mit Armbrüsten bewaffnet waren, so einfach ganze Großreiche unterwerfen können?

Die präkolumbianischen Zivilisationen – blockierte technische Systeme

Die präkolumbianischen Zivilisationen weisen alle die Charakteristika blockierter technischer Syteme auf. Noch mitten im 16. Jahrhundert funktionieren sie ähnlich wie die ägyptischen Pharaonenreiche im Jahre 3000 v.Chr. – warum?

Natürlich hat der Beginn der neolithischen Revolution in Amerika sehr verzögert stattgefunden: Die Verschiebung von fünf bis sechs Jahrtausenden im Vergleich zum Nahen Osten ist sicherlich durch die viel geringere Bevölkerungsdichte in Amerika zu erklären. Geht man davon aus, dass die ersten unbestreitbaren Spuren des Menschen dort auf 12.000 v.Chr. datieren, so musste man rund 10.000 Jahre warten, bis die Bevölkerungszahl eine angemessene Größe erreichte.

Die neolithische Revolution der Neuen Welt besaß indessen weder das Ausmaß noch den Rhythmus der neolithischen Revolution der Alten Welt. Als Pizarro und Cortes die präkolumbianischen technischen Systeme für alle Ewigkeit lähmten, wiesen diese merkwürdige Lücken auf.

Der Viehmangel

Zuallererst hat die Viehzucht nie den gewünschten Umfang erreicht, aus Mangel an Tieren, die zur Zähmung geeignet gewesen wären: In Amerika gab es weder Pferde noch Rinder. Die Azteken beschränkten sich auf den Schlachthund und den Puter. Die Inkas hatten das Alpaka und das Vikunja zur Gewinnung von

Wolle gezüchtet, das Lama und das Guanako als Lasttiere. All dies ist sehr dürftig, und das technische System krankte an Fleisch-, Milch- und Ledermangel; es fehlte ihm außerdem ein Zugtier für den Pflug oder den Karren.

Der Mangel an Metallen

Was die Metallurgie anbetrifft, war die Schwäche der Inkas und Azteken noch schlimmer. Sie benutzten ausschließlich Metalle, die in gediegenem Zustand existieren: Gold, Silber und Kupfer. Das Eisen fehlte vollständig, außer bei den Eskimos, die einen Meteorstein abbauten. Dies zeigt, wie sehr die Reduktion der Mineralien zu Metallen im Nahen Osten, im Gegensatz dazu, ans Wunderbare grenzt. Mangels eines ausreichend harten Metalles fehlte eine ganze Sparte von Werkzeugen.

Das treffendste Beispiel dafür ist das Rad. In Mexiko wurden aus dem 8. Jahrhundert datierende Spielzeuge entdeckt, die auf vier Rädern aufgebaute Hunde darstellten. Das Rad war demnach bekannt, ist jedoch nie wie auf dem Alten Kontinent benutzt worden, ganz einfach aus Mangel an Eisen für die Beschläge, Achsen etc. Die präkolumbianischen Zivilisationen haben also, mangels der Räder, weder den zweirädrigen Karren noch die einrädrige Schubkarre gekannt. Schlimmer noch: Es fehlten ihnen die elementaren Maschinen wie die Haspel, die Winde, die Riemenscheibe, die Töpferscheibe.

Zur Vervollständigung dieses Bildes muss übrigens noch hervorgehoben werden, dass es keine Schrift gab, was durch mnemotechnische Hilfsmittel, wie z.B. Zeichnungen oder auch kleine, geknüpfte Schnüre, kaum verschleiert wurde. Das Transportwesen war mittelmäßig, da es keine hochseetüchtigen Schiffe gab und aus Mangel an Zugtieren nur ein eingeschränkter Transport zu Lande existierte.

Kurz gesagt, die Abwesenheit von zwei oder drei wesentlichen Elementen wie Pferd, Ochse und Eisen hat die präkolumbianischen technischen Systeme auf einem sehr niedrigen Niveau blockiert. Diese Tatsache hat weder die entsprechenden Zivilisationen daran gehindert brilliant zu sein, noch hat sie die Künste am Blühen gehindert oder den staatlichen Überbau, seine Macht zu entfalten. Das Beispiel dieser blockierten technischen Systeme hebt – im Gegensatz dazu – die außerordentliche Leistungsfähigkeit des technischen Systems hervor, das die Europäer auf der Grundlage des Vermächtnisses des Altertums entwickelten. Ebenfalls muss daraus abgeleitet werden, dass der Zusammenstoß zweier technischer Systeme unvermeidlich durch die Liquidation des schwächeren der beiden abgeschlossen wird, wenn der Unterschied zwischen ihnen zu groß ist.

Der Durchbruch der Optik

Diese Phase der räumlichen Expansion entsprach in Europa einer bemerkenswerten Aktivität auf technischem Gebiet, die eher erfinderisch war, als dass sie tatsächlich technische Innovationen lieferte. Die Renaissance stellte eine Epoche dar, in der die Vorstellungskraft der Künstler die Realisierungen der Ingenieure übertraf. Der bekannteste dieser Künstler ist natürlich Leonardo da Vinci, der sein Leben damit verbrachte, Maschinen zu erfinden, die er jedoch nie herstellte: die Taucherglocke, den Panzerwagen, das Flugzeug etc. Am Übergang vom 15. zum 16. Jahrhundert nahm er die Darstellung von Jules Verne im 19. Jahrhundert vorweg. Der einzige Unterschied zwischen den beiden liegt darin, dass Leonardo sein Geheimnis eifersüchtig hütete (sein Werk wurde tatsächlich erst nach seinem Tode publiziert), während Jules Verne 300 Jahre später dann einen universellen Bekanntheitsgrad erreichte.

Die Renaissance hat als einzige technische Neuerung von Bedeutung die optischen Geräte hervorgebracht, dank der Technologie des Schleifens von Linsen. Die vergrößernde Wirkung eines kugelförmig gekrümmten Körpers aus Glas war schon den Griechen bekannt: Es handelt sich um eine elementare Beobachtung, zu der jeder fähig ist, der über einen durchsichtigen Gegenstand verfügt (Regentropfen!). Dieser Effekt wurde allerdings nicht vor Ende des 13. Jahrhunderts in die Praxis umgesetzt.

Die Brillen wurden zu dieser Zeit in Italien erfunden, ohne dass man genau weiß, von wem. Die ersten Brillen korrigierten ausschließlich die Weitsichtigkeit (konvexe Gläser); erst Mitte des 15. Jahrhunderts tauchten auch Brillen zur Korrektion der Kurzsichtigkeit auf (konkave Gläser). Diese Erfindung hatte wichtige Auswirkungen, da sie die Schaffensperiode der Ingenieure und Gelehrten jener Epoche, von denen es wenig genug gab, um zwanzig bis dreißig Jahre verlängerten. Ohne Brillen wird ein Mensch, der sein Leben mit Lesen und Schreiben verbringt, sehr früh unbrauchbar. Die Brillen stellen also das bemerkenswerte Beispiel einer positiven Rückkopplung dar: Eine technische Erfindung verbessert die Bedingungen des menschlichen Erfindungsgeistes; diese Prothese ermöglicht das Herstellen weiterer Prothesen.

Die Erfindung des Teleskops datiert auf 1608 und stammt fraglos aus den Niederlanden. 1609 gelingt es Galilei, sich eines dieser rudimentären Fernrohre zu beschaffen: Er verfeinert es und benutzt es für astronomische Beobachtungen. Im folgenden werden wir die Rolle dieser Beobachtungen in der wissenschaftlichen Revolution sehen, die daraus resultiert. Die Erfindung des Teleskops stellt das erste Beispiel eines entscheidenden Einflusses der Technik auf die Wissenschaft dar. Ein einziges optisches Instrument reichte dazu aus, die Mechanik zu deblockieren, die seit 18 Jahrhunderten infolge der begrifflichen Irrwege Platons und Aristoteles' erstarrt war. Ein schönes Thema für eine klassische Allegorie, in der die Technik die Wissenschaft vom Joch der Philosophie befreit.

Galilei ist auch der Erfinder des Mikroskops, das zahlreiche Verfeinerungen durch Huygens, Descartes und Newton erfahren hat. Seit Beginn des 18. Jahrhunderts erlaubte die Verwendung des Mikroskops der Biologie und der Medizin bemerkenswerte Fortschritte zu machen.

Die ersten Anfänge des Maschinenbaus

Abgesehen von dieser Innovation, deren Konsequenzen unermesslich waren, ist die Renaissance reich an vielfachen Ideen gewesen, deren wichtigste in den Bereich *Maschinenbau* fallen. Neben den von Leonardo da Vinci, Giovanni da Fontana oder Francesco di Giorgio erdachten Maschinen wurden tatsächlich eine Unmenge von nützlichen Maschinen hergestellt. Es handelt sich hierbei nicht um bedeutende Innovationen, aber um eine verbesserte handwerkliche Leistung.

Der Prototyp dieser Maschinen ist ohne Zweifel die Uhr. Die Griechen und Römer benutzten das Prinzip einer Art Wasseruhr, die die Zeit mittels der Menge Wasser maß, das sich durch eine kalibrierte Öffnung in einen Behälter hinein ergoss. Diese Uhren faszinierten die damaligen Zeitgeister: Sie zeigten nicht nur die Stunden, sondern ebenfalls die Bewegungen der Gestirne an. Eine Uhr stellte auf der Erde eine physikalische Reproduktion der erdachten Sphären dar, auf denen sich die Gestirne – wie man annahm – bewegten. Es handelte sich also nicht nur um einfache Instrumente zum Messen der Zeit, sondern vielmehr um Mikrokosmen des Universums.

Die erste mechanische Uhr, von der wir genaue Angaben besitzen, datiert aus dem Jahr 1335: Es handelt sich um die Uhr im Turm der St. Gotthard-Kirche in Mailand. Die mechanischen Uhren breiteten sich über ganz Europa aus, und zwar aus einem praktischen Grunde: Die religiösen Ordensregeln sahen ein ziemlich strenges Tagesprogramm vor. In diesem Sinne stellen die Klöster eine

Vorstufe der Fabriken dar: Man kann nicht mehrere hundert Menschen zusammen arbeiten und leben lassen ohne eine perfekte Synchronisation ihrer Aktivitäten; anderenfalls häuft sich vertane Zeit an und zerstört jede Bemühung einer Organisation.

Die Turmuhren auf den Glockentürmen der Städte gaben diese Ordensregel des Klosters an die städtischen Handwerker und Kaufleute weiter, deren Interesse an Ordnung und Ertrag dadurch geweckt wurde. Die Turmuhren der Renaissance, die Glockenspiele der Rathaustürme, die schönen Automaten – wie der in Straßburg – sind also die ehrenwerten Vorläufer des diabolischen Instruments, das man Stechuhr nennt und jener unheilvollen Personen, die die Zeit am Fließband messen. Der Mensch hat zunächst geglaubt, die Zeit durch ihre Messung zu beherrschen: Er hat zu spät eingesehen, dass er dadurch ihr Sklave wurde.

Die sehr präzise Zeitmessung hatte noch einen weiteren Vorteil, nämlich die Möglichkeit die geographischen Länge eines Schiffes auf See zu errechnen, indem man die lokale Mittagszeit mit der einer Uhr verglich, die man bei Abfahrt des Schiffes eingeladen hatte. Selbstverständlich konnte die Pendeluhr eines Glockenturms auf einem Schiff nicht korrekt funktionieren. Die ersten geeigneten Uhren mit Feder datieren aus dem 16. Jahrhundert. Die Regulierung durch ein Perpendikel wird Galilei und Huygens zugeschrieben. Im 18. Jahrhundert sind die Chronometer der Marine schließlich präzise genug, um in der Schiffahrt eingesetzt zu werden.

Die Turmuhr stellt gewissermaßen den Prototyp aller Maschinen dar, in die die Renaissance vernarrt war. Die Erfindung der Buchdrukkerkunst, in Nordkorea um 1400, und ihre Einführung in Europa durch Gutenberg im Jahre 1434, setzt die Maschine an die Stelle des Menschen – in der entmutigenden Aufgabe des Abschreibens. Das System der Kurbelstange tritt ab 1410 auf; es stellt einen wesentlichen Teil im Arsenal der Mechanismen dar, die die industrielle Revolution ermöglichen werden. Die ersten Walzmaschinen stammen aus dem Jahre 1470; sie ersetzen teilweise das handwerkliche Schmieden bei der Formgebung der Metalle; der erste Hochofen soll im Jahre 1474 in Nassau aufgetaucht sein. Die Minentechnik wird mit Pumpen, Winden, Rollwagen und Holzschienen diversifiziert und weiter perfektioniert. Im Jahre 1642 erfindet Pascal die Rechenmaschine, den Vorläufer des Computers.

Der Fortschritt des Bauwesens

Das Bauwesen hat ebenfalls bemerkenswerte Fortschritte gemacht. Im Jahre 1480 wurde der Tunnel des Monte Viso in der Dauphiné gebohrt; es ist der erste große Straßentunnel. Die Schleusen tauchen sehr unauffällig auf, zweifellos in Brügge im 13. Jahrhundert und später, im Jahre 1394 auf dem Kanal von Niort am Ozean. Der Verbindungskanal zwischen Elbe und Stecknitz stellt das erste Beispiel eines Kanals dar, der eine Wasserscheide überquert. Der Canal du Midi wurde zwischen 1660 und 1681 ausgehoben. Die ersten Talsperren sind um 1550 im Süden Spaniens gebaut worden, um die Bewässerung zu verbessern. Der Einsatz der Artillerie verlangt radikale Veränderungen in den Befestigungssystemen: Das, was uns Vauban, der Chefingenieur Ludwigs XIV. in Frankreich hinterlassen hat, ist ein gutes Beispiel dafür.

Um vollständig zu sein, muss schließlich noch das Auftauchen einer Menge neuer Pflanzen in der Landwirtschaft erwähnt werden: der Tabak, die Tomate, die Kartoffel wurden aus den amerikanischen Kolonien nach Europa eingeführt. Die Mode der botanischen Gärten trug viel zur Auswahl und Verbesserung der Früchte, Gemüse und Blumen bei, die uns heute bekannt sind.

Zusammenfassend ist die Renaissance – wenn sie auch kein neues technisches System im Vergleich zum Mittelalter hervorbringt – eine Periode der Bereitstellung zahlreicher Erfindungen, deren volle Verwendung erst während der industriellen Revolution stattfinden wird. Dank einer umfangreichen Dokumentation sehen wir vor unseren Augen die Elemente eines neuen technischen Systems auftreten, das sich dann voll entfalten wird, wenn alle Elemente verfügbar sein werden. Die Schauspieler stellen sich einer nach dem anderen hinter dem geschlossenen Vorhang auf; bald sind sie aufgereiht, unbeweglich wie Wachspuppen; jetzt braucht nur noch das Signal gegeben zu werden, und der Vorhang wird aufgehen: Plötzlich werden wir in eine neue technische Illusion getaucht sein.

Das Auftauen der theoretischen Mechanik

Das 17. Jahrhundert ist der Moment einer bedeutenden Mutation der Menschheit gewesen: die Entdeckung der experimentellen Wissenschaft. Dies ist der Technik rasch zugute gekommen, und die industrielle Revolution des 18. Jahrhunderts ist die logische Folge dieser wissenschaftlichen Revolution des 17. Jahrhunderts. Das soll nicht heißen, dass die Technik im allgemeinen angewandte Wissenschaft sei: Die Technik war und bleibt in hohem Maße eher ein empirisches Können als eine Anwendung des Wissens. Allerdings kann die Technik – von einer bestimmten Komplexität an – nicht mehr fortschreiten, ohne über eine minimale wissenschaftliche Infrastruktur zu verfügen. Die Renaissance hatte die handwerklichen Techniken, die aus der neolithischen Revolution stammten, auf ein hervorragendes Niveau angehoben, das nun gesättigt war: Es war unmöglich, viel weiter fortzuschreiten, ohne vorher einige elementare Probleme der Physik und Chemie zu lösen. Existiert das Vakuum? Was ist Energie? Welche Beziehung besteht zwischen Kraft, Geschwindigkeit und Beschleunigung? Kann die Materie verschwinden oder aus dem Nichts auftauchen?

Die Mechanik stellte in diesem intellektuellen Unternehmen eine notwendige Schnittstelle dar. Eine klare Vorstellung von der Natur der Kraft, der Geschwindigkeit, der Beschleunigung, der Arbeit, der Leistung und der Energie ist unumgänglich, um – selbst nur oberflächlich – die Konstruktion einer Maschine oder eines Gebäudes zu durchdenken.

Die Behauptung, die Mechanik sei zu Beginn des 17. Jahrhunderts rückständig gewesen, ist untertrieben: Man könnte ebenso gut sagen, dass sie als wissenschaftliche Disziplin im heutigen Sinne nicht existierte. Unter dem Namen Mechanik wurde an den Universitäten ein Haufen vager oder geradeheraus falscher Behauptungen unterrichtet, deren Ursprung in der *18 Jahrhunderte vorher* von Aristoteles formulierten Lehre zu finden war. Wenn wir uns nicht mehr vorstellen können, dass eine Grundwissenschaft etwa 2.000 Jahre lang stagnieren konnte, so erinnert uns dies nützlicherweise daran, dass der (technische oder wissenschaftliche) Fortschritt nicht von jeher diese unwiderstehliche und triumphierende Gangart gehabt hat – und auch sicher nicht auf ewig haben wird – wie sie heute die Regel zu sein scheint.

Die Physik (?) des Aristoteles

Was behauptet die Physik des Aristoteles? Sie behauptet, dass ein Körper, der sich in Bewegung befindet, anhält, sobald die Kraft, die seine Bewegung herruft, aufhört, auf ihn zu wirken. Es handelt sich hier um eine korrekte Beobachtung dessen, was sich abspielt, wenn z.B. ein Gegenstand auf dem Boden entlang geschleift wird: Die Reibungskraft bringt den Gegenstand zur Ruhe, sobald keine Zugkraft mehr auf ihn wirkt. Dieses schöne Prinzip erklärt allerdings nicht, warum ein von einer Schleuder bewegter Stein nicht innehält, sobald er sich von der Schleuder entfernt. Um sich aus der Affäre zu ziehen, hat sich Aristoteles einen Luftwirbel vorgestellt, der den Stein ansaugt (warum aber?). Alfred Jarry hätte sich in dieser Paraphysik zuhause gefühlt.

Dies ist nur ein Beispiel unter zahlreichen anderen. Sicherlich muss Aristoteles das Verdienst zugeschrieben werden, einigermaßen korrekt beobachtet zu haben, was sich tatsächlich um ihn herum abspielte, im Gegensatz zu Platon, der in einer abstrakten Träumerei versunken war. Die aristotelische Physik ist jedoch eine naive Konstruktion, die einen angeblich allgemeinen Grundsatz aus einer oberflächlichen Beobachtung ableitet. Beobachtungen, die diesem Grundsatz widersprechen, werden durch Erfindung neuer, noch willkürlicherer Prinzipien erklärt, und Aristoteles weigert sich, den Grundsatz mit einem ernsthaften Experiment zu konfrontieren. Kurz, es handelt sich um ein dogmatisches System ohne wissenschaftliche Basis, da es der Gefahr aus dem Wege geht, widerlegt zu werden. Wenn ein zeitgenössischer Ökonom oder Soziologe eine Diskussion über die Prämisse seiner Analyse ablehnt – selbst wenn diese die Realität nicht erklärt – dann basiert er auf Aristoteles, mit 2.000 Jahren Verspätung.

Das Beispiel der Himmelsmechanik

Die Astronomie stellt das beste Beobachtungsfeld der Mechanik dar. Da die Planeten sich in einem vollkommenen Vakuum bewegen, sind sie den Reibungskräften, die auf der Erde immer existieren, nicht unterworfen und führen daher regelmäßige und relativ einfache Bewegungen aus. Seit 4000 v.Chr. ist die Astronomie in Mesopotamien ernsthaft betrieben worden, denn die Periodizität der Bewegungen der Gestirne hatte die Phantasie der Menschen nicht unbeeindruckt gelassen; sie erlaubte die Aufstellung eines präzisen Kalenders für die landwirtschaftlichen Aktivitäten, die für das Überleben der neolithischen Gemeinschaft unentbehrlich waren. Selbst eine oberflächliche Beobachtung des Firmamentes zeigt, dass die relativen Bewegungen der Gestirne in Bezug auf die Erde nicht alle gleicher Natur sind. Die Sonne, der Mond und die Planeten haben alle eine eigene Bahn. Bei naiver Betrachtung könnte man sich zunächst die Erde als Mittelpunkt all dieser unabhängigen Bewegungen vorstellen und vermuten, dass die folgenden Gestirne, geordnet nach zunehmender Orbitgröße, sich um die Erde drehen: Mond, Merkur, Venus, Sonne, Mars, Jupiter, Saturn. So sieht das geozentrische System aus, das von Aristoteles bis zur Renaissance das Modell des Weltalls dargestellt hat. Es wurde wie selbstverständlich vorausgesetzt, dass die Umlaufbahnen kreisförmig seien: Das ist der erste Gedanke, der einem in den Sinn kommt, und diese intellektuelle Faulheit kann elegant getarnt werden mit der Behauptung, der Kreis stelle *die* Idealfigur dar, und Gott, als Idealwesen, könne keine andere Figur verwendet haben.

Die Unvollkommenheit des geozentrischen Modells

Dieses geozentrische Modell mit einer kreisförmigen Umlaufbahn der Sonne ist nicht imstande, Rechenschaft über die Realität abzulegen, die in zwei grundlegenden Punkten vollständig anders aussieht:

1. Zunächst ist nicht die Erde, sondern die Sonne der Mittelpunkt des Sonnensystems (heliozentrisches Modell). Allein der Mond dreht sich um die Erde. Die Drehbewegung der Erde um sich selbst erzeugt die scheinbare Drehung der Sonne und der Sterne (die sich im übrigen ebensowohl durch das geozentrische wie durch das heliozentrische Modell erklären lässt). Dagegen ist die beobachtete Bewegung der Planeten im geozentrischen System unerklärbar, da die Planeten sich anscheinend mal in der einen Richtung um die Erde drehen, mal in der anderen Richtung, mal stillstehen. Der Gipfel der Unverfrorenheit ist die Tatsache, dass ignoriert wird, dass die Helligkeit und die Größe der Venus wahrnehmbar variieren. Dies legt nahe, dass die Venus sich nicht in einem konstanten Abstand von der Erde bewegt.

2. Die Umlaufbahnen der Planeten um die Sonne sind nicht Kreise, sondern Ellipsen, deren einen Brennpunkt die Sonne einnimmt. Natürlich stimmten die astronomischen Messungen der wirklichen Position der Gestirne nicht mit den Voraussagen des geozentrischen Modelles überein. Es gab zwei Möglichkeiten, um aus diesem Engpass herauszufinden:

a) Man konnte in Ehren auf die geozentrische Hypothese verzichten und sich dem heliozentrischen Modell zuwenden. Das hat Aristarch um 250 v.Chr. getan. Allerdings wurde dieses einfache und den Beobachtungen entsprechende Modell nicht beibehalten.

b) Man konnte auf unehrenhafte Weise – zur Erhaltung des Dogmas vom Kreis – das geozentrische Modell komplizierter gestalten. Diese Schmutzarbeit, angefangen von Aristoteles, wurde um 150 n.Chr. von Ptolemäus beendet. Dieser dachte sich ein entsetzliches System aus, in dem sich die Planeten unter der Wirkung unsichtbarer, ineinandergreifender Räder fortbewegen, jedoch stets kreisförmig. Um dem unregelmäßigen Lauf der Planeten Rechnung zu tragen, stellt sich Ptolemäus vor, dass die Planeten auf imaginären Kreisen fixiert sind (Nebenkreisen), die sich um einen Hauptkreis drehen, der sich wiederum auf einem exzentrischen Kreis in bezug auf die Erde dreht. Kurz, statt die oben genannten Gestirne auf neun – um die Erde zentrierte – Sphären zu plazieren, benutzte Aristoteles insgesamt 54 verschiedene Sphären, während sich Ptolemäus mit 41 begnügte ...

Ein vornehmer Animismus ist keine Physik ...

Diese Jahrmarktsmaschinerie stellte nur den kinematischen Aspekt der Astronomie dar. Es musste noch eine Dynamik erdacht werden: Aristoteles und seine Schüler erfanden einen „Motor" für jede dieser Sphären, weil ihnen die universelle Gravitation und die Zentrifugalkraft garnicht in den Sinn kamen. Von der christlichen Zeitrechnung an werden diese Motore mit Engeln identifiziert, und in den europäischen Universitäten wurde zur Zeit Descartes und Pascals ernsthaft gelehrt, dass 55 Engel die Ewigkeit damit verbrachten, jeweils eine Sphäre in Bewegung zu halten. Nicht ein einziger Theologe der damaligen Zeit hat erkannt, dass es sich um ein Zurückfallen in den gröbsten Animismus handelte.

Es sollte noch schlimmer kommen. Wenn die Erde also eigensinnig in den Mittelpunkt des Weltalls gestellt wurde, so handelt es sich dabei nicht allein um das Ergebnis einer schlecht erklärten optischen Illusion, sondern auch um ein echtes physikalisches Vorurteil. Für Aristoteles stellt die Erde den Ort der gesamten Niedrigkeit, der Schwere und Unordnung dar, der Himmel dagegen, d.h. alles, was sich oberhalb der Mondsphäre befindet, den Ort des Lichtes, der Ordnung und der Regelmäßigkeit. Die Unterscheidung zwischen *zwei* physikalischen Welten erlaubt somit, sich über *die* Physik hinwegzusetzen: Man umgeht auch die Einheitlichkeit des Universums, die die vorteilhafteste unter den grundlegenden Hypothesen der Physik unserer Zeit darstellt.

Man hat einige Hemmungen, diese Absurditäten wieder in Erinnerung zu rufen, die bis Mitte des 17. Jahrhunderts an unseren Universitäten ernsthaft gelehrt wurden. Dieses Erinnern besitzt jedoch zwei Vorzüge. Für den Leser mit einigen wenigen Kenntnissen zeitgenössischer Physik und einigem Verständnis für die Beziehung zwischen Physik und Technik wird nun klar geworden sein, dass das technische System der Renaissancezeit ebenso blockiert war wie die Systeme Ägyptens, Roms und der Azteken. Und zwar nicht aus technischen, politischen oder wirtschaftlichen Gründen, sondern aus einem kulturellen Grunde. Das aristotelische Dogma, das irreführend in ein christliches Dogma (faktisch, wenn auch nicht rechtlich) umgeändert worden war, sterilisierte jegliche Forschung und untersagte jeglichen Fortschritt. Andererseits zeigt das Überdauern von ebenso komplizierten wie inkohärenten Überzeugungen, in welchem Ausmaß das intellektuelle Milieu von den Realitäten abgekoppelt sein kann, mögen diese auch offensichtlich sein.

Der Kopernikanische Befreiungsschlag

Die Befreiung der westlichen Wissenschaft war das Werk von einigen – weniger mutigen als ahnungslosen – Wissenschaftlern: Kopernikus, Kepler, Galilei und Newton. Zwischen der Geburt Kopernikus' im Jahre 1473 und dem Tode Newtons im Jahre 1717 liegen weniger als 300 Jahre. In dieser Zeit hat sich aber der Übergang von der eitlen Verbalwissenschaft des Mittelalters zu der uns bekannten zeitgenössischen Wissenschaft vollzogen. Zum Beispiel erstellten die mittelalterlichen Kopisten der Klöster zwei Typen von Landkarten: Die einen entsprachen der wörtlichen Interpretation der Bibel; die anderen entsprachen den Beobachtungen und waren für die Seefahrt bestimmt. Dies ist ein gutes Beispiel für die ideologische Doppelzüngigkeit, die man in der aktuellen Organisation der Wirtschaft wieder finden kann. Bis vor kurzem organisierten die marxistischen Länder eine angeblich perfekte Planwirtschaft, tolerierten aber eine Marktwirtschaft, um den Mängeln der Planwirtschaft abzuhelfen. Umgekehrt richten sich die kapitalistischen Länder erklärtermaßen nach den Tugenden des freien Marktes und hören indes nicht auf ihn zu hemmen durch Kartelle, Monopole und Zollbarrieren, offen oder hinterhältig.

Kopernikus war ein recht merkwürdiger Mensch. Als Domherr der Katholischen Kirche lebte er in Frauenburg, an der Grenze zwischen Polen und Ostpreußen, von einer bequemen Pfründe, die ihm sehr viel Zeit zum Nachdenken ließ. Es ging nicht mehr darum zu beobachten, da man bereits über ausgezeichnete, von der ptolemäischen Schule angelegte Tabellen verfügte, die damals – so wie sie waren – bei den Seereisen Christoph Kolumbus' und Magellans benutzt wurden. Vielmehr musste eine Interpretation gefunden werden. Kopernikus entdeckte ganz einfach mit 17 Jahrhunderten Verspätung das heliozentrische System des Aristarchos aufs neue! Er hütete sich sehr wohl vor einer Veröffentlichung seiner Entdeckung, weniger aus Furcht vor religiösen Verfolgungen, als aus Angst, sich lächerlich zu machen: Die Universitäten hielten unerschütterlich am aristotelischen Dogma fest, und es machte sich nicht gut, diesem zu widersprechen. Jedenfalls wurde die Darstellung des Kopernikanischen Systems erst im Jahre 1543 veröffentlicht, und sein Verfasser erhielt das erste Exemplar auf seinem Totenbett. Die erste Auflage von 1.000 Exemplaren in Nürnberg wurde nicht einmal vollständig verkauft. Die intellektuelle Zaghaftigkeit Kopernikus' ist umso bemerkenswerter, als er nicht zögerte – den Ermahnungen seines Bischofs zuwider –, ganz offen mit einer seiner Cousinen in wilder Ehe zu leben: Zu damaliger Zeit war es weniger gefährlich, die Sitten zu verhöhnen, als sich in eine theologische Kontroverse einzulassen.

Kopernikus wies der Sonne ihren Platz zu und vereinfachte dadurch selbstverständlich das Modell des Sonnensystems; da er jedoch von dem Dogma der Perfektion des Kreises besessen war, behielt er das System der Nebenkreise bei, auch wenn er ihre Anzahl auf 48 reduzierte. Es war Keplers Verdienst, im Jahre 1609, also 66 Jahre nach der Veröffentlichung des Kopernikanischen Systems, entdeckt zu haben, dass die Umlaufbahnen der Planeten elliptisch sind. Das Thema war also nicht von brennender Aktualität gewesen. Dieses Schneckentempo sollte sich ändern, als Galilei zum Promotor des Kopernikanischen Systems wurde.

Der Galileische Gegensatz ...

Hier wird einer der Knoten der Geschichte berührt. Die Fäden, die selbstgefällig von Aristoteles und Ptolemäus geknüpft und von Kopernikus und Kepler geduldig entwirrt worden waren, wurden von Galilei mit einem buchstäblichen Eklat durchschnitten. Der intellektuellen Unredlichkeit der Philosophen sollte sich die rationalistische Arroganz des Wissenschaftlers entgegenstellen, der Doppelzüngigkeit die Schizophrenie. Der Konflikt war unvermeidlich, wurde allerdings durch die Persönlichkeit Galileis verschärft und zu einem wahrhaftigen Epos gesteigert. Seit dieser Epoche hat sich der Graben zwischen den Humanisten und den Naturwissenschaftlern immer stärker vertieft, in dem Maße, dass wir heute – nach Snow – *zwischen* zwei antagonistischen Kulturen leben. Wir haben die Doppelzüngigkeit des Mittelalters nur von uns gewiesen, um die zeitgenössische Schizophrenie anzunehmen.

Galilei war der schlechte Verteidiger einer gerechten Sache: Als achtbarer, aber ziemlich unausgeglichener Gelehrter zeichnete er sich mehr durch die Qualität seiner Polemik als durch die Schärfe seiner Analyse oder seinen Mut aus. Während des größten Teiles seiner Karriere lehrte Galilei fromm das aristotelische System, obgleich er das kopernikanische sehr wohl kannte. Dank der Beobachtung der Gestirne mit dem Fernrohr entdeckte er im Jahre 1610 eine ganze Reihe von Phänomenen, die klar für das Kopernikanische System sprachen: die Satelliten des Jupiter, die Auflösung der Nebel in Sterne, die Phasen der Venus, die Sonnenflecken, die Topographie des Mondes. All dies widersprach Aristoteles, weniger hinsichtlich seiner Besessenheit vom geozentrischen System als vielmehr in bezug auf die Definition eines idealen Himmels, der der irdischen Physik nicht unterworfen wäre. Kurz gesagt, die Technik war im Bereich der optischen Linsen weit genug vorangeschritten, um eine Reihe bedeutender Beobachtungen zu liefern, die eine 2.000 Jahre alte Debatte entscheiden konnten. Die Beobachtungen mit bloßem Auge, die bis zu Galileis Zeit die Regel darstellten, ließ es noch zu, bei der Entscheidung für das eine oder andere System zu zögern, und das Verdienst des kopernikanischen Sytems lag eher in seiner Einfachheit als in seiner völligen Übereinstimmung mit der Realität. Das Teleskop aber änderte alles. Man musste sich schon weigern, durchs Okular zu schauen, um seinen Glauben an Aristoteles zu bewahren: Seine Partei ergriffen die Inhaber der Lehrstühle für Physik in Italien.

Trotz seines aufbrausenden Charakters, seiner Eloquenz und seines Ehrgeizes veröffentlichte Galilei seine Entdeckungen nur vorsichtig, ohne daraus eine Argumentation zugunsten des Kopernikanischen Systems abzuleiten. Erst zwanzig Jahre später, im Jahre 1630, im Alter von 66 Jahren, veröffentlichte er den „Dialog über die beiden großen Weltsysteme", in dem er nun öffentlich Partei für das Kopernikanische System ergriff. Schlimmer noch, er mischte sich in die Theologie ein, indem er den Vorrang der direkten Beobachtung der Natur vor der wörtlichen Interpretation der Bibel bestätigte. Im Jahre 1633 wurde er von der Inquisition verurteilt. Er wurde dazu gezwungen, seinen Thesen abzuschwören – was er mit Bereitwilligkeit tat – und mit lebenslangem Gefängnis bestraft. Er lebte unter Arrest in seinem Haus in Arceti, bis zu seinem Tode im Jahre 1642, dem Geburtsjahr Newtons, der das Werk Galileis krönen und schließlich vervollommnen sollte.

Das Wesentliche von Newtons Beitrag wird treffend durch den berühmten Apfel symbolisiert. Newton hatte begriffen, dass die Gravitation der Erde, die das Fallen der Objekte in unserer täglichen Umwelt erklärt, der Anziehungskraft zwischen zwei Gestirnen entspricht. Das bedeutet einen radikalen Verzicht auf den Aristotelischen Mythus von zwei Physik-Wissenschaften, die den Himmel bzw. die Erde lenken würden: Selbst wenn uns dies heute banal erscheint, muss man sich klarmachen, dass es sich hierbei zur damaligen Zeit um eine echte intellektuelle Revolution gehandelt hat, die noch mehr Aufsehen erregte als die von Albert Einstein zwei Jahrhunderte später.

Die Katholische Kirche wartete bis 1822, ehe sie ihre Zustimmung zu einer neuen Veröffentlichung der Werke Kopernikus', Keplers und Galileis gab und das Lehren ihrer Theorien erlaubte. Es muss demnach angenommen werden, dass 100 Jahre nach Newtons Tod an den Universitäten der katholischen Länder nach wie vor die aristotelischen Irrtümer unterrichtet wurden. Dies allein schon erklärt, warum die industrielle Revolution ihren Ursprung in England genommen hat, anstatt in Italien, und auch warum sie sich in den nordeuropäischen Ländern ausbreitete, die die Reformation angenommen hatten.

... eine geistige Tragödie

Galileis Prozess stellte auch, und insbesondere, eine geistige Tragödie dar, und zwar durch den Bruch, ja sogar den Gegensatz, den er zwischen der experimentellen Wissenschaft und der Philosophie erzeugte, sowie zwischen der religiösen Intuition und der wissenschaftlichen Analyse. Die Verantwortung der Katholischen Kirche an diesem kulturellen Schisma wiegt schwer. Keine Geistliche Obrigkeit besitzt Entscheidungsgewalt auf wissenschaftlichem Gebiet. Bei genauem Studium des Urteils, das gegen Galilei ausgesprochenen wurde, kann man übrigens feststellen, dass das Kopernikanische System nicht als ketzerisch verworfen worden ist, dass es als wissenschaftliche Hypothese geduldet wird. Solange sie nicht durch die Beobachtung unzweifelhaft bestätigt worden ist, kann diese Hypothese allerdings die wörtliche Interpretation der Bibel nicht widerlegen, insbesondere was den Abschnitt betrifft, in dem Josua die Sonne zum Stillstand bringt. Die von der Inquisition vertretene These war also subtil, viel zu subtil für das Urteil der öffentlichen Meinung, die sie einer Verwerfung des heliozentrischen Systems gleichsetzte. Jedenfalls war diese These – trotz ihrer Subtilität und Vorsicht – grundsätzlich eine Sünde, durch die Verwirrung, die sie zwischen der geistigen Offenbarung der Bibel und den wissenschaftlichen Quellen wach hält, die nur die Anschauungen und Vorurteile der Verfasser widerspiegeln. Die Inspiration, die wir den Autoren der Bibel zugestehen wollen, ragt jedoch sicher nicht über das geistliche Gebiet hinaus: Es wäre sonderbar, wenn Gott zusätzlich zur Offenbarung auch noch Physikunterricht hätte erteilen wollen. Diese Unterscheidung ist von Galilei klar gemacht worden, der in diesem Punkt ebenso sehr ein Vorläufer auf theologischem wie ein Neuerer auf physikalischem Gebiet gewesen ist.

In der Tat wurde das Recht der Bibelauslegung von der Inquisition energisch der Kirche vorbehalten: Beeindruckt von dem Konflikt, der in diesem Punkt Katholiken und Protestanten voneinander trennte, hat sich die Inquisition schwer getäuscht, sowohl in der These, als auch im Gegner. Das unzulässige Vorgehen – das darin bestand, Galilei mit Foltern zu drohen – wurde zum eigentlichen Symbol des Gewissenszwangs: Galilei bangte mit einigem Recht um sein Leben; Kardinal Bellarmi, der sich mit seinem Fall beschäftigte, hatte nämlich im Jahre 1600 Giordano Bruno zum Scheiterhaufen verurteilt, weil dieser ähnliche Behauptungen wie Galilei aufgestellt hatte. Am 16. Februar 1600 wurde Giordano Bruno auf dem Campo dei Fiori unbekleidet an einen Pfahl gebunden und lebendig verbrannt, wobei man ihn bis zum letzten Seufzer dazu ermahnte, seinen Irrlehren zu entsagen, die unsere heutige Realität geworden sind.

Wenn wir Anstoß an der Blindheit der damaligen Epoche nehmen, wie sollten wir dabei nicht versucht sein, uns die Blindheit unserer heutigen Zeit vor Augen zu führen? Wenn das Aristotelische Dogma, das missbräuchlich einem christlichen Dogma angeglichen wurde, die wissenschaftliche und technische Entwicklung der lateinischen Welt im Keim erstickt hat, kann dann nicht angenommen werden, dass die Wissenschaftsgläubigkeit des 19. Jahrhunderts und der historische Materialismus wie der Liberalismus ebenso die ästhetische oder geistige Entwicklung unseres Jahrhunderts unterdrücken? Die Bedrohungen, die heute für das Klima bestehen, sind unzweifelhaft; aber sie werden durch die politischen Entscheidungsträger bestritten, da sie keinen Wechsel des technischen Systems wünschen.

Kapitel 14

Die erste industrielle Revolution oder die Erfindung der Fabrik

Die industrielle Revolution oder, genauer gesagt, die industriellen Revolutionen, stellen eine Reihe von drei technologischen Mutationen dar, die keinerlei Äquivalent, nicht einmal näherungsweise, in der biologischen Evolution haben.

Eine phänomenale Mutation

Wie könnte man sich eine Tierart vorstellen, die innerhalb von zehn Generationen eine Mutation vollbracht hätte, die durch die folgenden Transformationen beschrieben wird: Die Anzahl der Individuen hat sich verzehnfacht; die Lebenserwartung hat sich verdoppelt; die Muskelkraft hat sich verhundertfacht; das Tier ist plötzlich mit neuen Sinnen ausgestattet, die ihm erlauben, augenblicklich das zu hören und zu sehen, was sich in 10.000 km Entfernung abspielt; das Gehirn erlangt die Fähigkeit, Information mit einer millionenfach höheren Geschwindigkeit zu verarbeiten als zuvor; die Geschwindigkeit der Fortbewegung ist tausendmal größer geworden?

All diese Zahlen sind nichts anderes als Größenordnungen; all diese Mutationen betreffen nicht den menschlichen Körper, sondern die technischen Prothesen, die er sich zugelegt hat. Trotzdem hat die Umwälzung der beiden letzten Jahrhunderte technischer Evolution all das übertroffen, was eine Tierart wie die unsere je erfahren hat. Das kann uns glauben machen, wir seien gewissermaßen der Evolution, unseren menschlichen Bedingungen und den entropologischen Regeln entkommen. Dies sollte uns aber vielmehr zu einer genaueren Erforschung der unbekannten und neuen Regeln anregen, von denen das Schicksal unserer Art abhängt. Auch wenn wir eine Singularität im Weltall darstellen – was immer offenkundiger wird – so bedeutet das nicht, dass wir uns oberhalb oder außerhalb desselben befinden.

Warum der Westen?

Warum hat sich dieses zugleich natürliche und außerordentliche Phänomen der industriellen Revolution ereignet? Warum hat es im 18. Jahrhundert in Europa – genauer gesagt in England – und nicht vorher oder anderswo stattgefunden? Die neolithische Revolution, die einzige Vergleichsmöglichkeit, über die wir verfügen, hat sich von einem halben Dutzend unabhängiger Ausgangspunkte ausgebreitet. Man kann die gemeinsamen Bedingungen für ihr Auftreten durch einen Vergleich entdecken: ein gemäßigt warmes Klima; ein wildes Getreide, das sich zum Anbau eignet; fruchtbare und ausreichend bewässerte Böden; eine ausreichend große Bevölkerungsdichte. Da wir bei der ersten industriellen Revolution nur über einen einzigen Ausgangspunkt verfügen, ist es schwieriger, die ihm eigenen Charakteristika einzugrenzen. Man kann höchstens eine Liste mit günstigen Bedingungen aufstellen, indem man – im Verlauf der drei industriellen Revolutionen – die Länder, denen diese Mutation geglückt ist (die angelsächsischen oder germanischen Länder) mit den Ländern vergleicht, die der Bewegung nur gefolgt sind (die romaischen und slawischen Länder sowie Japan) sowie mit denen, die gescheitert sind (Schwarzafrika, der Islam).

Für einen Europäer ist es gewissermaßen normal, dass es zur ersten industrielle Revolution eher in Europa als in China, Indien oder Japan gekommen ist: Für einen Chinesen, einen Inder oder einen Japaner liegt das keineswegs auf der Hand, ganz im Gegenteil. Aus einem mysteriösen Grund sind bedeutende Zivilisationen von anderen überholt worden, ohne dass deren Verdienst hervorstechend gewesen wäre. Die Europäer empfinden möglicherweise heute ein ähnliches Gefühl von Unbehagen, jedesmal, wenn sie sich nach der Ursache des anhaltenden Erfolgs der USA in der dritten industriellen Revolution fragen: Jede Delegation, die dieses Wunder untersuchen soll, kehrt verwirrter zurück als die vorhergehende. Wären die Gründe für den technischen Erfolg so leicht zu enthüllen, dann könnte ein jeder sie in Gang setzen und ließe sich somit nicht mehr überholen. Jeder Unterschied im Fortschritt ist immer auch das Resultat der Verblenung der Unterentwickelten, die ihresgleichen nur in der Verblendung der entwickelten Nationen hat, wenn diese auf eine ökologische Katastrophe zuarbeiten.

Die erste industrielle Revolution hätte sicherlich nicht in den Inka- oder Aztekenreichen entstehen können, da diese im 16. Jahrhundert liquidiert worden waren. Diese elementare Beobachtung gibt schon teilweise eine Antwort auf die Frage, warum die industrielle Revolution in Europa aufgetreten ist. Die präkolumbianischen Zivilisationen stellen einen Grenzfall im Eroberungsprozess dar, den Europa seit dem 15. Jahrhundert unternommen hatte. Was den Islam und China betrifft, so waren beide von Europa politisch unabhängig geblieben, aber der Handelsverkehr war schon von den Europäern monopolisiert worden, weil diese als einzige imstande waren, lange Schiffsreisen zu unternehmen.

Die Blockade des technischen Systems Chinas

Die chinesischen Dschunken hatten zwar den gesamten indischen Ozean bis zum Kap der Guten Hoffnung durchsegelt, sind jedoch niemals darüber hinausgefahren: Im gleichen Maße wie der Kontakt mit Europa zustande gekommen war, hatte das chinesische Reich sich aber sofort wieder abgekapselt. Diese mangelnde Öffnung ist durch ziemlich offensichtliche kulturelle und politische Faktoren zu erklären. Das technische System der Chinesen musste einen schweren politischen Überbau ertragen. Dieser wurde von einer konservativen Bürokratie regiert, die darum bemüht war, ihre Privilegien im Rahmen der althergebrachten Ideen und etablierten Institutionen zu verteidigen. Die Chinesen waren traditionsgemäß der Auffassung, das einzige zivilisierte Volk zu sein, umgeben von Barbaren, mit denen man keinen Kontakt wünschte, der sogar gefährlich war. Die wissenschaftliche Entwicklung der Renaissance konnte sich in einem derartigen Kontext nicht vollziehen. Die Kulturrevolution Mao Tse Tungs stellt ein zeitgenössisches Wiederaufleben dieser fortschrittsfeindlichen Geisteshaltung dar, der es gelungen ist, sich den Anschein einer avantgardistischen Ideologie zu geben: Sie hat ihren Ausdruck gefunden in einer über ein Jahrzehnt dauernden technischen Stagnation und in der Anerkennung der Linken. Dagegen holt seit den neunziger Jahren ein gegenüber der Welt geöffnetes China, das auf maoistische Doktrinen pfeift, die verlorene Zeit in beschleunigtem Tempo auf.

Das blockierte technische System des Islam

Der Fall des Islams ist weniger evident, da es sich hier – im Gegensatz zu China – um eine offene Kultur handelt. Die arabischen, türkischen und iranischen Völker besitzen nicht die ethnische oder sprachliche Homogenität Chinas; sie haben das griechische Erbe aufgenommen und im Verlaufe von vier Jahrhunderten weitergegeben; sie haben einen sehr bedeutenden Technologietransfer zwischen Asien und Europa zustande gebracht, wie den Kompass, das Schießpulver, das Papier und das Dezimalsystem. Aber alles spielt sich dennoch so ab, als ob der Islam ein blockiertes technisches System sei, das nicht die Fähigkeit besitzt, Neuerungen umzusetzen, von denen es Kenntnis erlangt hat.

Der Islam kann dafür einen guten Grund geltend machen: Er hat sich auf den Überresten der neolithischen Zivilisationen niedergelassen, die den besten Teil Nordafrikas und des Nahen Ostens in eine Wüste verwandelt haben. Auf einem Gebiet, dessen Ressourcen verschwendet wurden, kann sich keinerlei technisches System entwickeln. Das Zunehmen der Entropie hat die Scheidelinie so hoch platziert, dass sie ausschließlich mit Hilfe eines hochentwickelten technischen Systems überquert werden kann, das anderswo erfunden und anschließend importiert wurde. Genau so nutzen die Länder des Persischen Golfes heute die Einkünfte aus ihrem Erdöl.

Es gibt allerdings neben dem Umweltfaktor noch einen weiteren Grund. Möglicherweise liegt eine der Ursachen für die Blockierung im Islam selbst, nicht in der Authentizität der religiösen Botschaft – die über jeden Zweifel erhaben ist – sondern in seiner Beziehung zur bürgerlichen Gesellschaft. Im Gegensatz zum Christentum, das eine klare Unterscheidung zwischen Gott und dem Kaiser macht, gibt es für den Islam keinerlei Unterschied zwischen dem Zivilrecht und dem Koran. Sicher ist das Christentum oft zu einer Staatsreligion von außerordentlicher Intoleranz verkommen, und der Islam hat andererseits manchmal eine beispielhafte Toleranz gegenüber den jüdischen und christlichen Minoritäten geübt. Die Kraft des Prinzips hat sich jedoch gegen die Sinnwidrigkeiten durchgesetzt: Allein das Christentum hat das Auftreten einer weltlichen Gesellschaft geduldet. Um nur ein einziges Beispiel zu nennen, das ganz besonders deutlich den operationalen oder nicht-operationalen Charakter einer Religion zeigt: Der Islam hat bis in unser Jahrhundert hinein das Verbot des verzinslichen Darlehens aufrechterhalten. Das Christentum verzichtete auf dieses Verbot im 12. Jahrhundert, indem es das Fegefeuer benutzte – eine Erfindung einfallsreicher Theologen – um die Verleiher im Jenseits zu bestrafen, ohne sie wirklich zu verdammen.

Die Arbeitsethik

Das Auftreten der industriellen Revolution speziell in England, als einzigem europäischen Land, ist besonders paradox. Zu Beginn des 18. Jahrhunderts hatte das Vereinigte Königreich nicht die größte Bevölkerungszahl unter den christlichen Königreichen und Frankreich besaß das Dreifache an Einwohnern. Spanien verfügte über ein viel umfangreicheres Kolonialreich und über Gold- und Silbervorkommen, die ihm eine finanzielle Überlegenheit hätten sichern können. Italien war der Mittelpunkt des intellektuellen und künstlerischen Lebens. Die aufkommende Kohle- und Stahlindustrie war in Belgien ebenso entwickelt wie in England. Und dennoch vollzog sich die erste industrielle Revolution allein in England.

Die klassische These zu diesem Thema ist die von Max Weber: Die protestantische Arbeitsethik erklärt die offensichtliche Ungleichheit zwischen den industriellen Erfolgen des Nordens und des Südens in Europa. Wenn diese These einen signifikanten ideologischen Faktor hervorhebt, wirft sie eine andere Frage auf: Warum ist der Norden Europas protestantisch geworden, wogegen der Süden katholisch geblieben ist? Will man nicht annehmen, die Zugehörigkeit zu einer Kirche werde vom Klima bestimmt, so müssen die tieferen Ursachen der industriellen Revolution in physikalischen Faktoren gesucht werden, die sowohl bei der Auslösung der religiösen Reform wie der bei industriellen Revolution ausschlaggebend gewesen sind.

Selbst wenn die These Webers sich auf eine zweitrangige Ursache konzentriert, lohnt es sich, sie uns ins Gedächtnis zurückzurufen. Sie beruht nämlich auf einer Anhäufung von Verwechslungen, die eher an ein ideologisches Singspiel als eine wahrhaft theologische Debatte erinnern. Heutzutage mag uns das lächerlich erscheinen, aber wir sollten nicht vergessen, dass diese anfechtbaren Thesen so manchen auf den Scheiterhaufen geführt haben.

Die These Calvins

Zu Beginn steht Calvins These über die Vorbestimmung: Das ewige Heil eines Menschen hängt nicht von seinen Werken ab, sondern von der freien Entscheidung Gottes, die schon vor der Geburt des Menschen getroffen worden ist. Wie auch immer sein Verhalten sein mag, er ist von vornherein in Ewigkeit gerettet oder verdammt. Der Ausgangspunkt dieser These ist ein fundamentaler christlicher Charakterzug: Gott rettet selbst den Sünder.

Die mittelalterliche Scholastik, die für rein geistige Konstruktionen schwärmte, zögerte nicht, daraus zu folgern, dass er den Gerechten nur zum eigenen Vergnügen verdammt. Diese absurde Metaphysik steht im radikalen Gegensatz zum Christentum. Sie reiht sich aber gut ein in den Galgenhumor der Religion der Renaissance, egal ob protestantisch oder katholisch, der durch die Plagen genährt wurde, unter denen die im Elend lebende Bevölkerung litt. Weber zufolge hätte diese maßlose Theologie indessen, durch eine irrationale Logik, die industrielle materialistische Welt erzeugt, in der wir leben.

Ist einmal das Postulat akzeptiert, dass der Mensch ohne Berücksichtigung seiner Werke verdammt oder gerettet wird, dann sollte den Calvinisten logischerweise nichts mehr mit Besorgnis erfüllen, und er müsste alle Freuden dieser Welt genießen. Nun aber rief die Hypothese der Vorbestimmung, die normalerweise eine hedonistische oder zumindest eine kraftlose Gesellschaft hätte erzeugen müssen, eine puritanische Gesellschaft hervor – dank eines zweiten Widersinns der Pastoraltheologie.

Der Widersinn des Widersinns ist sinnlos

In der Tat ist die Theorie der Vorbestimmung selbstverständlich eine Quelle der Angst: Jeder Gläubige kann nicht versäumen, sich schon in diesem Leben Fragen über sein Schicksal im folgenden Leben zu stellen. Nach Calvin sollte man nicht versuchen, dieses Mysterium zu ergründen; in jeder pastoralen Praxis jedoch musste wohl den Gläubigen das Vertrauen auf Gott und sich selbst gegeben werden, das sie im Tempel suchten. Zuerst rieten die Pastoren zu pausenlosem Arbeiten *in einem Beruf,* um die Angst zu lindern. Später kamen sie darauf, den materiellen Erfolg als ein Zeichen des göttlichen Entschlusses zu betrachten und das irdische Vermögen eines Gläubigen wird zu einem greifbaren Maß seiner geistlichen Erhöhung. Kurz, das ewige Heil eines Puritaners – oder vielmehr die Idee, die er sich davon machte – hängt schließlich von seiner hartnäckigen Ausdauer bei der Arbeit, dem Umfang seiner Ersparnisse und der Geschicklichkeit bei seinen Investitionen ab. Dank dieser Logik, die eher surrealistisch als übernatürlich ist, hat die Theorie der Vorbestimmung das Arbeitsethos erzeugt. Dies stellt natürlich einen radikalen Verstoß sowohl gegen den Sinn der Calvinistischen Reform als auch gegen das ursprüngliche Christentum dar. Es ist unmöglich, im Evangelium – selbst wenn man sich viel Mühe gibt – die geringste Ermutigung zu pausenloser Arbeit, zur Anhäufung eines Vermögens oder zum Erkennen eines Göttlichen Zeichens im materiellen Erfolg zu sehen. Ganz im Gegenteil.

Dieser Widersinn eines Widersinnes begründet unsere derzeitige Gesellschaft! In der produktivistischen Ideologie kann der Mensch sich nur durch die Arbeit verwirklichen; seine Existenz verliert ihren Sinn, sobald er wegen Arbeitslosigkeit oder Ruhestand die Arbeit niederlegt. Die Arbeit hat nur dann Bedeutung, wenn sie finanziell entlohnt wird; der Teil des Einkommens, der nicht für den sofortigen Bedarf benötigt wird, muss gespart und investiert werden, um die Produktivität der Arbeit und die Reproduktion des Kapitals zu erhöhen. Diese strikten Forderungen sind dermaßen im kollektiven Unterbewusstsein der Industriegesellschaft verankert, dass es einer wahrhaften Psychotherapie bedarf, um sich ihrer zu entledigen.

Dennoch gab es und gibt es immer noch zahlreiche Gesellschaften, die um eine *Freizeit*-Ethik organisiert sind, die dem Arbeitsethos entgegengesetzt ist: Der Reiz des Lebens liegt hier außerhalb der Arbeit; der soziale Erfolg gründet sich darauf, dem Arbeiterstatus zu entkommen; das Lebensziel ist einfach die Lebenslust; die wesentlichen Werte sind affektiv, ästhetisch oder sentimental; das Einkommen soll ausgegeben und nicht kapitalisiert werden; die Ausgaben richten sich vorzugsweise auf kostspielige Güter: Schauspiele, Festessen, Kleidung, Schmuck, Schlösser, Skulpturen, Gärten. Südeuropa stand und steht noch weitgehend unter dem Einfluss dieser – von den Römern und Griechen geerbten – Ethik der Muße. Dies war der Fall am französischen Hof im 17. und 18. Jahrhundert. Dies ist immer noch der Fall bei der schwarzen Minderheit in den USA.

Es ist der Verdienst der These Max Webers, eine klare Unterscheidung zwischen diesen beiden Ethiken zu machen, der Arbeitsethik und der Freizeitethik, die sich die Gunst der Europäer teilten. Diese Theorie erklärt jedoch nicht, warum die Arbeitsethik sich im Norden ausbreitete, unabhängig von konfessioneller Zugehörigkeit: Die rheinischen und flämischen Katholiken stehen in ihrer Arbeitswut den holländischen Calvinisten oder den lutherischen Preußen näher als den Katholiken Andalusiens oder Siziliens. Die Arbeitsethik ist zweifellos weniger eine Wahl, als vielmehr eine Pflicht, die durch das Klima, den Boden und die Demographie diktiert wird und die einzige Antwort auf eine übermäßige Herausforderung darstellt.

Das Energieproblem

Das Hauptproblem in Nordeuropa war der Holzmangel geworden. Zwischen dem 9. und dem 13. Jahrhundert wurde der dichte Wald, der die feuchten und fruchtbaren Böden der großen baltischen Ebene vom Atlantik bis zum Ural bedeckte, systematisch abgeholzt. Er hatte gleichzeitig Bau- und Brennholz geliefert und immer ausgedehntere Lichtungen freigemacht. Die fette und schwere Erde, die von kräftigen Pferden umgegraben wurde, die an verbesserten Pflügen korrekt angespannt waren, hatte eine immer dichtere Bevölkerung ernährt – bis zum Ausbruch der vorher erwähnten Krise im 14. Jahrhundert. Seitdem blieb das Holz – ein zwar erneuerbarer Rohstoff, gewiss, aber doch nur langsam erneuerbar – eine Mangelware. Nun aber wurden Holzkohle für die Metallurgie, Holzbalken für den Schiffsbau, Asche für die Glas- und Seifenindustrie gebraucht. Im 16. und 17. Jahrhundert wurde der Holzmangel himmelschreiend. Colbert ließ Eichenwälder anpflanzen, um das nötige Holz für die königliche Marine zu liefern, aber es dauerte drei Jahrhunderte, um einen brauchbaren Baum zu erhalten.

Im Mittelmeerraum kann man auf Heizung verzichten. An den Nordseeküsten ist es viel ungemütlicher und sogar gefährlich, nicht zu heizen. Den Nordeuropäern ist also keine Wahl geblieben: Seit Ende des Mittelalters waren sie gezwungen, den Abbau der Kohle zu betreiben. Im gleichen Maße wie die Ressourcen sich erschöpften, mussten die Menschen des Nordens notgedrungen härter arbeiten und mehr investieren, um zu überleben. So haben sie sich gezwungenermaßen dazu überredet, dass dieses Zuchthaus auf Erden die Bedingung und das Zeichen für den Zutritt zur himmlischen Glückseligkeit darstelle. Hier tritt also eine Kultur unter dem Druck einer entropologischen Herausforderung auf.

Es bleibt dabei, dass die Arbeitsethik eine raffinierte Antwort auf eine überwältigende Herausforderung ist. Heutzutage sind die Völker des Sahels, die dem gleichen Missverhältnis zwischen einer galoppierenden Demographie (3 Prozent Bevölkerungszuwachs pro Jahr) und einem ausgelaugten Boden ausgeliefert sind, völlig unfähig dazu, diese Verbindung von Technik und Ideologie zu finden, die Europa gerettet und zum Eroberer der Welt gemacht hat.

Der Erfolg Englands

So hatten die Völker Nordeuropas, mehr doch als die des Südens, dringende Gründe zur Überschreitung der Scheidelinie, die gegen 1300 für ganz Europa aufgetreten ist. Es müssen noch die Ursachen erwähnt werden, die speziell England dazu gebracht haben, als erstes Land die Scheidelinie zwischen dem mittelalterlichen System und dem ersten industriellen System zu überqueren. England genießt eine geopolitisch bevorzugte Lage: Sie sichert es vor Kriegen auf seinem Boden, erlaubt die Überwachung der Schifffahrt auf dem nördlichen Atlantik und ermöglicht eine leichte Verbindung zwischen seinem Hinterland und den Häfen. Um 1750 verfügte England über 1600 km Binnenwasserstraßen, was einen entscheidenden Vorteil zu einer Zeit darstellte, als Straßentransporte sehr kostspielig waren.

Die englischen Institutionen waren denen des Kontinents voraus. Dort gab es für die damalige Zeit die beste Annäherung an eine Demokratie. In England zahlten die Pairs, von denen es eine begrenzte Zahl gab, wie jedermann ihre Steuern. Es existierte eine Mittelklasse, die in der Lage war, durch die Gründung von Unternehmen reich zu werden. Der Reichtum war besser verteilt als auf dem Kontinent: Der Mann des Volkes trug Lederschuhe und kleidete sich in Wollstoffe. Da die Kaufkraft besser verteilt war, entwickelte sich ein Binnenmarkt, der in der Lage war, die produzierten Waren zu absorbieren. In Frankreich dagegen, wo ausschließlich das Volk mit Steuern belastet war, dienten diese zur Subventionierung des Luxushandwerks (Porzellan von Sèvres, Teppiche von Aubusson).

Dieses offene, liberale, demokratische, kaufmännische England hatte das Verdienst, die Scheidelinie an einem *Pass* zu überschreiten, dort wo eine minimale Anstrengung das Erreichen von maximalen Resultaten erlaubte. Da, wo das mittelalterliche System über den Mangel an freier Energie stolperte, stellte der Kohlenbergbau eine Lösung dar. Der Abbau der Kohle konnte jedoch nicht seine volle Wirkung erreichen, da die Förderung dieses Brennstoffes von tierischer oder hydraulischer Energie abhing: Fünf Jahrhunderte lang wurde die Kohle auf menschlichen Rücken oder mit Hilfe von Haspeln emporgezogen, die durch Pferde oder Wasserräder angetrieben wurden; auf gleiche Weise musste das Sickerwasser ausgeschöpft werden. Der Bau einer Maschine, die die Wärmeenergie der Kohle in mechanische Energie zur Förderung eben dieser Kohle verwandeln sollte, war *mehr* als eine Erfindung. Er bedeutete eine Umwandlung in ein neues technisches System, dessen beide Hauptkomponenten, die Kohlengrube und die Dampfmaschine, sich gegenseitig verstärkten. Dieser Vorteil zog natürlich – einem konstanten Paradoxon der Technik entsprechend – als Gegenstück die furchtbaren Folgen der maschinellen Arbeitsweise nach sich.

Die maschinelle Arbeitsweise

Die Exzesse der Maschinenarbeit hätten sicher eingeschränkt werden können, wenn die Industrie sich ausschließlich mit den erneuerbaren Energieressourcen begnügt hätte: dem Menschen und dem Pferd, dem Wind und dem Wasser. Prinzipiell kann alles von diesen „Motoren" geleistet werden: Im Jahre 1586 wurde ein Obelisk von 312 Tonnen Gewicht – aus dem Zirkus Neros entnommen – auf dem Sankt Petersplatz errichtet, unter der Aufsicht Domenico Fontanas. Fontana benutzte für diese Arbeit 75 Pferde und 900 Männer, die 37 Winden in Gang setzten. Ein moderner, von einem Menschen gesteuerter Kran hätte sie ersetzen können. Man kann die furchtbaren Probleme der Aufsicht, der Synchronisation und des Kommandos leicht verstehen, die die gemeinsame Anstrengung einer Truppe von Tieren und Menschen erschweren. Ebenso geht es mit der Windenergie und mit der Wasserenergie, die den Launen des Wetters unterworfen sind. Die Aufhebung dieser natürlichen Einschränkungen, das Schaffen einer konzentrierten Quelle von mechanischer Energie – dies bedeutet, ein zweites Mal das Feuer aus dem Himmel entführen und die Herausforderung des Prometheus annehmen.

Vom kontinentalen Fehlschlag zum britischen Erfolg

Die Herausforderung kitzelte den Geist zahlreicher Ingenieure der Renaissance, wie z.B. Della Porta, Biringuccio oder Branca, die verschiedene Variationen des Windelements Herons von Alexandrien erdachten. 2.000 Jahre lang haben ein paar vereinzelte Forscher über dem Traum gebrütet, die Energie des Feuers in mechanische Energie umzuwandeln. Ihnen fehlte eine klare Vorstellung vom Druck eines Gases und vom Vakuum. Dieser theoretische Beitrag kam von Otto von Guericke, der die Existenz des Vakuums durch den berühmten Versuch der Halbkugeln von Magdeburg bewies: Zwei Halbkugeln aus Kupfer, eine auf die andere gesetzt, umschließen einen Raum, der ausgepumpt wird; der äußere atmosphärische Druck drückt die beiden Halbkugeln mit einer solchen Kraft aufeinander, dass acht Pferde sie nicht trennen können. Dieser spektakuläre Versuch lieferte Europa den Beweis der Existenz des Vakuums.

Huygens insbesondere erforscht in Paris das Vakuum zusammen mit seinem Assistenten Denis Papin. Von 1681 bis 1704 arbeitete Papin hartnäckig an der Entwicklung einer Dampfmaschine, wobei er sich dafür finanziell von verschiedenen kleinen deutschen Fürsten unterstützen ließ: Letztere waren von dem Gedanken besessen, in ihren Parks Wasserspiele zu besitzen, die mit Versailles konkurrieren konnten. Denis Papin scheiterte aus den verschiedensten Gründen: der Mittelmäßigkeit der mechanischen Konstruktionen auf dem Kontinent; dem Mangel an finanziellen Ressourcen; der Bedeutungslosigkeit der vorgeschlagenen Zielsetzung und der Launenhaftigkeit der aristoratischen Auftraggeber; schließlich an seinem eigenen mangelnden Unternehmungsgeist. Er starb im Jahre 1714 im Elend, nachdem er nur zwei nennenswerte Erfindungen hinterlassen hatte: das Sicherheitsentil und den Schnellkochtopf.

Der Misserfolg Denis Papins auf dem Kontinent wurde von den Engländern in einen glänzenden Erfolg verwandelt. Im Jahre 1698 konstruierte Thomas Savery eine Wasserpumpe, die mit Dampf arbeitete, ohne Zylinder und ohne Kolben. Ihr Prinzip war einfach: Man führt Wasserdampf unter hohem Druck in einen Behälter ein, der mit Wasser gefüllt ist. Dieses wird nach oben verdrängt. Durch Kondensation des Dampfes erzeugt man ein Vakuum, das erneut Wasser in den Behälter saugt. Das Hauptziel der Maschine bestand darin, Wasser aus den Kohlengruben zu pumpen. Die Aufstellung dieser Pumpe erlaubte außerdem die Benutzung des reichlich vorhandenen und preiswerten Brennmaterials. Das war auch notendig, da der Wirkungsgrad dieser rudimentären Maschine lächerlich war: Knapp 1 Prozent der Wärmeenergie wurde in mechanische Energie umgewandelt.

Die erste Maschine mit Zylinder und Kolben wurde im Jahre 1705 von Thomas Newcomen hergestellt. In seiner Version geht das Pumpen des Wassers unabhängig von dem Zylinder vor sich, in dem Wärmeenergie in mechanische Energie umgewandelt wird. Diese Maschine wurde mehrfach verbessert und funktionierte in vielfachen Exemplaren bis zum Ende des 18. Jahrhunderts.

Der tatsächliche Erfinder der Dampfmaschine in ihrer leistungsfähigen Version ist James Watt. Von 1763 bis 1782 verbesserte er Newcomens Maschine, bis er sie in ein ganz und gar originelles Instrument verwandelt hatte. Er brachte in seine Arbeit ein gutes Maß an wissenschaftlicher Kenntnis ein, die er bei seiner früheren Tätigkeit an der Universität Glasgow erworben hatte. Watt berücksichtigte auch die kaufmännische Seite, indem er seine Erfindung durch zahlreiche Patente schützte, die er energisch gegen Konkurrenten verteidigte. Und schließlich ist ihm die Geschicklichkeit der englischen Mechaniker zugute gekommen, denen es gelang, Zylinder mit der geforderten Präzision zu bohren. John Wilkinson glückte es, einen Zylinder von 182 cm Durchmesser mit einer Genauigkeit von besser als einem Millimeter fabrikmäßig herzustellen. Diese Leistung stellte – für diese Zeit – den ganzen Unterschied zwischen England und der restlichen Welt dar.

Man kann als Vergleich das Unglück des Russen Iwan Polsunow anfügen, dem es im Jahre 1766 gelang, eine gleichartige Maschine wie die von Watt in der Silbermine von Koliwano-Woskresenski zu konstruieren. Aus Mangel an kompetenten Mechanikern musste er die Maschine mit seinen eigenen Händen herstellen und starb über dieser Aufgabe. Seine Maschine funktionierte sechs Monate lang, hatte dann eine Panne, und niemand war in der Lage, sie zu reparieren.

James Watts Maschine erfuhr zahlreiche Verbesserungen, die sie zum wichtigsten Motor für die verschiedensten Anwendungen machte. Im Jahre 1802 ließ William Symington das erste Dampfschiff vom Stapel laufen. Im Jahre 1829 baute Georges Stephenson die erste Dampflokomotive: Von diesem Moment an wurde der Waren- und Personentransport über große Entfernungen möglich. Die europäischen Auswanderer überschwemmten die beiden amerikanischen Erdteile, Australien, Südafrika und Sibirien. Dort, wo das Klima die Niederlassung von Bauern nicht erlaubte, wurden die Eingeborenen zur Zwangsarbeit genötigt. Auf der Rückreise brachten die Dampfschiffe amerikanischen Weizen, brasilianischen Kautschuk, indische Baumwolle, peruanischen Guano, australische Baumwolle und kubanischen Zucker nach Europa. Ab Mitte des 19. Jahrhunderts war der gesamte Planet in einen einzigen Markt verwandelt worden, über den England bestimmte.

Die Erfindung der Fabrik

Die Dampfmaschine hielt ihren Einzug auch in der Textilindustrie, allerdings mit einiger Verspätung. Bis zum Jahre 1800 lieferten die Wasserräder unentgeltlich die gesamte mechanische Energie, die benötigt wurde. Im Jahre 1820 gab es kaum zwanzig englische Fabriken, die eine Dampfmaschine benutzten. Bereits 1850 arbeiteten zwei Drittel der Wollindustrie und beinahe die gesamte Baumwollindustrie mit Dampf. Nicht allein die Produktivität stieg dank der Kopplung von Textilmaschine und Dampfkraft an, sondern es entstand dadurch *zwangsläufig* eine neue Institution, eine echte soziologische Neuerung: *die Fabrik.*

Es stand tatsächlich außer Frage, jede Familienweberei mit einer Dampfmaschine auszustatten, einer kostspieligen und komplizierten Anlage. Die Textilindustrie des 19. Jahrhunderts ist um eine einzige Dampfmaschine herum organisiert, deren Bewegung mit Hilfe eines Achsen-, Rollen- und Riemenspieles an alle Werkstätten übertragen wird. Ist einmal die Maschine in Bewegung gesetzt, dann muss sich jeder Arbeiter ihrem Rhythmus anpassen und sozusagen zu einem halb-intelligenten Organ dieses immensen Mechanismus werden, der zugleich aus Stahl und Fleisch, aus Dampf und Schweiß besteht. Nach einer stehenden Redensart „entließ diese Fabrik eine veredelte Materie und einen degradierten Menschen".

Die Textilindustrie

Die Dampfmaschine ist nur dann von Interesse, wenn ihre mechanische Kraft zur Produktion von Waren dient, für die ein großer potentieller Markt besteht. Nun aber stellte zu Beginn des 18. Jahrhunderts die Kleidung, und insbesondere die Wäsche, das wichtigste Gut dar, das der Konsument brauchte. Auf dem Kontinent kleideten sich die Leute aus dem Volk bestenfalls mit Wollstoffen, meistens mit Leinenstoffen. Abgesehen von den wohlhabenden Klassen, zitterte die Mehrzahl der Franzosen im Winter vor Kälte, in schmutzigen und rauhen Kleidungsstücken, die in direktem Kontakt mit der Haut waren. Es ist also die ganz triviale Nachfrage nach Unterhosen, Unterhemden und Socken gewesen, die den ersten Impuls zu dieser Revolution gab, von der wir immer noch ganz geblendet sind. Die industrielle Revolution wurde in England durch die Mechanisierung der Textilindustrie angekurbelt. Der rote Faden der technischen Revolutionen der beiden letzten Jahrhunderte ist demnach weit mehr die maschinelle Arbeitsweise als die Herstellung mechanischer Energie gewesen. Diese ist nur ein Mittel unter anderen zur Erreichung des Zieles: die Arbeit des Menschen durch die der Maschine zu ersetzen, um die Produktivität zu erhöhen.

Es ist wichtig, sich diesen Unterschied zwischen dem Ziel, d.h. der massiven Produktion genormter Güter, und den Mitteln, d.h. der Vielzahl der angewandten Techniken, bewusst zu machen. Man entrinnt auf diese Weise der technischen Illusion, die sich vollständig auf die Magie der Techniken konzentriert und von ihnen Wunderbares erwartet. Wobei von der ersten industriellen Revolution direkt nichts anderes zu erwarten war als minderwertiges Baumwollzeug, kleine Metallträger und Soda. Diese Produkte waren nützlich, vielleicht sogar unentbehrlich, konnten jedoch nicht – durch ihre positive Wirkung allein – das gesamte Leben des durchschnittlichen Verbrauchers umgestalten.

Ein bescheidenes Ziel

Otto Normalverbraucher sollte nicht plötzlich das Niveau eines englischen Adligen erreichen, sich in Seide, Spitzen und Brokat kleiden, ein Schloss bewohnen und Bordeauxwein trinken. Ihm war, im Gegenteil, die Konfektionskleidung zugedacht, praktisch, unverwüstlich und grau, das Arbeiterhaus in einer Reihe von 100 gleichen Häusern, eng und schäbig, der schlecht destillierte Gin und der Whisky „blended", zu 80 Prozent mit Kartoffelschnaps verdünnt.

Im Mittelalter war England eine unterentwickelte Nation, die ihre unverarbeitete Wolle nach Flandern exportierte, das – als Gegenleistung – Tücher an England verkaufte. Im Laufe der Jahrhunderte hatte sich diese Abhängigkeit umgekehrt. Im Jahre 1700 exportierte England ein Drittel seiner Tuchproduktion, im Jahre 1740 betrug dieser Anteil bereits die Hälfte. 1741 erreichten die Tuchexporte die eindrucksvolle Zahl von 30.000 Tonnen für 1,5 Millionen Pfund Sterling.

Neben dieser traditionellen Wollindustrie machte auch die Baumwoll-Industrie ab 1750 einen bemerkenswerten Durchbruch: Die Baumwollfaser war homogener und widerstandsfähiger und eignete sich somit besser für die mechanische Verarbeitung. Dazu kam, dass der Preis unverarbeiteter Baumwolle verhältnismäßig stark zu sinken begann, seitdem diese – statt aus Indien – aus den USA importiert werden konnte. Nun aber war die Baumwolle selbst eine traditionelle, in Indien seit dem Jahre 3000 v.Chr. und im Inkareich seit 2000 v.Chr. bekannte Faser. Die Mechanisierung zog einen ungeahnten Nutzen aus diesem, vor 5000 Jahren erfundenen, landwirtschaftlichen Produkt. Der gesamte Vorteil daraus kam England zu, das allein die Fähigkeit besaß, die Kommerzialisierung und den Transport der Rohmaterialien und des verarbeiteten Produktes zu sichern.

Im Verlauf der zweiten Hälfte des 18. Jahrhunderts kamen der englischen Textilindustrie eine Reihe mechanischer Erfindungen zugute: Maschinen zum Spinnen der Wolle oder Baumwolle, die zu Beginn des Jahrhunderts noch mit der Hand oder mit dem Spinnrad gesponnen wurde. Dadurch konnte die Produktivität in einem Verhältnis von minimal 6 bis maximal 24 erhöht werden. Es handelte sich hierbei jedoch nur um rudimentäre Maschinen, ganz aus Holz, die ausschließlich durch die Muskelkraft des Arbeiters angetrieben wurden. Sie wurden ihrerseits durch Mühlen ersetzt, die aus Metall konstruiert waren und von Wasserrädern angetrieben wurden, was den Ertrag um den Faktor 200 bis 300 steigerte!

Der Weberaufstand

Ebenso enorme Produktivitätsgewinne wurden in der Weberei erzielt. Das Weberschiffchen – im Jahre 1733 von Kay erfunden – und der mechanische Webstuhl – 1787 von Cartridge – multiplizierten den Ertrag eines Handwebers mit 15! Diese ungewöhnlichen Ertragssteigerungen machten selbstverständlich die Heimarbeit der traditionellen Weber allmählich unhaltbar, obwohl diese zunächst beachtliche Gehaltsreduktionen akzeptiert hatten, um unabhängig zu bleiben. Der Widerstand war unerbittlich: Ab 1758 brachen heftige Aufstände in den Arbeitermilieus aus, in denen die Maschine die Arbeitslosigkeit einführte. Das britische Parlament, das zunächst einen gewissen Schutz des Handwerkes erwog, hat ab 1792 Partei zugunsten der Maschinenarbeit und gegen die Arbeiterbewegung ergriffen – aus Angst vor einer Revolte, ähnlich der Französischen Revolution. Im Jahre 1811 brach die Bewegung der Maschinenstürmer aus, deren erklärte Methode in der Zerstörung der Maschinen bestand. Achtzehn Arbeiter wurden im Jahre 1813 am Galgen gehängt, gemäß der unerbittlichen Logik, die von da an der Maschine mehr Recht zuspricht – das Existenzrecht eingeschlossen – als dem Menschen ...

Seit Anfang der ersten industriellen Revolution kann man so den oben beschriebenen perversen Effekt erkennen. Die Maschine mag die Produktivität noch so schön vervielfachen, sie bringt dennoch keinen Wohlstand hervor. Die Folge ist eine Überproduktion an Waren und eine Unterbeschäftigung der Arbeiter; der Arbeitslohn nimmt ab, und die Verbrauchernachfrage sinkt. Schon ab 1815 hatte Robert Owen, Chef einer Textilfabrik und Sozialreformer, dieses Paradoxon klar erkannt und eine Revision der Beziehungen zwischen Mensch und Technik angeregt.

Die Metallindustrie

Zu Beginn des 18. Jahrhunderts wurde nur ziemlich minderwertiges Eisen in beschränktem Umfang hergestellt: Der Engpass war durch den Brennstoff entstanden, d.h. die zunehmende Verknappung des Holzes. Seit Ende des Mittelalters hatte man selbstverständlich versucht, Roheisen mit Hilfe von Koks herzustellen. Koks ist ein Derivat der Steinkohle, ebenso wie die Holzkohle ein Derivat des Holzes darstellt, d.h. ein von seinen flüchtigsten – für die Eisenindustrie schädlichen – Bestandteilen befreiter Brennstoff. Trotzdem blieben die mineralischen Verunreinigungen des Kokses lästig, und es musste bis 1709 gewartet werden, ehe es Darby gelang, Eisen mit Hilfe von Koks herzustellen. Von diesem Moment an unterstützten die Kohle- und Eisenhüttenindustrie sich gegenseitig.

Ein weiteres traditionelles Hindernis für das korrekte Funktionieren eines Hochofens bestand in der Schwierigkeit, ein geeignetes Abzugsystem einzurichten. Die traditionellen ledernen, von einem Wasserrad angetriebenen Blasebalge wurden nun durch Ventilatoren ersetzt, die durch eine Dampfmaschine bewegt wurden.

Schließlich wurde die Qualität des hergestellten Metalls von Cort bedeutend verbessert, der 1783/84 die Technik des „Puddelns“ und Auswalzens patentieren ließ. Dieser Prozess setzte natürlich die Verfügbarkeit einer mechanischen Kraft voraus, die ebenfalls durch die Dampfmaschine geliefert wurde. All diese Erfindungen waren strikt empirisch: Erst in der zweiten Hälfte des 19. Jahrhunderts entdeckten die Physiker die Eigenschaften der Metalle und rechtfertigten nachträglich den Ablauf der metallurgischen Verfahren.

Die Eisenindustrie wurde somit ein weiteres Streitross Englands. Die Produktion stieg von 18.000 Tonnen im Jahre 1740 auf 200.000 Tonnen im Jahre 1800 und 2.500.000 Tonnen im Jahre 1850. So ist die Eisenproduktion in einem Jahrhundert verhundertfacht worden! Dies ermöglichte, Stahl und Roheisen in den verschiedensten Anwendungen zu verwerten. Zuallererst in den Webstühlen und Spinnmaschinen, wo nun Metall das Holz ersetzte, das der Abnutzung und Formänderung unterworfen war. Anschließend im Baugewerbe, als in den Spinnereien um 1780 die gusseisernen Säulen auftauchten. Die ersten eisernen Lastkähne wurden 1787 gebaut. Die gusseisernen Schienen traten an die Stelle der Schienen aus Holz, wie sie in den Gruben verwendet wurden. Schließlich wurde im Jahre 1779 die erste metallische Brücke über die Severn eingeweiht, mit einem Brückenbogen von 30 Metern Länge. Das – seit mehr als 3.000 Jahren bekannte – Eisen wurde in weniger als 100 Jahren zum Material „par excellence“ der industriellen Revolution.

Die mechanische Produktion

Die Verfügbarkeit eines hochwertigeren Metalles gab den Fabrikanten Impulse. Die Techniken der Metallverarbeitung ermöglichten die Herstellung von präzisen Teilen. Man begann nun damit, genormte Schrauben, Bolzen und Schraubenmuttern serienmäßig herzustellen, was uns heutzutage als selbstverständlich erscheint, damals jedoch eine radikale Änderung der überlieferten Praktiken bedeutete. Zu Beginn des 18. Jahrhunderts arbeitete jeder Handwerker auf seine Weise und verbrachte den Hauptteil seiner Zeit damit, Teile durch Feilen aneinander anzugleichen. Der große „Normierer“ der Epoche war Whitworth; nach ihm sind die genormten Gewindeschneiden benannt. Die napoleonischen Kriege gaben England Gelegenheit, Nutzen aus dieser Normierung zu ziehen: Für eine Vereinfachung der Verwaltung war es vorteilhaft, Waffen zu besitzen, deren Teile gleichförmig und austauschbar waren. Ebenso erlaubte das Schießpulver, dessen Qualität standardisiert und dessen Ladungen normiert waren, der britischen Artillerie, sich auf dem Land und insbesondere auf dem Meer zu behaupten.

Die chemische Industrie

Diese ganze Bewegung wäre nicht möglich gewesen, wenn die Herstellung chemischer Reagenzien nicht gefolgt wäre. Zu Anfang des 18. Jahrhunderts wurden hauptsächlich natürliche Produkte verwendet: Das Soda stammte von verbrannten Pflanzen; die Gewebe wurden durch Sonnenbestrahlung und Eintauchen in Sahne gebleicht; der Urin diente zur Entfettung der Wolle. Eine ganze Reihe von Innovationen beseitigte diese rudimentären Verfahren. Die tierischen Rohstoffe wurden durch pflanzliche ersetzt. Auf noch radikalere Weise wurde alles, was organischen Ursprungs war, durch mineralische Rohstoffe ersetzt; die Nebenprodukte der chemischen Umwandlungen wurden rückgewonnen, um sie in nützliche Verbindungen umzuwandeln; zur Senkung der Kosten wurde mit größeren Mengen gearbeitet.

Als erstes wurde – ab 1750 – die Schwefelsäure in großen Mengen produziert; dank verschiedener Erfindungen wurde ihr Preis auf ein Zehntel reduziert. Ab Ende des 18. Jahrhunderts exportierte England 2.000 Tonnen Schwefelsäure pro Jahr.

Schwefelsäure ergibt, zusammen mit Salz, Salzsäure. Die Mischung von gelöschtem Kalk mit dieser Säure ergibt ein Bleichpulver für Gewebe. Die Natronlauge wurde, ab 1780, mit dem Leblanc-Prozess produziert, der Schwefelsäure, Salz, Kohle und Kalk benutzt. Ausgehend vom Soda, startete man eine massive Seifenproduktion, mit Palmenöl anstelle der tierischen Fette.

Es muss hier darauf hingewiesen werden, dass diese Blütezeit der chemischen Erfindungen sehr viel der Wechselbeziehung zwischen Industrie und Universität zu verdanken hat. In der Chemie können keine „tastenden" Versuche gemacht werden, wie es im Textilbereich und im Bergbau der Fall gewesen ist. Um rentabel zu sein, muss sich die Erfindung hier auf ein Minimum an systematischer Überlegung stützen. Es ist kein Zufall, dass Frankreich – reich an Wissen und arm an „Savoir-faire" – nur auf diesem Gebiet England überlegen war.

Mitten in der ersten industriellen Revolution lässt die chemische Industrie vorausahnen, was die zweite industrielle Revolution werden sollte, diejenige, die von den Hochschulforschern vorbereitet wurde.

Der Zusammenhang mit der Landwirtschaft

Hätte die Landwirtschaft nicht gleichzeitig ihre Produktivität gesteigert, dann wäre es sicher unmöglich gewesen, die für die Industrie erforderlichen Arbeitskräfte freizumachen. In dieser Hinsicht war Europa sowohl durch die kleine Fläche an bebaubarem Boden als durch die traditionellen Strukturen der Bauernschaft begrenzt, die nicht sehr dazu neigte, ihre Gewohnheiten zu ändern. Die großen nordamerikanischen Ebenen dagegen erlaubten sowohl den massiven Anbau von Weizen und Mais als auch das Mästen von Vieh. Diesem Überfluss an Ackerböden, die selbst heutzutage noch nicht voll ausgenutzt sind, entsprach ein relativer Mangel an Arbeitskräften. Der Anreiz, Landmaschinen zu benutzen, war deshalb groß. 1831 ließ McCormick eine Mähmaschine patentieren, von der er im Jahre 1851 1.000 Stück pro Jahr herstellte: Selbstverständlich wurden diese ersten Maschinen von Pferden bewegt. Im Jahre 1860 wurden die ersten Dampftraktoren eingeführt, und 1892 tauchte der erste Traktor mit Benzinmotor auf.

Die Mechanisierung der Landwirtschaft zog eine starke Abnahme der amerikanischen Bevölkerung nach sich, die in diesem Bereich beschäftigt war. Zu Beginn des 19. Jahrhunderts mussten 70 Prozent der aktiven Bevölkerung zur Herstellung der Nahrung arbeiten. Gegen Ende des 19. Jahrhunderts stellten die Bauern nur noch 35 Prozent der Werktätigen dar, und heutzutage erreichen sie knapp 3 Prozent der aktiven Bevölkerung, d.h. etwa ein Drittel der Arbeitslosen. Trotz dieser spektakulären Verringerung liefert die amerikanische Landwirtschaft Nahrungsmittel im Überfluss.

Die schüchternen Anfänge der Luftfahrt und der Telekommunikation

Zwei weitere Erfindungen hatten ihren Ursprung außerhalb Englands: Am 15. Juni 1783 ließen die Brüder Montgolfier, Papierfabrikanten in Annonay, den ersten von Menschenhand hergestellten Gegenstand fliegen. Die Montgolfière, ein Luftballon, bewegt durch die Warmluft eines Feuers, stieg 300 Meter in die Höhe. Am 21.November verwirklichte Pilatre de Rozier die erste Luftreise, durch einen Flug über Paris von 25 Minuten Dauer. Diese technische Innovation führte unweigerlich zur Luftfahrt und zur Eroberung des Weltraums.

Die Nachrichtenübertragung über große Entfernungen beschäftigte ebenfalls die Geister der Gelehrten und der Neugierigen stark. Zur Zeit der Revolution installierte Frankreich den Telegrafen Chappe, ein einfaches System aus Lichtsignalmasten, die an exponierten Punkten aufgestellt waren und aus der Entfernung mittels eines Teleskops gelesen wurden. 1774 wurde ein erster elektrischer Telegraf von Lesage in Genf hergestellt. Der Telegraf, so wie er uns bekannt ist, wurde allerdings von Morse in den USA verwirklicht, im Jahre 1843. Dank seines praktischen Verstandes trug er den Sieg über sämtliche Gelehrte der damaligen Zeit davon: Ampère, Gauß, Weber und Henry hatten immer nur Laborgeräte ausgearbeitet. Das erste Untersee-Kabel verband ab 1851 England mit dem Kontinent, und im Jahre 1858 wurde auch der Atlantik überwunden.

Wichtige Neuigkeiten breiteten sich nun zwischen Europa und Amerika ohne Verzögerung aus, während dies vorher mit der Geschwindigkeit einer Ozeanüberquerung geschah, d.h. mehrere Wochen dauerte. Eine der Ursachen des Untergangs des römischen Reiches war die Unmöglichkeit, ein Land zu regieren, in dem es Tage dauerte, bis Neuigkeiten die Hauptstadt erreichten. Mit der industriellen Revolution wurden große politische Konstrukte möglich wie die Vereinigten Staaten, Russland, England und Frankreich.

Das erste industrielle System

Soll er harmonisch verlaufen, dann muss jeder technische Wandel mit einem kulturellen Wandel verknüpft sein. Die vorangehende Geschichte der technischen Evolution hat gezeigt, wie Technik und Kultur normalerweise miteinander verbunden sind. Zum Zeitpunkt der ersten industriellen Revolution entstand ein Bruch in dieser Allianz. Seitdem hat sich der Fortschritt der Technik auf autonome und zuweilen anarchische Weise vollzogen. Die Technik hat aufgehört, ein Mittel zu sein, um ein Ziel zu werden; sie hat aufgehört, ein Werkzeug zu sein, um sich in ein Paradigma zu verwandeln.

Man kann nicht umhin, vom Ausmaß und von der Geschwindigkeit der anfänglichen Entwicklung, die von England ausging, beeindruckt zu sein. Dieses Land hat ganz allein, ausgehend von verschiedenem Handwerk, gleichzeitig den Kohlenbergbau, die Stahlindustrie, die Textilindustrie und die chemische Industrie hervorgebracht. Außerdem erfand es die beiden bahnbrechenden Innovationen Dampfmaschine und Eisenbahn. Daraus ist ein *neues technisches System* entstanden, wobei jede Komponente die Wirkung der anderen verstärkte. Die Dampfmaschine verbesserte den Abbau der Steinkohle, die überdies den Brennstoff eben dieser Maschine darstellte. Der Überfluss an Kohle gestattete es, die Qualität des Stahls zu verbessern und ihn in großer Menge zu produzieren. Die mechanischen Konstruktionen profitierten von dem Beitrag dieses metallischen Materials; dies erlaubte den Bau eines leistungsfähigen Transportnetzes, das seinerseits den Transport bedeutender Mengen Rohmaterialien und Waren ermöglichte, etc. Das System erreichte seinen Höhepunkt gegen 1850, ehe es zugunsten eines anderen verschwand. Man kann die Bewunderung der Zeitgenossen für diese majestätische Umwälzung verstehen; es ist verständlich, wenn Adam Smith sich die Metapher einer „unsichtbaren Hand" vorstellt, die diesen gewaltigen Vorgang bestimmt; man muss sich daran erinnern, dass die industrielle Revolution nicht das Resultat einer staatlichen Planung war, und dass sie all ihre Auswirkung, ähnlich wie politische Revolutionen, ihrer Spontaneität zu verdanken hat.

Von Bentham bis Denizet

Im Jahre 1789 sprach der englische Philosoph Bentham, von einem großen Enthusiasmus angesichts dieser unerhörten Perspektiven ergriffen, ernsthaft die Forderung aus, dass „das größtmögliche Glück für die größtmögliche Anzahl" von nun an das Ziel jeder aufgeklärten Regierung sein müsse. Nun aber engagierten zu gleicher Zeit die britischen Industriellen in ihren Fabriken immer mehr Frauen und Kinder, da die mechanische Arbeit nicht mehr den Einsatz eines männlichen Erwachsenen erforderlich machte und weil die Arbeitslöhne der Frauen und Kinder niedriger waren. Sogar in den Gruben wurden Frauen und Kinder beschäftigt, dort, wo ehemals nur Sklaven und Zuchthäusler gearbeitet hatten.

Zwei Jahrhunderte später hatte die unerträgliche Last, die der Arbeiterklasse der damaligen Zeit auferlegt worden war, kein Paradies auf Erden hervorgebracht, ganz im Gegenteil. Im Jahre 1700 gab es nicht mehr als 600 Millionen Menschen auf der Erde; 2005 leben 6,4 Milliarden Menschen, und es ist ein leichtes, unter diesen Erdbewohnern 600 Millionen Menschen zu finden, die noch elender und noch unglücklicher sind als ihre Vorfahren im Jahre 1700. Der Wohlstand von ein paar begünstigten Nationen im Jahre 2005 entschuldigt ebenso wenig das Elend der großen Mehrzahl wie der Reichtum der Aristokraten das Elend des Volkes um 1700. Man kann gewiss mit Jean Denizet auch sagen, dass die industrielle Revolution das „größtmögliche Unglück für die größtmögliche Anzahl" erzeugt hat. Aber man muss sich fragen, was passiert wäre, wenn sich diese Revolution nicht vollzogen hätte. Vielleicht hätten sich Kriege des 16. und 17 Jahrhunderts, die um die mageren verbleibenden Ressourcen in Europa geführt wurden, bis zum einem Chaos gesteigert, welches das Ende des römischen Reiches besiegelte.

Es geht nicht um die Frage, ob man eine Scheidelinie zwischen zwei technischen Systemen überschreiten möchte oder nicht. Diese Frage stellt sich nicht für Königreiche, die von Verknappung in Aufruhr gebracht sind. Die technische Evolution ist ein autonomes und mehrdeutiges Phänomen, deren Objekt wir sind, nicht deren Meister.

Die Ethik des Unmoralischen

Der Zuwachs der materiellen Mittel, die die industrielle Revolution erzeugt hat, ist nicht in den Dienst der Menschen gestellt worden. Er hat sie – im Gegenteil – unterjocht. Die Ärmsten sind nicht entlastet, sondern erdrückt worden. Der technische Wandel hat ein Umkippen der Kultur erzeugt, allerdings in der falschen Richtung.

Dieses pathologische Umkippen der Perspektiven kann in einem Text von Adam Smith entdeckt werden, in dem dieser sehr einfach zeigt, welches die „unsichtbare Hand" ist, die die Wirtschaft steuert: „Wir haben unser Abendessen nicht etwa vom Wohlwollen des Metzgers, Brauers oder Bäckers zu erwarten, sondern von ihrer Sorge um ihr eigenes Interesse. Wir rechnen nicht mit ihrem Altruismus, sondern mit ihrem Egoismus ... Nur ein Bettler möchte von der Wohltätigkeit seiner Mitbürger abhängig sein“. Dieser Text beschreibt *eine Tatsache,* die Smith oberflächlich analysiert und aus der er die paradoxe Regel ableitet, dass der Egoismus eines jeden dem Interesse von allen dient.

Die Untersuchung ist tatsächlich oberflächlich, weil sie jede andere Motivation des Arbeiters als sein Eigeninteresse vernachlässigt. Ein Handwerker arbeitet gewissenhaft sowohl zur Erhaltung seiner Klientel als auch aus *Freude* an seiner Arbeit, um die Anerkennung seiner sozialen Gruppe zu wahren, um mit seinem Gewissen in Einklang zu stehen, um sein ewiges Heil zu erlangen. Außerdem beweist nichts, dass die maximale Zufriedenheit des Verbrauchers automatisch mit dem größten Profit des Händlers übereinstimmt. Wäre das egoistische Interesse allein bestimmend, dann könnte es diesen veranlassen, durch falsche Gewichte zu betrügen, Etiketten zu fälschen, Preiskartelle zu organisieren oder unwahre Werbung zu machen.

Das Argument von Smith ist also einseitig, hat jedoch seine Zeitgenossen überzeugt. Seit dem 18. Jahrhundert ist die Wirtschaft der Industrieländer auf die folgende These gegründet: *Der Egoismus jedes einzelnen Bürgers erzeugt eine harmonische Gesellschaft.* Es handelt sich um ein Umkippen der Perspektiven in Bezug auf die Sichtweise der Christenheit. Das Gebot „Liebe Deinen Nächsten wie Dich selbst“ wird durch die Devise ersetzt: „Liebe Dich selbst, das reicht für das Glück Deines Nächsten aus“.

Die Vertauschung von Gut und Böse

Während eine zunehmende Beherrschung der Natur normalerweise eine zunehmende Beherrschung der menschlichen Instinkte *Macht, Besitzergreifung und Gewalt* erfordert, wurde die Industriegesellschaft auf der entgegengesetzten Forderung errichtet. Während die Theorie einer neutralen Technik auf einem ruhigen Amoralismus beruht, definiert die liberale These des geheiligten Egoismus einen kalten Immoralismus. Gut und Böse sind vertauscht, was beinahe alles rechtfertigt und das übrige entschuldigt.

Kapitel 15

Die zweite industrielle Revolution oder die Erfindung des Überflusses

Die technologische Wandel, die sich ab 1750 vollzog, brachte ein technisches System hervor, das im Jahre 1850 vollkommen eingefahren war: Liest man den entsprechenden Teil in Jules Vernes „Voyages extraordinaires", dann kann man sich eine ziemlich genaue Vorstellung von der damaligen Welt machen: Dort bewegt man sich mit der Eisenbahn, dem Dampfer oder im Ballon fort. Der Planet wird langsam von Europa erobert; nur Zentralafrika und die Pole sind noch zu entdecken. Gas und Kohle dienen als Brennmaterial in den immer größer werdenden Städten, wo die Straßen gepflastert, erleuchtet und mit Rinnsteinen ausgestattet sind. Der Telegraf erlaubt seit einigen Monaten die Übertragung von kurzen Mitteilungen über den Ärmelkanal. Niepce hat im Jahre 1822 die erste Photographie gemacht; man fabriziert die ersten Nähmaschinen; das Nitroglyzerin und die künstlichen Farbstoffe werden entdeckt. Man hätte es dabei belassen können, und man hätte ein paar Jahrhunderte oder ein paar Jahrtausende in einem ziemlich komfortablen technischen System leben können.

Es ist anders gekommen. Von 1850 bis 1940 sind neue Technologien aufgetaucht, und die alten wurden durch zahlreiche Erfindungen verändert. Bevor wir diese beschreiben, ist es interessant, die Gründe darzulegen, die dazu geführt haben, ein technisches System aufzugeben, das kaum etabliert war, um ein anderes, neues aufzubauen.

Der ideologische Motor der Zukunftsliteratur

Der erste Grund kann im Werk Jules Vernes entdeckt werden, in seinen Zukunftsentwürfen, die mit der philosophischen Tradition der Utopie brechen, um die Beschreibung von Erfindungen zu verfolgen, die im Rahmen der Zeitepoche völlig plausibel sind: das Unterseeboot, das Flugzeug, das Telefon, das Fernsehen, die Weltraumrakete etc. Die Menschen von 1850 sind verblüfft darüber, eine erste industrielle Revolution erfolgreich zustande gebracht zu haben; sie sind nun im Traum einer *permanenten* Revolution gefangen, einer industriellen Welt mit *unbegrenztem* Fortschritt. Da man die Erfindung so vieler Dinge in einem Jahrhundert zustande gebracht hatte, warum nicht so weitermachen? Jules Vernes Werk, in zahlreiche Sprachen übersetzt und Pflichtlektüre für Millionen von Jugendlichen, wurde der Träger, nicht nur einer neuen Begeisterung für

Wissenschaft und Technik, sondern auch einer Ideologie und einer Ethik: Kein Heil außerhalb des technischen Fortschrittes! Von da an glaubten weite Bevölkerungsschichten immer fester, der Mensch könne seiner – von den Vorfahren übernommenen – Situation durch Arbeit und Erfindungsgeist entrinnen. Der Mythos vom technischen Fortschritt überlagerte sich der Arbeitsethik.

Die Ehe von Wissenschaft und Technik

Der zweite Grund kann in der Ehe von Wissenschaft und Technik gefunden werden, in der außergewöhnlich weiten Ausbreitung der wissenschaftlichen und technischen Kenntnisse. Deutschland erfindet nun buchstäblich die Technischen Hochschulen, die den zukünftigen Praktikern eine grundlegende Hochschulbildung in Physik, Chemie und Mathematik vermitteln: Karlsruhe (1825), München und Dresden (1829), Hannover (1831). In Frankreich geht die École Polytechnique schon auf das Jahr 1794 zurück; aber sie schulte eher die zukünftigen Führungskräfte in Verwaltung, Politik und Militärwesen als Ingenieure im Dienste der Industrie. Im Jahre 1829 wurde die École Centrale des Arts et Manufactures (Kunst und Gewerbe-Schule) gegründet, die eher den Bedürfnissen der Industrie entsprach. Im Jahre 1861 wird das berühmte Massachusetts Institute of Technology in Boston gegründet. England war dagegen in seinem Empirismus versunken und vernachlässigte eine solche Ausbildung. Nun machten die Ingenieurschulen aber den entscheidenden Unterschied aus: Das Zentrum der technischen Innovation verlagerte sich von England nach Deutschland, dann in die USA. In der Tat konnten die neuen Technologien, wie die Elektrotechnik oder die Chemie, nicht mehr ausschließlich auf empirische Weise entwickelt werden. *Die zweite industrielle Revolution ist das Ergebnis der Vereinigung von Wissenschaft und Technik.* Zum ersten Mal in der Geschichte können gewisse Techniken als angewandte Wissenschaft beschrieben werden.

Zu der formellen Ausbildung der Ingenieure an den Technischen Hochschulen kam noch weiteres hinzu. Die ersten technischen Zeitschriften erschienen, nach dem Modell der wissenschaftlichen Revuen, die seit Ende der Renaissance herausgegeben wurden: Das „Journal des Mines“ wurde zum ersten Mal im Jahre 1794 in Paris veröffentlicht, das „Polytechnische Journal“ erschien 1820 in Berlin, das „Mechanics Magazine“ 1823 in London. Die Bücher, Enzyklopädien und populärwissenschaftlichen Werke erlaubten bescheidenen Handwerkern, es den Ingenieuren gleichzutun: Ein einfacher Zimmermann namens Leston Pelton verbesserte die Wasserturbine von James Francis erheblich, anhand eines von diesem verfassten und im Jahre 1855 veröffentlichten Werkes.

Ohne die Zusammenarbeit mit einem Stab von Technikern und qualifizierten Arbeitern können die Ingenieure nichts unternehmen. Auch auf diesem Gebiet organisierte Deutschland in vorbildlicher Weise den – in Preußen seit 1717 obligatorischen – Grundschulunterricht und die handwerkliche Lehre.

Die Aktiengesellschaft

Der dritte Grund mag in der außergewöhnlichen Entwicklung des Banksektors gefunden werden. Von 1850 bis 1873 nimmt die globale Geldsumme als Folge der in den USA entdeckten Goldvorkommen erheblich zu. Die anonymen Gesellschaften geben Aktien und Obligationen aus, die von begeisterten Unterzeichnern gekauft werden. Crédit Lyonnais wird im Jahre 1863 und die Société Générale 1864 gegründet. Die Wertpapiere werden an der Börse notiert, stellen die ideale Geldanlage dar, und das Vermögen wird mehr und mehr in der Industrie investiert. Die Unternehmen schließen sich zusammen, die Familienbetriebe weichen professionellen Unternehmern, der industrielle Wettbewerb zwingt zur Öffnung nach außen – zu einem Weltmarkt. Wer nicht fortschreitet, wird unvermeidlich eliminiert.

Die Elektrotechnik

Die neueste Technologie dieser zweiten industriellen Revolution ist die Elektrotechnik. In der Natur äußern sich die für den Menschen fühlbaren elektrischen Phänomene im Blitz, der ebenso unbrauchbar ist wie Wirbelstürme oder Vulkanausbrüche. Deshalb zielte die erste Erfindung im Zusammenhang mit der Elektrizität, die Erfindung des Blitzableiters durch Benjamin Franklin, nicht auf die Nutzung der Elektrizität, sondern darauf, sich ihrer zu entledigen.

Zu Beginn eines Einführungskurses in die Elektrizität, wenn es darauf ankommt, die Aufmerksamkeit der Schüler durch ein Naturphänomen zu fesseln, ist der folgende Versuch beliebt: Man reibe ein Stück Bernstein mit einem Katzenfell und beobachte die elektrostatische Anziehung, die daraus resultiert. Dieser Versuch ist derart weit von Anwendungen im täglichen Leben entfernt, dass man ohne weiteres versteht, warum man erst gegen Ende des 19. Jahrhunderts damit begann, die Elektrizität zu nutzen. Um elektrische Phänomene nachzueisen, müssen relativ seltene Materialien unter höchst künstlichen Versuchsbedingungen untersucht werden. Im 17. und 18. Jahrhundert gehörte die Elektrizität zur unterhaltenden Physik, die die Salons eher durch spektakuläre als durch aufschlussreiche Versuche belustigte. Die erste elektrische Batterie wurde von Volta im Jahre 1799 hergestellt. Eine intensive wissenschaftliche Tätigkeit erlaubte die Klärung der Grundlagen des Elektromagnetismus: Die Namen der Wissenschaftler Coulomb, Galvani, Oersted, Ampère und Faraday sind mit diesen Bemühungen verbunden.

Die technischen Anwendungen konzentrierten sich auf zwei Richtungen, die tatsächlich die Elektrizität zu einer doppelten Technologie machten: einerseits die Umwandlung und der Transport der elektrischen Energie, die so genannte Starkstromtechnik; andererseits die Nachrichtenübertragung, die so genannte Schwachstromtechnik.

Die Verteilung der Energie

Die Dampfmaschine übertrug zur damaligen Zeit ihre Energie mit Hilfe eines Achsen- und eines Treibriemensystems auf eine ganze Werkstatt: Dieses System war gefährlich, platzraubend und ohne wesentlichen Wirkungsgrad. Ebenso musste die von einem Wasserrad gelieferte Energie in der nächsten Umgebung des Wasserfalls verwandt werden. Nun kann aber die mechanische Energie ihre volle Wirkung nur in dem Maße entfalten, wie sie weit verteilt, nach Belieben unterteilt sowie ein- und ausgeschaltet werden kann. Im technischen System, in dem wir leben, wird die in einer Zentrale von einer Dampf- oder Wasserturbine erzeugte mechanische Energie mit Hilfe eines Generators in elektrische Energie umgewandelt. Ein Kabel-, Transformatoren- und Schalt-Netz ermöglicht die Verteilung dieser Energie an alle Abnehmer: Werkstätten, Büros, Wohnungen, Eisenbahnen, Untergrundbahnen, Aufzüge etc. Die elektrische Energie wird dort entweder durch Motoren in mechanische Energie umgewandelt oder aber durch Lampen in Licht, durch Heizkörper in Wärme, durch Kühlschränke in Kälte. Man erkennt leicht, dass die Elektrizität in diesem Netz nur eine Vermittlerrolle spielt, jedoch unentbehrlich ist. Ohne den Mittler Elektrizität wäre es unmöglich, in Paris einen Aufzug – mit Hilfe der mechanischen Energie eines Wasserfalls in den Alpen – in Bewegung zu setzen.

Dieses Energieverteilungsnetz konnte dank einer Reihe von Erfindungen verwirklicht werden, die gegen Ende des 19. Jahrhunderts gemacht wurden. Im Jahre 1870 erfindet Zenobe Gramme das Kernstück dieser Anlage, den Dynamo, der die Umwandlung von mechanischer in elektrische Energie erlaubt. In der Tat war dieses Problem schon seit 1828 aktuell geworden, als Faraday die theoretische Möglichkeit dieser Umwandlung in Aussicht gestellt hatte. Vierzig Jahre lang waren zahlreiche Maschinen ohne Erfolg vorgeschlagen worden. Zenobe Gramme war ein Autodidakt, ein Praktiker; er verstand selbst nur sehr ungenau, warum seine Maschine funktionierte. Es wird erzählt, er sei während des Vortrags – in dem erstmals die Theorie des Dynamos dargelegt wurde – eingeschlafen.

Im Jahre 1883 fanden die ersten Versuche einer Übertragung elektrischer Energie zwischen Paris und Creil statt. Der von Goulard im Jahre 1884 erfundene Transformator ermöglichte diese Übertragung mit akzeptablen Verlusten. Das erste Elektrizitätswerk wurde im gleichen Jahr in Bellegarde von Goulard gebaut. Siemens erfand im Jahre 1879 die erste elektrische Lokomotive, für die Berliner Straßenbahn. Die Untergrundbahn von London datiert auf 1887 und die erste elektrifizierte Eisenbahn auf 1907. Die Glühlampe wurde von Edison im Jahre 1879 erfunden.

Im Jahre 1940 stellte das Verteilungsnetz für elektrische Energie eine Standardeinrichtung der Industrieländer dar. Zur Beleuchtung wurde kein Gas oder Petroleum mehr verwendet, sondern Elektrizität. Die Dampflokomotiven wurden nun durch die elektrischen oder diesel-elektrischen Lokomotiven verdrängt. Der Aufzug hatte den Bau des Wolkenkratzers erlaubt und die Bildung immer dichterer städtischer Zentren. Und die Dampfmaschine war praktisch zugunsten der Verbindung der Dampfturbine mit dem Wechselstromgenerator verschwunden. Die wichtigste Komponente des ersten industriellen technischen Systems war ersetzt worden.

Die Verteilung der Information

Die Elektrizität erlaubt es nicht nur, Energie über größere Entfernungen zu übertragen, sondern auch Information, mit Hilfe einer sehr geringen elektrischen Energie. Der Telegraf ist übrigens die erste praktische Anwendung der Elektrizität gewesen: Das erste transatlantische Kabel wurde beinahe 30 Jahre vor der Inbetriebnahme des ersten Elektrizitätswerkes gelegt. Das Telefon wurde von Bell im Jahre 1876 erfunden. Das Fernsprechnetz verbreitete und verbesserte sich schnell. Die zunächst manuelle Verbindung zwischen den Abonnenten wurde bald automatisiert. Ab 1915 erlaubte das Modulationssystem mit Trägerstrom die Übertragung mehrerer Gespräche auf derselben Leitung. Die Ingenieure der Telekommuikation über Draht mussten lernen, einen gigantischen Verbund heterogener Apparate funktionsfähig zu halten. Inzwischen sind über eine Milliarde Fernsprecher dem automatischen internationalen Fernsprechnetz angeschlossen, das dadurch – sowohl durch seine weltweite Dimension als auch durch die Anzahl seiner Komponenten – zu der größten von Menschen erfundenen Maschine wird. Die Erfahrungen, die man durch die Kontrolle so großer

Nachrichtennetze erwarb, sollten den gleichen Ingenieuren erlauben, in den vierziger Jahren die ersten Computer zu entwickeln.

Das Radio ist ebenfalls ein Beitrag der zweiten industriellen Revolution. Faraday hat 1832 die Existenz elektromagnetischer Wellen vermutet und Hertz weist sie im Jahre 1887 experimentell nach. Branly, Popow und Marconi waren die Pionniere der praktischen Rundfunkinstallationen, deren erste Ausstrahlung über große Entfernung im Jahre 1901 funktionierte. Sendungen für das breite Publikum begannen zwischen den beiden Weltkriegen. Die technische Unterstützung dieser technologischen Revolution erfolgte durch die Elektronik, die es erlaubt, die geringe elektrische Leistung, die eine Antenne liefert, zu verstärken und ohne Kopfhörer hörbar zu machen. 1903 erfand Fleming die Vakuum-Diode, 1906 Lee de Forest die Triode; die Pentode stammt aus dem Jahre 1929.

Das Fernsehen selbst geht zeitlich weiter zurück als angenommen wird. Die Kathodenstrahlröhre wurde schon 1897 erfunden. Das erste experimentelle Programm wurde in Großbritannien bereits 1929 verwirklicht. Fürs Publikum bestimmte Sendungen gab es ab 1936, sowohl in London als auch in New York. Die wirkliche Verbreitung des Fernsehens jedoch, die dieses zu einem soziologischen Phänomen unserer Zeit macht, vollzog sich erst im Verlauf der fünfziger bis sechziger Jahre, als die dritte industrielle Revolution allen Schichten die nötige Kaufkraft lieferte. Das Fernsehen stellt eines der ersten Beispiele für eine technische Frühreife dar, d.h. die Fertigstellung eines Produktes durch die Industrie, lange bevor ein entsprechender Markt existierte.

Die Erdöltechniken

Die Kohle war der wichtigste Brennstoff der ersten industriellen Revolution; das Erdöl nimmt den gleichen Platz in der zweiten industriellen Revolution ein. Selbstverständlich gab es seit jeher natürliche Erdölquellen, aus denen das Öl eher ausschwitzte als hervorsprudelte. Es wurde im Nahen Osten traditionellerweise zur Abdichtung der Schiffe verwendet. Der erste Brunnen jedoch, aus dem das Erdöl in Mengen hervorsprudelte, die sich industriell auszubeuten lohnten, wurde im Jahre 1859 – von Drake in den USA – gebohrt. Dieses Erdöl diente zunächst zur Beleuchtung, wenn auch der Gedanke an seine Verwendung als Brennstoff für einen Motor schon seit langem in der Luft lag.

In der Tat schwankte im 17. Jahrhundert ein Theoretiker wie Huygens zwischen der Dampfmaschine und einem Verbrennungsmotor. Die Dampfmaschine ist eine komplizierte Anlage, da Heizkessel und Motor nebeneinander bestehen.

Der Versuch, die Verbrennung direkt im Motor zu vollziehen, lag nahe. Im Jahre 1860 realisierte Lenoir den ersten Verbrennungsmotor, der nichts anderes als eine Dampfmaschine war, in die man ein Gemisch aus Luft und Gas einführte, das dann durch eine Zündkerze gezündet wurde. Die Theorie eines Viertaktmotors war das Werk Beau de Rochas, das 1862 veröffentlicht wurde. Die Idee, das Gas durch Erdöl zu ersetzen, ist Brayton zu verdanken. Die Bemühungen von Otto und Daimler führten schließlich gegen 1890 zum Benzinmotor. Das Ziel dieser Forscher war die Herstellung eines kleinen Motors, den man bequem in einer Wohnung gebrauchen konnte, z.B. um eine Nähmaschine in Bewegung zu setzen. Es kam ihnen nicht in den Sinn, dass sie damit das wichtigste Werkzeug zur Verwirklichung des Autos geliefert hatten.

Der Verkehr von Automobilen auf Straßen war ein anderer alter Wunschtraum der Menschheit. Die Dampfmaschine eignete sich wegen ihres Gewichts, ihrer Größe und ihres langsamen Starts nicht gut dafür. Trotzdem gab es zwischen 1870 und 1880 einige Dampfpostkutschen. Die ersten von einem Benzinmotor angetriebenen Autos stammen aus dem Jahr 1890 und sind Panhard und Peugeot zu verdanken. Das erste Autorennen fand im Jahre 1894 zwischen Paris und Rouen statt; 1898 gab es den ersten Autosalon. 1914 stellte Ford 240.000 Wagen pro Jahr her und im Jahre 1919 bereits 950.000. Das Automobil wird damit zum ersten in Großserie hergestellten Industrieprodukt für private Verbraucher.

Von Taylor bis Ford

Die wissenschaftliche Organisation der Werkstätten ergab sich natürlicherweise aus der Massenproduktion. Der erste Theoretiker zu diesem Thema war Frederick Taylor um 1880. Das Ziel besteht darin, eine komplexe Aufgabe in eine Folge von einfachen Handhabungen zu zerlegen, die von unqualifizierten Arbeitern ausgeführt werden können. Diese nennt man höhnisch „Spezialisten“. An einem Montageband für Autos benötigen 80 Prozent der Arbeiter nur eine sehr kurze Ausbildung, weniger als eine Woche. Nach Taylors Schema ist das Ziel der Arbeitsorganisation eine Maximierung der Produktion durch eine Minimierung der benötigten Geschicklichkeit des Arbeiters. Das Interesse oder die Freude, die dieser an der Ausführung der Arbeit haben könnte, wird nicht in Erwägung gezogen. Der Taylorismus bemüht sich, Newtons Schema von der Mechanik im sozialen Bereich nachzuahmen: Auswechselbare Arbeiter – mit einem Minimum an Eigenschaften begabt – bilden das ausreichende Material auch in der komplexesten Werkstätte, ebenso wie die Elementarteilchen den Aufbau des Universums erlauben. Genauso wie Newton die Masse unabhängig von allen nicht relevanten Eigenchaften, wie Farbe, Geruch, Zusammensetzung, betrachtet, so bleibt bei Taylor vom Menschen nur der Arbeiter, der nicht qualifiziert, ja sogar abqualifiziert ist.

Die erwähnte Automobilindustrie war auch der Ort einer sozialen Initiative, die eine andere Komponente des Menschen einbezieht, die des Verbrauchers. Henry Ford verfolgte eine Politik der hohen Gehälter, um dadurch seinen Arbeitern die nötigen Mittel für den Kauf seiner Produkte zu verschaffen; auf diese Weise schuf er den für die Aufnahme einer Serienproduktion nötigen Massenmarkt. Diese Initiative vertrat das Gegenteil der Politik der niedrigen Löhne, die das ganze 19. Jahrhundert hindurch angewandt worden war. Die Zunahme der Produktivität hatte während des ganzen Jahrhunderts eine Zunahme des Kapitals und einen Preisrückgang zur Folge, den einzigen Vorteil für die Arbeiterklasse. Durch das Steigern der nominalen Kaufkraft der Arbeiter wurden Ford und seine Rivalen die Wegbereiter der Überflussgesellschaft, die zu den großen Mythen unserer Zeit zählt. Interessanterweise ist dieser Mythos im Zusammenhang mit dem Verbrauch von Erdöl, einer relativ seltenen und nicht erneuerbaren Ressource, aufgetaucht. Der Überfluss nach Ford ist jedoch nur ein Mythos, der auf jegliche Entropologie „pfeift“.

Die wissenschaftliche Eisenindustrie

Die zweite industrielle Revolution stützte sich nicht allein auf neue Technologien wie die Elektrizität oder das Erdöl, sondern ebenfalls auf die Vervollkommnung der althergebrachten Technologien. Dies war der Fall bei der Eisenindustrie, die schon einer der Motoren der ersten industriellen Revolution gewesen war. Damals hatte man gelernt, Stahl durch die Technik des Puddelns oder die noch ältere Technik des Schmelztiegels herzustellen. Allerdings ermöglichten diese Techniken nicht, Stahl in den Mengen zu produzieren, die die Transport-, Waffen- und Bauindustrie aufnehmen konnten. Von 1855 bis 1880 erlaubten eine Reihe von Anstrengungen – zuerst ungeordnet und empirisch, später systematisch – neue metallurgische Verfahren zu erfinden. Dies führte dazu, dass von nun an Stahl in ausreichender Menge verfügbar war und preiswert wurde.

Im Jahre 1855 hatte Bessemer die Idee, Luft in das schmelzflüssige Roheisen einzuleiten, um dessen Kohlenstoff zu verbrennen und es in Stahl umzuwandeln. Leider setzte dieses Verfahren eine Reihe verschiedener Entwicklungen voraus, die offensichtlich die Fähigkeiten eines Autodidakten überstiegen. Außerdem erlaubte das Verfahren nicht, den Phosphor, der in den meisten Eisenerzen enthalten ist, aus dem Roheisen zu entfernen. Die Lösung des Problems fand Thomas im Jahre 1878: die Zufuhr von Kalk, der sich in Verbindung mit Phosphor in Schlacke umwandelt. Der Erfolg dieses Vierteljahrhunderts beruht auf der Vereinigung traditioneller Methoden der Technik mit der wissenschaftlichen Analyse des Problems. Sie führte schließlich zu einer Lösung.

Die organische Chemie

Es muss ebenfalls die Expansion der Chemie, und besonders der organischen Chemie, erwähnt werden, die eine perfekte Beherrschung der zugrunde liegenden Wissenschaft voraussetzte. Im Jahre 1828 hatte Wöhler den Harnstoff, eine normale Komponente der meisten physiologischen Flüssigkeiten, durch die Verbindung von Amoniak und Blausäure synthetisch hergestellt. Er bewies auf diese Weise seinen verblüfften Zeitgenossen, dass die organischen Stoffe sich von den anorganischen Stoffen nicht unterscheiden. Die Chemie der Farbstoffe wurde 1856 durch die Entdeckung des Analins grundlegend verändert. Gleichzeitig wurden eine ganze Reihe von natürlichen Stoffen erfolgreich synthetisiert: Chinin, Indigo, Vanillin. Schließlich wurden vollständig künstliche Stoffe hergestellt, wie das Zelluloid im Jahre 1868, das Bakelit 1909, die Kunstseide 1884 etc., die das Zeitalter des Nylons anbahnten, das im Jahre 1936 erfunden wurde.

Das zweite industrielle System

Im Jahre 1940 lebte die industrialisierte Welt auf Kosten eines zweiten *industriellen technischen Systems,* das nicht mehr viel mit dem ersten, von den Engländern zwischen 1750 und 1850 geschaffenen, technischen System zu tun hatte. Die Dampflokomotive begann, zu einer Seltenheit zu werden. In den Fabriken wurden die letzten Dampfmaschinen durch elektrische Motoren ersetzt. Das Automobil, das Telefon, das Flugzeug, das Radio waren zu banalen Gegenständen geworden. Die Infektionskrankheiten wie die Tuberkulose, die Schwarzen Pocken, die Cholera oder der Typhus waren praktisch verschwunden, dank der guten Hygiene, der Verteilung von Trinkwasser und der allgemeinen Kanalisation. Ein weiteres Mal hätte man es hierbei belassen können. Um so mehr, als die immense, von dieser weltweiten Revolution geschaffene Wirtschaftsmaschine schon beunruhigende Zeichen von „Heißlaufen" gezeigt hatte – den Ersten Weltkrieg, die große Wirtschaftskrise von 1929 – und sich darauf vorbereitete, während eines Zweiten Weltkrieges leerzulaufen. Wenn das Leben in den wohlhabenden Stadtvierteln von London, Paris oder New York auch relativ angenehm zu verlaufen schien, so sah die Situation für die Soldaten in ihren Bunkern, für die Gefangenen in den Konzentrationslagern der Nazis oder der stalinistischen Gulags jedoch völlig anders aus. Die zweite industrielle Revolution hat sich in furchtbaren Krisen vollendet, die nicht verfehlten, die bestürzten Zeitgenossen – durch diesen Rückschritt in die Barbarei – tief zu schockieren. Vielleicht war sie nichts anderes als die Enthüllung des verborgenen Antlitzes der technischen Evolution.

Die erste Tötungsmaschine

Wie kämpfte man während des Ersten Weltkrieges gegeneinander? Was hatte die zweite industrielle Revolution aus dieser Aktivität der Menschen gemacht? Versetzen wir uns in Gedanken zurück: 21.Februar 1916, 7:15 Uhr, Bois des Caures, in der Umgebung von Verdun.

An einer 3 km langen Front befanden sich das 56. und 59. französische Bataillon Leichtbewaffneter zu Fuß, im ganzen 1300 Mann, unter dem Befehl des Obersten Driont. Genau zu dem genannten Zeitpunkt eröffnete die deutsche Artillerie das Feuer, mit einer bis dahin unbekannten Heftigkeit. Kanonen vom Kaliber 77, 83, 105, 130, 150 und 210 mm deckten die französischen Linien ein. Die Bodenerschütterungen waren bis zum Schwarzsee in den Vogesen, in 160 km Entfernung, zu spüren. Manche Schützengräben wurden in wenigen Minuten vollständig zugeschüttet und die Leichen der Verteidiger begraben. Im Bois des Caures wurden durchschnittlich sechs Prozent der Bataillonsstärke pro Stunde getötet: Ein Sperrfeuer von 16 Stunden hätte also genügt, um die Besatzung einer Stellung vollständig zu vernichten. Tatsächlich dauerte die Vorbereitung des Infanteriesturms durch die Artillerie am 21. Februars 9 Stunden. Nach diesem Trommelfeuer dämmerten die Überlebenden meist in einer derartigen Betäubung, dass einige Soldaten gerade in dem Moment eingeschlafen waren, als die deutsche Infanterie um 16 Uhr nachmittags den Sturm begann. Vereinzelten französischen Soldaten gelang es immerhin, ihre Erstarrung abzuschütteln und Maschinengewehre aufzustellen. Einige warfen Granaten, andere töteten Feinde mit ihrem Baionnett im Nahkampf. Als am Abend des 22. Februars die Verteidiger vom Bois de Caures ihre Stellung aufgaben, blieben 110 Überlebende, d.h. neun Prozent der anfänglichen Truppenstärke, übrig.

Die Kanone gegen das Maschinengewehr

So sah das monotone Schema einer mit industriellen Mitteln geführten Schlacht aus: Die Artillerie A ebnet der Infanterie A den Weg dadurch, dass sie die in ihre Gräben geduckte Infanterie B vernichtet. Sobald die Anzahl der Überlebenden der Infanterie B als ausreichend geschwächt eingeschätzt wird, besetzt die Infanterie A das Terrain. Sie versucht, dem Maschinengewehrfeuer von B zu entrinnen, dessen Schussfolge zur damaligen Zeit schnell genug war, um jeden Frontalangriff zu stoppen. Kurz, die Infanterie hat in dieser Art Schlacht nur wenig Einfluss auf die Ereignisse: Unter dem Artilleriefeuer muss sie Verluste erleiden, ohne erwidern oder wirklich in Deckung gehen zu können. Geht sie aber zum Angriff über, so ist sie dem Beschuss durch Maschinenwaffen völlig wehrlos ausgesetzt. Das individuelle Gewehr wirkt mehr symbolisch, als dass es wirksam ist. Das Massaker wird mit Kanonen, Maschinengewehren, Flammenwerfern und gepanzerten Fahrzeugen ausgetragen.

Im Jahre 1916 machte die Feuerkraft der Kanonen und der Maschinengewehre das Überleben eines Infanteristen entsetzlich ungewiss. Die Gesamtbilanz spricht Bände: Die Schlacht von Verdun hat 400.000 bis 500.000 Tote gekostet, Franzosen und Deutsche zusammen genommen, plus 80.000 Schwerverwundete, die bis zum Ende ihres Lebens körperlich behindert geblieben sind. 100.000 bis 200.000 Leichen sind nie registriert oder gar identifiziert worden und auf dem Schlachtfeld verwest.

Die Verwaltung folgt

In diesem Schema kann man die industrielle Organisation wiedererkennen. Sowohl für Frankreich wie auch für Deutschland beschränkte sich das Problem der militärischen und politischen Führer auf die Organisation der Produktion und des Transports einer ausreichenden Menge Geschütze und Munition. Auf dem Höhepunkt der Schlacht mussten 100.000 Granaten pro Tag gedreht und von 800 Kanonen abgeschossen werden. Die Festung von Douaumont allein musste bis zu 8.000 Granaten pro Tag hinnehmen. An gewissen Tagen schlug vor jedem Luftloch alle fünf Sekunden eine Gasgranate ein. Die französische Front wurde nur durch die Straße zwischen Bar-le-Duc und Verdun versorgt, die 75 km lang und von 3.500 Lastwagen ununterbrochen befahren war, die wöchentlich 90.000 Menschen und 50.000 Tonnen Material in einer Richtung an die Front transportierten. Diese Straße wurde dauernd von 8.200 Anwohnern gewartet, die in zehn Monaten 900.000 Tonnen Steine, Schaufel für Schaufel, heranbeförderten.

Der Soldat als Rohstoff

Diese enorme Tötungsmaschine funktionierte zur Zufriedenheit der beiden Befehlsstäbe, die die vorgenannten Statistiken führten. Diese Statistiken sagen nichts über Leben und Tod von Hunderttausenden von Soldaten aus, die gezwungen waren, sich diesem Feuer auszusetzen. Sie stellten eine Art Rohstoff für die Tötungsmaschine dar, den lebendigen Rohstoff für die Umwandlung in tote Materie. Die Gräben mussten stark genug besetzt sein, damit die Überlebenden des Artilleriesperrfeuers die Angriffswellen bilden konnten, mit denen die Maschinengewehre nicht fertig wurden. Im Durchschnitt hatte einer von drei Soldaten, die an die Front ausrückten, die Chance, vor dem Rückzug umzukommen. Sein Schicksal entschied sich auf einem Boden inmitten von Toten in den verschiedensten Verwesungsstadien, die – vor den Augen der Lebenden – von Ratten zerfressen wurden. Die Verwundeten rangen stundenlang auf dem Schlachtfeld mit dem Tode, ohne dass man sie hätte pflegen, mit Morphium behandeln oder wenigstens aufheben können. Diejenigen, die das Glück hatten, zu einem Hilfsposten vorzudringen, wurden einer ersten Auslese von Seiten eines Arztes unterworfen. Die hoffnungslosen Fälle wurden einfach auf Tragbahren unter freiem Himmel gelegt, um dort ihren Todeskampf zu beenden, währenddessen Krankenpfleger mit Stockschlägen die Ratten fernhielten. Nur den verwundeten Pferden stand das Recht zu, den Gnadenschuss zu erhalten.

Die Erneuerung dieses lebendigen Rohmaterials war die Aufgabe der Frauen, die von der persönlichen Teilnahme an diesem Massaker dispensiert waren. Strenge Vorschriften untersagten die Abtreibung oder die Reklame für Verhütungsmittel. In der Zeitspanne zwischen zwei Geburten arbeiteten die Frauen in der Rüstungsindustrie, um die Granaten zu produzieren, die die Ehemänner des feindlichen Lagers töten sollten.

Disziplin macht die Armee aus

Ein solches Verhalten der Menschen kann natürlich nicht ohne einen gewissen Zwang erlangt werden. Es versteht sich von selbst, dass Fahnenflucht, Selbstverstümmelung oder Dienstverweigerung an der Front auf der Stelle mit Erschießen bestraft wurde. Aber selbst das reichte nicht aus. Im Juni 1916 wurde eine Kompanie des 347. französischen Regiments anlässlich einer Schlacht um Fleury von 400 auf 35 Mann reduziert. Die beiden überlebenden Offiziere, die Oberleutnante Herduin und Milan, erteilten den Überlebenden den Befehl zum Rückzug, da wegen Munitionsmangel ein Weiterkämpfen unmöglich war, und um die Gefangennahme zu vermeiden. General Nivelle ordnete ihre Erschießung als abschreckendes Beispiel an und zwang die Überlebenden der Kompanie, als Erschießungskommando aufzutreten. Oberleutnant Herduin und Oberleutnant Milan hatten das in Verdun seltene Privileg, schnell zu sterben, den Gnadenschuss zu erhalten, der den gemeinen Verwundeten verweigert wurde, und korrekt bestattet zu werden.

Drei Jahrtausende vorher hatten die Griechen das Opfer der Antigone erdacht (oder erlebt), die lieber sterben wollte als den Leichnam ihres Bruders Polynikes unbestattet lassen. In dem berühmten Dialog von Sophokles stellt Antigone dem Gesetz der Macht, das vom Tyrannen Kreon verkörpert wird, die ungeschriebenen Gesetze entgegen, die alle Menschen miteinander verbinden. In Verdun erlaubte die industrielle Leistungfähigkeit, dass nur die geschriebenen Gesetze Bestand hatten, und 150.000 Eteokles und Polynikes verwesten unter freiem Himmel. Seit dem Auftreten des Menschen war so etwas noch nie geschehen.

Die zweite Tötungsmaschine

Das Massaker von Verdun erscheint, aus dem Abstand des Zweiten Weltkrieges betrachtet, wie ein verschwenderisches Handwerk, eine Art Bastelei im Stile der damaligen Zeit. Für die Tötung einer halben Million Menschen mussten 16 Millionen Granaten, d.h. 32 Granaten pro Leichnam, verschwendet werden, ganz abgesehen von den Kugeln, Handgranaten, Messern, Flammenwerfern und Giftgasen. Nun aber genügt eine einzige Kugel zur Tötung eines Mannes, einer Frau oder eines Kindes durch Genickschuss.

So lautete die von den Nazitechnikern festgelegte Norm für die Endlösung, als sie 1941 mit dem Ausrotten der polnischen und ukrainischen Juden begannen. Sie sind allerdings auf einen unerwarteten Widerstand gestoßen, nämlich die seelische Struktur der Mörder. Selbst wenn es sich um relativ frustrierte Wesen handelte, von der Propaganda verhetzte Deutsche oder seit langem auf Judenprogrome dressierte Ukrainer, stellte es sich rasch heraus, dass der Übergang vom Handwerk (ein paar in das Durcheinander und die Aufregung abgefeuerte Schüsse) zur industriellen Fließbandarbeit (dem systematischen Abschlachten an einem Grabenrand) das Gleichgewicht dieser Arbeiter zerstörte. Die Folge davon war ein Hang zum Alkoholismus, der für die Disziplin und Leistungsfähigkeit schädlich war. Die Nazitechniker zogen daraus die objektive Schlussfolgerung, dass der menschliche Nacken, selbst ein jüdischer, zu ausdrucksvoll sei, als dass ihn die Mörder den ganzen Tag lang betrachten könnten.

Das Pflichtenheft – die Rahmenbedingungen

Nun handelte es sich jedoch darum, zunächst mehrere Millionen Juden verschwinden zu lassen, bevor mit einigen zehn Millionen Slawen begonnen werden konnte. In Ermangelung eines praktisch jungfräulichen Kontinents, wie es der Westen für die Angelsachsen gewesen ist, waren die Deutschen gezwungen, einen Lebensraum im Osten „freizumachen", und zwar durch Ausrottung der existierenden Völker, wobei die Endlösung des jüdischen Problems nur eine Art Generalprobe in bescheidenem Maßstab bedeutete. Die Amerikaner brauchten „nur" eine Million Indianer niederzumetzeln; sie konnten es sich also leisten, es in Einzelkämpfen auszuführen; der Völkermord verschwand hinter dem Epos, das von dem gerade aufkommenden Kino bis zum Überdruss gefeiert wurde. Die Deutschen, gewissenhaft und organisiert, waren dazu gezwungen, eine industrielle Tötungsaschine zu erfinden. Das wurde ihnen bitter vorgeworfen, und in Nürnberg hatten die Indianermörder die moralische Genugtuung, die Judenmörder wegen Verstoßes gegen die „Spielregeln" (improviiertes Töten: ja, organisiertes Töten: nein) zu verurteilen.

Das Meisterstück der deutschen Tötungsmaschine war die Gaskammer, deren Prototypen in kleinem Maßstab schon in den USA existierten und in gewissen Staaten zur Hinrichtung von Verbrechern dienten, hauptsächlich Schwarzer. Der Höhepunkt dieser Technik wurde in den Gaskammern von Ausschwitz erreicht, die mit Zyklon B gespeist wurden, einem hochentwickelten Produkt, das von der fortschrittlichsten chemischen Industrie der Welt geliefert wurde.

Auch ohne die Erinnerung an derartig Kompromittierendes für die heute noch existierenden Firmen wachrufen zu müssen, stellte das Lager von Treblinka ein durch seine Produktivität bemerkenswertes Beispiel dar. Binnen eines Jahres, von Juli 1942 bis Juli 1943, wurden 800.000 Juden getötet und ihre Leichen verbrannt, ohne jede Unkosten für den deutschen Staat. Ganz im Gegenteil, die Rückgewinnung der Kleidung, der Frauenhaare (25 Waggons), der von den Opfern mitgebrachten Werte (14.000 Karat Diamanten), der Goldzähne, die den Leichen systematisch gezogen wurden, deckte reichlich die Löhne von 200 SS-Wächtern und Ukrainern, das Baumaterial zur Errichtung des Lagers und den benötigten Brennstoff.

Einfache, aber wirksame Techniken

Da während dieser Zeit Benzinmangel herrschte, blieb dieser Brennstoff strikt der Versorgung der Motoren vorbehalten, die die dreizehn Gaskammern mit

Auspuffgasen versorgten, eine weitere Verwendung des Viertaktmotors, die Daimler nicht vorausgesehen hatte. Die Einäscherung wurde dagegen ohne Benzin durchgeführt, dank eines Entwurfes für einen Standardscheiterhaufen, der von Herbert Floss verwirklicht wurde. Durch sorgfältiges Sortieren der Leichen konnte man einen Scheiterhaufen ausschließlich mit Leichen speisen, da die Verbrennung der fetten Leichen zur Entzündung der mageren ausreichte. Es bedurfte höchstens eines kleinen Holzfeuers, einer Art Lagerfeuer, um den Vorgang in Betrieb zu setzen. Auf dem Höhepunkt seiner Leistungen gelang es Floss, auf diese Weise 10.000 Leichen pro Tag zu verbrennen.

Eine gut eingespielte Organisation

Wenn die Geschichte der Technik hier auf den Namen des Ingenieurs Floss hinweisen muss, dann wäre es ungerecht, nicht auch Kurt Franz, den Cheforganisator von Treblinka, zu erwähnen. Es ist keine leichte Aufgabe, in Begleitung von 200 Soldaten auf vierzig Hektar polnischem Wald zu landen, mit der Mission, 800.000 Personen in einem Jahr abzuschlachten, ohne Geld auszugeben und ohne Spuren zu hinterlassen. Franz gelang es, sich durch die Rekrutierung von deportierten Juden eine unterwürfige Arbeiterschaft zu verschaffen, durch klassische Verfahren der Personalauswahl nach Tauglichkeit, Motivation und Wetteifer.

Anfangs fiel jeden Abend ein Viertel der Arbeiter aus, weil sie bis zur völligen Erschöpfung gehetzt worden waren. Später teilte Franz diese unorganisierte Masse in Spezialkommandos auf: Rückgewinnung der Kleidungsstücke, Ziehen der Goldzähne, Abschneiden der Haare, Rückgewinnung der Werkzeuge, Entkleiden der Opfer, Entleeren der Gaskammern, Aufschichten der Scheiterhaufen. Jede Aufgabe wurde so lange zerlegt, bis ein maximaler Nutzen erreicht wurde. Schließlich sicherte sich Franz die Bereitwilligkeit dieser Deportierten, indem er Festabende mit Orchestermusik, Schauspiele, Boxkämpfe und Saufereien für sie veranstaltete. Diese psychologische Beeinflussung zielte darauf hin, die jüdischen Arbeiter von der Masse ihres Volkes zu trennen, an dessen Ausrottung sie mitwirkten.

Eine Präzisionsmechanik

Diese Präzisionsmechanik ermöglichte die Abfertigung von 20 Waggons mit Deportierten in einer halben Stunde, d.h. von 6.000 Personen. Bei einer Arbeitszeit von 7 Uhr morgens bis 13:15 Uhr nachmittags konnten täglich 24.000 Juden getötet werden. Franz erreichte diese Rekordzahl erst, nachdem er bemerkt hatte, dass die Opfer, ehe man sie in der Gaskammer einsperrte, zum Laufen angehalten werden mussten, damit ihre Atemlosigkeit sie zum tiefen Einatmen des Kohlenoxyds veranlasste. Zu derartigen Feinregulierungen war nicht jedermann fähig. Nun war Franz vor dem Kriege nur ein einfacher Friseurgeselle, lebte aber in dem am stärksten industrialisierten Land der Welt und fand so instinktiv die Methoden, die Taylor und Ford angewandt hatten, um Autos am Fließband zu produzieren: Spezialisierung der Aufgaben; Organisation des Wettbewerbs; Sättigung des Bedarfs.

Entropologie des zweiten industriellen Systems

Warum sind derartige Schilderungen unerträglich, mehr noch als die der unzähligen Massaker, die im Verlauf der Geschichte angerichtet worden sind? Zweifellos, weil das Verhalten der Mörder jeglicher Leidenschaft entbehrt, außer der Leidenschaft für die Rentabilität. Himmler, Eichmann oder Franz führen ein mustergültiges Familienleben, lieben klassische Musik, sind das eigentliche Ebenbild dessen, was das deutsche Volk so anziehend machen kann. Sie haben ganz einfach die Arbeitsethik in den Dienst eines speziellen industriellen Plans gestellt, des Völkermords.

Diese Verirrung wird sehr oft einem plötzlichen Versagen des Urteilsvermögens des deutschen Volkes zugeschrieben oder einer ungeordneten Manifestation seiner Romantik. Diese Art Erklärung schließt sich den Auslegungen der Geschichtsbücher an, die den Untergang Roms einem plötzlichen Zusammenbrechen der römischen Tugend zuschreiben oder das Auftreten der Renaissance mit einem ebenso plötzlichen Erwachen des menschlichen Geistes erklären.

Diese wechselhaften Seelenzustände erklären gar nichts, da sie alles zu erklären vermögen. Will man jedoch etwas von der technischen Evolution und insbesondere der industriellen Revolution verstehen, dann ist es vorteilhafter, die beiden Weltkriege mit in Betracht zu ziehen, anstatt sie wegzulassen – in der Annahme, sie seien auf Wahnsinnskrisen begründet. Diese Art Wahnsinn ist aufschlussreich für eine grundlegende Logik. Es ist nämlich *kein* Zufall, wenn im Jahre 1930 der wissenschaftliche und technische Mittelpunkt der Welt zu einer rassistischen Diktatur geworden ist.

Die entropologische Herausforderung eines geschlossenen Systems

Deutschland ist von 1850 bis 1945 der Mittelpunkt der zweiten industriellen Revolution gewesen, hat jedoch erst ab 1870 einen Nationalstaat gebildet. Es kam damit zu spät, um seinen Ambitionen gemäß an der Kolonisationswelle teilzunehmen, die die gesamte Welt zu einem europäischen Kondominium machte. Nun ist aber die Kolonisierung eine der Methoden, der zunehmenden Entropie in einem geschlossenen System zu entrinnen. Einerseits erlaubt sie, überschüssige Bevölkerung in Neuland zu evakuieren und den Druck der zunehmenden Entropie im Mutterland zu vermindern; andererseits ermöglicht sie den Import von Rohmaterialien und Energie, die im Mutterland nicht vorhanden oder erschöpft sind.

England lebte, im Gegensatz dazu, bis 1940 in der Vorzugssituation eines offenen Systems, das die benötigten Ressourcen reichlich aus seinen Kolonien schöpfen und folglich die Illusion aufrechterhalten konnte, in einer Welt ohne zunehmende Entropie zu leben. Deutschland hatte keinen Zugang zum Rohstoffmarkt ohne die Vermittlung Englands, das dafür eine schlecht zu rechtfertigende Abgabe berechnete.

Außerdem verschlechterte sich die Situation in Deutschland durch eine Zunahme des Bevölkerungswachstums auf 500 Prozent in 150 Jahren, ohne dass die sehr bedeutende Zahl von Auswanderern berücksichtigt wäre, die nach Amerika emigrierten: Schätzungsweise ein Drittel der Bevölkerung der USA ist germanischen Ursprungs. Man kann sich vorstellen, wie groß die Aggressivität Frankreichs oder Englands gewesen wäre, wenn diese beiden Länder nicht über Kolonien verfügt hätten.

Deutschland tat also nichts anderes, als seine industrielle Expansion durch den Krieg fortsetzen. Es tat es nicht leichten Herzens, im Gegensatz zu einer hartnäckigen Legende, die in Frankreich den Deutschen einen perversen Geschmack am Krieg zuschreibt. Die dem Ausbruch der beiden Weltkriege vorausgehenden Tage waren angefüllt mit Versuchen, den Frieden zu erhalten, an denen alle betroffenen Parteien beteiligt waren. Wer daran zweifelt, mag die Werke von W. Shirer, A. Taylor und B. Tuchmann lesen, die diesen Punkt der Geschichte demystifizieren, der zu oft durch die nationalistische und die moralisierende Brille gesehen wird. Die Menschen sind 1914 nicht einfach verrückt geworden: Der Krieg war nur die Fortsetzung der technischen Evolution mit anderen Mitteln.

Die einfachste und plausibelste Erklärung der beiden Weltkriege ist die klassische Rolle der Kriege seit dem Neolithikum: Der Krieg dient dazu, sich die Ressourcen zu verschaffen, die durch den Verbrauch einer wachsenden Bevölkerung seltener geworden sind. Er dient dazu, durch Gewalt einer evolutorischen Sackgasse zu entrinnen, die von der zunehmenden Entropie herrührt, einen Pass zum Überschreiten der Scheidelinie zu finden, um eine *neue Ordnung* zu erreichen. Um dies zu vollbringen, muss man sowohl die Quellen der Rohstoffe kontrollieren (d.h. die Kolonien zwecks Ausbeutung) als auch neue Ländereien zur Ansiedlung von Siedlern erobern, um dadurch den demographischen Druck im Mutterland zu verringern (d.h. Kolonien zur Ansiedlung in Polen und der Ukraine schaffen). Man muss schließlich die Bevölkerung des Mutterlandes verringern, durch Ausrottung fremdrassischer Minoritäten wie Juden oder Zigeuner.

Dass dieser Plan verabscheuungswürdig ist, heißt nicht, dass er deshalb inkohärent ist. Ganz im Gegenteil: wir betrachten ihn als einen Ausbruch des Wahnsinns, um nicht den unerbittlichen Charakter des industriellen technischen Systems zu entdecken. Wir schreiben die Schuld daran ausschließlich dem deutschen Volk zu, um dadurch das französische oder englische Volk besser von ihren eindeutigen Verfehlungen zu entlasten.

Technik ohne Ethik ist seelischer Ruin

Verdun und Treblinka offenbaren die wahre Natur der Industriegesellschaft, ebenso wie die Pathologie eines Organs dessen Physiologie zu erkennen gibt. Die eingedrillten Verhaltensweisen und die hochgeschätzten Werte, von der Schule über die Kaserne bis zur Fabrik heißen Disziplin, Ordnung, Anstrengung, Arbeit, Opfer, Wettbewerb. Alle diese Mittel werden zum Wichtigsten in einer Gesellschaft, die keine geistigen Werte wünscht. Ein sinnvoller Gebrauch der industriellen Technik setzte voraus, dass diese in die jüdisch-christliche Kultur integriert bliebe, die ihr intellektuelles Substrat gewesen war. Der Bruch zwischen Katholiken und Protestanten, Christen und Juden, Religion und Wissenschaft hat diese Integration verhindert. Ohne Zweifel war das eine der großen verpassten Gelegenheiten der Geschichte. Jetzt, am Beginn des neuen Jahrtausends stellen wir die Missgeburten unserer Geschichte dar.

Kapitel 16

Die dritte industrielle Revolution oder die Erfindung des Nutzlosen

Wir sind zu unserem Ausgangspunkt zurückgekehrt, der technischen Illusion. Wir werden uns darauf beschränken, die Elemente des ersten Teils dieses Buches wieder aufzunehmen und in den entropologischen Kontext zu stellen. Es gibt eine umfangreiche Literatur über das Phänomen Technik in unserer heutigen Welt. Es sei auf die Werke von J. Attali, F. Capra, D. De Rougemont, P. Druet, J. Ellul, J. Habermas, I. Illich, J. Lvotard, C. Norman, P. Roqueplo und E. Schumacher verwiesen. Man konstatiert einfach eine Inflation der Werke über dieses Thema: Die technische Evolution ist schließlich ein Thema geworden, über das Essayisten nachdenken.

Die dritte technische Revolution vollzieht sich vor unseren Augen, und zwar nicht mehr unter dem Antrieb einer materiellen, unmittelbaren und offensichtlichen Notlage, wie z.B.Nahrungs- oder Brennstoffmangel. Sie geht aus der Ideologie hervor, die im ersten Teil dieses Werkes beschrieben wurde. Wir werden sie als eine Antwort „zweiten Grades" auf das Anwachsen der Entropie erkennen. Das bedeutet nicht, dass diese Revolution ohne Inhalt sei. Der Fortschritt der Technik vollzog sich zweifellos noch nie so schnell. Diese Beschleunigung der technischen Revolution ist jedoch aufschlussreich hinsichtlich einer Änderung in der Beziehung zwischen der Technik und ihrem Kontext.

Welche Art Scheidelinie?

Die Kohle-Ressourcen waren noch nicht erschöpft, als während der zweiten industriellen Revolution das Erdöl in Angriff genommen wurde; die Erdöl-Ressourcen waren ebenso wenig versiegt, als die Kernenergie während der dritten industriellen Revolution, unter hohen Kosten, entwickelt wurde. Die Scheidelinie, die 1940 überschritten worden ist, scheint auf den ersten Blick nicht entropologischer Natur gewesen zu sein.

Dabei darf man allerdings nicht aus den Augen verlieren, dass diese Ressourcen unter den Staaten ungleich verteilt sind. Die Industrieländer konnten ihr technisches System nicht ohne die Zufuhr der Rohstoffe aufrechterhalten, die von den Entwicklungsländern geliefert wurden, deren politische, wirtschaftliche oder kulturelle Abhängigkeit ja gerade das Objekt der technischen Konkurrenz darstellt. Die Ereignisse des letzten Jahrzehnts haben gezeigt, wie sehr die Vereinigten Staaten, Europa und Japan von Ölimporten abhängig sind, die aus einigen von der Natur privilegierten Ländern stammen. Man kann schon jetzt vermuten, dass die nächste Scheidelinie im Mangel an Öl bestehen wird, bzw. in der ökonomischen oder politischen Vorwegnahme dieses Mangels.

Insbesondere das Beispiel des Ersten Weltkrieges hat gezeigt, dass das übervölkerte Europa ohne massive Nahrungsmittel-, Brennstoff- und Rohstoffeinfuhr nicht lebensfähig war. Nach einem genau festgelegten Klischee hat es ausschließlich seine grauen Hirnzellen zu verkaufen. Diese müssen demnach durch eine Beschleunigung technischer Mutationen aufgewertet werden. Wenn das zweite industrielle System fortgedauert hätte, dann hätten die europäischen Länder bald nichts mehr zu verkaufen gehabt, was nicht anderswo hätte fabriziert werden können: Textilien, Stahl, Automobile, Telefone, Radios, Fernsehen, Computer; all das kann heute fast überall hergestellt werden.

So ist es die technische Illusion gewesen, die die Industrieländer in einen ungeheuerlichen Konkurrenzkampf gestürzt hat, der Glaube an die Zauberkraft der Technik, ein in den Industrieländern erfundener und den Entwicklungsländern aufgezwungener Glaube. Wenn die zweite industrielle Revolution aus der Entdeckung der Wissenschaft durch die Industriellen hervorgeht, dann *ergibt sich heute die dritte industrielle Revolution aus der Entdeckung der Wissenschaft durch die Politiker:* Sie wird zu einem bedeutenden Machtinstrument, und zwar innerhalb der Nationalstaaten und in den zwischenstaatlichen Beziehungen.

Diese politische Mode geht unbeirrt ihren Gang, seit dem Manhattan-Plan für die Herstellung der ersten Atombombe, bis hin zu unzähligen heutigen Projekten. Das Ziel dieser Programme ist an erster Stelle die Macht des Staates und nur ganz nebenbei die Förderung der Wissenschaften oder die Entwicklung von Techniken, die für den Durchschnittsmenschen wirklich nützlich sind. Dieser kann höchstens Nebeneffekte (Abfälle) – im üblichen Jargon – erhoffen.

Während der Ruhmesepoche der Weltraummode schreckte man nicht vor der Argumentation zurück, dass die Verschalung der amerikanischen Raumkapseln die Entwicklung der adhäsionsfreien Bratpfannen erlaubt habe. Musste man wirklich auf den Mond fliegen, um in einer Bratpfanne Spiegeleier ohne Fett braten zu können?

Die technische Mode

Seit Ende des zweiten Weltkrieges folgt also die Technik einer Richtung, die mehr der Mode als der Zufriedenstellung von Bedürfnissen verdankt. Sie löst weniger wirkliche Probleme, als dass sie Scheinprobleme hervorruft, die den Lösungen entsprechen, über die sie verfügt. Die dritte industrielle Revolution stammt also nicht mehr aus einer organischen Entwicklung des technischen Systems, sondern ist den Ansprachen der Schwätzerkaste untergeordnet. Diese Ansprache erfordert nur, das Schlüsselwort zum rechten Moment auszusprechen. Man darf niemals zu spät und noch weniger verfrüht „ins Schwarze treffen".

Seit 1945 zeichnen sich vier verschiedene neue Moderichtungen ab:
- Die Mode der Kernenergie, die seit der Explosion von Hiroshima im Jahre 1945 dominiert hat, bis 1957, dem Abschussdatum des ersten Sputniks.
- Die Mode der Raumfahrt, die von 1957 bis 1970, dem Ende der Apollomission, dominiert hat.
- Die Mode der Informatik, die vorgeherrscht hat bis zum Platzen der Börsenblase.
- Die Mode der Gentechnik – seit 2001 –, die zu Beginn des 3. Jahrtausends wütet.

Die Mode von New York breitet sich in Europa aus

In allen vier Fällen handelt es sich, über das Modephänomen hinaus, um authentische Neuerungen, die im Jahre 1940 quasi unvorhersehbar waren. Der Krieg ist der Enthüller oder Initialmotor dieser neuen Technologien gewesen. Es ist interessant, die Verlagerung des Zentrums technischer Exzellenz von Europa nach den USA zu beobachten, was eine gleichzeitige politische Wandlung widerspiegelt. Der erste Atomreaktor entstand im Jahre 1942 in Chicago dank der Bemühungen Fermis, eines – vor dem Faschismus geflohenen und in den USA tätigen – Europäers. Der erste Turbinenmotor trieb im Jahre 1944 eine V1-Rakete an, nach Abschluss der Arbeiten von Brauns, der in Peenemünde arbeitete und dazu bestimmt war, zwei Jahre später in den USA arbeiten. Der erste Computer, Mark I, erblickte in Harvard im Jahre 1944 das Licht der Welt, auf Betreiben Aikens, eines echten US Bürgers, geboren in den USA, und auf Anregung von Neumanns, eines emigrierten ungarischen Juden. Schließlich war die Entzifferung der DNA das Werk von Francis Crick, einem Engländer, der nach Kalifornien emigrierte. Die Ursache für diese Verlagerung liegt auf der Hand: Der Bürgerkrieg von 1914 bis 1918 zwischen den Europäern hatte den Kontinent verwüstet und verarmt; der nazistische, faschistische oder kommunistische Obskurantismus hatte die führenden Köpfe Europas in Richtung der amerikanischen Universitäten vertrieben. Im übrigen hatten die liberalen europäischen Demokratien damals den Einsatz der technischen Entwicklung und auch die Mitarbeit von Seiten der Universitäten nicht begriffen; die relative Verarmung Europas verhinderte den Einsatz der notwendigen Budgets. Kurz, Europa hatte im Jahre 1940 sehr wohl eine Scheidelinie erreicht, da es unmöglich geworden war, das zweite industrielle System in einem derart stark bevölkerten und an natürichen Ressourcen armen Kontinent in Gang zu halten. Der Zusammenbruch des politischen und wirtschaftlichen Systems in Europa, zwischen 1939 und 1945, erlaubte diesem nicht, die Scheidelinie allein zu überqueren: Es brauchte das Beispiel und den Beistand der USA. Es ist nicht sicher, ob Europa, ohne die kluge und großzügige Geste des Marshallplans, diese Scheidelinie hätte erfolgreich überschreiten können.

Von 1950 an, als die Wiederaufbau-Bemühungen im wesentlichen beendet waren, versuchten die europäischen Länder, ihre Verspätung aufzuholen. Dabei kam es zu „Schwabenstreichen“ wie der Kernenergie, der Weltraumeroberung und der Informatik, die wir im ersten Teil dieses Werkes ausgeführt haben. Die technische Entwicklung diente als Passwort, Vorwand oder Alibi für einen wachsenden Einfluss der Staaten auf die wissenschaftliche Tätigkeit. Um 1960 erkannten die Administrationen plötzlich, dass die tatsächliche Macht ihnen immer mehr entglitt, um in die Hände der großen Gesellschaften überzugehen, mit Recht „Multinationale“ genannt, insofern ihre Macht die der Staaten übertrifft. Aus dieser Zeit stammt der Begriff der *Wissenschaftlichen Politik,* die systematische Ausbeutung der wissenschaftlichen Ressourcen eines Landes, um dessen wirtschaftliche Macht zu stärken, maßgebliche Einflussnahme der politischen und bürokratischen Macht auf die Universitäten.

Während der Periode von 1950 bis 1975 war die Wachstumsrate der europäischen Länder konstant positiv mit einem jährlichen Durchschnitt von fast 5 Prozent und mit einer Gesamtsteigerung, die – je nach Land – der Verdoppelung oder der Verdreifachung des Bruttosozialprodukts in diesem Zeitraum entsprach. Dieses schnelle Wirtschaftswachstum stellte eine wahrhaft politische Quelle des Reichtums dar, da die Verteilung dieser Manna an die verschiedenen Gesellschaftsschichten die einzige Sorge der politischen Macht war.

Der Mythos des Restfaktors

Man glaubte, in dieser Expansion nicht allein das Ergebnis des Kapitals und der Arbeit zu erkennen, sondern ebenfalls einen der Produktivitätssteigerung entsprechenden „Restfaktor", der willkürlich dem technischen Fortschritt zugeschrieben wurde. Die produktivistische Ideologie machte sich die Vorstellung von einem „Tugend-Kreis" zur festen Regel – nach folgendem Schema: jede technische Neuerung ruft ein Ansteigen der Produktivität hervor, die die vorhandenen Güter vermehrt; letztere können zwischen dem Verbrauch der Haushalte, den industriellen Investitionen und einer Verbesserung der Ausbildung aufgeteilt werden: Zahlreichere und besser ausgebildete Führungskräfte ermöglichen wiederum technische Innovationen, die einen neuen Tugend-Kreis in Gang bringen. Von diesem vereinfachenden Schema bestärkt, warfen sich die Regierungen und die Multinationalen in einen angeblich auf Forschung und Entwicklung abzielenden Konkurrenzkampf, der in Wirklichkeit von Machtpolitik motiviert war.

Im Jahre 1970 vergaben die amerikanischen Universitäten 90.000 Doktorate in den wissenschaftlichen und technischen Lehrfächern. Westeuropa zählte zur gleichen Zeit insgesamt zwei Millionen Personen, die in Forschung und Entwicklung arbeiteten. Diese Masse wissenschaftlicher Arbeiter wurde von einer Mode zur anderen hin- und hergeworfen: Es gab im Jahr 2000 berufserfahrene Physiker, die im Jahre 1955 mit der Kernphysik begonnen hatten, 1965 in der Raumforschung fortfuhren und ihre Karriere mühsam als Informatiker beenden.

Noch nie haben so zahlreiche Forscher mit so zahlreichen Mitteln für so wenig praktische Resultate gearbeitet. Das Wesentliche dieser Forschungen orientierte sich an den vorher aufgezählten Moden. Dies verbesserte beträchtlich die Zerstörungskraft der Atombombe, die Anzahl der um unsere Erde kreisenden Satelliten sowie die Anzahl Computer in den Rechenzentren.

Aus dieser Zeit stammen die Studien der Futurologie, in denen das Hudson Institute und die Rand Corporation sich gefielen. Als Gegenleistung für komfortable Verträge prophezeiten angebliche Experten die Reihenfolge der zukünftigen Erfindungen. Im Jahre 1965 sah die Rand Corporation die Vollautomatisierung der Hausarbeit für 1970 voraus, die zuverlässige Wettervorhersage für 1975, einen bemannten Raumflug zum Mars für 1978, die automatische Übersetzung von natürlichen Sprachen für 1979 und einen permanenten bemannten Stützpunkt auf dem Mond für 1982. Wenigstens dieses eine Mal befand sich die Realität systematisch unterhalb oder außerhalb der Fiktion.

Die Realität des entropologischen Faktors

Tatsächlich beruht der Produktivismus auf einer optischen Illusion: Die Auswirkungen der drei Moden waren sehr viel dürftiger als man angenommen hatte. Die Kernenergie bot keinen Ersatz für die Kohle und das Erdöl, sondern bedeutete einfach eine Hilfsenergie, die eine Diversifizierung der Brennstoffquellen ermöglichte. Sie war jedoch kostspielig in der Entwicklung und potentiell gefährlich bei der Anwendung. Die Fertigstellung der Brutreaktoren erwies sich als noch schwieriger, noch kostspieliger und noch gefährlicher als die der gewöhnlichen Reaktoren. Was die Kernfusion betrifft, so verschob sich ihre Realisierung in eine immer fernere und immer ungewissere Zukunft. Den wesentlichen Energieanteil lieferte das Erdöl, zu Preisen, die bis zum Jahre 1973 sehr günstig waren, was der Gesamtheit der industriellen Aktivitäten zugute kam. Es ist einfach so, dass die Verfügbarkeit einer reichlichen und preiswerten Energiequelle es erlaubt, sich vorübergehend von den Beschränkungen der Entropie zu befreien und eine aufwendige Politik zu betreiben.

Zur Zeit bezieht das technische System nicht mehr als 5 Prozent seiner Primärenergie aus der Kernenergie. Das dritte industrielle System beruht also nach wie vor auf derselben Energiequelle wie das zweite, der Kohle und dem Erdöl. Die Expansion der Kernenergie hat einen brüsken Stop erfahren – durch die beiden schlimmen Unfälle von Three Mile Island in den USA am 28. März 1979 und von Tschernobyl in der Sowjetunion am 25. April 1986. Der Unfall von Tschernobyl veranschaulicht die fundamentalen Missverständnisse, auf denen die technische Illusion beruht: Eine leidenschaftliche Ideologie des industriellen Fortschrittes, von unwissenden Apparatschiks getroffene technische Entscheidungen, Missachtung von Sicherheitsmaßnahmen bei der Konzeption der Anlage, Inkompetenz des für die Steuerung des Reaktors verantwortlichen Personals, stillschweigende Konspiration nach der Katastrophe und die Weigerung, die sich daraus ergebenden radikalen Schlussfolgerungen zu ziehen. Tschernobyl hat eine gewichtige Rolle beim Zusammenbruch der marxistischen Ideologie gespielt: Es handelte sich um eine *technische Desillusionierung*. Sie wiegt heute schwer bei allen politischen Debatten zum Thema Wissenschaft und Technik.

Seither sind die Auftragsbücher für Neuinstallationen von Kernkraftwerken praktisch auf Null zusammengeschmolzen. Die ökologischen Parteien sind aufgeblüht, und ihre Thesen werden von den Berufspolitikern inzwischen ernst genommen. Außerdem erzeugt der anhaltende Verbrauch von fossilen Brennstoffen eine zunehmende Luftverschmutzung durch Abgase, mit Auswirkungen, die eine sichtbare Bedeutung annehmen, wie z.B. der saure Regen oder der Treibhauseffekt. Der letztere stellt heute die schönste Illustration des Prinzips der Entropie dar.

Das industrielle System gerät also in eine energetische Sackgasse: Angesichts des weiter zunehmenden Energieverbrauches bleibt den führenden Politikern nur die Wahl zwischen der Pest und der Cholera: *schwerwiegende Unfälle im Rahmen der Nutzung der Kernenergie oder klimatische Veränderungen.*

Man muss sich, mit genügend zeitlichem Abstand, fragen, ob die drei vorher erwähnten Moden nicht nur einen Luxus darstellen, der durch das Zusammentreffen günstiger Faktoren und in erster Linie durch den *niedrigen Preis des Erdöls* ermöglicht wurde. Superphönix, Apollo und Cray wären demnach unsere Pyramiden, unser Kolosseum und unsere Kathedralen, die Symbole des Reichtums einer Epoche, deren Verwerfungen bzw. Risse sie darstellen. In Wirklichkeit war die Überflussgesellschaft zwischen 1950 und 1975 eng mit der Verfügbarkeit des Erdöls verbunden: Sobald eine Verknappung desselben eintrat, waren der Wohlstand, ja sogar das Überleben der Industrieländer bedroht; wenn die Entropologie einen Sinn hat, dann gibt es keine andere Erklärung für die „dreißig ruhmvollen Jahre", wie Fourastié es ausdrückt: Ein euphorischer Zwischenakt zwischen zwei Mangelperioden.

Die Revolte von 1968

Im Jahre 1968 nahmen bezeichnende Ereignisse den Zusammenbruch des dritten industriellen technischen Systems vorweg:

- Die Studentenrevolte dehnte sich über die gesamte freie Welt aus, und zwar unter verschiedenen Vorwänden, angefangen von der Anfechtung der politischen Strukturen bis zur Ablehnung der Konsumgesellschaft; der wahre Grund scheint das diffuse Gefühl gewesen zu sein, dass das dritte industrielle System zugleich ungerecht und zerbrechlich war.
- Die Tet-Offensive in Vietnam zeigte, dass die amerikanische Armee nicht in der Lage war, die Oberhand über eines der ärmsten Länder der Welt zu gewinnen. Die Welt war nicht mehr ein kostenfreies Ressourcenreservoir für die Industrieländer.
- Die russischen Truppen überfielen die Tschechoslowakei und setzten damit dem Experiment eines demokratischen Kommunismus und der Hoffnung der vom Marxismus Ausgebeuteten ein vorläufiges Ende. Das bewies ostentativ, dass die Beseitigung des Elends nicht von ideologischer Natur ist.
- Der Klub von Rom wurde in eben der Villa Doria Pamphili gegründet, in der dreieinhalb Jahrhunderte zuvor die Accademia dei Lincei Galilei aufgenom-

men hatte. Dieser Areopag beunruhigter leitender Persönlichkeiten beauftragte das M.I.T., den Bericht über die Grenzen des Wachstums zu verfassen, der im Jahre 1972 erscheinen sollte und die doktrinale Grundlage der Ökologen und Verbraucherorganisationen darstellt. Er stellt ebenfalls einen ersten Entwurf aus entropologischer Sicht dar, der ein paar Jahre später von N. Georgescu-Roegen und J. Rifkin veranschaulicht wurde.

Unzählige Kommentare bemühten sich, für diese – seinerzeit völlig unerwartete – historische Explosion ideologische Erklärungen zu finden. Nach dem klassischen Schema wurde alles einer Änderung des seelischen Zustands angelastet. Nun aber brach fünf Jahre später die erste Ölkrise aus, bald gefolgt von einer zweiten, die die Konsumgesellschaft bis in ihr Innerstes erschütterten. Selbstverständlich resultierten diese Krisen nicht aus einer physischen Verknappung des Erdöls, sie nahmen jedoch – aus politischen und wirtschaftlichen Gründen – diese Mangelsituation vorweg. Die Abhängigkeit und Zerbrechlichkeit des offenen Systems, das die Industrieländern und insbesondere Europa darstellen, waren augenfällig geworden. Nicht aus Zufall ist die erste Krise in genau dem Moment ausgebrochen, als die USA kein Erdöl mehr exportierten, sondern Erdöl importieren mussten. Danach folgte eine Krise auf die andere: zwei Golfkriege, ein irreversibler Anstieg des Ölpreises, der Angriff auf die Twin Towers in New York und deren Einsturz.

Am Horizont des Jahres 2020 zeichnet sich die nächste Scheidelinie ab, der physische Mangel an Erdöl und die Herausforderung für das Überleben eines technischen Systems, das von einem wirklichen *Energieheißhunger* befallen ist.

Die Auswirkungen der beschleunigten Zunahme der Entropie

Aus dieser Epoche stammt die bisweilen reichlich späte Entdeckung der zerstörerischen Effekte der dritten industriellen Revolution. Jede degradierte Energie, alle verschwendeten Materialien tauchen unvermeidlich in der Umwelt in Form von Verschmutzungen wieder auf, wovon manche auf lange Zeit irreversibel sein können, wie z.B. die von Schwermetallen hervorgerufene Verseuchung der Wasserquellen, die von sauren Niederschlägen stammende Zerstörung der Wälder und die durch Luftverschmutzung hervorgerufenen klimatischen Veränderungen.

Nicht weniger wichtig erscheinen die sozialen Veränderungen, von denen einige ausführlich im dritten Teil dieses Buches besprochen werden: das galoppierende Bevölkerungswachstum, das sich hauptsächlich in den ausgebeuteten Ländern der Dritten Welt vollzieht; die anarchische Verstädterung; das Zunehmen der Kriminalität und insbesondere des Terrorismus unter politischem Vorwand; schließlich die *Koexistenz von Inflation und Arbeitslosigkeit.*

All dies kennzeichnet so sehr unsere Gegenwart und Zukunft, dass es nicht besonders hervorgehoben werden muss, es sei denn, man wolle unterstreichen, dass die Verschwendung der Weltressourcen nicht die erwarteten Wohltaten erzeugt hat, außer in einigen Industrieländern, die von dieser Situation profitieren.

Die Zunahme des Wohlstands der Verbraucher, der einzigen legitimen Empfänger eines Fortschrittes der Technik, war bei weitem nicht das, was sie hätte sein können. Die immer zahlreicheren Städter leben in zu kleinen, schlecht isolierten Wohnungen, die unzureichend von unbequemen öffentlichen Verkehrsmitteln bedient werden. Sie kaufen eine zunehmend fade und einheitliche Nahrung. Das Schulwesen verschlechtert sich, je nachdem, wie weit es der technischen Illusion unterworfen ist. Die Ferien spielen sich in richtigen Freizeitfabriken ab, die den Lärm, den Schmutz und die Unsicherheit der üblichen Städte nachahmen.

Die Überflussgesellschaft ist systematisch unter den Erwartungen geblieben, die sie geweckt hat; einerseits weil diese Erwartungen eher auf einer ideologischen Vergiftung als auf einer vernünftigen Beurteilung der Situation begründet waren; andererseits weil die industriellen Anstrengungen nicht unbedingt auf die Lösung reeller Probleme der Bevölkerung ausgerichtet waren, sondern auf die Lösung willkürlich ausgewählter Probleme, um die Machthaber zu befriedigen und die Techniker zu begeistern.

Der Hoffnungsträger Informatik

Heutzutage ist die Informatik „in“, da sie alle Bedingungen eines bahnbrechenden Kultes erfüllt: Sie ist sauber (wenn man von der Verschmutzung durch die Fabriken absieht, die das Material herstellen); sie verbraucht immer weniger Energie (wenn man davon absieht, dass die Expansion der Informatik die Anzahl der Computer vervielfacht und somit den Energieverbrauch erhöht); sie befasst sich mit einer immateriellen Substanz, der Information, die wir dringend benötigen (wenn man über die Tatsache hinwegsieht, dass keineswegs die Information fehlt, sondern vielmehr die Zeit, diese aufzunehmen und Schlussfolgerungen aus ihr zu ziehen); sie bleibt unverständlich für die Mehrzahl der Menschen (wenn man weiterhin so schlecht dokumentierte und wenig benutzerfreundliche Software entwickelt).

Das soll nicht heißen, die Informatik sei etwa eine flüchtige Mode. In Wirklichkeit handelt es sich um eine bedeutende Neuerung der Menschheit, die weder der Erfindung des Feuers noch der Erfindung der Landwirtschaft oder der Dampfmaschine nachsteht. Sie hat sich allerdings in einem künstlichen Kontext vollzogen, in dem die Schnelligkeit der Evolution keinerlei Reflexion zugelassen hat.

Ein alter Wunschtraum der Menschheit verkörpert sich im Computer

Tatsächlich verspricht die Informatik einen alten Wunschtraum der Menschheit zu erfüllen: die Herstellung eines Automaten, der den Menschen bis in seine höchsten Fähigkeiten nachahmen würde. Es sei erinnert: an die griechischen Legenden, wie z.B. die der Pandora, einer Kreatur des Hephaistos, die den Ursprung allen Übels auf der Erde verkörperte; an die mittelalterliche Legende vom Golem, einem teuflischen, von einer Art faustischen Wissenschaftlers geschaffenen Homunkulus; an den Roman „Frankenstein“ von Mary Shelley, der die Filmregisseure fasziniert hat.

In Wirklichkeit war der Vorläufer der Informatik Charles Babbage, der die Grundbegriffe der modernen Maschinen entwarf, ohne die zu ihrer Fertigstellung nötige Technologie zu besitzen. Im Jahre 1822 konstruierte er eine mechanische Maschine, die eine Art Prototyp blieb.

Im Jahre 1940 verfügte man nur über eine Komponente, die Vakuumröhre, die sich mehr oder weniger für die Herstellung eines Computers eignete. Aiken kombinierte sie mit elektromechanischen Relais’ und konstruierte in Harvard den Mark I. Im Jahre 1948 lieferten die Erfindung des Transistors und dann die Erfindung der Integrierten Schaltung um 1965 endlich die Mittel, zuverlässige und leistungsfähige Maschinen zu realisieren. Gegenwärtig kann eine einzige Integrierte Schaltung von ein paar Quadratmillimetern mehrere Millionen Komponenten enthalten, deren Durchmesser von der Größenordnung eines Zehntel Mikrons (0.0001 mm) ist.

Diesem Fortschritt auf dem Gebiet der Hardware überlagerte sich der langsamere, aber ebenso interessante Fortschritt bei der Software. Computersprachen auf hohem Niveau wurden entwickelt, um dem Benutzer eine leichte Kommunikation mit der Maschine zu ermöglichen. In rund 50 Jahren hat sich eine Technik, die noch gar nicht existierte, bis zu einem anfangs unvorstellbar hohen Niveau fortentwickelt.

Die Informatik diente anfangs nur zur Ausführung wissenschaftlicher Rechnungen, die nicht in Reichweite eines menschlichen Rechners lagen. Anschließend wurde sie in den Dienst der Verwaltung von Handelsgesellschaften, Banken und Versicherungen gestellt. Sie verschafft sich Zutritt zur Kontrollfunktion, wo sie ehemalige elektromechanische Techniken ersetzt. Sie hat praktisch die mechanische Uhr eliminiert, die klassischen Schreibmaschinen, die Telefonzentralen mit Relais, die traditionellen Werkzeugmaschinen. Von 1990 an hat das Handy die Telekommunikation völlig verändert, indem es praktisch erlaubt, jeden immer und überall zu erreichen. Die Erfindung des Internet und der E-Mail lassen die klassische Briefpost zum „alten Eisen" werden. Viele aus der zweiten industriellen Revolution stammende Techniken sind durch die Erfindung der Integrierten Schaltung völlig verändert worden.

Die Informatik im Dienst des Verbrauchers und des Arbeiters oder des Staates?

Um mit beiden Füßen auf dem Boden zu bleiben, muss man sich fragen, was die Informatik dem Durchschnittsbürgers tatsächlich bringt? Hat sich sein Leben durch die Informatik wirklich verbessert? Entspricht die Verbreitung des PCs einem wirklichen Bedürfnis? Oder handelt es sich abermals um *eine Lösung,* die Massenherstellung von Mikroprozessoren zu Spottpreisen, *auf der Suche nach einem Problem, das es zu lösen gilt?* Welcher Bruchteil des Einkommens eines Verbrauchers ist beim Kauf eines Gerätes betroffen, von dem er nur einen mittelmäßigen Gebrauch macht?

Entlastet die Robotik die Arbeiter wirklich von sich stur wiederholenden Aufgaben? Im Prinzip ja. In der Praxis entdeckt man indessen an den Fließbändern immer noch lächerliche Arbeiten, die den Handarbeitern überlassen bleiben. Diese Arbeiter werden immer häufiger als Systemkomponente betrachtet und dienen dazu, kostspielige oder nicht herstellbare Roboter zu ersetzen.

Die Informatik stellt aber auf jeden Fall ein mächtiges Mittel für eine Zentralisierung in den industriellen oder staatlichen Strukturen dar, deren Mentalität sich durch die Zauberwirkung des technischen Fortschrittes nicht geändert hat. Sie liefert schwachen Mächten ein Spielzeug, grausamen Mächten eine Zuchtrute.

Die zentralisierte Datei der Staatsbürger könnte in den wenigen demokratischen Ländern viele Dienste leisten. Sollte sie durch Zufall existieren, dann wird der Bürger vermutlich dennoch weiterhin persönlich eine Unmenge Bestätigungen und Beglaubigungen einholen müssen und endlose Formulare für den geringsten administrativen Akt ausfüllen müssen. Die Ausstellung eines Trauscheins oder einer Eigentumsurkunde könnte durch ein Programm realisiert werden, das die verfügbaren Daten aus den verschiedenen Verwaltungsdateien zusammenziehen würde. Dies ist deshalb nie der Fall, weil das echte Ziel der Verwaltung selten der Dienst am Bürger ist.

So eindrucksvoll die Erfindung der Informatik auch sein mag, sie kam verfrüht, weil sie sich in eine kulturell rückständige Welt einnistete. Sie verstärkt deren Pathologien. Die Annahme, die Informatik könne diese Pathologien – allein durch ihre Tugend – heilen, ist illusorisch.

Macht die Informatik entropologisch eine Ausnahme?

Die Hauptgefahr der Informatik ist ideologischer Natur. Je unverständlicher sie ist, umso weniger wird sie praktiziert, und umso mehr gibt sie Anlass zu maßlosen Kommentaren. Es können zuweilen großartige Proklamationen registriert werden, wonach das Erscheinen der Informatik uns von Energiezwängen befreien würde, insofern die Information eine „negative Entropie" darstelle. Dieses komische Missverständnis beruht auf einem alten Irrtum. Boltzmanns Formel zur Errechnung der Entropie in einem System und Shannons Formel für die Abschätzung des Informationsgehaltes einer Nachricht sind analog. Es kann der Eindruck entstehen, dass die Information eine negative Entropie darstellt. Diese formelle Ähnlichkeit bedeutet aber nicht, dass ein Zuführen reiner Information in ein geschlossenes System (wie ist das aber ohne energetischen Träger möglich?) es ermöglichen würde, die Entropie dieses Systems zu verringern: Auf jeden Fall gibt es kein Experiment, dass dies jemals gezeigt hätte.

Es ist richtig, dass man die energetische Leistung einer Anlage auf spektakuläre Weise verbessern kann, wenn man die Informatik einsetzt. Ein Computer, der an ein elektrisches Verteilernetz angeschlossen ist, erlaubt es, Leistungsverluste zu vermeiden, durch eine bessere Planung der Transits. Dies ist sicherlich wertvoll, und die Informatik stellt ein bemerkenswertes Werkzeug zur Herstellung eines technischen Systems mit schwacher Entropiezunahme dar. Das bedeutet aber nicht, dass die Entropie abnehmen könnte.

Wir sind und wir bleiben Gefangene der Zwänge der Entropologie. Es besteht ein grundlegender Unterschied zwischen einem physikalischen Gesetz und einem juristischen Gesetz: Beide können ignoriert werden; aber es ist unmöglich, das erstere zu verletzen. Die gesamte dritte industrielle Revolution hat sich unter dem Zeichen einer Ideologie abgespielt, die das Gesetz der Entropie ignorierte. Durch diese Haltung sind wir diesem Gesetz jedoch auf noch zwingendere Weise unterworfen.

Kapitel 17

Die Globalisierung

Eine Definition

Der Begriff Globalisierung ist seit kurzem auf einem richtigen Erfolgskurs. Er bietet eine summarische und umfassende Erklärung für alles, das sich in unseren Gesellschaften schnell ändert, ohne Ausflucht und irreversibel. Vor allem handelt es sich um eine Gegebenheit, die unsere Gewohnheiten und Utopien durcheinanderbringt, die unseren Entscheidungen und unserem Streben Grenzen setzt. *Das Problem ist nicht, das Phänomen anzunehmen oder zu verweigern, sondern es zu verstehen und entsprechend zu handeln. Es genügt also nicht den Kapitalismus, den Profit, den freien Markt in Frage zu stellen, sondern das Problem zu verstehen, bevor man hoffen kann, es zu lösen.*

Beginnen wir damit, die verschiedenen Facetten des Phänomens zu beleuchten:

Die *ökonomische Komponente* ist am offensichtlichsten. Die Welt wird ein großer Markt, man könnte fast sagen ein Marktplatz. Die Zollbarrieren wurden beseitigt, zuerst in großen Einheiten wie der EU, aber auch weltweit, durch zähe diplomatische Bemühungen. Die Regierungen tun nichts anderes als sich vor einem ungeschriebenen Gesetz zu verneigen, wonach ein Land, das protektionistisch handelt, mehr leidet als profitiert, sei es als Folge einer ideologischen Wahl wie im Fall Nordkoreas, einer Tradition, wie im Fall der Schweiz oder einer Sanktion, wie im Fall des Irak. Ein ehernes Gesetz tritt in Erscheinung, das besagt, dass derjenige ins Elend zurückfällt, der nicht mit seinen Mitbürgern handeln kann oder will. Es ist gut, sofort über diese ökonomische Realität nachzudenken, da sie als Warnsignal für jeden kulturellen und geistigen Rückbau dienen kann.

Sobald die Waren auf einem großen planetaren Markt frei ausgetauscht werden, taucht ein zweites Gesetz auf: Die *freie Konkurrenz* eliminiert die schwächeren Produzenten. Die einzige Wertskala ist nun das Verhältnis der Qualität zum Preis, zum Nachteil jeder anderen Verbindlichkeit, wie z.B. der sozialen Solidarität.

Gewisse Produzenten erwerben ein Quasi-Monopol allein durch ihre *technische Qualifikation.* Das beste Beispiel ist das der Firma Microsoft, die den Weltmarkt für Software erobert hat und ihm ihr Gesetz aufzwingt. Ebenso sind Langstreckenflugzeuge mehr und mehr eine ausschließliche Domäne zweier Hersteller – Airbus und Douglas-Boeing.

Andere Hersteller erobern Märkte allein durch *niedrige Löhne,* ohne irgendeine technische Überlegenheit anzustreben. So ist die Textilkonfektion das Los gewisser Entwicklungsländer wie etwa Tunesiens geworden. Selbstverständlich kommt es hierbei zu Missbräuchen wie der Kinderarbeit. Das Wiederauftauchen verkappter Formen von Sklaverei ist eine Bedrohung, die man nicht ignorieren darf. Weit davon entfernt sich zu einen, sind die Arbeiter aller Länder in einer Wettbewerbssituation. Man kann jedoch diesen Wettbewerb nicht bremsen, mit dem alleinigen Ziel die aktuellen Privilegien der Arbeiter in den reichen Ländern zu schützen. In einem armen Land ist die Ausbeutung bei der Arbeit immer noch dem Fehlen der Arbeit vorzuziehen. Im übrigen beginnen industrialisierte Länder wie Südkorea seit einer Generation die sozialen Rechte ihrer Arbeiter an der europäischer Arbeiter auszurichten.

Schließlich kombinieren andere Länder die Vorteile einer *guten technischen Kompetenz und relativ niedriger Löhne.* Das beste Beispiel ist das südostasiatische Zentrum um Singapur, das der Marktführer in der Produktion der audiovisuellen Massenartikel geworden ist.

Zur Vervollständigung dieser Aufzählung müsste noch das Auftreten *neuer Qualitätszentren* in den traditionellen Produktionen hinzugefügt werden. So sieht sich Frankreich, bekannt für seine Weinberge hoher Qualität, der Konkurrenz durch so exotische Länder wie Kalifornien, Chile und Australien ausgesetzt.

Die Summe dieser Vorgänge bringt ein Phänomen hervor, das unter dem Namen *Delokalisierung* bekannt ist und darin besteht, ein Unternehmen zu verlagern, sobald es anderswo zu geringeren Kosten betrieben werden kann. Die Arbeiter aus verschiedenen Kontinenten werden in einen Wettbewerb hinsichtlich Kompetenz und Lohn gedrängt. Die Kosten für den Transport der Produkte sind oft relativ klein im Vergleich zu den Lohnkosten. Dies resultiert aus technischem Fortschritt in der Organisation der Transporte: Infrastrukturen, Überschuss an Transportmitteln, billige Energie.

Kurzum, wir erleben den Aufbau eines riesigen Produktionsapparates auf globalem Niveau, der sehr bemerkenswerte Fortschritte in Produktqualität und in Kostensenkung erzielt. Man muss sich Rechenschaft darüber ablegen, dass die tatsächliche Erhöhung des Lebensstandards der Masse der Verbraucher in allen Ländern bedingt ist durch eben diesen Apparat, der deshalb nicht einfach schädlich genannt werden kann. Er beruht auf der Mobilisierung von viel wissenschaftlicher Kreativität und kommerzieller Geschicklichkeit. Die Menschen, die ihn aufbauen, verdienen wenigstens Respekt, wenn nicht Bewunderung.

Man wird sich natürlich seine Gedanken über die ökologischen Auswirkungen der damit verbundenen oft unüberlegten Transporte machen.

Die Globalisierung des Produktionsapparates zieht die des *Handwerks* nach sich. Einerseits wandern *die bestqualifizierten Kräfte* nach und nach aus, vorübergehend oder auch für immer. So stammt an den besten amerikanischen Universitäten oder in den industriellen Forschungslabors weniger als die Hälfte des Personals aus dem Inland. Ein Exzellenzzentrum in der Forschung oder in der Entwicklung zieht die besten Köpfe aus der ganzen Welt an. Die wissenschaftlichen Gesellschaften, die Zeitschriften, die Kolloquien werden auf weltweitem Niveau organisiert. Länder, wie die ehemalige Sowjetunion, die sich dieser Globalisierung der Wissenschaft einfach entzogen haben, mussten dafür bitter büßen. Man hat in den verschiedenen wissenschaftlichen Disziplinen von *unsichtbaren Gremien* gesprochen, die deren Ablauf regelten. Die Spitzenwissenschaft regelt sich durch einen Mechanismus, der auf Konsens beruht und zugleich sanft und rigoros ist, der nichts an eine Administration abtritt und doch die Zukunft der Menschen bestimmt. Dies stellt ein gutes Modell dar, von dem sich die Theologie inspirieren lassen könnte.

Auf der anderen Seite werden *die am wenigsten qualifizierten Kräfte* gleichermaßen durch die Entwicklungszentren angezogen, aus einem symmetrischen Grund. In einem Entwicklungszentrum erhält die Masse der Bevölkerung im Lauf der Jahrzehnte eine ausgezeichnete Ausbildung. Man sieht sich schließlich überqualifizierten Handwerkern gegenüber, die mürrisch die banalsten Arbeiten verrichten. Wir rühren hier an einen sensiblen Punkt des Dossiers: Die massive Auswanderung von ökonomischen Flüchtlingen, sei sie provisorisch oder zeitlich begrenzt, die in ihrem Heimatland buchstäblich an Hunger sterben, bereit zu allen Abenteuern, um einen Broterwerb in den entwickelten Ländern zu finden. So stammt in der Schweiz ein Fünftel der Bevölkerung und ein Viertel der Arbeiter nicht aus diesem Lande: restriktive Gesetze verhindern die Einbürgerung dieser Arbeiter, die damit eine soziale Klasse darstellen, die aller politischen Rechte beraubt ist. Die Mehrzahl der europäischen Länder schlägt sich mit armseligen Randgruppen ihrer Bevölkerung herum, die aus Afrika eingewandert sind und die man weder abschieben noch integrieren kann. Die USA sind – auf Grund der Immigration aus Lateinamerika – dabei, ein zweisprachiges Land zu werden.

In Ergänzung dieser selektiven Immigration in beiden ökonomischen Randgruppen der Bevölkerung, muss man sich an die starke Zunahme der *„gemischten Eheschließungen"* erinnern, bei denen die beiden Ehegatten verschiedene nationale, sprachliche und religiöse Herkunft haben. Insbesondere machen die jungen Familien der Wissenschaftler und der Führungskräfte, zugunsten ihrer Karrieren, ein oder zwei Jahrzehnte des Umherirrens von einem Land ins andere durch. Manche Familien praktizieren die Globalisierung in ihrem täglichen Leben: man spricht mehrere Sprachen, lebt mit mehreren Religionen; man steht außerhalb jedes Nationalismus, Rassismus oder Fundamentalismus.

Angesichts dieser wichtigen Veränderungen, die die Ökonomie, die Industrie, den Handel und die Demographie betreffen, *zeigen sich die nationalen Regierungen zunehmend ohnmächtig,* außer sie sind an der Spitze eines Komplexes großer Dimension, wie die USA. Die Bildung Europas findet unter dem Druck dieser Ereignisse statt, denn mittlere Mächte, wie England oder Frankreich, ehemals an der Spitze globaler Weltreiche, verlieren tatsächlich im Lauf der Jahre die Attribute ihrer Souveränität. Erinnern wir uns an den Verfall des Pfund Sterling, das dem spekulativen Zugriff eines einzigen Financiers, Georges Soros ausgeliefert war, dem es gelang an die zehn Milliarden Dollar allein auf seinen Kredit zu mobilisieren. Jeden Tag wird auf den globalen Märkten Kapital bewegt, das dem Jahresbudget Frankreichs gleichkommt. Die Parität der Währungen ist nicht mehr unter Kontrolle der nationalen Exekutive.

Das Gleiche gilt für die Budgets, die weiterhin formell durch die Legislative festgelegt werden, aber tatsächlich den Zwängen der Märkte unterliegen, die schnell bereit sind, für oder gegen eine nationale Währung zu spekulieren, im Fall einer Abweichung von einem strengen oder einem laxen Kurs. Die komplexesten und perversesten Mechanismen treten in dem Augenblick auf, wo man am wenigsten mit ihnen rechnet. So kann es passieren, dass eine Abnahme der Arbeitslosigkeit in den USA eine Abwertung des Dollars hervorruft. Und man muss sich schon den Kopf zerbrechen, um die verdrehte Logik zu verstehen, die dieser Beziehung von Ursache und Wirkung zugrunde liegt. Sehr oft verfolgen Spekulanten eine Strategie höherer Ordnung: sie erraten die normale Reaktion des Marktes und gehen auf Gegenkurs.

Kein Land kann mehr allein über das Niveau seiner sozialen Absicherung, das Rentenalter, die Höhe der Steuern, die gesetzlichen Regelungen bezüglich der Produkte und Dienstleistungen entscheiden, ohne die Entscheidungen der anderen Länder zu berücksichtigen. Sei es, weil internationale Verträge dies regeln, sei es, weil tatsächlich der Markt die Wahlfreiheit einschränkt, mit sehr engen Freiräumen der Entscheidung. *Der Nationalstaat, politische Erfindung des*

19. Jahrhunderts, tritt die Macht an kontinentale Reiche oder an weltweite Entscheidungsmechanismen ab, die anonym und unverständlich sind.

Sobald die politische Macht den lokalen Strukturen entweicht, ohne dass sich übrigens immer Ersatzstrukturen auf internationalem Niveau vorfinden, *zeigen sich die wahren Herausforderungen der Globalisierung im Bereich der Kultur.* Die traditionelle Budget-Disziplin der Deutschen ist dabei sich den Franzosen aufzudrängen, entgegen deren Gepflogenheit, als Folge der Globalisierungszwänge: Wenn Frankreich sich nicht den Regeln unterwirft, nach denen wir Europa konstruieren, und die durch die beherrschende Macht auf unserem Kontinent festgelegt werden, riskiert es, im globalen Markt auf sich allein gestellt zu sein, d.h. den Zufällen der Spekulation unterworfen. Der Konflikt wird bis an den Rand des Bruchs zwischen zwei europäischen Kulturen ausgetragen, der des Nordens, die auf der Pflicht beruht und dem Verzicht auf momentane Befriedigung zugunsten langfristiger Ziele, und der des Südens, besessen vom Bemühen um momentane Freude, auch um den Preis eventueller Nachteile für die Zukunft.

Mit einem Wort, *wenn ein Land nicht seine gesamte Unabhängigkeit verlieren will, muss es den größten Teil opfern; wenn es nicht sofort seine Kultur verlieren will, muss es aufhören sie zu verteidigen.* Man widersteht der Globalisierung ebenso wenig wie man den Lauf eines Stromes umkehrt oder auf direktem Wege überquert: Man ist zu Umwegen gezwungen, wenn man seine Zielsetzung wenigstens in einem gewissen Umfang erreichen möchte.

Dies ist in der Tat der richtige Augenblick die riesige *Subkultur* zu erwähnen, *die den globalen Markt nährt,* auf der Basis von hirnrissigen Fernsehserien, kindischen elektronischen Spielen, mittelmäßiger Musik, unanständigen Moden, um nicht auch noch vom Handel mit Pornographie, Drogen und vom Sex-Tourismus zu sprechen. Diese Verschwendung zieht beträchtliches Kapital an sich, mit dem man künstlerische Leistungen hoher Qualität finanzieren könnte. Lieber wäre uns eine globale Kultur, die sich in musikalischen, literarischen, choreographischen Werken und Theaterstücken von hohem Wert ausdrückt.

Wir leben heute tatsächlich in großem Umfang von einer Kultur der Vergangenheit. Die hervorragendsten Gemäldegalerien haben einen Sättigungspunkt erreicht, was bedeutet, dass es sich um eine seltene und nicht erneuerbare Ressource handelt. Seit einem Jahrhundert haben wir, trotz aller vorhandenen Möglichkeiten, nichts vom Rang der Sixtinischen Kapelle, der Matthäuspassion oder der Kathedrale von Chartres hervorgebracht.

Umgekehrt wäre es sicher ungerecht, nicht den positiven Beitrag zu erwähnen, den die populären Medien, wie das Fernsehen, bei der Entdeckung der nationalen Kulturen geleistet haben. Gute Reportagen habe das breite Publikum entdecken lassen, dass andere Völker existieren, die ein anderes Leben führen, und die sich dennoch mit den immer gleichen Problemen aller Menschen konfrontiert sehen. *Wir verfügen inzwischen über alle Kommunikationsmittel, die benötigt werden, um eine wirkliche planetare Kultur zu schaffen.*

Jede Kultur besitzt eine religiöse Grundlage im doppelten etymologischen Sinn des Wortes: die das Individuum auf sich selbst zurückführt und die es mit der Transzendenz verbindet.

Die Globalisierung hat zwangsläufig eine Infragestellung aller Religionen zur Folge, wie auch heftige Reaktionen der Verteidigung von deren Seite. Seit dem 18. Jahrhundert war das Europa der Aufklärung beeindruckt von der Entdeckung nichtchristlicher Völker, die man nicht im Namen der „wahrhaftigen Religion" verachten durfte. Montesquieu und Voltaire haben immer wieder literarische Mittel benutzt, um auf die Abstammung des christlichen Okzident vom Orient hinzuweisen. Rousseau hat einen richtigen Mythos vom guten Wilden geschaffen, was einen traditionellen Bruch mit der klassischen Kultur darstellt, die seit den Griechen auf der Verachtung des „Barbaren" beruhte.

Das Phänomen der religiösen Globalisierung, das während zweier Jahrhunderte nur die kultivierten Schichten des Okzident erreicht hat, geht heute alle Schichten der Bevölkerung an. Alle konfessionellen Gruppierungen erfahren mehr und mehr e*in diffuses Gefühl des Relativen.* Ob Katholiken oder Protestanten, die Christen fühlen sich nicht mehr so verschieden, und das pastorale Nomadentum ist inzwischen selbstverständlich geworden. Der Islam stellt zahlenmäßig die zweitgrößte französische Kirche dar. Buddhistische Gemeinden beginnen im Okzident aufzutreten, ohne auf Ablehnungsreaktionen zu stoßen, wahrscheinlich weil sie keine ethnischen, sozialen oder ökonomischen Unterschiede an den Tag legen, im Unterschied zur islamischen Bevölkerung. Umgekehrt erfahren gewisse asiatische Länder wie Südkorea ein Phänomen massiver Christianisierung, induziert durch das amerikanische ökonomische Modell.

Die Diffusion und die Durchdringung der Religionen rufen natürlich *sehr heftige Rückzugsgefechte* hervor. Die Bürgerkriege in Irland, in Jugoslawien, im Libanon, in Algerien, Palästina, im Sudan, in Indonesien, in Tschechenien oder auf den Philippinen haben das Ausmaß des religiösen Zugehörigkeitsgefühls erkennen lassen und sein Potential, blutige Konflikte auszulösen, selbst in einer offenbar säkularisierten Welt. Der gesamte Islam kämpft, um seine Identität gegenüber einem Okzident zu wahren, der als überheblich und korrupt angesehen wird. In den USA kämpfen protestantische Fundamentalisten darum, dass es untersagt wird, die Evolutionstheorie zu lehren. Die Traditionalisten katholischer Herkunft stellen einen Stachel im Fleisch des Vatikans dar, der sich bemüht das zu untersagen, was er gestern den Gläubigen auferlegt hatte. Andererseits bemüht sich der Vatikan, irgendeine moralische oder dogmatische Norm aufrecht zu erhalten, in einer Welt, wo alles im Fluss ist und seine Bürokratie Riesensummen nach Belieben ausgegeben hat für Wandel in den Bereichen Antisemitismus, Ökumene oder Sprechweise im Gottesdienst.

Die Ursachen der Globalisierung

Woher kommt das Phänomen mit so vielen Facetten? Ist es eine unkontrollierte Entgleisung, ein Modegag, eine Modewelle, ein Komplott? Wer treibt durch seine Entscheidungen die Globalisierung voran?

Der *technische Determinismus* ist ohne Zweifel der offensichtlichste Auslöser der Globalisierung. Man hat das Gefühl, dass es nichts nützt, sich auf traditionelle Strukturen zu stützen, um gegen die Globalisierung anzukämpfen, wenn der technische Fortschritt auf der anderen Seite unwiderstehlich alle Hindernisse hinwegfegt.

Die gefährlichste Formel im Hinblick auf die Technik besteht darin, sie als neutral zu erklären: sie sei an sich weder positiv noch negativ, alles hänge von der Art der Anwendung ab, im Sinne einer ethischen Überlegung. In dieser Sicht blieben wir Meister unseres Schicksals, und die Werkzeuge der Technik dienten unseren frei formulierten Absichten. Der Mensch, rationales Vernunftwesen, wählte in voller Kenntnis der Sachlage die angemessenen Techniken wie Objekte aus einem Regal, die man entweder entnehmen könnte oder auch nicht.

Die schöne Geringschätzung des Wortes für das Werkzeug ist in einer berühmten Passage des „Gorgias“ von Platon zusammengefasst, der einen der Ecksteine der westlichen Zivilisation darstellt:

Ebenso ist es wahr, dass Du, der Philosoph, für ihn, den Ingenieur, voller Verachtung bist, wie auch für seine Kunst. Als Beleidigung würdest Du ihn als Mechaniker behandeln, und Du würdest weder zustimmen, seinem Sohn die Hand Deiner Tochter zu geben, noch seine zu ergreifen.

Die Zeiten haben sich wohl gewandelt. Der Ingenieur unserer Zeit wäre wahrscheinlich in der Lage, den Philosophen zu beleidigen, indem er sich weigerte, in seine Familie einzutreten; aber die Heirat ist ja längst nicht mehr eine Frage des Geldes oder des sozialen Ranges. Und die Eltern arrangieren nicht mehr die Heirat ihrer Kinder. *Diese ohne Zweifel wünschenswerte Evolution der Sitten ist nicht durch die Humanwissenschaften verursacht, sondern durch die Technik, die die Gesellschaft verändert hat, ohne dass wir widerstehen konnten, selbst ohne dass uns dies bewusst wurde.*

Dass es keine Sklaven mehr gibt, dass die Todesstrafe aufgehoben wurde, dass der Unterricht für alle Kinder gratis und Pflicht ist, dass die Frauen über politische Rechte verfügen, all dies verdanken wir nicht den Gedanken eines Platon, Leibnitz oder Kant, die sehr zufrieden waren mit der Gesellschaft, so wie sie war. Es ist vielmehr das automatische Resultat einer Anhebung des Lebensstandards, wodurch soziale Zwänge abgebaut wurden, die uns natürlicherweise auferlegt waren. Die Ingenieure führen den Menschen in eine Technonatur, die – man muss es einräumen – lebenswerter ist als die rauhe Natur. Dies erklärt warum die Völker dem Mythos des technischen Fortschritts anhängen: Er hat genügend Substanz, sodass man vernachlässigt oder in Abrede stellt, wenn er Nachteile haben sollte.

Eine realistischere Formulierung ist die von Kranzberg: *Der technische Fortschritt ist weder positiv, noch negativ, noch neutral.* Und Jacques Ellul sagt nur das Gleiche, wenn er präzisiert, dass die Technik gleichzeitig mehrwertig und mehrdeutig ist.

Mehrwertig, d.h. gleichzeitig positiv und negativ, in Abhängigkeit von der Zeit, vom Ort und von den Personen. Die Erfindung der Integrierten Schaltkreise hat den Wohlstand des Silicon Valley begründet, zugleich aber auch den Niedergang der Schweizer Uhrenindustrie beschleunigt. Die Geschwindigkeit des Fortschritts in gewissen Techniken gibt den jungen Hochschulabsolventen einen Vorteil. Sie macht gleichzeitig die Ausbildung älterer Ingenieure obsolet, die ab 50 zum alten Eisen gehören, wenn es ihnen nicht gelungen ist, auf Direktionsposten oder in die Lehre zu entweichen.

Die Technik ist nicht nur mehrwertig, sie ist auch mehrdeutig. Keiner kann vorhersehen, was positiv und was negativ sein wird. 1954, in dieser weit zurückliegenden Zeit, als der Autor sein Studium abschloss, war das Urteil über die Anwendungen der Kernphysik naiv und klar: die Nuklearwaffen waren das Böse und die Kernkraftwerke das Gute. 40 Jahre später ist die Bilanz genau umgekehrt: Die Nuklearwaffen haben nach Hiroshima und Nagasaki niemand getötet und ohne Zweifel ihre Rolle der Abschreckung erfüllt, indem sie einen dritten Weltkrieg mit klassischen Waffen verhindert haben; Tschernobyl dagegen hat getötet und fährt fort zu töten. Was man als negativ ansah, hat sich als positiv erwiesen und was man für gut hielt, enthüllte sich als schlecht. Man konstruiert also keine KKWs mehr, baut mühsam die existierenden ab, aber bewahrt einige Waffen, weil sie letztlich weiterhin die strategische Stabilität erhalten.

Wir verabscheuen solche Situationen, denn wir ziehen ja binäre Entscheidungen zwischen Schwarz und Weiß vor. Angesichts der Technik gleichen wir einem Blinden in völliger Dunkelheit, den man bittet zwischen zwei grauen Proben zu wählen, von denen eine weniger schwarz als schwarz und die andere weniger weiß als weiß ist. Tatsächlich haben wir in Wirklichkeit keine Wahl, oder exakter, unsere Wahlfreiheit ist eingeschränkt, weil wir die Konsequenzen unserer Wahl nicht vorhersehen können. In der Praxis, kann kein Manager eines Unternehmens, kein Lehrer an einer Ingenieurschule vom technischen Fortschritt absehen. Wer nicht mitmacht, wird einfach eliminiert. *Mit einem Wort, jeder technische Fortschritt, der möglich ist, wird obligatorisch.* Der gemeinsame Standpunkt, nach dem man den Fortschritt nicht aufhält, bedeutet gleichzeitig, dass man ihn weder aufhalten kann noch soll, und die Unterwerfung unter dieses Naturgesetz ist die höchste Weisheit. Die Globalisierung erscheint von da an als die Folge einer viel weiteren Evolutionsbewegung, die selbst die Definition unserer Art angeht.

Erinnern wir uns daran, dass die biologische Evolution auf drei Mechanismen beruht:
- *ein kreativer Mechanismus:* das Auftreten von Varianten unter den Individuen einer Art.
- *ein destruktiver Mechanismus:* die Auswahl der interessantesten Varianten durch Überlebenskampf.
- *ein bewahrender Mechanismus:* die Erhaltung dieser Varianten durch Vererbung.

Es handelt sich um einen schockierenden Mechanismus, weil er in der zweiten Stufe Zerstörung zulässt, um insgesamt die Schöpfung zu optimieren. Lange bevor Darwin diese Regeln im 19. Jahrhundert formuliert, hatte die indische Mythologie sie in einer Göttertriade symbolisiert:
- Brahma der Schöpfer,
- Shiva der Zerstörer,
- Vishnu der Bewahrer.

Andererseits geht die jüdische Tradition von einem einzigen Schöpfer aus. Diese Tradition wurde durch ihre Beziehungen zur griechischen Philosophie verfälscht. Und das christliche „Konzept" macht daraus ein allmächtiges wohlwollendes Wesen. Diese Konzeption stimmt schlecht mit der täglichen Erfahrung des Leidens, des Todes und des Bösen überein. Die Ideen Darwins wurden deshalb vor mehr als einem Jahrhundert sehr schlecht aufgenommen, und sie sind weit davon entfernt von der breiten Masse durchschaut zu werden.

Aus den gleichen Gründen tut man sich nicht leicht, das Konzept der technischen Evolution zuzulassen. Die technische Evolution gehorcht nämlich den gleichen Regeln:

- *die Kreation* neuer Techniken als Folge zufälliger Versuche
- *die Auswahl* brauchbarer Technik durch ökonomischen Wettbewerb
- *die Weitergabe/Beibehaltung* dieser Techniken durch Erziehung.

Der einzige Unterschied zwischen den beiden Evolutionen bezieht sich auf das Verhältnis des Körpers zur Umwelt:

Das Ziel der biologischen Evolution ist die Anpassung des Körpers an die Umwelt; das Ziel der technischen Evolution ist die Anpassung der Umwelt an den Körper.

In beiden Fällen ist das Ziel der Evolution das Überleben einer Art. Es wird also ein Mechanismus benötigt, der die Auslese zwischen den gelungenen Versuchen und den nicht gelungenen vornimmt. Und dieser kann nur funktionieren, wenn es tatsächlich positive und negative Resultate gibt. Die negativen Aspekte der technischen Evolution sind nicht der Preis für die Dummheit oder die Boshaftigkeit der Menschen: sie gehören einfach inhärent zu jedem evolutorischen Prozess, der mit Zufallsversuchen arbeitet. Das Böse ist nicht die Konsequenz einer Wahl, die der Vorfahre aller Menschen am Anfang unserer Art getroffen hätte oder einer freien Entscheidung jedes Menschen heute: es ist Teil unserer Beschaffenheit und Teil der Regeln, nach denen die Schöpfung funktioniert.

Das tatsächliche Problem besteht darin, den Freiheitsbereich auszuloten, den politische und ökonomische Führungskräfte, den normale Bürger sich bewahren können, im Hinblick auf die Mechanismen dieser Evolution. Es dürfen nicht alle Versuche durchgeführt und weiter verfolgt werden, wenn die ersten Resultate nicht unseren Erwartungen entsprechen.

Es ist an der Zeit, sich bewusst zu machen, dass sich der wesentliche Teil der technischen Evolution seit zehn Jahrhunderten im Bereich der Christenheit abspielt, mit allem was dieser Ausdruck an Vagem, ja gar Gefährlichem, enthält.

Die technische Evolution manifestiert sich auf entschiedene Weise während der industriellen Revolution im Mittelalter von 1000 – 1300. Deren wichtigste Träger waren die Klöster der Benediktiner, die ein Netzwerk von etwa tausend landwirtschaftlichen und handwerklichen Exzellenzzentren quer durch ganz Westeuropa aufspannten. Diese Klöster verkörperten selbst die zentrale Botschaft des christlichen Glaubens, nach dem *alle Menschen gleich sind.* In der Praxis waren die Mönche Intellektuelle, die im Kontakt mit Realitäten der bäuerlichen Welt standen: sie haben eine Fülle von Erfindungen eingeführt und verbreitet, wie den Pflug mit der schnabelförmigen Pflugschar, die dreifache Fruchtfolge, den Schulterriemen und das hydraulische Rad.

In der industriellen Revolution der beiden letzten hundert Jahre war das ebenso. Vom 14. Jahrhundert an war dann Europa der Schauplatz nicht enden wollender Kriege unter religiösem Vorwand und der Ausgangspunkt einer bedeutenden Emigration nach Amerika. Tatsächlich waren die Erde, die Bergwerke und die Wälder durch eine zu stark gewachsene Bevölkerung erschöpft: Der Wettbewerb um Ressourcen führte dazu, dass das technische System des Mittelalters, das vorwiegend landwirtschaftlich war, total unzureichend für die gewachsenen Bedürfnisse wurde. Welches auch die Gefahren der Ausbeutung der Kohle hätten sein können, sie mussten in Kauf genommen werden: Die Verwendung der Dampfmaschine erlaubt sowohl die massive Gewinnung der Kohle als auch die Beschaffung der Kohle als ihres Brennstoffs. Im Laufe der Zeit hat die Lösung des Energieproblems eine Fülle von Erfindungen hervorgebracht, die seitdem nicht aufgehört haben.

Die *erste industrielle Revolution* fand zwischen 1750 und 1850 statt, fast ausschließlich in England, ohne Zweifel, weil es zu dieser Zeit das einzige größere Land mit einer *parlamentarischen Demokratie* war, das die Steuerbelastung angemessen verteilte, gleiche Rechte für alle Bürger garantierte und das die Verdienste der Erfinder belohnte.

Ebenso kann man den sozialen Ursprung der zweiten industriellen Revolution zwischen 1850 und 1940 in dem frühzeitigen Bemühen um eine sehr gute Ausbildung auf allen Niveaus sehen, das in Deutschland unternommen wurde, angefangen mit der kostenfreien und obligatorischen Grundschule (1815), über die ersten technischen Hochschulen (1820), bis hin zur Handwerkslehre und den technischen Publikationen und Zeitschriften.

Schließlich verlagerte sich aber das Zentrum der dritten industriellen Revolution nach dem zweiten Weltkrieg von Europa nach Amerika, weil die USA das einzige Land waren, das *den rassischen und religiösen Minderheiten,* die vor den

Nazis oder den Kommunisten geflohen waren, *eine Zuflucht* bot. Umgekehrt spiegelt das derzeitige relative Nachlassen der USA deren Unfähigkeit wider, die jungen Menschen auf dem Niveau der höheren Schule geeignet auszubilden, ganz zu schweigen von der einfachsten Berufsausbildung.

Was die Werte betrifft, *ist also eine technische Revolution nicht neutral:* sie ist vielmehr nur in einem gewissen kulturellen Kontext möglich, sie verändert diesen völlig und führt zu neuen Fragestellungen, die man nicht beiseite räumen kann, ohne den rechten Faden der Evolution zu verlieren und sich unter den Opfern des Fortschritts wiederzufinden. Entweder wird diese Beziehung zwischen der Technik und der Kultur verstanden und die Herausforderung gemeistert oder die Menschheit bleibt jetzt in eine Serie ununterbrochener technischer Umwälzungen verwickelt, die keinen anderen Sinn haben, als jeweils die Nachteile der vorangehenden zu mildern. Paradoxerweise ist das beste Mittel um auf der Woge der technischen Evolution obenauf zu bleiben, die kulturelle Evolution zu überwachen. *Man kann also technischen Fortschritt nicht verordnen.*

Lenins Formulierung „der Kommunismus ist die Macht der Sowjets plus die Elektrifizierung des Landes“ erweist sich als gänzlich falsch, weil sie ein autoritäres politisches System neben technischen Fortschritt stellt, als handele es sich um autonome Realitäten. Der Verlauf der Ereignisse hat gezeigt, dass es in einem diktatorischen Polizeistaat keinen technischen Fortschritt gibt. Man kann leicht detaillierte Gründe aufzählen: Schwierigkeiten für die Forscher Erkundigungen einzuziehen, zu kommunizieren und zu reisen; hohe Investitionen im militärischen Bereich oder in reine Prestigeobjekte; Flucht oder Verbannung der besten Forscher ins Ausland, die Dissidenten per Definition sind; gesicherte Förderung mittelmäßiger, aber politisch zuverlässiger Forscher; passiver Widerstand, Faulheit, Trunksucht der Masse der Arbeiter.

Man könnte ebenso viel über die meisten Regime der dritten Welt sagen, die lediglich ein demokratisches oder sozialistisches Etikett haben. Auch hier blockieren die Korruption der Funktionäre, der Despotismus der Politiker und die Verschwendung von Ressourcen jede Hoffnung auf Entwicklung. *Das Konzept eines Technologietranfers von Nord nach Süd hat sich als trügerischer Mythos erwiesen.* Man kann Technik nicht allein, ohne ihr kulturelles Substrat exportieren; aber auch eine Kultur lässt sich nicht wie eine einfache Ware exportieren. Wenn man ein unberührtes Land wie Zaire von 1890 an ein Dreivierteljahrhundert lang kolonisiert, kann man die vorherige Ordnung erschüttern, ohne dass man die Zeit hat, eine neue zu errichten. Das Phänomen der Globalisierung wird wie alle Evolutionen Opfer erfordern.

Die verkannte Tatsache der zeitgenössischen Geschichte ist das starke Band, das die technische Evolution und die kulturelle Entwicklung verknüpft, zum Besten und Schlimmsten, in einer steten wechselseitigen Beziehung von Ursache und Wirkung. Ohne vorausgehenden kulturellen Fortschritt ist kein technischer Fortschritt möglich und nicht einmal ein Technologietransfer realisierbar. Umgekehrt stagniert die Kultur ohne die materiellen Mittel, die der technische Fortschritt liefert, ohne die Herausforderungen, die er aufwirft. Sie wiederholt sich, erstarrt, verkümmert. In letzter Analyse resultiert die kulturelle Überstruktur, die vom Menschen auf einem animalischen Substrat errichtet wurde, aus einer einzigartigen Evolution, die unsere Art von allen anderen unterscheidet. Der richtige Verlauf der technischen Evolution bestimmt die vorherrschende Kultur, durch Elimination aller anderen: sie ist zunächst erfolgreicher ist als die anderen, dann die einzige, die überlebt.

Die Globalisierung muss als das automatische Resultat der technischen Evolution betrachtet werden, die im Okzident stattgefunden hat und die in weitem Umfang christliche Werte verkörpert: Gleichheit der Menschen, übersetzt in eine demokratische Struktur, obligatorische und kostenlose Ausbildung, Ablehnung von Rassismus etc. Die Globalisierung kann nicht als ein negatives Phänomen betrachtet werden. Sie ist auch nicht positiv oder neutral.

Zahlreiche Indizien legen nahe, *dass wir am Anfang einer neuen bedeutenden technischen Revolution stehen, nämlich der der Kommunikationssysteme,* ohne Zweifel genauso bedeutend für die Entwicklung der menschlichen Art als es, zu ihrer Zeit, die Erfindung des Feuers, der Landwirtschaft oder der Dampfmaschine waren. Nach dem relativen Misserfolg der Raumfahrt und der Kernenergie kann man heute abschätzen, dass die Stoßrichtung der dritten industriellen Revolution der Bereich der Informationstechniken sein wird, in dem mehrere Annäherungen konvergieren, deren Symbiose zweifelsohne ein neues wissenschaftliches, technisches und ökonomisches Paradigma kreieren wird.

Als generelle Regel gilt, dass viele Erfindungen erst dann wirklich bedeutsam werden, wenn sie mit anderen Erfindungen durch einen Synergieeffekt verknüpft werden, der oft unerwartet ist, und der dann wichtiger wird als es die Erfindungen einzeln gesehen sind.

So wurde im 15. Jahrhundert die Edition von Büchern in Europa erfunden, und zwar durch das Zusammenwirken von drei Erfindungen: das Papier, in China bereits zwei Jahrhunderte früher als in Europa bekannt, der Druck mit beweglichen Druckstöcken koreanischer Abstammung, aus dem 14. Jahrhundert; das phonetische Alphabet phönizischen Ursprungs, mehr als 30 Jahrhunderte alt.

Ohne diese drei Elemente zusammen genommen wäre keine Buchedition im modernen Sinn des Wortes möglich. In der Tat ist der Druck mit mobilen Druckstöcken keine wirkungsvolle Technik wenn eine Schrift viele Zeichen umfasst, z.B. mehrere tausend, wie im Chinesischen. Aber sie wird es, wenn man eine Sprache mit nur 26 Zeichen verwendet. Ebenso macht die Anwendung des Druckes keinen Sinn, wenn der materielle Träger des Textes nicht billig und in großem Umfang verfügbar ist: dies war nicht der Fall beim Pergament des Mittelalters, das aus Schafshaut bestand.

So haben manche Erfindungen für Jahrhunderte in ihren Ursprungsländern vor sich hin gedämmert, um ihre volle Bedeutung erst in einer Gesellschaft zu erhalten, die sie vereinigt und systematisch verwendet hat. Man muss daran erinnern, was die Edition von Büchern bei der Entwicklung der europäischen Gesellschaft bedeutet hat: Sie hat als Träger religiöser Reformen gedient, politischer Revolutionen, wissenschaftlicher Entdeckungen und technischer Erfindungen. Ihre Konsequenzen überschritten das Vorstellungsvermögen der Erfinder der Druckkunst.

Alles deutet darauf hin, dass wir an der Schwelle einer analogen Revolution stehen, die sich übrigens auf das gleiche Objekt bezieht, nämlich die Übertragung von Information. In der Tat sind zwei verwandte Techniken dabei zu verschmelzen, die Telekommunikation aus dem 19. Jahrhundert, mit dem Telegrafen (1842), dem Telefon (1876), dem Radio (1896) und andererseits die Informatik, die um 1940 entstand, mit den ersten wissenschaftlichen Rechnern, die aus der Notwendigkeit des 2. Weltkriegs geboren wurden. Im Grunde bearbeiten beide Techniken das gleiche Objekt, haben aber verschiedene Ziele: die Telekommunikation begnügt sich damit, die Information augenblicklich über große Distanzen zu übertragen, während es das Ziel der Informatik ist, sie zu verändern, zu transformieren, um daraus Resultate zu gewinnen, die in den Daten enthalten, aber nicht offensichtlich sind.

Es ist offensichtlich, dass diese modernen Informationstechniken den Motor der Globalisierung darstellen und dies immer häufiger tun werden. Die Information kann von einem Ende des Planeten an den anderen übertragen und aufgeteilt werden, zu lächerlichen Kosten. Es ist heute möglich den Tele-Unterricht, die Tele-Diagnostik, die Tele-Konferenz, die Tele-Arbeit zu organisieren, ganz zu schweigen von Programmpaketen, die in alle Sprachen übertragen werden.

Die oben erwähnten Kapitaltransfers wären in globalem Maßstab nicht möglich, wenn sie nicht elektronischer Art wären. *Das Geld, mit allem was es für die Ausübung verschiedenster Macht bedeutet, ist virtuell geworden: es stellt eine nicht fassbare Macht dar. Da nützt es gar nichts zu behaupten, man müsse diese Bewegungen kontrollieren, wenn man nicht erklärt, mit welchen Mitteln eine solche Kontrolle möglich wäre.*

Diese Auflistung der Herkunft der Globalisierung wäre tatsächlich unvollständig, wenn man nicht *an die missionarischen Anstrengungen erinnerte.* Man darf die mehreren zehntausend Priester, Mönche und Laien nicht vergessen, die alles aufgegeben haben, um die Welt zu christianisieren, oft unter Einsatz ihrer Gesundheit und ihres Lebens. Nie ist dagegen eine chinesische Dschunke mit buddhistischen Missionaren in Lissabon eingelaufen. *Die Globalisierung ist eben keineswegs ein symmetrisches Phänomen gegenseitiger Entdeckung.*

Die Entdeckung unseres Planeten wurde mit technischen Werkzeugen vorangetrieben (der Karavelle, dem Kompass, den Feuerwaffen), die am Ende des 15. Jahrhunderts im Okzident auftauchen, aber in China viel früher bekannt waren. Dies unterstreicht, dass die Anstrengungen der Entdeckung und Evangelisierung aus einer kulturellen Wahl resultierte, die andere Zivilisationen nicht getroffen haben. Erinnern wir uns kurz an die Daten der Entdeckung der Welt von Westen her: 1250: Marco Polo kommt auf dem Landweg nach China; 1415: Eroberung Ceutas durch Portugal; 1445: Entdeckung des Kap Verde; 1483: Entdeckung des Kongos durch Diego Cao; 1497: Umrundung Afrikas durch Vasco da Gama, der Indien erreicht.

Diese Welle der Entdeckungen, die primär durch die Portugiesen angeführt wurde, zielt darauf ab, Niederlassungen und eine Handelsökonomie zu gründen (Sklaven, Elfenbein, Gold, Gewürze). Trotz der Aggression, die diese Form der Kolonisation für die eingeborenen Kulturen darstellt, wurden sie nicht völlig zerstört. Afrika, wie es sich heute darstellt, resultiert aus dem Schutz durch sein schwieriges Klima und den natürlichen Hindernissen des Kontinents. Zu ihrem Besten und zu ihrem Schlechtesten haben die afrikanischen Kulturen widerstanden.

Das Gleiche kann man aber nicht von der Entdeckung unseres Planeten von Osten her sagen: 1402: Entdeckung der kanarischen Inseln und die Ausrottung der Guanchen; 1492: Entdeckung Amerikas durch Christoph Kolumbus; Amerigo Vespucci erreicht Patagonien; 1513: Überquerung des Isthmus von Panama durch Balboa und Entdeckung des Pazifischen Ozeans; 1519: Zerstörung des Aztekenreichs durch Cortez; 1527: Zerstörung des Inkareichs durch Pizarro.

Diese Kolonisation „auf spanische Art“ ist ganz und gar zerstörerisch: Vernichtung eines vorgefundenen technischen Systems; massiver Völkermord an den

Indianern, Menschenhandel mit Afrikanern; Besiedlung Amerikas mit Europäern. Wir befinden uns hier an einem historischen Knotenpunkt der Globalisierung. Man schwankt hier zwischen einer stillen Bewunderung, von der Art Claudels im *Seidenen Schuh,* angesichts der Bemühung um Christianisierung und Zivilisierung, und einer heftigen Ablehnung angesichts eines massiven Völkermords.

Man kann auch auf nüchterne Art an die technischen Gründe erinnern, die Vorbedingung für das Verschwinden der präkolumbianischen Zivilisationen waren. Erinnern wir uns an eine historische Gegebenheit: Die verspätete Ankunft des Homo sapiens in Amerika hat eine Verspätung von 5.000 Jahren in der Auslösung der neolithischen Revolution nach sich gezogen. Dadurch fehlte es den Azteken und Inkas, als sie mit den Spaniern konfrontiert wurden, an allem: es gab keine Pferde, keine Ochsen, keine Metallurgie, kein Rad, keine Schrift, keine Meeresschiffe, keine Maschinen, keine Wagen.

Der Zusammenstoß zweier technischer Systeme, die sich auf verschiedenen Entwicklungsniveaus befinden, führt zum Verschwinden des schwächeren. Afrika war durch seine natürlichen Barrieren geschützt und die Afrikaner wurden nicht ausgerottet. Wenn das Chinin zur Bekämpfung der Malaria im 15. Jahrhundert bekannt gewesen wäre, hätte die Situation wahrscheinlich anders ausgesehen.

Die Konsequenzen der Globalisierung

Wir werden uns im folgenden auf die Diskussion von 2 Konsequenzen der Globalisierung beschränken: die strukturelle Arbeitslosigkeit im Westen und die Ohnmacht Afrikas.

Der Verlust von Arbeitsplätzen in der westlichen Welt stellt eine der nicht vorhergesehenen Konsequenzen der Globalisierung dar. Die Arbeitslosigkeit in den entwickelten Ländern ist strukturell geworden, ohne dass es übrigens etwa gelingt, alle Faktoren, die sie hervorrufen, zu isolieren und zu ordnen: Verlagerung der Fertigungsindustrie an andere Orte, übertriebener sozialer Schutz, Sättigung der Märkte, Schnelligkeit des technischen Fortschritts, ökonomische Doktrinen mit deflationistischen Tendenzen, Markthemmnisse ... Wir navigieren auf einem Schiff ohne Steuermann und ohne Karte.

Nun können wir uns nicht einem abwegigen ökonomischen System anvertrauen, das durch Regeln folgender Art charakterisiert ist: immer weniger Leute arbeiten immer mehr, dass immer mehr Leute gar nicht arbeiten; der Wohlstand einer

Mehrheit erfordert die Arbeitslosigkeit einer Minderheit. Man kann unmöglich diese Gesellschaft im Grenzbereich akzeptieren, zu der wir hin tendieren, bei der weniger als die Hälfte der arbeitsfähigen Bevölkerung eine Arbeit fände. Nach welchem Kriterium bestimmen wir die Hälfte, die autorisiert wäre zu arbeiten? Was machen wir mit der anderen Hälfte? Wie kann man die traditionelle Demokratie in einer zweigeteilten Gesellschaft aufrechterhalten?

Übrigens ist niemand wirklich überzeugt, dass die Arbeitsteilung das Allheilmittel sei. Da die Arbeiter nicht austauschbar sind, bedeutet dies, dass manche in einer entwickelten Ökonomie nicht verwendbar sind. Es ist nicht offensichtlich, dass die Menge der Arbeit im voraus festgelegt ist, und dass es nötig wäre einen Kuchen auf irgendeine Weise aufzuteilen, der sich nicht vergrößern lässt. Die Idee, jemand an der Arbeit zu hindern, ist unangenehm, und die Vorstellung ist unrealistisch, dass diese Zwänge auf dem ganzen Planeten in gleicher Weise respektiert würden, ohne dass dann eine wilde Konkurrenz ausbrechen würde.

Die ökonomische Realität hat sich in so radikaler Weise geändert, dass die Methoden, die man früher zum Steuern verwendet hat, obsolet geworden sind. Einmal mehr hat der Fortschritt der Technik den Fortschritt der Gesellschaft dank der Technik vorweggenommen. Es gelingt uns nicht, die Gesellschaft so zu organisieren, dass wir vollen Nutzen aus neuen Techniken ziehen könnten.

Auf die eine oder andere Art unterdrücken die Informationstechniken Arbeitsplätze auf dem Sektor der privaten und öffentlichen Dienstleistungen. Die Produktivität jedes Arbeiters wächst beträchtlich und man braucht schon beachtliches Stehvermögen, um Arbeitsplätze aufrecht zu erhalten, die überflüssig geworden sind. In einer Netzwerkstruktur, wo die Information frei zirkuliert, werden zahlreiche hierarchische Schaltstellen nicht mehr benötigt. Die Chefs, die kleinen Chefs und die Politiker bemühen sich einstweilig sie zu erhalten, denn es sind ihre Arbeitsplätze, die als erste bedroht sind.

Diese technische Revolution darf nicht abgebremst werden. Nichts wäre absurder als die technischen Hilfsmittel, die verfügbar sind und die die Produktivität steigern können, zurückzuweisen. Weder durch Aufteilung einer als invariant unterstellten Arbeitsmenge, noch durch Behinderung des technischen Fortschritts wird eine Gesellschaft sich aus der schwierigen Lage befreien. Im Gegenteil, indem man die Technik bis zum Ende ihrer Logik vorantreibt, wird man die Mittel freisetzen, die ein anderes Leben ermöglichen.

Hier trocknet die Quelle der Ideen aus. Wir müssen auf tief verankerte Reflexe verzichten, auf Denkgewohnheiten, die unsere zweite Natur geworden sind, auf veraltete Postulate. Bei dieser Denkanstrengung ist nichts gefährlicher als die Verwendung von Utopien und Dogmen. Die sozialistische Gesellschaft hat im ersten Fall, die kapitalistische Gesellschaft nach Reagan und Thatcher im zweiten Fall gezeigt (und zeigen es noch), auf welche Niveaus der Abirrung man geraten kann, wenn man sich von einer einzigen Denkschablone leiten lässt. Die Besonderheit einer Ideologie ist, dass sie wie ein Naturgesetz erscheint, solang man sich ihrer bedient. Die Mehrzahl der ökonomischen Entscheidungsträger glauben (im wahren Sinne des Wortes) an die Existenz einer Art virtueller Steuerung unseres Planeten, die angeblich das Wachstum souverän bestimmt und die Wohltaten wie die Verluste zwischen den Nationen aufteilt. Auf lokalem Niveau verfügten die Regierenden und die Führungskräfte nur über einen geringen Spielraum um einige zweitrangige Wohltaten umzuverteilen. Das „Regieren" reduziere sich darauf, die „einzig mögliche Politik" zu entdecken und umzusetzen.

Wir können uns den Luxus ökonomischer Improvisationen und politischer Streitigkeiten nicht mehr leisten. Es ist Zeit, die erwähnte Herausforderung anzugehen, mit rationalem und hellem Verstand, unter Verzicht auf jedes Vorurteil. Es wäre an der Zeit, mehr in die Erforschung der geeigneten Mittel zum Einsatz der Technik zu investieren, als in die blinde Weiterentwicklung der Technik. Nichts ist dümmer als heute die Subventionen für die Forschung im Bereich der Humanwissenschaften herunterzufahren, unter dem Vorwand der Dringlichkeit, wo diese gerade von einem Defizit in der Forschung herrührt.

Der Mythos des technischen Fortschritts hat in Afrika noch mehr Schäden angerichtet als in den entwickelten Ländern. Die Dringlichkeit der Bedürfnisse stimuliert die Erforschung quasi magischer Lösungen, die sofort wirksam werden würden und gestatten, ganze Entwicklungsetappen zu überspringen. Im Rahmen dieser Mythologie läuft die Kooperation zwischen dem Süden und dem Norden, so wie sie jetzt funktioniert, allzu oft darauf hinaus, im Sinne der reichen Länder zu entwickeln, statt wirklich zu helfen. Man kann leicht einige extreme Beispiele anführen, bei denen kostspielige und komplexe Ausrüstungen in Gegenden implantiert wurden, die gar kein Bedürfnis hatten, weil viel elementarere Ausrüstungen fehlten.

Selbst wenn man sich auf Programme beschränkt, die vernünftiger erscheinen, muss man sich indessen fragen, ob sie zu der Kultur passen, auf die man sie „aufpfropfen" möchte. Die Kooperation verfolgt allzu oft im Stil der Kolonialisation: Bemühungen, die Früchte zu tragen scheinen, führen aber zu paradoxen Resultaten. Aus kolonialer Sicht macht es Sinn, eine medizinische Versorgung zu garantieren, den Studenten Geld zur Verfügung zu stellen, lokale Universitäten zu unterhalten, schlüsselfertige Fabriken zu erstellen, ein Netzwerk von Straßen, Flugplätzen, Häfen und Eisenbahnen zu bauen und zu unterhalten, wenn ein afrikanisches Land gleichzeitig als Quelle von Rohstoffen und als Absatzmarkt für die industrielle Produktion der Metropole dient. Aber all das konnte nur funktionieren, so lange das Mutterland eine Betreuung bei der Übertragung europäischer Arbeitsbedingungen auf Afrika übernahm. Letztlich war die Kolonialisierung für die Afrikaner in dem Ausmaß unerträglich, als sie der afrikanischen Kultur Gewalt antat. Unter den aseptischen Blasen der Klimaanlagen hatte der Kolonisator europäische Enklaven in Afrika geschaffen.

Die Schuldgefühle in Europa haben von 1960 an eine Kooperation gefördert, die die gleichen Resultate zu erreichen hoffte wie die Kolonisation, ohne die administrative und militärische Ausrüstung, die früher die Metropolen gestellt hatten. Damit sollte der Nationalstolz der ehemaligen Kolonien geschont werden. Das Resultat hat die hohen Hoffnungen nicht erfüllt. Weit davon entfernt Afrika eine Autonomie zu ermöglichen, hat die Hilfe, selbst wenn sie uneigennützig war, zu einer generellen Fehlfunktion geführt, die von Spezialisten untersucht werden sollte. Die Verpflanzung von Rechnern oder Kernreaktoren nach Afrika ändert nicht, wie durch Zauberhand, die existierenden Bedingungen.

Die Technik ist niemals Zauberei. So kann sie in den Augen derjenigen erscheinen, die ihre elementarsten Prinzipien nicht verstehen. Sie werden versucht sein, sie sich anzueignen. Aber sie wird in ihren Händen untauglich bleiben. Sie wird sich im Gegenteil gegen sie wenden, wie in der Legende vom Zauberlehrling. Die Techniken, die der afrikanische Kultur nicht angemessen sind, wirken als Gift für die Gesellschaften, die sie eigentlich retten sollten.

Eine christliche Annäherung an die Globalisierung

Man muss den destruktiven Aspekt der Evolution erkennen, und ohne ihn beseitigen zu wollen, durch karitative Maßnahmen kompensieren.

Da wir die nötigen Ressourcen haben, können wir menschliche Wesen nicht an Hunger oder Kälte sterben lassen. Wir müssen deshalb Personen, die Opfer des Arbeitsplatzabbaus geworden sind, auffangen und darüber wachen, dass ihre fundamentalen Bedürfnisse befriedigt werden. Sehr oft nimmt sich die Zivilgesellschaft dieses Aspektes des Problems an. Wenn das nicht korrekt geschieht, ist es unmittelbare Aufgabe der Kirchen, einzutreten.

Dennoch ist der Beistand nicht das Ziel an sich. Die frei gesetzten Personen müssen sehr schnell wieder in die sozialen Kreisläufe integriert werden, angefangen mit dem dem Arbeitsleben. Es gibt keine dringlichere Aufgabe als die, erneut eine Gesellschaft zu schaffen, in der jeder in Würde arbeiten kann. Die Minderung der Arbeitslast ist kein Fluch, sondern ein Segen, in dem Maße als sich eine andere Aufteilung der Arbeit ergibt. Aufgabe der Kirchen ist es, dieses Recht zu sichern und zu verteidigen.

Die ökonomische Doktrin, die unter dem Namen Kapitalismus bekannt ist, ist weder positiv, noch negativ, noch neutral. Sie stellt im Augenblick die einzige Doktrin dar, nach Verschwinden des Sowjet-Kommunismus. Es muss erlaubt sein, sie zu kritisieren und zu ändern, ohne zu fordern, sie durch eine neue Utopie zu ersetzen. Sie erklärt nicht alles und darf auch nicht als Sündenbock dienen, um sich tieferes Nachdenken zu ersparen.

Die Globalisierung zieht, durch die Kraft der Tatsachen und trotz Rückzugsgefechten, die Abkehr vom Nationalismus, Rassismus und der religiösen Intoleranz nach sich. Vom religiösen Standpunkt aus verpflichtet sie kulturelle Anpassungen in Aussicht zu stellen. Der Katholizismus kann auf diese Weise als eine Anpassung der Botschaft Christi an die mediterrane Kultur angesehen werden. Man muss eine bessere Auswahl zwischen dem, was vergängliche Form und dem was Urgrund ist, treffen. Es ist höchste Zeit, dass der peinliche Streit zwischen den christlichen Konfessionen aufhört, der die Gläubigen nicht interessiert, auch wenn er einige diensthabende Theologen noch in Atem hält. Da sie nicht in der Lage sind, eine Lösung zu finden, stellen sie selbst das einzige wirkliche Problem dar. *Da eine ehrliche ökumenische Bewegung fehlt, haben die Kirchen in der Öffentlichen Meinung, die mehr als je offen gegenüber Fremdem ist, keine Glaubwürdigkeit.*

Der Glaube an den Heiligen Geist stellt allzu oft eine übliche Pastoralformel dar. Alles wird gemäß einem mechanischen Schema betrachtet: ein Adam, der uns gleicht, begeht einen Fehler; Jesus tilgt ihn teilweise durch sein Leiden; die Christen sind die Waisenkinder der Inkarnation; bis zum Ende der Zeiten bleibt der Mensch sich selbst ähnlich, ursprünglich verdorben, unbelehrbar durch die Verkündung des Evangeliums. Die Geschichte wird nicht verstanden als Evolution, sondern als Rückentwicklung: man geht von Untergang zu Untergang bis zum ewigen Verfall. Auf geistiger Ebene spielt sich nichts ab: es gibt keine Heilsgeschichte.

Insbesondere sollten die theologischen Gelehrten das Auftreten des Bösen weniger traditionalistisch interpretieren. Und sie sollten unverzüglich die normale

Geistlichkeit instruieren. Man darf Kindern nicht den biblischen Schöpfungsbericht lehren, in der Art, in der dies immer noch geschieht, ohne ihnen ausdrücklich zu sagen, dass es sich um ein Gleichnis handelt und ohne die Annäherung dieses Berichts an die Tatsachen der biologischen Evolution, wie sie in der Schule gelehrt wird. Belässt man die Taufanwärter mit zwei offenbar widersprüchlichen Versionen der Schöpfung, kann sie das nur dazu bringen, die „wissenschaftliche" Version zu wählen, um damit im Mainstream der Zeit zu bleiben.

Ebenso darf man die Tatsache der technischen, also sozialen und kulturellen Evolution gegenüber Erwachsenen, an die man sich wendet, nicht vernachlässigen. Es ist selbstmörderisch, einfache kirchliche Disziplinregeln im Namen der Tradition aufrecht erhalten zu wollen, die immer eine kulturelle Anpassung darstellt, die im Begriff ist, von der Globalisierung hinweggefegt zu werden. Es ist nicht mehr zulässig, eine doppelte Sprache zu sprechen, eine der offiziellen Anwendung und eine andere der gelebten Praxis. Die Kommunikationsmittel des weltweiten technischen Systems, in dem wir leben, machen jede Duplizität unerträglich.

Angesichts des radikalen Pessimismus, der ohne Zweifel viel der griechischen Philosophie der Dekadenz schuldet, und sehr wenig der Botschaft Jesus', *ruft uns die Globalisierung zu einem radikalen Optimismus auf.* Sie regt uns an, aus einer Botschaft der Schuld herauszutreten, um uns mit Vertrauen der Schöpfung Gottes zu öffnen, die sich unter unseren blinden Augen vollzieht. Es ist dringlich, die theologische Forschung mehr auf das Thema einer dynamischen Schöpfung auszurichten, in dem Sinne, dass sie keine Gegebenheit vom Ursprung der Zeiten ist, sondern eine Zukunft, auf die Menschen einen gewissen Einfluss haben. Die technische Evolution ist ein erstaunliches Phänomen, weil sie einer unerhörten Beschleunigung der normalen biologischen Evolution entspricht. Die menschliche Art, die sich in diesen Prozess vorantreibt, befindet sich in einer andauernden Mutation. Sie muss also eine besondere Strategie entwickeln, wenn sie ganz einfach überleben will. In dieser Strategie ist das religiöse Phänomen kein zufälliges Ereignis. Ist nicht die Zielsetzung jeder Religion, und besonders der christlichen, in erster Linie die Aufmerksamkeit seiner Gläubigen auf diese kosmische Verantwortung zu lenken?

Nach biblischem Bild läuft die Schöpfung mit Geburtswehen ab. Das Gute und das Böse sind unauflöslich mit einander verknüpft, wie es das Darwinsche Evolutionsschema zeigt. Der marxistische Misserfolg unterstreicht, wie gefährlich es ist, den Fortschritt behindern zu wollen. Indem man es zu gut machen will, begeht man das Böse. *Wir sind zurückgeworfen auf ein Gleichnis, das selten richtig verstanden wird, das vom guten und vom schlechten Korn.*

Die Globalisierung plädiert für die geistige Öffnung, besonders in der Reflexion über den Glauben, die sich Theologie nennt. Jeder noch so gut gemeinte Versuch, diese Reflexion zu kontrollieren oder zu zügeln, führt zu Sterilität und bedauerlichen Verdammungen. Es genügt nicht im Nachhinein Congar, de Lubac und Zundel zu rehabilitieren. Indem man ihnen die Lehrbefugnis entzogen hat, wurde der natürliche Lauf der Forschung unterbrochen. Vertrauen würde durch ein unsichtbares Kolleg geschaffen, das sich allein auf Kompetenz gründet. *Sich der Evolution anvertrauen bedeutet sich hingeben an Gott, den Schöpfer.*

Es ist nicht weniger dringlich, die dynamische Natur der Offenbarung theologisch zu erforschen. Sie kann nicht länger als eine ausgetrocknete Quelle betrachtet werden, die uns ein und für alle Mal vor 2.000 Jahren gegeben wurde, als eine Gesamtheit von Büchern, die in expliziten Worten die ganze göttliche Botschaft enthält. Die einzige unveränderliche Botschaft der Bibel ist geistiger Natur: Sie ist weder eine naturwissenschaftliche Abhandlung, noch ein Gesetzesbuch, noch eine historische Quelle. Wir müssen also immer wieder entschlüsseln, welches die geistige Botschaft ist, die sich in einem kulturellen Kontext ausdrückt, von dem wir uns immer weiter entfernen.

Darüber hinaus muss diese Botschaft, im gleichen Maße wie wir die Geheimnisse der Natur durch wissenschaftliche Forschung und durch die technische Evolution immer mehr durchdringen, auf immer genauere Art dekodiert werden und angewandt werden auf die neue Spezies, zu der wir uns unaufhörlich entwickeln. Das Konzept einer natürlichen unveränderlichen Moral ist überholt.

Man muss mit Nachdruck versichern, dass die Globalisierung weder negativ, noch positiv, noch neutral ist. Sie ist aus dem Herzen der Christenheit hervorgegangen: *Wir sind dafür verantwortlich* und werden auch manchmal schuldig. Man muss deshalb aus dem normalen Religionsunterricht die üblichen Klagen schöner Seelen verdammen, die irgendeinen Schuldigen suchen. Wir sind nicht Opfer eines Komplotts. Technischer Fortschritt, wenn er unter Anstoß des Geistes abläuft, stellt uns vor Herausforderungen: Wir sind aufgerufen, mehr Verantwortung zu übernehmen als vorausgegangene Generationen, aber wir sind gewiss nicht im Zustand geistiger Dekadenz.

Es ist an den Kirchen, wenn sie denn überleben wollen, *sich nützlich zu erweisen* in der gegenwärtigen Gesellschaft, indem sie Lösungen für die ethischen Probleme suchen, welche die öffentliche Aufmerksamkeit immer mehr beschäftigt, als Folge beschleunigter technischer Evolution. Erwähnen wir hier nur das Problem der nuklearen, chemischen oder biologischen Aufrüstung, die Forschung in der Molekularbiologie und die Genmanipulation, der übermäßige Konsum der entwickelten Länder, im Angesicht der Not der anderen. Die Lösungen können nicht einfach die Wiederholung von Positionen sein, die vor Jahrzehnten unter völlig anderen Umständen bezogen wurden. Sie können ebenso wenig in weltfremden geistigen Labors erarbeitet werden. Auch Theologen haben ein Recht sich zu irren: Sie haben leider den Hang, von diesem Recht keinerlei Gebrauch zu machen.

Dritter Teil:
Die technische Schöpfung

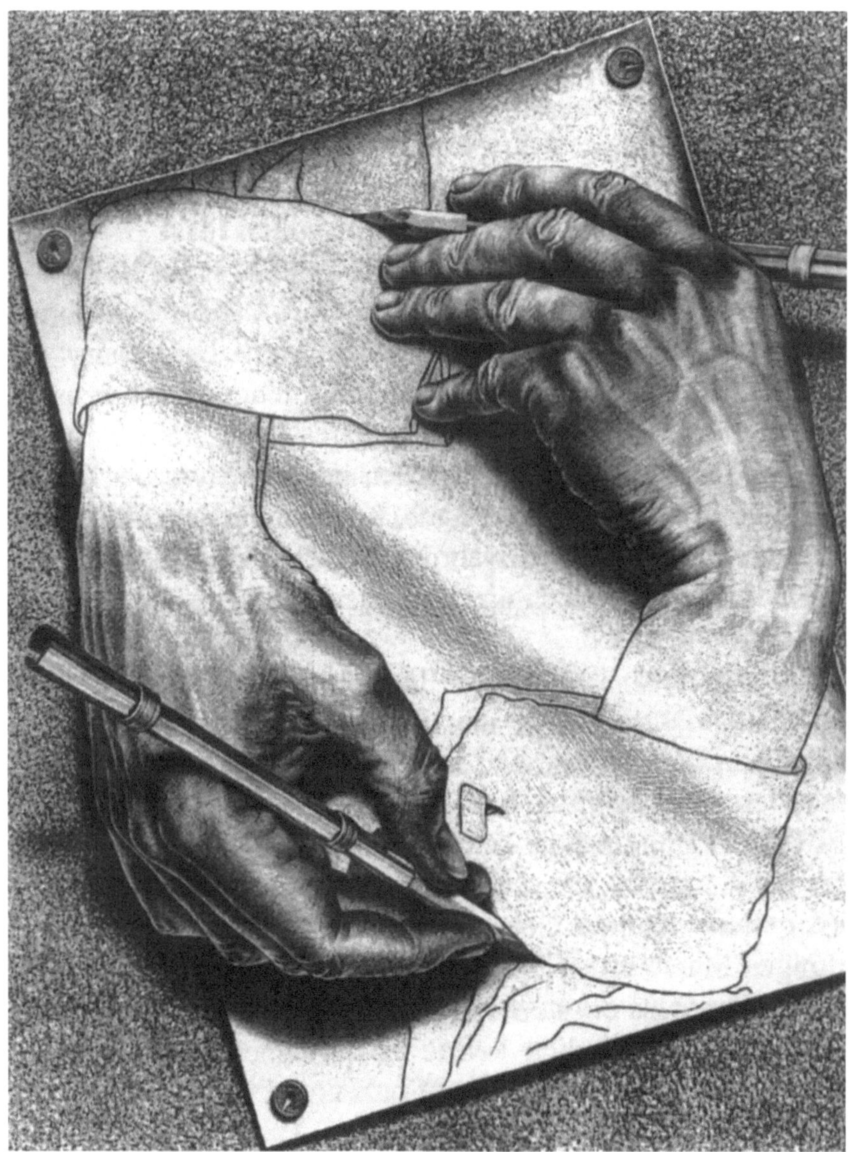

Kapitel 18

Die Kontrolle der technischen Evolution

Das Gleichnis von der geheimnisvollen Insel

Es war einmal ein Schiff, das vor der Küste eines Landes Schiffbruch erlitt, das auf keiner Seekarte zu finden war. Es gelang den Schiffbrüchigen jedoch, nahe der Mündung eines Flüsschens zu landen; sie entdeckten dabei ein fruchtbares, von hohen Bergen umgebenes Tal, das von diesem Flüsschen bewässert wurde. Und da es hier unzählige Pflanzen und Tiere gab, konnten die Schiffbrüchigen sich durch Jagen und Sammeln Nahrung verschaffen; sie lebten von nun an sehr lange Zeit glücklich und zufrieden in diesem Tal.

Nun geschah es, dass Tiere und Pflanzen mysteriöserweise verschwanden. Hinzu kam, dass die Schiffbrüchigen, Männer und Frauen, Kinder in die Welt gesetzt hatten, die nun zusätzlich ernährt werden mussten. Die Nahrungsmittel mussten schließlich rationiert werden. Es folgten Hungersnöte, und die Schwächsten starben.

Eines Tages, vom Hunger getrieben, gelang es einem besonders schlauen jungen Mann, einen Übergang über die Bergkette zu finden. Dabei entdeckte er, dass ein neues, noch prächtigeres Tal jenseits des Übergangs existierte. Heimlich kehrte er zu seiner Verwandtschaft zurück, berichtete ihnen von seiner Entdeckung und bereitete die gemeinsame Überquerung der Bergkette vor. Dort lebten sie dann wieder in Hülle und Fülle, bekamen zahlreiche Kinder und vergaßen die Hungersnöte. Und als sie stark und kräftig geworden waren, geschah es, dass sie in das erste Tal zurückkehrten. Diejenigen, die sie dort zurückgelassen hatten, waren inzwischen so geschwächt, dass sie nicht mehr die Kraft besaßen, sich Nahrung zu beschaffen. Und da sie nicht einmal mehr transportfähig waren, blieb den Bewohnern des zweiten Tales nichts anderes übrig, als sie ihrem Schicksal zu überlassen.

Nach einiger Zeit waren aber auch die Ressourcen des zweiten Tales derart erschöpft, dass sie zur Ernährung des Volksstamms nicht mehr ausreichten. Nach mehreren Misserfolgen gelang es einem Bewohner des zweiten Tales schließlich, einen Übergang zu einem dritten Tal zu entdecken und seine Familie dorthin zu bringen. Die gleiche Geschichte wiederholte sich in diesem dritten Tal, später in einem vierten, dann in einem fünften usw. Es gab nur einen Unterschied von Tal zu Tal: Der Übergang vom einen zum anderen wurde von Mal zu

Mal beschwerlicher, da die Bergwände immer schroffer wurden. Außerdem schmolzen die Ressourcen eines jeden neu entdeckten Tales immer schneller zusammen als die des vorausgehenden, da die Bevölkerungszahl immer weiter anstieg.

Es sollen hier nicht alle Schicksalsschläge aufgezählt werden, mit denen die Schiffbrüchigen und ihre Nachkommen konfrontiert wurden. Es gab Zeiten, wo sie sich wirklich dazu verurteilt glaubten, in ihrem Tal bleiben zu müssen, um dort an Hunger zu sterben; durch Auseinandersetzungen und Kriege versuchte man, sich der letzten Nahrungsreste zu bemächtigen; es gab Tote. In dem Versuch, den Fluch abzuwenden, dem sie offenbar zum Opfer gefallen waren, suchten die Schiffbrüchigen Zuflucht bei allerlei Riten und Aberglauben. Die Stärksten unterdrückten die Schwachen, denen nur noch Hungerrationen gewährt wurden. Jedes Tal wurde mit Hilfe unerhörter Mühen bis auf seine allerletzten Ressourcen ausgebeutet.

All diese Hilfsmittel konnten jedoch dem ursprünglichen Fluch keinen Einhalt gebieten: Die Gestrandeten schleppten sich von Tal zu Tal; sie gelangten schließlich zu einem letzten, von außerordentlich hohen Bergen umsäumten Tal, das sie nur unter den allergrößten Mühen erreichen konnten. Nachdem sie auch die Bergwand dieses Tales mühselig bezwungen hatten und oben angekommen waren, entdeckten sie, dass sie zum Ausgangstal zurückgekehrt waren, zu jenem ersten, an dem die Schiffbrüchigen damals gestrandet waren: Es hatte sich inzwischen in eine Wüste verwandelt.

Eine tiefe, beklemmende Stille herrschte, als sie den anderen diese Nachricht überbrachten. Sie alle verstanden, was einige schon heimlich befürchtet hatten: Sie waren auf einer Insel gestrandet und allesamt dazu verurteilt, an Hunger zu sterben ...

Ein entropologisches Modell

Dieses Gleichnis ist für jeden, der die Geschichte der technischen Evolution gelesen und im Zusammenhang mit dem Gesetz der wachsenden Entropie interpretiert hat, leicht zu durchschauen: Die Schiffbrüchigen verkörpern das Menschengeschlecht; die Insel stellt das geschlossene System des Planeten „Erde“ dar; die Täler entsprechen den verschiedenen technischen Systemen, die die Menschen durchschritten haben; das geheimnisvolle Verschwinden der Pflanzen und Tiere veranschaulicht das Anwachsen der Entropie und das Seltenwerden der Bodenschätze in einem gegebenen technischen System; die Bergketten sind die Hindernisse, die überwunden werden müssen, um mit Hilfe einer technischen Mutation von einem System in ein anderes zu gelangen; diese Hindernisse erfordern immer größere Anstrengungen, um bewältigt zu werden. Diejenigen, denen es nicht gelingt, die Trennungslinie zwischen zwei Tälern zu überschreiten, repräsentieren die untergegangenen Hominidenarten sowie die bei der Kolonisation ausgelöschten Völker.

Es handelt sich nicht um eine einfache literarische Metapher. Die geheimnisvolle Insel ist, im Sinne der Physik, das Modell der entropologischen Gegebenheit, von der aus sich die technische Evolution vollzieht. Aus diesem Modell geht ganz klar hervor, dass die Menschheit ohne Frage einer großen Krise entgegengeht, wenn sie das letzte Tal betritt. Auf einer Insel, gezwungen Tal um Tal auszubeuten, kann man nicht umhin, alle Täler zu besetzen. Dieser Moment rückt umso schneller näher, als die Auszehrung eines jeden Tales sich beschleunigt.

Im Grunde genommen ergeben sich für die Schiffbrüchigen zwei Schicksalsalternativen: Die einzige wirkliche Rettung der Schiffbrüchigen wäre, noch zur rechten Zeit von einem zufällig an der Insel vorbeisteuernden Schiff entdeckt zu werden; dabei handelt es sich um die Vorstellung eines unvorhergesehenen und rätselhaften Ereignisses, wodurch das Abenteuer des Menschheit einen neuen Sinn annehmen würde – dem gegenwärtigen Fluch zu Trotze. Inzwischen, um sich die besten Aussichten auf Erfolg zu sichern, ist es allerdings besser, die Ressourcen jedes einzelnen Tales möglichst langsam aufzubrauchen.

Strategie der technischen Schöpfung

Diese beiden Alternativen enthalten das Wesentliche der Strategie, die in diesem dritten Teil des Buches unter dem Namen „Technische Schöpfung“ entwickelt werden wird. Diese Strategie setzt selbstverständlich voraus, dass das Gesetz der Zunahme der Entropie von den Forschern entdeckt worden ist (was gegen Mitte des vergangenen Jahrhunderts der Fall war) und dass die Menschen dieses Gesetz verinnerlicht haben (was noch geschehen muss). Im Beispiel der geheimnisvollen Insel kann diese Strategie dann entworfen werden, wenn einige Forscher sich auf einem Berggipfel die Tatsache vor Augen führen, dass sie sich auf einer Insel befinden, und wenn ihre Gefährten sie angehört und ihnen geglaubt haben.

Das Ziel dieses dritten Teiles ist daher weniger die Beschreibung dessen, *was* zu tun ist, als vielmehr die Erklärung, *warum* es zu tun ist und wie die kulturellen Mechanismen beschaffen sein müssen, um dann dieses Gedankengut zu verbreiten. Seit rund 30 Jahren sind viele Versuche in dieser Richtung unternommen worden: Die zahlreichen technischen und wirtschaftlichen Berichte des Club of Rome; die ökologischen Utopien, unter denen das beste Beispiel der berühmte „Blueprint for survivial“ ist, der eine gute Zusammenfassung dessen darstellt, was zu tun ist; das Aufbegehren des klassischen Humanismus, mit seinem wichtigsten eloquenten Verfechter Denis de Rougement; die gemilderten Warnungen der unverbesserlichen Optimisten wie Leprince Ringuet; die esoterischen Orakel der intellektuellen Schwärmer wie J. Attali; die Zuflucht ins Geistige von J. Ellul oder von E. Schumacher. Der große Umfang, den diese Überlegungen angenommen haben, unterstreicht zweifellos die Dringlichkeit des Themas; die Vielfalt der Betrachtungen dieses Themas setzt die Verworrenheit der Ideen unserer Zeit ins rechte Licht: In der folgenden Darlegung halten wir uns an die von N. Georgescu-Roegen und J. Rifkin stammende entropologische Betrachtung; sie hat das Verdienst, die umhervagabundierenden Ideen zum beklemmenden Thema unserer Zukunft zu vereinigen und zu unterstreichen.

Die Wesenszüge der technischen Evolution

Beginnen wir zunächst einmal damit, das aufzuzählen, was wir aufgrund unseres Studiums der technischen Evolution mit Sicherheit wissen:

– Die *Unwiderstehlichkeit* der technischen Evolution geht auf die Notwendigkeit zurück, Ressourcen zum Überleben zu finden. Sie zwingt einzelne Menschengruppen dazu, diese so gründlich auszubeuten, dass für die anderen nichts übrig bleibt. Die Geschichte überliefert ausschließlich die erfolgreichen Versuche und lässt all die anderen beiseite. Dies erweckt den Eindruck, als handle es sich um ein positives und freiwilliges Vorgehen der Menschen. Jedes bezwungene Hindernis stellt selbstverständlich ein Zeugnis für das Genie des Menschen dar. Aber dieses Genie ist nicht die Haupttriebkraft der Entwicklung. Eine technische Evolution findet nur dann statt, wenn eine Notwendigkeit spürbar wird; ohne sie herrscht ein vollkommenes Gleichgewicht. Das technische System der Pharaonen und das vorkolumbianische System bezeugen es.

– Das *Unabwendbare* der technischen Evolution resultiert natürlich aus dem Anwachsen der Entropie oder, mit anderen Worten, aus der fortschreitenden Erschöpfung der Ressourcen. Die Menschheit kann nicht in ein früheres technisches System zurückkehren, weil die Ressourcen, die unseren Vorfahren das Überleben gestatteten, heute nicht mehr vorhanden sind. Die ökologische Utopie ist tendenziös, weil sie oft meint, es genüge, rückwärts aus dem industriellen System auszusteigen, um ein mythisches Arkadien wiederzufinden. Die Zeit lässt sich jedoch nicht zurückdrehen; die Zunahme der Entropie ist gerade das, was der Zeit ihre Irreversibiltät verleiht.

– Die *Diskontinuität* der technischen Evolution macht sich durch sehr schnelle Wandlungen bemerkbar (die zwischen den aufeinander folgenden technischen Systemen auftreten), die durch Perioden der Stabilität, ja sogar der Stagnation, voneinander getrennt sind. Solange ein System in der Lage ist, den Bedürfnissen einer Bevölkerungsgruppe in einem gegebenen Raum nachzukommen, beschränken sich technische Erfindungen auf kleine Verbesserungen. Jedes Mal wenn die Ressourcen eines Landes aufgrund der anwachsenden Entropie und der ansteigenden Bevölkerungszahl auszugehen drohen, ist ein technisches System *gesättigt,* d.h. es produziert nur noch in abnehmenden Mengen. In einer derartigen Krisensituation kann es einer Menschengruppe gelingen, die technische Mutation zu bewältigen, zu der sie gezwungen ist.

– Das *Unkontrollierbare* der technischen Evolution im Zusammenhang mit den Bedürfnissen und dem Trachten der Menschen stammt daher, dass diese Evolution nicht auf einem vernunftgemäßen Beschluss der Menschen beruht, sondern verursacht wird von der Antwort auf hintereinander auftretende Herausforderungen. Die technische Evolution besitzt nur eine einzige innere Logik: das beschleunigte Anwachsen der Entropie in einem geschlossenen System. Sie kennt nur eine einzige natürliche Schlussfolgerung: der frühzeitige Untergang der Menschheit.

– Die gegenseitige *Abhängigkeit* zwischen den technischen und kulturellen Evolutionen stammt daher, dass es in gewissem Maße möglich ist, die Lösung eines entropologischen Problems auf das anthropologische Gebiet zu übertragen, oder umgekehrt: So kann man beispielsweise die zu knappen Ressourcen mit Hilfe von sozialen Institutionen bestmöglich umverteilen – wie im sowjetischen Modell. Umgekehrt kann man den sozialen Problemen durch Lieferung eines materiellen Überflusses ausweichen – wie im amerikanischen Modell. Diese beiden Verfahren ergänzen sich gegenseitig und definieren jeweils die Mangelgesellschaften und die Konsumgesellschaften. Um ein Beispiel aus der Informatik zu nehmen: Es besteht eine gewisse Flexibilität in der Verlagerung einer Problemlösung in den Softwarebereich bzw. in den Hardwarebereich. *Die technische Evolution hat also eine kulturelle Evolution zur Folge, von der sie ihrerseits mitgerissen wird.*

Die Vorsichtsregel

Diese Sicht der technischen Evolution ist weit entfernt von der technischen Illusion, auf die sich unsere heutige menschliche Gesellschaft gründet. Sie zielt weniger auf eine Desillusionierung ab, als vielmehr darauf, einen Zauber zu brechen, von einem unheilvollen Bann zu erlösen, und strebt danach, den Menschen den knappen Freiheitsspielraum, der ihnen zugänglich ist, wieder zu geben.

Wir sind der Unabwendbarkeit und Unwiderstehlichkeit der technischen Evolution gegenüber machtlos, weil diese ihre Merkmale ganz einfach das physikalische Gesetz der zunehmenden Entropie umschreiben. Wir können jedoch verhindern, dass die technische Evolution hinsichtlich unserer Bedürfnisse und Bestrebungen so unkontrollierbar bleibt, wie sie es gegenwärtig ist: Wir dürfen uns keine Illusionen mehr über sie machen und etwa glauben, sie sei positiv (oder auch nur neutral) und wir seien ihr gegenüber souverän und unveränderlich. Dies bedeutet, mit anderen Worten, dass wir uns unseren eigenen Grenzen nicht nähern können, ehe wir nicht damit beginnen, ihre Existenz anzuerkennen. Wir sind im gleichen Maße Sklaven der Technik, wie wir uns als ihren Meister betrachten; wir können sie in dem Maße kontrollieren, wie wir unsere eigene Abhängigkeit von ihr richtig bewerten.

Zuallererst müssen wir dazu bereit sein, jener unausgesprochenen Grundregel der industriellen Gesellschaft zu entsagen, die schon im ersten Teil erwähnt wurde: Jeder technische Vorgang, zu dessen Ausführung wir fähig sind, ist allein schon aus diesem Grunde gerechtfertigt und wünschenswert. Dieses weltanschauliche Dogma müsste, ganz im Gegenteil, durch eine Vorsichtsmaßnahme ersetzt werden: *Entweder sind die technischen Verfahren zu nützlich, als dass man sie ohne Gefahr entbehren könnte, oder sie sind zu gefährlich, um ohne zwingende Notwendigkeit angewandt zu werden.* Das Problem in einer gegebenen Situation ist dann die Beantwortung der Frage, welche Technik hinreichend nützlich und welche hinreichend gefährlich ist.

Dies ist der Einsatz, und dies ist die Herausforderung: Wir besitzen gegenwärtig kein Kriterium, um mit Sicherheit festzustellen, was zu tun und was zu lassen ist. Wir nehmen an einem Spiel teil, dessen Spielregeln uns unbekannt sind oder dessen Regeln wir absichtlich verkennen, wobei der Einsatz das Überleben der menschlichen Art darstellt.

Für eine kontrollierte Evolution

Ebenso wie die normale biologische Evolution unsere affenähnlichen Vorfahren in den Homo sapiens verwandelt hat und *dann stehen geblieben* ist, so muss die spontane technische Evolution, die die biologische zeitlich verlängert, einer *technisch kontrollierten Evolution* Platz machen. Die überlegte Entscheidung für die eine oder andere Technologie rührt demnach weder von einem Zweifel noch von einer Laune oder einer Weltanschauung her. Von jetzt ab bestimmt sie die Lebenserwartung der Menschheit. Noch nie ist die Technik weniger neutral gewesen als heute.

Was muss praktisch unternommen werden? Kehren wir zu unserem Modell der mysteriösen Insel zurück, dann verstehen wir, was vorrangig ist: Die Inselbewohner müssen davon überzeugt werden, dass sie sich auf einer Insel befinden und dass die vollständige Ausbeutung der Bodenschätze in einem Tal nach dem anderen vermieden werden muss. Speziell unser industrielles Wirtschaftssystem verbraucht die nicht erneuerbaren Ressourcen viel schneller als alle früheren Systeme, die von ihnen unabhängig waren oder schonend mit ihnen umgingen; die Geschwindigkeit der Ausbeutung wächst sogar an. Gewiss, „wenn China erwacht, wird die Welt zittern", wie es Alain Peyrefitte richtig sagt. Aber was uns zittern lassen sollte, ist nicht der Vorsprung, den China vor unseren Zivilisationen erreichen könnte, sondern die Ankunft von eine Milliarde Verbrauchern auf dem Ölmarkt, begierig an unserer Verschwendung teilzuhaben.

Wir befinden uns in einer *evolutorischen Sackgasse,* die von dem politischen Schlagwort „zum Wachstum verdammt" symbolisiert wird. Auf einem Planeten mit begrenzten Rohstoffen muss ein solches System schließlich zusammenbrechen, ebenso wie das Römische Reich zusammengebrochen ist, nachdem es die gesamten Ressourcen des Mittelmeerraumes vergeudet hatte. Und doch gibt es einen Unterschied: Unser System umfasst den gesamten Planeten. Nach seinem Zusammenbruch ist es unmöglich, ein Mittelalter anderswo von neuem zu beginnen, da es kein „anderswo" mehr gibt: Wir befinden uns ja in einem geschlossenen System.

Kapital und Einkünfte

Gesetzt der Fall, die entropologische Wirklichkeit sieht so aus wie oben beschrieben, dann muss eine Bilanz der Ressourcen aufgestellt werden: Wir besitzen einerseits einen *Vorrat* an brennbaren Fossilien, Mineralien, Wasser, Luft, bebaubarer Erde, und verfügen andererseits über einen *Zufluss* reiner Sonnenenergie unter Ausschluss jeglicher Materie: Der Vorrat stellt das Eigenkapital dar, der Zufluss das Einkommen. Grundsätzlich betrachtet, dürfte das „Unternehmen“, das die menschliche Art darstellt, sein Eigenkapital ausschließlich zur besseren Nutzung seines Einkommens verwenden. Genau dies geschieht beim Bau einer Talsperre, von Sonnenkollektoren, einer Windmühle, eines Bewässerungssystems, eines Gewächshauses, eines gut isolierten Wohnhauses.

Tatsächlich stellt diese kluge Anwendung des Kapitals nur einen winzigen Anteil unserer wirklichen Ausgaben dar. Der Hauptanteil dient dagegen zum Bewegen von Autos, Heizen von Wohnungen, Herstellen von Konservendosen. Wir verzehren unser Kapital geringer Entropie und verschlingen es immer schneller, wenn unser Bruttosozialprodukt ansteigt.

Kein vernünftiger Wirtschaftsexperte würde es wagen, einem Industrie- oder Handelsunternehmen den Rat zu geben, ruhig sein Eigenkapital aufzuzehren, ohne ein Einkommen zu schaffen. Und das unter dem Vorwand, das Kapital des Unternehmens sei zu groß, um genau erfasst zu werden. Er käme noch weniger auf den verschrobenen Gedanken, den Fortschritt des Unternehmens am beschleunigten Tempo zu messen, mit dem es sein Kapital verschlingt. Andererseits gibt es wohl nicht viele Wirtschaftswissenschaftler, die den Mut aufbrächten, dem Unternehmen „Welt“ die gleichen vernünftigen Ratschläge zu erteilen, die sie allen Betrieben geben. Die Sichtweise der Unternehmer ist mikroskopisch: die Entropologie verlangt eine makroskopische Sichtweise.

Und dabei ist es doch einfach darzulegen, was zu tun ist: Jeder Ingenieur ist in der Lage, ein neues technisches System mit niedriger Entropie zu entwerfen, z.B. eine Solartechnik vorzuschlagen, um damit deutlich zu machen, dass er sich hauptsächlich auf den Verbrauch der Einnahmen und nicht auf die Vergeudung des Kapitals stützt. Die Akademie der Technischen Wissenschaften der Schweiz hat einen Bericht herausgegeben, der im Detail beschreibt, wie das Land, ein Großverbraucher an Energie, ganz einfach die Hälfte davon durch Überprüfung aller seiner Einrichtungen einsparen könnte: Häuser besser isolieren, gemeinsame Transporte besser organisieren, sich beschränken auf Haushaltsgeräte höchsten Wirkungsgrades, unnötige Warentransporte vermeiden. Man kann dabei den gleichen Lebensstandard aufrechterhalten, indem man sich besser organisiert. Auf jeden Fall wird die unvermeidliche Verteuerung des Erdöls die Anwendung solcher Strategien erzwingen.

Die Zuflucht zu fortschrittlichen technischen Verfahren

Um ein unkontrolliertes Anwachsen der Entropie zu verhindern, können zwei Zielsetzungen ins Auge gefasst werden:

- Die Ausnutzung der einfallenden Sonnenstrahlung als alleinige Energiequelle. Das Energiekapital in Form von Kohle, Erdöl oder spaltbaren Materialien sollte prinzipiell ausschließlich zum Bau von Anlagen zum Einfangen der Sonnenstrahlung dienen.
- Größte Sparsamkeit im Verbrauch der Rohstoffe. Rückgriff auf die Wiederverwertung seltener Materialien, wie z.B. der Metalle, und ihre Substitution durch häufiger vorkommende Werkstoffe, wie z.B. die Keramiken.

Diese beiden Ziele haben alle möglichen Konsequenzen, deren wirkliche Bedeutung oft verkannt wird. Wenn wir von der Solarenergie leben wollen, dann müssen wir auf intensive Landwirtschaft mit ihren chemischen Düngemitteln, Pestiziden und landwirtschaftlichen Maschinen verzichten, die ihrerseits die bedeutende gegenwärtige Ertragsfähigkeit ermöglicht haben. Untersucht man den Energieinhalt eines Zentners Mais, wie er heutzutage von einem amerikanischen Landwirt geerntet wird, so kann man feststellen, dass dieser zu 10 Prozent aus Sonnenenergie besteht, die während des Erntesommers eingefallen ist, und zu 90 Prozent aus fossiler Energie. Letztere stellt ebenfalls Sonnenenergie dar, die jedoch während der vorhergehenden erdgeschichtlichen Perioden gespeichert worden ist. Es ist nicht verwunderlich, dass man bei einer Ernte zehnfach größere Erträge als bei einer *organischen Landwirtschaft* erzielt, wenn man die Solarenergie von etwa zehn Jahren verdichtet. Diese organische Landwirtschaft ist bis zum zweiten industriellen System angewandt worden. Verzichten wir auf die industrielle Landwirtschaft, sei es, weil wir durch eine physische Verknappung dazu gezwungen sind, sei es, um dieser Not freiwillig vorzugreifen, dann müssen wir mit einer spürbaren Verminderung der landwirtschaftlichen Erträge rechnen und zufrieden sein.

Diese Verminderung kann teilweise durch den Rückgriff auf biotechnische Verfahren kompensiert werden, d.h. auf eine Anzahl landwirtschaftlicher Methoden, die auf einer grundlegenden Kenntnis der Lebensvorgänge beruhen. Dabei darf nicht mit Wundern gerechnet, noch ein Ergebnis erwartet werden, ehe man es erreicht hat. Die Vorsicht lässt demnach erkennen, dass die Bevölkerungsreduktion ein wünschenswertes Ziel darstellt, um das Risiko von Hungersnöten zu vermeiden. Wir kommen darauf im nächsten Kapitel noch einmal zurück.

Die Informatik ist eine weitere Ressource, die in der Lage ist, den Fluss der Entropie zu vermindern. Jedes Mal, wenn ein technischer Vorgang, vom entropologischen Standpunkt betrachtet, durch die Benutzung des Computers verbessert werden kann, muss eine solche Gelegenheit selbstverständlich aufgegriffen werden: Computerunterstützter Entwurf von Maschinen, so dass ihr Wirkungsgrad gesteigert wird, sie weniger schnell verschleißen und länger benutzbar bleiben; Echtzeit-Verwaltung der Energie-Ressourcen, um Verluste zu minimieren, gleichgültig, ob es sich um eine elektrische Anlage oder die Heizung eines Gebäudes handelt.

Der Waren- und der Personentransport stellt in unserem heutigen technischen System eine der wichtigsten Quellen von Energie- und Materialverschwendung dar. Einige von diesen Transporten sind sinnlos, so wie z.B. der Versand tropischer Früchte und Gemüse, während des Winters, in Länder der gemäßigten Zone. Andere könnten durch elektronische Verbindungen ersetzt werden: Es ist unsinnig, täglich Millionen von Angestellten zwischen der Peripherie und dem Zentrum der Großstädte zu bewegen, während die Mehrzahl von ihnen zuhause an einem PC arbeiten könnte. Diese Untersuchung führt uns im übrigen dazu, das eigentliche Existenzproblem der Riesenstädte von zig Millionen Einwohnern in Angriff zu nehmen. Es handelt sich hierbei um Riesenschlünde, die eine Unmenge von Energie verschlingen, ohne irgendeine unentbehrliche Funktion zu erfüllen. Diese Millionenstädte sind für unser industrielles System das, was Rom für das Römische Reich war: eine Quelle des Zerfalls.

Will man die Folgen zusammenfassen, die eine derartige Wahl für die Industrie mit sich bringen würde, dann kann man sie in vier Punkte aufteilen:

- Umkehrung der jahrhundertealten Tendenz, die arbeitende Bevölkerung aus dem Bereich Landwirtschaft in den Bereich Industrie und schließlich in den Bereich Dienstleistung zu verlagern, da eine biologische Landwirtschaft außerordentlich viele Arbeitskräfte benötigt;
- Verschwinden solcher Industrien, die Großverbraucher von Energie und Rohstoffen sind;
- Streben nach Dezentralisation von Fabriken im Hinblick auf eine Verminderung des Warentransportes;
- Ausnutzung aller von der Wissenschaft gebotenen Möglichkeiten, eine Technik mit geringem Entropiefluss auszuarbeiten.

Wie kann man die technische Mutation vorbereiten?

Die Vorbedingung für den Übergang zu einem derartigen technischen System, der reiflich überlegt sein muss, ist selbstverständlich eine echte geistige Veränderung. Dieser dritte Teil unseres Buches hat diese geistige Veränderung zum Hauptthema. Dabei handelt es sich keineswegs darum, wieder zurückzugehen, was vielleicht noch relativ beruhigend wäre; wir müssen uns vielmehr in eine schwierige Zukunft wagen, anstatt eine unsichere Gegenwart in die Länge zu ziehen.

Gemäß dem klassischen Schema der gegenseitigen Abhängigkeit von Kultur und Technik handelt es sich also darum, mit Hilfe einer kulturellen Revolution einer technischen Mutation den Weg zu bereiten. Ebenso hat die Erfindung der Religion und Kunst den Weg zur neolithischen Revolution geebnet; das Christentum hat die Überwindung des technischen Systems des Römerreiches erlaubt; die Reformation war die Grundbedingung für die naturwissenschaftliche Revolution der Renaissance, die ihrerseits die Vorbedingung für die industrielle Revolution darstellte.

In den folgenden Kapiteln werden wir nacheinander sechs Facetten dieser kulturellen Revolution ergründen:

- Die menschliche Art muss lernen, ihre von Natur aus übermäßige Fruchtbarkeit zu regulieren, in Einklang mit dem Vorbild einer Gesellschaft, die mit ihrer Umwelt in Harmonie lebt.
- Man muss der Wissenschaftsgläubigkeit als magische und ideologische Karikatur der Wissenschaft entsagen und besser verstehen, was die wissenschaftlichen Entdeckungen uns über den Wissenschaftler, d.h. über den Menschen, lehren.
- Man muss sich klar machen, dass die Überflussgesellschaft eine Illusion ist, da sie im Widerspruch zu der Begrenztheit unserer Rohstoffe steht und unsere wirklichen Ansprüche nicht befriedigt.
- Das schizophrene Schema einer zweigeteilten, in eine Techniker- und eine Halbgebildetenklasse zerlegte Gesellschaft, das vom Unterrichtssystem herrührt, muss abgeschafft werden. Die Beurteilung verschiedener Technologien muss die Angelegenheit einer lebendigen Bevölkerung in einer homogenen Kultur sein.
- Man muss den Wert der Ästhetik entdecken, die einer der Grundsteine aller menschlichen Gesellschaften ist, mit Ausnahme der Industriegesellschaft.
- Man muss die Hoffnung auf die Wiedergeburt des Geistigen wach halten, das in der Gesellschaft besser verankert sein muss, damit es uns bei dem beschwerlichen Übergang, leiten kann.

Kapitel 19

Malthus' Revanche

Zwei Jahrhunderte zu früh hat Thomas Robert Malthus recht gehabt und damit den Anschein erweckt, sich endgültig getäuscht zu haben. Er hatte es gewagt im Jahre 1798, zur Zeit der ersten industriellen Revolution, vorauszusagen, dass die Bevölkerung Englands schneller anwachsen würde als die verfügbaren Ressourcen, und dass diese Unausgewogenheit ein andauerndes Elend zur Folge haben würde. Nach Malthus' Meinung wäre eine freiwillige Bevölkerungsbeschränkung die einzige Methode, gegen die bevorstehende Armut anzugehen: Späte Heirat und Enthaltsamkeit. Trotz dieser Vorhersage hat England sowohl wirtschaftlich als auch demographisch eine außerordentliche Expansion erlebt, und die Armut ist gleichzeitig beinahe verschwunden. Allem Anschein nach hat Malthus sich demnach zweifach getäuscht: Die verfügbaren Ressourcen sind schneller gewachsen als vorhergesehen, und die Bevölkerungsexpansion zieht offensichtlich nicht die vorausgesagten Nachteile nach sich. Wenn die Realität einer Theorie dermaßen widerspricht, verliert die Theorie jegliche Glaubwürdigkeit und wird sogar lächerlich. Der Malthusianismus ist, wirtschaftlich betrachtet, fast eine Obszönität, durch die jeder freiwillige Versuch das Bevölkerungswachstum zu reduzieren in ein negatives Licht gerückt wird.

Es hat zwei Jahrhunderte gedauert, ehe man entdeckt hat, dass Malthus dennoch recht hatte, und zwar in doppeltem Sinne: Die für die Industrie unentbehrlichen Ressourcen vermehren sich nicht, sie stellen einen begrenzten Vorrat dar, und der Bevölkerungszuwachs hat die von diesen Ressourcen gezogenen Grenzen überschritten. Wir kommen nicht nochmals auf unsere Ausführungen zur Entropie zurück, sondern begnügen uns hier mit dem demographischen Aspekt.

Britische Demographie und französischer Malthusianismus

Als Malthus zum ersten Mal seine Theorie veröffentlichte, zählte England acht Millionen Einwohner; heute zählt es 60 Millionen, d.h. sieben einhalbmal so viel. Hinzugezählt werden müssen die mindestens 50 Millionen Amerikaner englischer Abstammung sowie ein Teil der Bevölkerung Kanadas, Australiens, Neuseelands und Südafrikas. Hätte England damals nicht über diese Territorien zur Auswanderung verfügt, dann müsste es heute etwa 120 bis 130 Millionen Einwohner verkraften, was in keinerlei Verhältnis zu seinen Nahrungs- und

Energieressourcen oder seinen Siedlungs-, Transport- und Freizeitmöglichkeiten stehen würde.

Um diese 60 Millionen Engländer zu ernähren, müssen über 6 Millionen Tonnen Getreide importiert werden. In der Tat leben zahlreiche Engländer von Getreide, das aus den USA importiert wird, und die Situation wäre kaum anders, wenn sie dorthin ausgewandert wären. Wenn man den Mehrwert der landwirtschaftlichen Produktion des Vereinigten Königreiches mit den Importen vergleicht, entdeckt man, dass die landwirtschaftliche Unabhängigkeit des Landes nur zu 40 Prozent gesichert ist, oder auch, dass nur 24 Millionen Engländer von den Nahrungsmittelreserven ihres eigenen Landes leben können. Für die Bundesrepublik Deutschland ist die Situation nicht wesentlich anders.

England, ein offenes System

Dabei muss die letzte Zahl berichtigt werden: Die hohe Rentabilität der modernen Landwirtschaft beruht ausschließlich auf ihrem Verbrauch von Düngemitteln, Ungeziefervertilgungsmitteln und Energie. Ohne diese Zusätze wäre die englische Landwirtschaft wahrscheinlich nicht in der Lage, viel mehr als die acht Millionen Einwohner zu ernähren, die das Land gegen Ende des 18. Jahrhunderts zählte, damals, als Malthus sich seinen finsteren Prophezeiungen hingab. England ist diesen Prophezeiungen vorübergehend entronnen, weil es die Möglichkeit besaß, sich zusätzliche Reserven außerhalb seines eigenen Territoriums zu verschaffen. Ein oder zwei Jahrhunderte konnte es, entropologisch betrachtet, wie ein *offenes System* funktionieren. Die Ressourcen, die außerhalb des eigenen Systems geschöpft werden, können nur ein einziges Mal, und nur von einem einzigen Volk, verwertet werden. Was von England genutzt worden war, konnte nicht von Deutschland genutzt werden. Die daraus entstandenen Folgen sind uns bekannt. Einer der Hauptansprüche Deutschlands vor Ausbruch des ersten Weltkrieges war die Eroberung von Kolonien, ohne die das am stärksten industrialisierte Land der Welt nicht existieren konnte.

Das besondere Beispiel Englands während der beiden vergangenen Jahrhunderte zeigt, dass eine technologische Veränderung im Verlauf dieses Zeitabschnittes die Anfangsbevölkerung mit 15 multiplizieren kann: Die Bevölkerung verdoppelt sich demnach durchschnittlich alle 50 Jahre oder, anders ausgedrückt, die jährliche Wachstumsrate beträgt 1,4 Prozent.

Während der gleichen Periode hat sich die Bevölkerung Frankreichs nur gerade einmal verdoppelt, was einer jährlichen Wachstumsrate von 0,35 Prozent entspricht. Dies beruht auf der Tatsache, dass Frankreich an den industriellen Revolutionen weniger als England teilgenommen hat. Wäre die französische Bevölkerung ebenso schnell angewachsen wie die englische und nicht ausgewandert, dann gäbe es heute 375 Millionen Franzosen, d.h. 750 Einwohner pro Quadratkilometer. Frankreich würde Holland gleichen; es gäbe keine Wälder oder kein Heideland mehr, der Küstenstrich wäre eingedeicht und betoniert; zahlreiche landwirtschaftliche Gebiete wären für den Verkehr von 157 Millionen Automobilen asphaltiert worden. Man kann darauf wetten, dass in diesem Frankreich nicht mehr viele Ressourcen zur Herstellung von Austern, Gänseleberpastete, Burgunder Weinen und Champagner übrig geblieben wären. Man wäre gezwungen, viel mehr zu arbeiten, um schlechter zu leben.

Technische Evolution und Demographie

Wir wollen versuchen, diese lokal begrenzten Erscheinungen in den allgemeinen Zusammenhang der Evolution unserer Spezies einzufügen. Unsere Vorfahren – Homo habilis – bildeten eine Bevölkerung von schätzungsweise einigen hunderttausend Personen. Solange die Menschen im paläolithischen System lebten, konnten sie eine Weltbevölkerung, die man auf fünf Millionen beziffert, zahlenmäßig kaum überschreiten. Diese Situation blieb bis vor etwa 10.000 Jahren erhalten. Die neolithische Revolution machte das Überschreiten einer entscheidenden Schwelle möglich. Schon Anfang unserer Zeitrechnung – Christi Geburt – wird die Weltbevölkerung auf 200 bis 300 Millionen Menschen geschätzt. Bis zur Renaissance verlief die Bevölkerungszunahme außerordentlich langsam: Gegen 1650 gibt es immer noch nicht mehr als 500 Millionen Menschen; es dauert also 15 Jahrhunderte, bis sich die Bevölkerungszahl verdoppelt.

Im Jahre 1850, am Ende der ersten industriellen Revolution, war die erste Milliarde Menschen erreicht: Die Bevölkerung benötigt nunmehr nur noch 80 Jahre, um sich zu verdoppeln. 1930 gibt es 2 Milliarden Menschen, und die für die Verdoppelung benötigte Zeit beträgt nur noch 45 Jahre. Im Jahre 1975 sind es unabänderlich 4 Milliarden Menschen. Im Jahr 2000 beläuft sich die Weltbevölkerung auf 6,1 Milliarden und die Verdopplungszeit beträgt nur noch 35 Jahre. Mehr als 6 Milliarden Menschen bedeutet eine Bevölkerungsdichte von 45 pro Quadratkilometer, Wüsten und Antarktis inbegriffen. Die jährliche Wachstumsrate der Bevölkerung beträgt seit 1960 2 Prozent und scheint eine leicht fallende Tendenz aufzuweisen, 1,3 Prozent im Jahr 2000. Dennoch wird – wenn man die gegenwärtige Tendenz extrapoliert – im Jahre 2025 eine Weltbevölkerung von etwa 8 Milliarden erreicht werden.

Drei demographische Veränderungen

In Verbindung mit der technischen Evolution unterscheidet man drei Arten von demographischen Veränderungen:

– Epochen mit außerordentlich schneller Bevölkerungszunahme, die unmittelbar auf eine technische Revolution folgen, d.h. auf einen Übergang von einem technischen System in ein anderes, das eine zahlenmäßig größere Bevölkerung zu verkraften imstande ist. Als Beispiele dafür kann man die neolithische Revolution, das 11. und 12. Jahrhundert in Europa und die industrielle Revolution anführen.

– Zeiten der Stagnation oder sehr geringen Bevölkerungszunahme innerhalb eines gleichen technischen Systems. Ein Beispiel dafür ist das Paläolithikum, eine Zeit, in der es zwei Millionen Jahre dauerte, bis die Bevölkerung von 100.000 auf fünf Millionen Menschen zunahm. Dies bedeutet, dass die Periode der Bevölkerungsverdoppelung durchschnittlich 400.000 Jahre betrug, entsprechend einer jährlichen Zuwachsrate von 0,00017 Prozent. Im Ägypten der Pharaonen lag die Verdoppelungsperiode der Bevölkerung bei etwa 2.000 Jahren, was einer Wachstumsrate von 0,035 Prozent entspricht.

– Zeiten einer stark beschleunigten Bevölkerungsabnahme; letztere entspricht einem Zusammenbruch des technischen Systems, der z.B. zufolge eines Mangels an Bodenschätzen auftritt. In Europa war dies der Fall während des vierten und während des 14. Jahrhunderts. Nach Meadows Modell, das für den ersten Bericht des Club of Rome entworfen worden war, sollte die Weltbevölkerung gegen Mitte des 21. Jahrhunderts einen brutalen Wachstumsrückgang erleiden, wenn wir dem gegenwärtigen Trend weiter folgen.

Diese Änderungen der Bevölkerungszahl ereignen sich selbstverständlich nicht gleichzeitig in allen Ländern. Das beschleunigte Anwachsen der Bevölkerung europäischen Ursprungs hat hauptsächlich zwischen 1850 und 1950 stattgefunden, im Verlaufe der zweiten industriellen Revolution. Während dieser Periode hat sich die Bevölkerung Asiens oder Afrikas nicht einmal verdoppelt. Seit 1950 dagegen hat sich die Situation von Grund auf geändert: Die Bevölkerung europäischen Ursprungs und die Bevölkerung Japans bleiben stabil, dagegen wächst die Bevölkerung von Asien, Afrika und Südamerika schnell. Diese Unterschiede spiegeln ganz offensichtlich die mehr oder weniger schnelle Ausbreitung der industriellen Revolution wider.

Der Geburtenrückgang in den Industrieländern

Das merkwürdigste Phänomen ist zweifellos der Geburtenrückgang in den Industrieländern. Während jede Frau durchschnittlich 2,1 Kinder haben müsste, damit die Bevölkerungszahl konstant bleibt, ist die Reproduktionsrate in Deutschland auf 1,2 gesunken, und in den meisten Wohlstandsländern ist es nicht anders. Zu den niedrigsten Raten in Europa zählen die von Italien (0,9) und Spanien (1,0), trotz des traditionell katholischen Charakters dieser Länder und der Feindseligkeit des Vatikans gegenüber der Empfängnisverhütung. Obwohl die Bevölkerung dieser Länder unter keinerlei Mangel leidet, was Ernährung oder allgemeine Versorgung anbetrifft, scheint sie nicht das Bedürfnis zu haben, sich zu vermehren. Ohne dass man tatsächlich schon von einem Zusammenbruch des technischen Systems sprechen kann, deutet alles darauf hin, als würden die Bewohner dieser Länder ihn vorwegnehmen.

Da das demographische Weltproblem eher die Überbevölkerung ist als der Geburtenrückgang, sehen einige Beobachter in der Bevölkerungsstabilisierung der reichen Länder ein günstiges Vorzeichen für die globale Entwicklung: Im Grunde genommen genüge es, dass alle Nationen gebildet und reich werden, um eine Stabilisierung der Weltbevölkerung zu erreichen. Das widerspräche obendrein ein weiteres Mal Malthus, denn es wäre dann der Wohlstand, der die Bevölkerungszahl begrenzt und nicht das Elend.

Es ist unterdessen unmöglich, dass alle Nationen reich werden, jedenfalls nicht auf die Art, wie wir es uns heute vorstellen. Dieser Reichtum bedeutet nämlich einen *erhöhten und wachsenden* Verbrauch der materiellen Ressourcen, deren Quellen jedoch nicht unerschöpflich sind – außer in der Phantasie der Wirtschaftswissenschaftler. Je mehr Menschen unsere Erde bewohnen, desto schneller wächst die Entropie des Systems, besonders wenn man es sich zum Ziel setzt, den Verbrauch des einzelnen zu erhöhen. Auf der Erde ist kein Platz für acht Milliarden Verbraucher nach amerikanischem Muster: Die Amerikaner, die 5 Prozent der Weltbevölkerung darstellen, mobilisieren 40 Prozent der Weltreserven, um ihren gegenwärtigen Lebensstandard aufrechtzuerhalten.

Man kann daher mit Sicherheit darauf wetten, dass die Begrenzung der Weltbevölkerung, auf einem nicht vorausbestimmbaren Niveau, durch die traditionelle Auswirkung von Elend zustande kommen wird. Dann wird ihr, wie üblich, eine Bevölkerungsabnahme folgen, da das gesättigte technische System nicht mehr in der Lage ist, seine Bevölkerung zu unterhalten. Der gegenwärtige Geburtenrückgang in den reichen Ländern stellt demnach kein an sich negatives Phänomen dar: Je weniger dicht besiedelt ein Land ist, das sich im Zusammenbruch des industriellen Systems befindet, desto größer wird seine Überlebenschance sein. Der Rückgang sollte sich jedoch in einem vernünftigen Rhythmus vollziehen. In zahlreichen europäischen Ländern beträgt die Geburtenrate nicht mehr als zwei Drittel des Wertes, der nötig ist, um die Bevölkerungszahl aufrecht zu erhalten: Dies ruft natürlich schwer lösbare Probleme bei den Pensionen und den Krankenversicherungen hervor. Diese Länder sind gezwungen Arbeitskräfte zu importieren, die aus kulturell sehr unterschiedlichen Ländern stammen. Die Integration dieser Ausländer vollzieht sich mehr schlecht als recht und die Fremdenfeindlichkeit wächst.

Man darf dagegen bedauern, dass dieser Geburtenrückgang nicht auf einer klugen Wahl beruht, sondern die Folge eines Lebensgefühls ist, das eine panische Furcht vor der Zukunft erkennen lässt. Gleiche Handlungsweisen können unterschiedliche Wirkungen haben, je nachdem, ob sie aus Angst oder aus freiem Entschluss entstehen.

Die entropologischen Zwänge des industrialisierten Lebens

Man kann sogar noch einen Schritt weiter gehen und sich fragen, ob der Geburtenrückgang der Bevölkerung in den Industrieländern nicht schon gewisse Mangelerscheinungen widerspiegelt, wie sie später als Wohlstandsmängel aufgezählt werden. Es ist *praktisch* außerordentlich schwierig, eine zahlreiche Familie in einer jener Millionenstädte aufzuziehen, in denen sich die Bewohner der Wohlstandsgesellschaft immer stärker zusammenballen. Die Wohnungen sind klein bzw. die Mieten sind hoch, und man muss schon der privilegierten Schicht dieser Wohlstandsgesellschaft angehören, um nicht mit Raumproblemen konfrontiert zu werden. Man kann sich keine Haushaltsangestellte mehr leisten; die gesamte Last des materiellen Familienunterhaltes lastet auf den Eltern, die sowieso meistens beide stark als Lohnempfänger beansprucht sind. Das Schulsystem verliert immer mehr von seiner Wirksamkeit, und die verantwortungsbewussten Eltern müssen sich in Hauslehrer verwandeln, um seine Mängel auszugleichen. Die Verschiebung der kulturellen und geistigen Werte innerhalb einer Industriegesellschaft verwandelt das Familienleben in eine schmerzvolle Konfrontation der Generationen. Ganz pragmatisch gesehen bedeutet dies: Wenn die verheirateten Frauen im Stadtmilieu wegen der hohen Lebenshaltungskosten – die ein Maß für die energetische Unwirksamkeit des Systems darstellen – zu arbeiten gezwungen sind, können sie nicht noch zusätzlich so viele Kinder haben, wie sie es wünschen.

Die wilde Kontrolle der Bevölkerung

Wir wollen hier nicht untersuchen, ob die Bevölkerung in Zukunft abnehmen wird oder nicht; es ist vielmehr wichtig zu wissen, ob dieser Rückgang dem Zwang der Ereignisse unterliegt, oder ob er das Ergebnis einer freien Entscheidung ist, ob er eine Antwort auf unkontrollierte Plagen darstellt, oder ob er auf einer bestimmten Vorstellung beruht, die die Menschen sich vom Leben und der Menschenwürde machen.

Wenn wir uns überrumpeln lassen, dann werden die Staaten das Bevölkerungsproblem mit ihren üblichen Zwangsmethoden lösen: Durch den dauernden Rechtsanspruch für jedes Menschenpaar, die Anzahl seiner Nachkommen zu bestimmen, wird einem zentralisierten System der Geburtenplanung der Weg geebnet. Schon jetzt mussten etwa 20 Entwicklungsländer während des letzten Jahrzehntes einen Rückgang ihres Pro-Kopf-Einkommens hinnehmen, weil ihr Bevölkerungswachstum das Wirtschaftswachstum übertraf. So etwas belastet die Überlegungen eines „Präsidenten auf Lebenszeit“ schwer, der weiß, dass seine Lebensdauer zum großen Teil vom Wohlstand seiner Mitbürger abhängt.

Es bedarf keiner Prognose; es reicht, das zu registrieren, was sich in den beiden Ländern abspielt, die am stärksten unter der demographischen Flut leiden: In Indien mit seiner Milliarde und in China mit seinen 1,3 Milliarden Einwohnern. Beide Länder müssen für die Bedürfnisse einer *Bevölkerung* aufkommen, *die zahlenmäßig die gesamte Weltbevölkerung* vor der ersten industriellen Revolution *übertrifft.* Deshalb hat die indische Regierung, angesichts der gescheiterten Kampagnen für Empfängnisverhütung, seit 1972 umfangreiche Sterilisationsprogramme in Gang gebracht, von denen mehrere Millionen Menschen betroffen wurden. Meldeten sich zu wenige Freiwillige, dann bot man Prämien und griff schließlich zu Zwangsmaßnahmen. Den Widerspenstigen wurden verbilligte Lebensmittelkarten, medizinische Versorgung, Arbeitsstellen in der öffentlichen Verwaltung etc. entzogen. Seit 1982 finden in China Zwangsabtreibungen und Zwangssterilisationen im Rahmen von Geburtenkontrollkampagnen statt, wie die Behörden zugeben. Für das Jahr 1983 liegen Daten vor: Allein im Verlaufe des Monats Januar hatten sich 9 Millionen Paare freiwillig sterilisieren lassen, wobei man sich die „Freiheit“ dieser Wahl vorstellen kann. Hitler, der Zigeuner sterilisieren ließ, macht also Schule.

Millionen Menschen über Bord ins Meer

All dies ist nichts im Vergleich zu dem, was sich in anderen Gegenden abspielt, wo die Behörden die Situation offenbar nicht mehr meistern. So verhält es sich mit den „boat-people“, Vietnamesen oder Kambodschanern, Kubanern oder Haitianern, die – auf kleine Boote verfrachtet – im Chinesischen oder im Karibischen Ozean untergehen; nachdem sie sich bemüht hatten, dem Elend in ihrer Heimat zu entrinnen; nachdem sie von Piraten ausgeraubt und von den Ländern, an deren Küsten sie gelandet waren, zurückgewiesen oder misshandelt worden waren.

Beim Anblick dieser Elendsfiguren kann man sich des Eindrucks nicht erwehren, dass es zu viele Menschen auf der Welt gibt oder dass der Mensch auf der Welt überflüssig ist. Das gleiche beklemmende Gefühl überkommt uns bei der Ausweisung von drei Millionen Einwanderern – innerhalb von zwei Wochen – aus Nigeria im Jahre 1983 und der Weigerung der Ursprungsländer, die eigenen Staatsangehörigen wieder aufzunehmen: Ghana hat, durch die Stimme seines Präsidenten, seine Unfähigkeit kundgetan, die Gesamtheit der eigenen Bürger zu unterhalten. Was wird aus Bangladesh werden, wo 156 Millionen Einwohner in einem begrenzten Gebiet zusammengedrängt sind, wo die Bevölkerungsdichte schon jetzt etwa 600 Bewohner pro Quadratkilometer erreicht und gleichzeitig die Bevölkerung immer weiter im Rhythmus von 3 Prozent im Jahr anwächst?

Man kann schließlich nicht umhin anzunehmen, dass die Ursache von gewissen endlosen Konflikten ganz einfach darin liegt, dass zwei Völker sich um dasselbe Land streiten. Darum geht es in Nordirland, in Belgien, in Zypern, im Libanon und in Palästina. In Ruanda haben wir einen regelrechten Völkermord miterlebt, bei dem zwei ethnische Gruppen sich gegenseitig ausgelöscht haben, um auf einem überbevölkerten Boden überleben zu können: Von Kaffeekulturen auf kargen Böden können bei einer Bevölkerungsdichte von 250 pro Quadratkilometer keine 7,3 Millionen Einwohner überleben.

Der Palästina-Konflikt nimmt in unserem Jahrhundert einen symbolischen Charakter an: Um dem jüdischen Volk das Vaterland zu liefern, das es brauchte, musste das palästinensische Volk Platz machen. Letzteres wurde seinerseits aus dem Libanon und aus Jordanien ausgewiesen, wo es versucht hatte, sich festzusetzen. Bei diesem Wechselspiel auf dem geopolitischen Schachbrett des Nahen Ostens gibt es offensichtlich ein Volk zuviel oder ein Land zuwenig. Und da nach Mark Twains Überlegung die Welt als einzige nicht reproduzierbar ist, müssen wir uns wohl dazu entschließen, weniger Menschen zu zeugen.

Die demographische Herausforderung

Die Analyse von Malthus verdankt ihre große Bedeutung dem Umstand, dass sie zwei Tatsachen berücksichtigt, die von den meisten Wirtschaftstheorien total vernachlässigt werden, weil sie ein weltanschauliches Problem aufwerfen. Einerseits die Tatsache, dass wir einen begrenzten Planeten mit eingeschränkten Ressourcen bevölkern und, entropologisch betrachtet, in einem geschlossenen System leben – abgesehen von der Solarenergie. Andererseits die Tatsache, dass wir tierischer Abstammung sind und deshalb unsere Bruttofortpflanzungsquote – ganz unabhängig von einer freiwilligen oder erzwungenen Begrenzung des Geschlechtsverkehrs – über der normalerweise nötigen Quote für das Überleben unserer Spezies liegen muss. Wir müssen in der Tat über eine Reserve an Menschenleben verfügen, um eventuell unvorhergesehenen Ereignissen, wie Epidemien, Hungersnöten, Kindersterblichkeit, vorzeitigem Sterben fortpflanzungsfähiger Frauen Rechnung tragen zu können.

Sobald also die technische Evolution – zum Zeitpunkt einer technischen Revolution – den Würgegriff solcher Naturplagen lockert, erfährt das Menschengeschlecht *seiner Natur entsprechend* eine Bevölkerungsexplosion. Ebenso ergeht es jeder anderer Spezies, deren natürliche Feinde verschwinden oder die sich in einer neuen Umgebung ohne Feinde befindet. Die Menschen haben die Erdoberfläche aus dem gleichen Grunde vollständig besiedelt, aus dem die Kaninchen den australischen Kontinent überschwemmt haben.

Die Einwilligung in eine freiwillige Begrenzung der Anzahl der Menschen bedeutet demnach, dass wir unsere eigene Natur annehmen und sie zugleich überwinden. Hierbei handelt es sich um eine kulturelle Antwort auf eine *biologische* Herausforderung, deren Ursprung in der *technischen* Evolution zu suchen ist. Dieses Verhalten entspricht in seiner Größenordnung dem, das zur Zeit des Paläolithikums unsere menschliche Zukunft gesichert hat, als nämlich die männlichen Jäger begriffen hatten, dass sie ihre Beute zurückbringen und mit den Weibchen und mit den Jungen teilen mussten. *Wir müssen akzeptieren, dass wir einen Instinkt zu bekämpfen haben.*

Drei Missverständnisse

Auf diesem Gebiet gibt es drei Missverständnisse, die zuvor aus dem Weg geräumt werden sollten, ehe wir uns weiter mit konkreten Vorschlägen befassen werden:

– Es wird oft behauptet, dass es unmöglich sei, eine Bevölkerungszahl zu verringern, ohne dabei zu verarmen, weil die verminderte Anzahl der Werktätigen nicht in der Lage sei, die von den Rentnern verursachten Lasten zu tragen. Man behauptet im Gegenteil, dass eine wachsende Bevölkerung blühend sei, da die Aktiven natürlicherweise zahlreicher sind. Dabei vergisst man allerdings, dass es in einer Gesellschaft zwei Arten von „Nicht-Aktiven" gibt: Diejenigen, die nicht mehr arbeiten, und diejenigen, die noch nicht arbeiten. Anwachsende oder abnehmende Völker können durchaus das gleiche Verhältnis zwischen Aktiven und Passiven haben: Dies hängt allein von der Veränderungsrate ab. Diese muss innerhalb gewisser Grenzen kontrolliert werden.

– Die Bevölkerungsabnahme stellt eine *notwendige Voraussetzung* für die Umwandlung in ein auf der Sonnenenergie beruhendes technisches System dar, aber sie ist keine hinreichende Bedingung. Die Bevölkerungsabnahme ist weder ein Allheilmittel noch eine Politik an sich. Selbst wenn es uns gelingen würde, die augenblickliche Bevölkerungszunahme unmittelbar zum Stillstand zu bringen, so wären dennoch die vorhandenen Probleme nicht gelöst, was die Armut, den Terrorismus, die unkontrollierte Verstädterung, die Verschmutzung der Umwelt etc. betrifft. Es kann unterdessen keine Lösung für all diese Probleme geben, ehe wir nicht fähig sind – als Vorbedingung – die Bevölkerungsentwicklung zu beherrschen.

– Die Politiker sind im allgemeinen gern bereit dazu, die Bevölkerungsentwicklung anderer Länder unter Kontrolle zu halten, aber nicht die ihres eigenen Landes. Angesichts des Geburtenrückgangs in den Industrieländern kann man nicht umhin zu denken, dass die weiße Menschenrasse bald eine Minderheit auf einer von Asiaten bevölkerten Welt sein wird. Diese Art von Überlegung ignoriert vollständig die Tatsache, dass alle Menschen auf demselben Planeten eingeschifft sind, und dass die Rettung der Spezies wichtiger ist als die Vorherrschaft einer Rasse oder Nation, wenn diese Vorstellungen überhaupt noch die geringste Bedeutung besitzen.

Das demographische Ziel

Tatsächlich ist ein solares technisches System nur für eine Weltbevölkerung von der Größenordnung von einer Milliarde ein gangbarer Weg. Das ist die Zahl der Erdbewohner vor der industriellen Revolution. Mit einer globalen Bevölkerung von einer Milliarde werden wir gemeinsam sehr viel besser überleben als heute mit 6,4 Milliarden. Nun wird aber die Weltbevölkerung gegen Mitte des 21. Jahrhunderts unvermeidlich acht Milliarden Menschen oder mehr betragen, es sei denn, es tritt vorher eine Katastrophe ein. Man wird demnach eine Periode der Bevölkerungsabnahme zurücklegen müssen, in der die Bevölkerungszahl durch acht geteilt wird, bzw. drei Perioden, in denen sie halbiert wird. Vorausgesetzt, wir könnten zahlenmäßig im gleichen Rhythmus abnehmen, in dem wir zugenommen haben, d.h. mit einer Verdoppelungs- oder Halbierungsperiode von etwa 33 Jahren, dann würde sich die erforderliche Bevölkerungsabnahme über ein Jahrhundert hinziehen. Aber dieser Rhythmus wird kaum durchzuhalten sein, wenn man das heutige soziale Netz beibehalten möchte. Realistisch dürfte daher wohl eher ein Zeitraum von zwei oder drei Jahrhunderten sein, gerechnet von heute an. Daran kann man erkennen, in welchem Ausmaß wir uns in einem Engpass der Evolution befinden, der von der industriellen Revolution und der sie begleitenden Bevölkerungsexplosion herrührt.

Im Sonderfall Frankreichs ist die Lage günstiger. Die gegenwärtige Bevölkerung beläuft sich auf 60 Millionen, wogegen es im Jahre 1300 20 Millionen Franzosen gab, die im technischen System des Mittelalters an der äußersten Grenze ihrer Ressourcen lebten. Es wäre also vernünftig, auf eine Bevölkerung von 13 bis 14 Millionen Einwohnern hinzuzielen. Dies bedeutet, dass die heutige Bevölkerungszahl durch vier geteilt werden müsste, was einer Bevölkerungsdichte von ca. 25 Einwohner pro Quadratkilometer entspricht. So sah die Bevölkerung Frankreichs aus, als seine Kathedralen erbaut wurden.

Wir verfügen über die technischen Mittel, ein solches Ziel zu erreichen; aber man muss sich darüber hinaus im klaren sein, auf welche Weise diese Mittel anzuwenden sind. Selbstverständlich müssen Zwangsmaßnahmen vermieden werden, wie z.B. in Indien und China. Diese Länder greifen notgedrungen zu solchen Maßnahmen, da sie sich in eine verzweifelte Lage haben treiben lassen. Dagegen müssen Paare so schnell wie möglich davon überzeugt werden, ihre Nachkommenschaft zu begrenzen. Der Staat darf keinen steuerlichen Druck ausüben, wie er es gegenwärtig tut, was verurteilungswert ist. Der Umfang einer Familie muss auf der freien Entscheidung verantwortungsvoller Erwachsener beruhen, die nicht von einer plumpen Einrichtung wie dem Einkommensteuersatz manipuliert werden. Das einzige, was man von den Regierungen erwartet, ist, dass sie eine Bevölkerungsabnahme als eindeutiges langfristiges Ziel definieren.

Kapitel 20

Die Wissenschaft ist kein Evangelium

Zwei Jahrhunderte lang hat die Wissenschaft den gleichen Platz eingenommen, den die Heilige Dreifaltigkeit in den vorausgehenden Jahrhunderten innehatte; sie blieb für uns unverständlich, und deshalb vertrauten wir ihr blindlings.

Am Anfang des 21. Jahrhunderts beginnt sich ein gewisser Zweifel in die Öffentliche Meinung einzuschleichen. Zu viele Enttäuschungen werden registriert: Tschernobyl, BSE, kontaminiertes Blut, vor der bretonischen Küste gestrandete Öltanker, Seveso. Die Gründe für Beschwerden vervielfachen sich und die Hoffnung nimmt ab. Man stellt sich Fragen. Werden wir das Idol Wissenschaft verwerfen? Sicherlich nicht, da es keinen Ersatz gibt. Aber warum hatte man die Wissenschaft zum Evangelium erhoben? Wo ist ihr richtiger Platz?

Gewiss, sie birgt etwas Geheiligtes in sich, jedoch nicht das, was man meistens annimmt. Die Ergebnisse der Wissenschaft stellen nur eine Erweiterung des natürlichen Bemühens eines jeden Menschen dar, sich seine Umwelt zu „modellieren", ein Bemühen, dem selbst ein Tier unaufhörlich nachgehen muss. Das Wunder liegt in der menschlichen Gabe, dieses Modell immer weiter zu vertiefen. Im Grunde hat die Physik als solche nichts Erstaunliches an sich, es sind vielmehr die Physiker, die uns immer wieder aufs neue überrascht haben.

Die Wissenschaft als Superreligion

Die öffentliche Meinung neigt leicht dazu, der Wissenschaft etwas Absolutes zu verleihen, das ihr nicht zusteht. Das einzig Absolute der Wissenschaft ist ihre Relativität. Die Wissenschaft ist objektiv, universell und nachprüfbar, da sie Experimente und Maßstäbe zusammenstellt, die von jedermann nach Belieben überall wiederholt werden können. Sie ist demnach auch widerlegbar, weil bei jeder Unvereinbarkeit zwischen Theorie und Versuch zu Ungunsten der Theorie entschieden wird. Tatsächlich ist nichts wissenschaftlich, das nicht eventuell widerlegt werden könnte. Das ist das Kriterium der Falsifizierbarkeit von Popper. Eine Aussage, für die man sich kein Experiment vorstellen kann, das seine mögliche Unrichtigkeit beweist, hat keinen wissenschaftlichen Charakter. Diese Aussage wäre dann eine Meinung, eine Vermutung, ein Gefühl oder ein Eindruck.

Jede wissenschaftliche Erkenntnis ist infolgedessen provisorisch, denn ihre Widerlegung bleibt jederzeit im Bereich des Möglichen; gleichwohl schöpft sie aus dieser Schwäche paradoxerweise ihre Kraft. Solange ihr kein Experiment widerspricht, bleibt dieses Wissen das beste Modell der uns bekannten Welt, es umfasst das Maximum an anerkannten Tatsachen und vernachlässigt nur das Unbekannte.

Diese Auffassung von der Wissenschaft entspricht selbstverständlich nicht der Vorliebe der Massen für das Wunderbare, da sie sichere und endgültige Erklärungen erwarten. Sie widerspricht der mythologischen Sprache jener Weltanschauungen, die die Erwartungen des Volkes befriedigen. Paradoxerweise wurde die Wissenschaft deshalb mit dem Etikett einer Superreligion oder Superideologie versehen, jedes Mal, wenn sie eine religiöse und weltanschauliche Leere ausfüllte. In der gegenwärtigen Zivilisation übernimmt sie die Rolle eines Leitwertes, der zugleich streng genau und unangreifbar wäre, wenn beide Eigenschaften in Wirklichkeit einander nicht widersprächen. Kurz gesagt, die Wissenschaft ist zu einer Absurdität geworden: zu einem objektiven Dogma.

Um ein solares technisches System aufzubauen, müssen wir zuerst jenem Dogma entsagen. In der Tat stärkt diese falsche Vorstellung von der Wissenschaft den Produktivismus als Hauptweltanschauung. Wenn man den Verfechtern des Produktivismus entgegenhält, dass die Ressourcen unseres Planeten begrenzt sind, wenn man sich dem Mythos entgegenstellt, die Vorräte an freier Energie würden ständig wachsen, dann erhält man jedes Mal die gleichlautende Antwort: Die Wissenschaft habe so viele Entdeckungen gemacht, dass man nicht in der Lage sei, vorauszusehen, was sie noch alles entdecken werde, und dass man ihr Vertrauen schenken müsse. Hierbei handelt es sich ganz offensichtlich um ein Glaubensbekenntnis religiöser Art, das jedoch für die Wissenschaft unpassend ist. Man müsste demnach zuallererst einmal begreifen, was die Wissenschaft wirklich ist.

Genauso wie die unsinnige Bevölkerungszunahme der letzten zwei Jahrhunderte auf plumpe Art die Machtgier der Menschen zum Ausdruck bringt, so manifestiert das Anschwellen der Wissenschaft eine vergeistigte Art desselben Verlangens, das deshalb umso bösartiger ist.

Der Modellbegriff

Es ist nicht das Ziel der Wissenschaft, das Grundwesen des Universums zu beschreiben, es zu erklären und seine Geheimnisse zu enthüllen. Es gibt überhaupt nicht *eine* Wissenschaft, sondern *verschiedene Naturwissenschaften,* wovon sich jede einzelne mit einem Gesichtspunkt des Universums beschäftigt. Was sie eint, ist die Methode, die darauf abzielt, *Modelle* vom Weltall *vorzuschlagen.* Man bemerkt sofort, dass einige wissenschaftliche Disziplinen bei diesem Bestreben erfolgreicher sind als andere. Die Mechanik, die Elektrizitätslehre oder die Optik stellen, *was diese Methode anbetrifft,* einen Erfolg dar, verglichen mit der Soziologie, der Wirtschaftswissenschaft oder der Psychologie. Dabei hängt dieser Unterschied selbstverständlich keineswegs vom Talent der Forscher in den einzelnen Disziplinen ab, sondern vielmehr von der Angemessenheit der Methode bezüglich des betrachteten Aspekts des Universums. Wir können demnach auf Anhieb vermuten, dass in der Natur nicht unbedingt alles modellierbar ist.

Was bedeutet ein Modell? In welcher Art von Beziehung steht es zur Wirklichkeit? Man kann auf diese Frage mit dem Beispiel eines Modells aus dem täglichen Leben antworten. Eine Landkarte stellt das Abbild eines bestimmten Gebietes dar: Sie ist das Modell dieser Realität. Die Karte ist nicht identisch mit dem Territorium, da sie in diesem Falle von keinerlei Nutzen wäre. Der Wert der Landkarte hängt nicht von der Genauigkeit ab, mit der sie das Gebiet veranschaulicht, sondern liegt vielmehr in der Auswahl der Einzelheiten, die dargestellt werden, und derjenigen, die weggelassen wurden. Die beste Landkarte ist möglichst einfach, darf jedoch kein einziges unentbehrliches Element vernachlässigen. Auf einer Autokarte müssen die Niveaulinien nicht erscheinen, auf einer Landkarte für militärische Zwecke sind sie hingegen unentbehrlich. Demnach gibt es also *von demselben Gebiet mehrere Karten,* die sich je nach Gebrauch voneinander unterscheiden. Städtebauer, Offiziere im Feld, Geologen, Fußwanderer, Autofahrer oder Flugpiloten benötigen nicht die gleichen Auskünfte: Was den einen interessiert, ist unbrauchbar für den anderen; der Maßstab einer Wanderkarte ist gänzlich verschieden von dem einer Flugkarte.

Das Ziel eines Modells ist also nicht eine möglichst genaue Übereinstimmung mit der Realität, sondern eine möglichst gut überlegte Abweichung. Ein Modell stellt gezwungenermaßen nur eine Seite der Wirklichkeit dar, und die Hauptaufgabe des wissenschaftlichen Forschers besteht nicht darin, das *beste Modell* zu bestimmen, wie man oft zu Unrecht denkt, sondern vielmehr darin, zwischen verschiedenen Modellen zu wählen. Das Modell kann die Realität nicht ausschöpfen – und zwar aus folgendem Grunde nicht: Es ist sinnlos, ein Modell herzustellen, das ebenso kompliziert ist wie die Wirklichkeit. Es wäre nicht praktikabel. Es gibt nur ein einziges Modell, das die gesamte Realität umfasst: eben die Wirklichkeit selbst. Keiner käme auf den Gedanken, sich eine Landkarte vorzustellen, im gleichen Maßstab wie das dargestellte Gelände, die aus dem gleichen Material hergestellt wäre und die gleichen Farben und Gerüche hätte: Man könnte sich, in diesem Falle, genauso gut sofort aufs Gelände begeben.

Die Grenzen eines Modells

Ebenso wenig wie man ein Land auf Grund von Karten kennen, im Sinne von Liebenlernen kann, ebenso wenig kann man behaupten, das Weltall zu kennen, nur weil man die gesamten von der Physik vorgeschlagenen Modelle beherrscht. Man kann auf einer Karte nur drucken, was sich für Kodierung, Symbolik und die Drucklegung eignet. Die Wissenschaft erforscht nur die Aspekte der Realität, die sich quantifizieren und berechnen lassen. Der Glaube, diese Regeln seien Naturgesetze, wäre ebenso illusorisch wie die Annahme, dass die Niveaulinien einer Landkarte tatsächlich auf dem Territorium existieren.

Die bescheidene Zielsetzung der Wissenschaft ist indessen nicht ohne Vorteil: Selbst wenn ich niemals im Schwarzwald gewesen wäre und, angenommen, alle Straßenschilder wären verschwunden, so könnte ich mich doch von Freiburg nach Villingen begeben. Ebenso kann ich, wenn ich in einem Chemielabor bin, Schwefeldioxyd herstellen, wenn ich die Gleichung $S + O_2 = SO_2$ kenne.

Das einzige Ziel und der einzige Wert einer Landkarte, oder eines jeden Modells im allgemeinen, liegt in seiner Einsatzfähigkeit. Ein Modell erlaubt, ein Geschehen vorauszusehen. Es sagt mir, dass ich in Villingen ankomme, wenn ich an einer bestimmten Straßenecke einbiege, dass ich SO_2 erhalte, wenn ich, unter bestimmten Bedingungen, Schwefel in Kontakt mit Sauerstoff bringe. *Es teilt mir nichts Zusätzliches mit,* da ich nach nichts anderem frage, und auf weitergehende Fragen könnte es mir keine Antwort geben. Es kann einfache Fragen nur in dem Maße gut beantworten, als es bewusst darauf verzichtet, Antworten auf komplizierte Fragen zu geben. Die Straßenkarte teilt mir nicht mit, dass sich an meinem Reisetag der Morgendunst ab 9 Uhr auflösen und die Luft nach frischem Heu duften wird. Andererseits sind bei einer Reise die Eindrücke das Wichtigste, und die Reisekarte ist unfähig, letztere vorauszusagen. Aus diesem Grunde begnügen wir uns nicht mit einer „Zimmerreise“ und werden die Reise auch ausführen, nachdem wir sie mit der Karte vorbereitet haben.

Das Modellierbare und der Rest

Die Wissenschaft stellt demnach nicht erschöpfend das Weltall dar und wird es auch in Zukunft niemals tun. Dieser Abstand zwischen Modell und Realität beruht nicht auf einer vorübergehenden Unvollkommenheit der wissenschaftlichen Methode, sondern auf einer überlegten Wahl. Die wissenschaftliche Erkenntnis ist eine Widerspiegelung des Universums in unserem Gehirn, das aus einer endlichen Zahl von Nervenzellen, Molekülen und Atomen zusammengesetzt ist. Der Wunsch, ein winziges Teilchen des Weltalls möge eine umfassende Kenntnis des Ganzen besitzen, wäre abwegig. Es ist also vernünftig, wenn wir voraussehen, dass es im Weltall Realitäten gibt, die niemals auf ein Modell reduziert werden können, angefangen beim Menschen und den menschlichen Gesellschaften. Wirtschaftswissenschaft, Soziologie und Psychologie haben nichts dabei zu gewinnen, wenn sie der Physik nachäffen, die sich zum Ziel setzt, das zu „modellieren", *was am einfachsten modellierbar ist.* Sagt man nicht, im Scherz, dass die Chemie dann zur Physik wird, wenn sie präzise ist? Abgesehen vom Scherz, zieht diese Überlegung eine weitere über die eigentliche Definition der Physik nach sich: Letztere beschäftigt sich mit einer Unmenge von Phänomenen, wobei man nicht immer mit Sicherheit die verschwommene Grenze ihres Bereiches ziehen kann. Man mag sich fragen, ob dieser Bereich nicht ganz einfach durch die Gesamtheit der Phänomene definiert ist, bei denen die wissenschaftliche Methode Erfolg hat. Die übrigen Phänomene, wie z.B. die Meteorologie, Börsenkurse oder Psychosen, bestehen summa summarum zu Unrecht, da sie besagter Methode eine Niederlage bereiten. Ein unaufhörliches Abgleiten des Denkens führt schließlich dazu, dass ihnen manchmal gar die Existenzberechtigung abgestritten wird.

Um die wissenschaftliche Erkenntnis zu entmystifizieren, kann man schließlich bemerken, dass sie ganz einfach die Erweiterung einer unserer ganz gewöhnlichen Hirnfunktionen darstellt. Jedes Kind muss sich ein bestimmtes Modell von seiner Umwelt erwerben: Es muss sich intuitive und auch praktische Vorstellungen von Entfernung, Rauminhalt, Temperatur, Geschwindigkeit, Kraft, Farbe erarbeiten, ohne die es nicht überleben könnte. Dieser Erwerb von grundlegenden Modellen findet sehr früh statt und zwar unbewusst, und ohne Formalisierung, Verbalisierung oder „Mathematisierung".

Der Newtonsche Absolutismus

Die Physik des Aristoteles stellt einen ersten – gescheiterten – Versuch dar, dieses intuitive Modell rein mündlich zu formalisieren, ohne Quantifizierung und ohne experimentelle Überprüfung. Obwohl das Modell des Aristoteles niemals wirklich anwendbar war, obwohl man auf seiner Grundlage weder einen Katapult bauen noch die Position der Gestirne voraussagen konnte, hat es dennoch 18 Jahrhunderte lang alle Wissenschaftler beeindruckt. Aus dem einfachen Grunde, weil es einen kühnen Entwurf klar formulierte, und weil ein substanzloses Projekt im allgemeinen die Schwätzerkaste zufrieden stellt.

Keplers, Galileis und Newtons Physik bildeten den ersten erfolgreichen Versuch, dem intuitiven Modell mit Hilfe der Mathematik eine Form zu geben. In Galileis Worten: „Man kann das Buch des Weltalls nicht begreifen, wenn man sich nicht zuerst darum bemüht, die Sprache und die Schriftzeichen zu erlernen, in denen es geschrieben wurde. Es ist in mathematischer Sprache geschrieben, und seine Schriftzeichen sind Dreiecke, Kreise und andere geometrische Formen, ohne die es nach menschlichem Vermögen unmöglich ist, das geringste Wort zu erfassen; ohne diese Hilfsmittel laufen wir Gefahr, uns in einem dunklen Labyrinth zu verirren". Dank dieses entscheidenden Schrittes ist das Modell des Weltalls für einige physikalische Phänomene, wie die Mechanik, Elektrizität, Chemie, Hydraulik und Thermodynamik, praktisch anwendbar geworden. Für andere Erscheinungen hingegen, biologische, soziologische, wirtschaftliche oder psychologische, ist das Modell des Universums bis heute immer noch nicht operationell. Nichts beweist, dass es dies eines Tages werden wird.

Im 18. Jahrhundert wurde das nicht verstanden. Newtons Mechanik und Descartes' Methode haben ihre Zeitgenossen derart betört, dass es mehr als zwei Jahrhunderte hindurch der Traum eines jeden Wissenschaftlers blieb, die unzähligen Beobachtungen in einem Sonderbereich auf einige einfache Grundsätze *zurückzuführen,* von denen aus man alles ableiten und *vorhersagen* kann. Mit einem Wort, die Mechanik wurde zum Paradigma jeglicher mathematischer Wissenschaft und wird heute noch immer im Geiste vieler Menschen als solches betrachtet. Die Elektrizität, Chemie, Wirtschaft, Soziologie und Psychologie seien nichts anderes als Mechaniken, die sich selbst ignorieren. Damit wird, unausgesprochen, postuliert, das gesamte Weltall, einschließlich des Menschen, unterliege einem primitiven Determinismus, den man extrapolieren kann, ausgehend vom Studium eines fallenden Steines oder eines kreisenden Satelliten.

In der Tat beruht Newtons Mechanik auf einer Reihe von Postulaten, die im allgemeinen sehr unklar formuliert werden, die annähernd korrekt sind, um den Fall eines Apfels oder die Mondumlaufbahn zu beschreiben, die deshalb jedoch nicht unbedingt auf alle physikalischen Phänomene anwendbar sind.

Die impliziten Hypothesen Newtons

Es wird angenommen, ohne eindeutig von einer Annahme zu sprechen, das Weltall sei von *unterschiedlichen Objekten* gebildet, die wechselseitige Anziehungskräfte – auch über größere Entfernungen – aufeinander ausüben und die sich in einem dreidimensionalen euklidischen Raum bewegen. Sobald erst einmal die Position aller Massen des Universums und ihre Anfangsgeschwindigkeit bekannt sind, kann man ihre Bewegungen bis zum Ende aller Zeiten nach unveränderlichen Gesetzen vorausberechnen. Dieser *Hypothese* zufolge, die schließlich zu einem Naturgesetz erhoben wurde, ist das Weltall eine zusammengesetzte *Maschine,* für die einen durch Gottes Schöpfung entstanden, für die anderen aus dem Nichts hervorgegangen, die in ihrer Zukunft vollständig vorherbestimmt ist.

In diesem materiellen Universum, ohne Freiheit und ohne Überraschung, verfügt der Mensch jedoch über einen Geist, der von der Materie völlig verschieden ist. Dieser Dualismus Geist – Materie erlaubt dem menschlichen Beobachter, die Natur objektiv zu beschreiben, so als ob er selbst abwesend wäre. In dem Maße jedoch, wie die Wissenschaft fortschreitet, wird diese Beschreibung immer allgemeiner und präziser, umfasst immer zahlreichere Phänomene und verbessert unaufhörlich ihre strenge Genauigkeit.

Es erübrigt sich, zu unterstreichen, wieviel diese Postulate der Einbildungskraft, der Sensibilität und dem Hochmut der Menschen zu verdanken haben, die sie entworfen haben: Sie enthüllen uns weit mehr den Hunger nach Macht und Ruhm, der allen Menschen innewohnt, als die eigentliche Natur des Weltalls. Dieses Modell des Universums, das nur eines unter anderen darstellt, hat sich unterdessen als außerordentlich nutzbringend erwiesen und daher einen bedeutenden Einfluss auf alle Weltanschauungen ausgeübt. Dank dieses Vorbildes konnten die astronomischen Tabellen, Ebbe und Flut, die Schwingungen elastischer Körper, der Widerstand von Materialien, die Stabilität von Bauten und die Strömung von Flüssigkeiten erklärt werden. Sogar die Wärmetheorie konnte dank einer statistischen Mechanik der Teilchen ausgearbeitet werden.

Die Grenzen des Newtonschen Modells

Der erste Riss im Newtonschen Gebäude war die Entdeckung der elektromagnetischen Phänomene: Diese stellen die Postulate der Mechanik nicht in Abrede, sondern behaupten sich vielmehr neben ihnen oder zusätzlich zu ihnen. Die Newtonschen Vorstellungen haben sich indessen seit dem Studium der Atom-

und Astrophysik als immer weniger adäquat erwiesen. Die Begriffe Raum, Zeit, Materie, Ursache und Wirkung, die man sich in makroskopischem Maßstab so einfach vorstellen kann, zerbröckeln und verlieren ihre Substanz, wenn man versucht, sie im mikroskopischen Bereich anzuwenden, wie auch im astronomischen. Newtons Postulate erlauben das Aufstellen einer guten Karte in einem bestimmten Maßstab – auf Karten, deren Maßstäbe zu verschieden sind, können sie dagegen nicht angewandt werden. Sie stellen keine Naturgesetze dar, sondern sind einfache Vereinbarungen.

Das bedeutet nicht, dass Newtons Modell der Mechanik falsch oder unnütz geworden sei. Man muss es für das nehmen, was es ist: Eine in mittlerem Maßstab gezeichnete Karte, die uns die Möglichkeit bietet, uns schnell zurechtzufinden, ohne uns in Kleinigkeiten zu verlieren. Die neueren Entdeckungen der Physik lehren uns einfach, dass es unmöglich ist, Karten mit den gleichen Vereinbarungen in einem anderen Maßstab zu zeichnen, dass die Wirklichkeit nicht im Sinne Newtons nach einem allgemein gültigen Gesetz vorausgesagt werden kann.

Die Vorstellung von einem Universum, das von unterschiedlichen Objekten bevölkert ist, die man im Geiste trennen kann und an denen ein isolierter Beobachter souveräne Experimente durchführen könnte, ist nicht mehr haltbar. Die einleuchtendste Hypothese scheint wohl, dass wir niemals das gesamte Weltall begreifen werden, da seine Komplexität das menschliche Fassungsvermögen übersteigt. Es ist nicht ausgeschlossen, dass die Physik eines Tages aus Mangel an Physikern stehen bleibt, oder genauer gesagt, weil die Vorstellung der Menschen dem nicht angemessen ist, was verstanden werden muss. Es ist schon wunderbar, dass unser Gehirn, durch und für das Steinhauen und Büffeljagen geformt, uns ermöglicht hat, einige Kapitel der Physik zu schreiben. Möglicherweise werden wir nicht sehr viel weiter kommen.

Ein Paradoxon

Diese Enttäuschung war unvermeidlich. Gesetzt der Fall, die Natur hätte sich unbegrenzt nach Newtons Paradigma „modellieren“ lassen, so wäre die Situation des Menschen paradox geworden. Entweder lässt sich der menschliche Körper immer erschöpfender modellieren und ist damit nur noch ein Automat, ganz und gar vorherbestimmbar, sobald uns nur die Ausgangsposition und Anfangsgeschwindigkeit jedes einzelnen Elementarteilchens, aus denen dieser Körper besteht, zu einem bestimmten Zeitpunkt bekannt sind. Der freie Wille ist dann aufgehoben, was letztlich auf die Calvanistische Lehre von der Prädestination hinausläuft, die sich bis in die materielle Sphäre ausdehnt. Oder aber, der

Mensch entrinnt als einziger der „Modellierung“, was bedeutet, dass die Natur nicht vollständig „abbildbar“ ist und die unlösbare Frage aufwirft: Warum ist allein der Mensch nicht „modellierbar“?

Die Postulate der Newtonschen Mechanik und all ihre weltanschaulichen Erweiterungen sind ganz einfach widersprüchlich, auch wenn sie in ihrer unschuldigen Aussage nicht diesen Anschein erwecken.

Der Ursprung der „Modellierung“

Die Newtonsche Physik bleibt nach wie vor diejenige, die von der öffentlichen Meinung vage wahrgenommen wird und einen Einfluss auf die Humanwissenschaften ausübt. Auf der einen Seite befindet sich die stumpfsinnige Materie, die keinerlei Freiheit besitzt, und auf der anderen der Mensch, der allmächtige Demiurg dieser Materie. Durch die Herabsetzung der Materie wird der Mensch hervorgehoben, was zu der Schizophrenie führt, die im ersten Teil des Buches beschrieben wurde. Da sich die gesamte schöpferische Freiheit des Weltalls im Menschen konzentriert, besitzt dieser jegliches Recht und jegliche Macht über ein Universum, von dem er sich selbst durch einen Geistesvorgang ausgeschlossen hat. Er bildet sich ein, Naturgesetze zu entdecken, denen er selbst nicht unterliegt. Er versteht das Gesetz der Zunahme der Entropie; nützt es aus, um die leistungsfähigsten Dampfturbinen herzustellen; vergisst es jedoch, wenn er eine globale Betrachtung des Wirtschaftssystems anstellt, das eben diese Turbinen enthält.

Bezieht man sich dagegen auf das Bild, das sich die zeitgenössischen Physiker von der Natur machen, dann ist der Mensch nicht ein Gemisch von Körper und Geist à la Platon. Er bildet eine Einheit, besteht zugleich aus Materie, bestimmt durch einige primitive, voraussagbare Phänomene, und aus schöpferischer Freiheit, bestimmt durch andere, viel subtilere Phänomene. Seine wissenschaftliche Leistungsfähigkeit bezeugt diesen Aspekt auf höchst erstaunliche Weise. Sie legt zugleich ein Zeugnis für den Menschen und für das gesamte Weltall ab.

Das menschliche Gehirn, eine Vorwegnahme der Evolution

Die biologische Evolution ist, streng darwinistisch betrachtet, kein willkürlicher Vorgang, der unbrauchbare Organe hervorbringen würde. Warum hat sie ein Gehirn erzeugt, das sich seit 30.000 oder 40.000 Jahren nicht verändert hat und zu dessen voller Ausnutzung es erst in den letzten zwei oder drei Jahrhunderten gekommen ist? Unser Gehirn hat sich im Zusammenhang mit direkten und nützlichen Zielen entwickelt, wie z.B. sehen, Steine behauen, sprechen, eine Jagd organisieren: Keine dieser intellektuellen Funktionen erfordert unbedingt das Auftauchen anderer Fähigkeiten, wie beispielsweise das Anstellen allgemeiner Betrachtungen über das Weltall und ihre Bestätigung mittels Hypothesen und Ableitungen. Es ist erstaunlich, mit welcher Leichtigkeit es uns gelingt, mathematische Begriffe zu erfinden, die uns durch ihre Eleganz und strenge Genauigkeit verführen. Noch erstaunlicher ist jedoch die Tatsache, dass diese Begriffe, *nachdem sie von uns ersonnen wurden,* auf das Universum anwendbar sind, von dem wir nur einen unbedeutenden Teil darstellen.

Das Beispiel der Geometrien

Die Geometrie, oder vielmehr die Geometrien, bieten zweifellos ein passendes Beispiel für diesen seherischen Charakter der reinen Forschung. Im 18. Jahrhundert teilten Mathematiker, Physiker und Ingenieure die gleiche Fehlvermutung hinsichtlich der Wesensart der Mathematik. Sie gaben sich der intuitiven Illusion hin, die Mathematik besäße zwei physikalische Objekte, Zahl und Raum, denen zwei Bereiche entsprächen: die Arithmetik und die Geometrie. Deswegen sprach man damals von den mathematischen Wissenschaften in der Mehrzahl, wogegen die Physik und die Biologie in der Einzahl definiert wurden. Zahl und Raum stellen in dieser irrigen, von den griechischen Philosophen ererbten, Auffassung das ewige, mit intuitiven Eigenschaften begabte Sein dar. Insbesondere die euklidische Geometrie beruht auf einigen einfachen Axiomen, die die Elemente definieren: Eine und nur eine Gerade verbindet zwei Punkte; eine Ebene wird von drei Punkten bestimmt, u.s.w. Alle Eigenschaften geometrischer Figuren leiten sich daraus durch logische Schlüsse ab.

Dieses großartige Gebäude wurde erst durch das berühmte Parallelen-Postulat „seines Schmuckes beraubt“: Durch einen Punkt außerhalb einer Geraden kann man nur eine Parallele zu dieser Geraden ziehen. Dieses Postulat versuchte man vergeblich aus den anderen Axiomen abzuleiten. Eine bewährte Methode, aus einer solchen Sackgasse herauszukommen, besteht darin, absurde Schlussfolgerungen zu ziehen. Ersetzt man das euklidische Postulat durch ein anderes Postulat, dem zufolge es z.B. keine Parallele zu einer Geraden durch einen Punkt gäbe, so kann man damit rechnen, dass sich inkohärente Eigenschaften ergeben; und zwar umso mehr, als der euklidische Grundsatz eine physikalische „Eigenschaft“ des Raumes, in dem wir leben, zu formalisieren scheint. Naiverweise kann man glauben, dass alles, was unserer physikalischen Intuition konträr ist, auch in der Logik sinnlos ist, insofern Logik und Intuition zwei Eigenschaften desselben Geistes sind.

Es gibt drei Geometrien

Nun aber liefert Riemann im Jahre 1854 den Beweis, dass all dies nicht zutrifft. Er entdeckte die Existenz von drei verschiedenen Systemen von Postulaten, die drei Geometrien definieren: Die Euklidische (eine Parallele durch einen Punkt), die Riemannsche (keine Parallele) und die Lobatschewskische (eine Unmenge von Parallelen). Jede einzelne dieser Geometrien ist, vom Standpunkt der Logik aus, kohärent, in dem Sinne, dass man nicht zwei Behauptungen aufstellen kann, von denen die eine die Verneinung der anderen wäre. Vom Standpunkt der Logik aus kann demnach keiner der Vorzug gegeben werden.

Man fuhr also fort, die Geometrien vom Standpunkt der Intuition gegeneinander abzuwägen, nicht ohne das merkwürdige Gefühl loszuwerden, es handle sich um einen menschlichen Geist, der in zwei abgeschlossene Bereiche aufgeteilt wäre, wobei die Intuition den verlässlicheren Bereich darstellen würde. Die euklidische Geometrie bewahrte die zweite Hälfte des 19. Jahrhunderts hindurch ihren Ehrenplatz als „wahrheitsgetreue Beschreibung" des physikalischen Raumes, wogegen die beiden anderen Geometrien wie mathematische Kuriositäten oder sogar entartete Spielereien betrachtet wurden. Zu Beginn des 20. Jahrhunderts indessen bewies Einstein mit der Ausarbeitung seiner Relativitätstheorie, dass die Riemannsche Geometrie besser zur Beschreibung des physikalischen Raumes geeignet ist als die euklidische.

Ein derartiger Umsturz der Perspektiven vertauschte die Rollenbesetzung: Es war nicht mehr der Physiker, der seinen mit „intuitiven" Postulaten versehenen Raum dem Mathematiker als Forschungsobjekt vorbereitete, sondern der Mathematiker, der alle mathematischen Strukturen, die vom Standpunkt der Logik aus kohärent sind, untersuchte und damit eine Gussform vorbereitete, in die der Physiker das Weltall gießen konnte.

Das Geheimnis der Wissenschaft ist das Geheimnis des Menschen

Hier liegt das Geheimnis und das Geheiligte: Wie kann ein Gehirn, die Gesamtheit von – durch die biologische Evolution – verkabelten Nervenzellen, eine Logik hervorbringen, die Strukturen zu schaffen vermag, die der Beschreibung einer physikalischen Wirklichkeit entsprechen, ehe noch deren Einzelheiten entdeckt worden sind? Kommen wir nochmals auf den Vergleich mit der Landkarte zurück: Es ist, als ob ein Kartograph Amerika erträumt hätte, noch ehe es entdeckt war, und genauso hat Christoph Columbus es wohl tatsächlich entdeckt.

Die Wissenschaft an sich ist keine geheiligte Tätigkeit: Sie gibt uns keine magischen Kräfte, die uns über die Naturgesetze, die im übrigen nur in unserer Vorstellung existieren, hinaus erheben könnten. Sie erlaubt uns dagegen, ähnlich wie die Kunst oder Mystik, eine dem Menschen verborgene Dimension zu erahnen. Und da der Mensch ein Teil des Weltalls ist, lehrt uns die Wissenschaft, dass dieses Universum nicht auf ein wissenschaftliches Modell zurückführbar ist.

Mit einem Wort, die Wissenschaft birgt in sich zugleich unendlich viel weniger als ihr allgemein zugeschrieben wird, und unendlich viel mehr, als man sich vorstellt. Die Generationen, die die Solartechnik ausarbeiten werden, können diese Aufgabe umso besser erfüllen, als sie die Wissenschaft korrekt anwenden werden, und zwar nicht nur als einen Lieferanten von Resultaten, sondern ebenso als Enthüllung der komplexen Beziehungen zwischen Mensch und Universum. Es handelt sich deshalb nicht darum, den Physikunterricht aufzugeben bzw. die Verbreitung physikalischer Kenntnisse; es müsste jedoch besser gemacht werden.

Kapitel 21

Die Nöte der Wohlstandsgesellschaft

Es kann vorkommen, dass ein Mythos Realität wird. Schon bei den Hebräern war die Vorahnung von einem geistigen Fortschritt der Menschheit zu der Eroberung eines gelobten Landes und dem Warten auf einen politischen Heiland entartet. Es ist schon bemerkenswert, dass der Konflikt im Nahen Osten sich immer wieder um das gleiche Versprechen eines Landes handelt, erworben durch göttliches Recht. Entwertete Mythen haben ein besonders zähes Leben.

Seitdem wurden unaufhörlich viele Missverständnisse zwischen geistigem und materiellem Fortschritt aufrechterhalten. Sowohl die sozialistische Weltanschauung, wie auch der liberale Pragmatismus, basieren auf einem verworrenen Mythos vom Fortschritt. Dieser Mythos setzt voraus – ohne es immer klar auszusprechen – dass Verbrechen, Gewalttätigkeit und Unordnung die Folge von Mangelerscheinungen, Elend und – nach linker Version – Ausbeutung der Armen durch die Reichen sind, nach rechter Version – eines Komplotts der Ausländer.

Das liberale Programm verkündet, dass der Wohlstand das Verschwinden der Sozialklassen nach sich zieht, die politischen Spannungen beschwichtigt und somit eine harmonische Gesellschaft schafft, ungeachtet einiger verbleibender Unterschiede (aus denen die Wortführer selbstverständlich persönlichen Nutzen zu ziehen hoffen). Die sozialistischen Lehrsätze und die marxistische Bibel behaupten das gleiche, wenn sie nicht sogar die Anwendung von Gesetzen und Gewalt preisen, zur absichtlichen Verringerung der Unterschiede. Aber einerlei, ob man sich auf die Kräfte einer Marktwirtschaft oder auf das Eingreifen des Staates verlässt, alle sind sich über das Wesentliche einig: Über die positive Rolle des Wohlstandes, der automatisch die moralische Erhebung von Individuen und Völkern nach sich zieht.

Der Abzählreim von Laing

Dieser gordische Knoten unserer Zivilisation wurde von R. Laing in einem berühmten Ausspruch zusammengefasst: „Das, was ich besitze, ist mir geschenkt worden; deshalb habe ich Anspruch auf alles, was mir gehört. Je mehr ich besitze, umso besser bin ich, denn ich bin belohnt worden, weil ich gut war. Deswegen werde ich noch besser, wenn ich noch mehr verdiene. Je mehr ich verdiene, umso mehr besitze ich, umso besser bin ich, umso mehr bin ich." Dieser kindische Abzählreim resümiert den verzerrten Zusammenhang, den jeder von uns herstellt, zwischen dem moralischen Wert eines Menschen und dem, was er besitzt oder verbraucht. Hier kommt der Widersinn der Interpretation des Christentums im liberalen England, durch den die erste industrielle Revolution hervorgebracht worden ist, mit einer ungewöhnlichen Arglosigkeit zum Ausdruck. Es ist unmöglich, der Solartechnologie zuzustimmen, ohne vorher endgültig einer derartigen Irrlehre – im wahrsten Sinne des Wortes – abzuschwören. Man kann mit den Ressourcen nicht sparsam umgehen, wenn man es gleichzeitig als seine Pflicht betrachtet, sie zu hamstern. Das Anwachsen der Entropie kann nicht verlangsamt werden, selbst nicht im Falle einer konstanten Bevölkerung, solange man die Bedürfnisse jedes einzelnen Menschen weiterhin durch „moralischen" Anreiz zum Überkonsum steigert. Es ist das Ziel dieses Kapitels, den gordischen Knoten, wenn wir ihn schon nicht aufknüpfen können, so doch wenigstens zu durchschlagen.

Die Realität des Wohlstandes

Die Wohlstandsgesellschaft ist keine trügerische Absichtserklärung mehr. Wir haben ein Gelobtes Land erreicht. Es hat uns enttäuscht, und dennoch fürchten wir, aus ihm vertrieben zu werden. Die technische Evolution hat im Verlaufe der zweiten industriellen Revolution die Vorbedingungen für Wohlstand geschaffen. Und die auf den Zweiten Weltkrieg folgenden Friedensjahre haben einigen hundert Millionen Einwohnern Nordamerikas, Europas und des Fernen Ostens erlaubt, die Wohlstandsgesellschaft zu verwirklichen. Seit mehr als einer Generation gibt es Länder, in denen die Mehrzahl der Einwohner überernährt, komfortabel untergebracht, warm gekleidet, anständig gepflegt, übertrieben abgelenkt und mehr oder weniger gebildet sind. Eine Minorität von Außenseitern ist von diesem Wohlstand ausgeschlossen, wegen ihrer physischen oder geistigen Unfähigkeit, sich in die Welt der Arbeit einzufügen. Die Gemeinschaft kommt jedoch für ihre wesentlichen Bedürfnisse auf, sei es aus tatsächlicher Nächstenliebe, sei es aus dem Bestreben, zusätzliche Verbraucher zu schaffen oder um Probleme zu vermeiden ...

Stellen wir diese Entwicklung in Zahlen dar. Seit Beginn der industriellen Revolution hat sich die Arbeitszeit, die ein Arbeiter zum Kauf von 1 kg Brot benötigt, um einen Faktor 20 bis 30 verringert. Das bedeutet, da die Arbeitszeit ebenfalls um die Hälfte gekürzt worden ist, dass die Kaufkraft eines Arbeiters mindestens mit dem Faktor 10 multipliziert worden ist. Vormals machte die Ernährung 70 Prozent des Familienbudgets eines Arbeiters aus, während heute

10 Prozent dazu ausreichen. Mit anderen Worten: Heutzutage wird zum Kauf des Unentbehrlichen genau der gleiche, geringe Anteil verwendet, der vor zwei Jahrhunderten für das Nebensächliche reserviert war. Außerdem hat sich die Nahrung in ihrer Natur vollständig verändert: In weniger als einem Jahrhundert ist der Brotverbrauch pro Kopf von 750 g auf höchstens 100 g am Tag gesunken. Wir nehmen unsere Kalorien hauptsächlich in Form von Fleisch, Fett, Zucker und Alkohol zu uns – und zwar auf Kosten unserer Gesundheit. Dennoch ist die Lebenserwartung in einem Maße gestiegen, dass sie die Verhältnisse umgekehrt hat: Früher erreichten 20 Prozent der Bevölkerung das Alter von 60 Jahren; heute sterben 20 Prozent vor Erreichen dieses Alters.

Unser Wohlstand – ein Werk der Ingenieure

Es wäre ein leichtes, Zahlen aneinanderzureihen, die eine eindrucksvoller als die andere. Aber das ist gar nicht nötig, da die Wohlstandsgesellschaft eine höchst sichtbare, von einigen hundert Millionen Verbrauchern erlebte und geschätzte Realität geworden ist. Die kapitalistische westliche Welt, die auf dem Profit und dem Egoismus begründet ist, hat also – ohne sich je dazu verpflichtet zu haben – die Versprechen sämtlicher sozialistischer Staaten gehalten. Der Wohlstand ist eine technische Tatsache und nicht die Zauberwirkung einer philosophischen, wirtschaftswissenschaftlichen oder politischen Abhandlung. Nicht das Wort hat das Geschick der Menschen verändert, sondern vielmehr das Werkzeug, und diejenigen, die damit umgehen. Die Finanzmänner, Politiker und Industriellen haben bei diesem Unternehmen keine besondere Einsicht bewiesen. Sie haben die Routine ihrer Interessen verwaltet und ein erstaunliches Ergebnis erzielt. Dagegen haben die Ideologen dort, wo die ehrgeizigsten von ihnen zur Macht gelangt sind, die Früchte der technischen Evolution verdorben und künstlich die kommunistische Verknappung hervorgerufen. So ist auf eine gewisse Weise die Wohlstandsgesellschaft das ausschließliche und ursprüngliche Werk der Ingenieure, die überreife Frucht eines Projektes ohne Weltanschauung, der Erfolg eines kalten, krämerhaften Unternehmens.

Unsere Wohlstandsgesellschaft ist zu einem realisierten Mythos geworden, zu einem arithmetischen Beweis für die Wohltaten des exponentiellen Anstieges, des Produktionskampfes und der Arbeitsmoral. Die Erinnerung an das vorausgegangene Elend in den heute entwickelten Ländern und das Schauspiel der gegenwärtigen Nöte in all den übrigen Ländern beweisen täglich einen augenscheinlichen Vorteil des liberalen und kapitalistischen Wirtschaftssystems, einen teuflischen Erfolg der Gewinnsucht und des Konkurrenzkampfes. Selbst wenn wir die Brutalität und Gewalttätigkeit, auf denen dieses System begründet ist, von oben herab missbilligen, so bleibt es in aller Augen durch seinen Wohlstand legitimiert.

An vier Stellen auf dem Globus haben es die Wechselfälle der Politik sogar erlaubt einen regelrechten Laborversuch zu unternehmen. In Deutschland, in Korea, in China und in Vietnam wurden die Länder zweigeteilt. Die zentralisierten und dirigistischen Ökonomien schwebten immer am Rande des Untergangs, während die liberalen und kapitalistischen Ökonomien prosperierten. Die Mauer von Berlin ist 1989 unter dem unwiderstehlichen Druck einer Bevölkerung gefallen, die erbittert war durch den grundlosen Mangel, zu dem sie gezwungen wurde.

Die Überflussgesellschaft lebt in der mürrischen Inbrunst der Anhänger Mammons, der zwar Mensch hat werden wollen, der aber nach wie vor Gefahr läuft, in die Hölle zurückzukehren. Der einzige politische Vertrag, der zwischen übersättigten Völkern und unbeständigen Regierungen besteht, ist die Bewahrung dieses Überflusses, dessen Ungewissheit man heimlich fürchtet. Ein anderes denkbares politisches Projekt gibt es nicht, so als ob die Geschichte an ihrem Ende angekommen sei, weil gewisse Menschen übersättigt sind. Eine Diktatur mag einsperren, foltern, morden; sie kommt jedoch erst dann wirklich in Verruf, wenn sie unfähig ist, das Sozialprodukt zu erhöhen. China, das weiterhin unterdrückt und aggressiv ist, erkauft sich Wohlverhalten indem es ernsthaft ins Geschäftsleben einsteigt.

Nun aber nimmt die Geschichte erst mit dem Verschwinden der Menschenrasse ein Ende. In der Zwischenzeit ist die Wohlstandsgesellschaft aus mehreren zusammenwirkenden Gründen dem Untergang geweiht: Der Überfluss ist nur das Privileg einer Minderheit, wogegen das Elend das Schicksal der Mehrheit bleibt; im eigenen Innersten des Wohlstandes selbst bleiben unüberwindbare Nöte zurück; der Wohlstand ist ein gefährlicher Zustand, der Frustrationen hervorbringt. Mit einem Wort: Der Wohlstand stellt einen vorübergehenden und trügerischen Sonderzustand dar.

Der Wohlstand für eine Minderheit

Wir werden nicht lange auf dem ersten Argument bestehen, das die ständige Schande unseres Jahrhunderts darstellt. Den einen vermittelt der Wohlstand einen Überschuss an Fleisch, Fett, Zucker und Alkohol minderer Qualität und zweifelhaften Geschmacks, der sie an Überfütterung erkranken lässt, den übrigen sichert er weder eine Mindestration an Kalorien noch einen ausreichenden

Anteil an Eiweißstoffen in diesen Hungerrationen. Die durchschnittliche Kalorienration in den Vereinigten Staaten, Europa und der Sowjetunion übersteigt die physischen Bedürfnisse um mehr als 30 Prozent; sie liegt um mehr als 20 Prozent unter den Bedürfnissen in Bolivien, Mali, Nigeria, Burkina Faso. Die Kindersterblichkeit während des ersten Lebensjahres beträgt weniger als 1 Prozent in den Kulturländern; sie erreicht und übersteigt 10 Prozent in Guinea, Liberia, Mali und im Kongo. Die Lebenserwartung beträgt in den Industrieländern 70 Jahre für Männer bzw. 80 Jahre für Frauen, aber nur 37 bzw. 38 Jahre in Namibia. Die AIDS Epidemie, die in den reichen Ländern durch eine umfangreiche und kostspielige Behandlung im Griff gehalten wird, kann sich in Afrika dagegen ungehindert ausbreiten.

Diese Ungleichheiten spiegeln sich im Verbrauch der Ressourcen der Erde wider. Das Bruttosozialprodukt des gesamten afrikanischen Kontinents mit seinen 650 Millionen Einwohnern hat im Jahre 1999 320 Milliarden Dollar betragen, d.h. das Äquivalent des Sozialproduktes der Niederlande oder ein Fünftel des französischen Sozialproduktes. Dieses ist höher als das Chinas.

Um allen Menschen den gleichen Überfluss zuzusichern wie in den USA, müsste man folglich auf der Stelle den weltweiten Energieverbrauch versechsfachen und alle übrigen nicht erneuerbaren Ressourcen wie Mineralien, Düngemittel, Süßwasser ebenfalls. Selbstverständlich würde eine derartige Ausweitung augenblicklich eine ganz beträchtliche Krise heraufbeschwören. Der Wohlstand der einen ist ohne das Elend der Mehrzahl der anderen nicht möglich.

Eine neue Seligpreisung

Da die Massenmedien dem durchschnittlichen Fernsehteilnehmer unaufhörlich die Bilder skandalöser Elendsszenen vor Augen führen, musste die produktivistische Weltanschauung ein Argument erfinden, das die Verschwendung der Privilegierten rechtfertigte. Früher lebten die Fürsten guten Gewissens im Überfluss, mit der Behauptung, ihr übertriebener Aufwand verschaffe den Bedürftigen Arbeit. Heutzutage trifft man das gleiche alte Argument in moderner Lesart wieder: Es wird beispielsweise behauptet, der wirtschaftliche Anstieg der Industrieländer stelle eine Grundbedingung für die Entwicklung der dritten Welt dar. Damit wird sozusagen eine neunte Seligpreisung eingeführt: „Selig sind die Übersättigten, denn sie müssen gemästet werden, damit die Hungernden ernährt werden können".

In dieser bissigen Formulierung springt der Widerpruch ins Auge, aber er wird nicht wahrgenommen im politischen, „Süssholz raspelnden“ Diskurs. Die entwickelten Länder wenden weniger als ein Prozent ihres Bruttosozialproduktes zur Hilfe für die unterentwickelten Länder auf. Man beruhigt sich auf internationalen Konferenzen, indem man die magische Formulierung benutzt: „Länder auf dem Weg der Entwicklung“. Es ist politisch nicht korrekt von „Ländern auf dem Weg der Unterentwicklung“ zu sprechen. Das aber ist die Realität.

Die Lücken des Wohlstandes

In zweiter Linie ist der Wohlstand der Privilegierten gewissermaßen ein Köder. In seinem Inneren sind Bereiche von großem Elend vorhanden, die die gesteigerte Industrieproduktion nicht zu mindern vermag, da gewisse Waren oder Dienstleistungen nicht in Massen hergestellt werden können. Diese innere Beschränkung der industriellen Revolution wird nur selten bewusst wahrgenommen, da sie in der rein zahlenmäßigen statistischen Bewertung der Lebensstandards nicht in Erscheinung tritt. Es ist trügerisch, zu behaupten, der Lebensstandard des Handwerkers in einem Industrieland sei zehnmal höher als im Jahre 1750, da dieser Arbeiter nicht den Lebensstil des Bürgers besitzt, der zehnmal mehr als der Arbeiter im Jahre 1750 verdiente. Besagter Bürger konnte sich die Hilfeleistungen von einem oder mehreren Bediensteten leisten, wozu selbstverständlich kein Arbeiter im Jahre 2000 imstande ist. Der Vergleich zwischen Industrie- und Entwicklungsländern beruht teilweise auf dem gleichen trügerischen Argument. Ein französischer Verbraucher, der ein hundertmal größeres Einkommen als ein normaler Konsument aus Bangladesh besitzt, hat in Frankreich nicht den Lebensstil derer, die in Bangladesh über ein Einkommen der gleichen Größe verfügen.

Hier begegnet man einem Paradoxon, das die eigentliche Definition des Produktivismus berührt. In dem Maße, wie die industrielle und landwirtschaftliche Produktion zunimmt, wandert die aktive Bevölkerung jedoch prinzipiell vom primären Wirtschaftsbereich (Landwirtschaft, Bergwerk, Steinbruch, Forstwirtschaft) in den sekundären (Handwerksbetriebe, Industrie) und dann in den tertiären (Dienstleistungsbetriebe) über. Während der primäre Bereich in einer Wirtschaftsform der jüngeren Steinzeit bis zu 90 Prozent der aktiven Bevölkerung mobilisierte, ist man in den USA zu folgender Aufteilung gelangt: *Primärbereich: 3 Prozent, Sekundärbereich: 28 Prozent, Tertiärbereich: 69 Prozent.*

Das Paradoxon der mangelhaften Dienstleistungen

Prinzipiell sollte ein derartiges Wirtschaftssystem ausreichende und preiswerte Dienstleistungen vermitteln. Davon ist jedoch keine Rede: In den USA sind Restaurants eine Seltenheit, das Kochen beschränkt sich auf das Erhitzen tiefgefrorener Nahrungsmittel, die Bedienung ist mittelmäßig oder existiert nicht. Die Straßen der Großstädte sind schmutzig und gefährlich, da Straßenkehrer und Polizisten fehlen. Das öffentliche Unterrichtswesen ist minderwertig und die Privatschulen sind unbezahlbar. Die öffentlichen Transportmittel werden immer seltener, sind sehr teuer und unzuverlässig. Es ist selbstverständlich ausgeschlossen, eine Haushaltshilfe zu bekommen, es sei denn, man ist sehr wohlhabend. Die Post ist langsam, kostspielig und unsicher. Was Handwerker anbetrifft – wie Schreiner, Anstreicher, Elektriker – so sind sie rar, teuer und unfähig. Merkwürdigerweise scheinen umso weniger Arbeiter verfügbar zu sein, je mehr Personen im Dienstleistungsbereich tätig sind. Dies widerspricht einer der triumphierendsten Perspektiven des Produktivismus, der zufolge der fähigste Arbeiter den verwöhntesten Verbraucher bedienen würde, da vom Menschen nur noch Dienstleistungen für den Menschen zu erwarten seien, während die Warenproduktion von Robotern besorgt würde. Die Wirklichkeit ist dieser idyllischen Vision allerdings völlig entgegengesetzt. Dieses Paradoxon hat im wesentlichen zwei Ursachen.

Vereinheitlichte Einkommen zum Erwerb nutzloser Dienstleistungen

Erstens weichen die Einkommen der verschiedenen Gesellschaftsschichten heutzutage viel weniger voneinander ab als vor der industriellen Revolution (was im absoluten Widerspruch zu einer der populärsten Thesen des Kommunismus steht). Nehmen wir folgendes Beispiel: Im Jahre 1800 entsprach das Einkommen eines französischen Staatsrates 53 Arbeiterlöhnen; diese Zahl ist im Jahre 2000 auf 7 gesunken. Mit anderen Worten, ein Staatsrat konnte sich im Jahre 1800 zahlreiches Dienstpersonal, Kleidung nach Maß, geräumige Wohnungen, handgearbeitete Möbel etc. leisten. Im Jahre 2000 fährt der Staatsrat seinen Wagen selbst, mäht seinen Rasen, macht seine Besorgungen in Supermärkten, trägt Konfektionsanzüge, nimmt seine Mahlzeiten in einer Kantine ein etc. Dabei wird er übrigens von niemandem bemitleidet. Wir müssen uns einfach damit abfinden, dass die industrielle Revolution keineswegs in der Lage war, allen Franzosen den Luxus und die Vornehmheit eines Staatsrates aus dem Jahre 1800 zu ermöglichen.

Den größten Gegensätzen begegnet man in großen Privatunternehmen. Man findet unter den Managern der Multinationalen solche, die mehrere zehn Millionen Euro pro Jahr einfahren. Dies sind allerdings wirkliche Ausnahmefälle, die als skandalös angesehen werden. Sie führen übrigens kein auffälliges Leben, weil sie soviel arbeiten, dass sie keine Zeit finden das auszugeben, was sie einnehmen. Man kann dies als einen Anhäufungsmechanismus für Kapital ansehen.

Sobald sich der Unterschied zwischen den Einkommen der verschiedenen Sozialklassen verwischt, müssen sich die Reichen damit begnügen, weniger Dienstleistungen zu erwerben, und die weniger Reichen können darauf verzichten, ihre Dienste zur Verfügung zu stellen. Selbst wenn die Arbeitslosenquote in einem Industrieland 10 Prozent der aktiven Bevölkerung beträgt, stehen der Nachfrage nach Hausarbeit keine Angebote gegenüber. Die Arbeitslosen verweigern die Ausführung einer solchen Arbeit, es sei denn, sie seien dazu gezwungen; die Mentalität hat sich dermaßen geändert, dass kein Zwang mehr akzeptiert wird. Diese Zurückweisung jeglicher dienenden Tätigkeit greift in den Wohlstandsländern auf alle Beschäftigungen über, die dem Anschein nach untergeordnet sind: Kellner im Restaurant, Taxichauffeure, Gärtner, Straßenkehrer, Tankstellenwärter, Krankenpflegerinnen etc. Diese Arbeiten werden häufig von einer Gesellschaftsklasse ohne politische Rechte übernommen, von vorläufigen Einwanderern, Mexikanern in den USA, Afrikanern in Europa.

Es besteht ein zweiter Grund für die Verknappung der von den Verbrauchern gewünschten Dienstleistungen, der weit heimtückischer ist. Es handelt sich um den zwangsläufigen Überverbrauch von unnötigen Diensten. Das erste, eben dargelegte Argument erklärt nicht, warum der tertiäre Wirtschaftsbereich immer mehr Menschen beschäftigt und gleichzeitig immer weniger tatsächliche Dienste leistet. In der Tat ist die Klassifizierung, die dem tertiären Bereich jegliche Dienstleistungen zuschreibt, deshalb schlecht, weil sie den Arzt und die Krankenschwester, den Architekten und den Hauswart, den Professor und den Straßenkehrer auf die gleiche Ebene stellt. Nun aber handelt es sich um vollkommen verschiedene Funktionen: Die ersteren etablieren die Macht des Dienstschaffenden über den Verbraucher, wogegen bei der zweiten Gruppe das Verhältnis umgekehrt ist. Bestimmte Dienste werden gern geleistet, da der Belohnte sich in einem Autoritätsverhältnis zu dem Zahlenden befindet. Dies ist der Fall beim Arzt im Verhältnis zum Patienten, beim Lehrer zum Schüler, beim Beamten zum Mitbürger, beim Richter zum Kläger. In einer Industriegesellschaft gibt es deshalb stets genügend Ärzte, Professoren und Beamte.

Selbstverständlich besteht die Gefahr, dass die Nachfrage nach solchen Dienstleistungen übermäßig wird. Das soll jedoch kein Hindernis darstellen; die auf Produktivismus begründete Gesellschaft dehnt ihre Logik bis in den Pflichtkonsum aus: Die Schulpflicht wird verlängert, die Krankenversicherung obligatorisch, die Verwaltung aufgebläht; die Kulturzentren sind im Überfluss vorhanden. Dieser Tertiärbereich, der maßlos anwächst, ist nicht da, um dem Verbraucher zu dienen, sondern um ihn sich zu unterwerfen. Seine obligatorischen Steuer- und Sozialabgaben finanzieren einen erheblichen Teil der überflüssigen Dienstleistungen und lassen ihm nicht die nötige Kaufkraft übrig, mit der er sich die Dienste beschaffen könnte, die er wirklich wünscht. In Frankreich stellen die Erwerbstätigen des Tertiärbereiches 55 Prozent der aktiven Bevölkerung dar; gleichzeitig repräsentierten die obligatorischen staatlichen Abzüge vom Nationalinkommen 45 Prozent und sie finanzierten größtenteils obligatorische, öffentliche Dienstleistungen, wie Schulen, Polizei, Gesundheitswesen, Arbeitslosenversicherung, Militär, Museen, Theatersubventionen. Selbst wenn die beiden Zahlen nicht streng miteinander verglichen werden können, so bedeutet das doch näherungsweise, dass die Franzosen nur über 10 Prozent bis 15 Prozent ihres Einkommens frei verfügen zur Beschaffung von Diensten. Das dürfte nicht sehr verschieden sein von der Situation vor der industriellen Revolution.

Entropologie der Dienstleistungen

Die Unfähigkeit, in einem Industriestaat Dienstleistungen zu organisieren, beruht nicht auf einem Zufall. In einem System, das auf der übermäßigen Nutzung der Ressourcen an freier Energie beruht, weiß man, dass die Produktivität des Primär- und Sekundärbereiches gefördert werden kann, wenn den Produkten eine erhöhte Menge Energie zugeführt wird. Die Dienstleistungen dagegen können keinen Nutzen aus einer solchen Energiezufuhr ziehen; im allgemeinen werden sie durch Energiezufuhr eher verschlechtert: Die Küche eines Restaurants wird nicht durch einen massiven Einsatz von Tiefgekühltem verbessert, ganz im Gegenteil. Gleichfalls ist vorhersehbar, dass weder die Medizin noch das Unterrichts- oder das Bankwesen Dienstleistungen bieten werden, die dem Erwarten des Verbrauchers entsprechen, solange man Computerterminals zum Diagnostizieren, Lehren oder Informieren benutzt und missbraucht.

Die Frustration des Wohlstandes

Schließlich muss auch das Argument erörtert werden, nach dem die sozialen Auswirkungen des Wohlstandes anders als erwartet sind. Selbst wenn der

Wohlstand das Privileg einer Minderheit bleibt, selbst wenn diese Privilegierten unter gewissen Mängeln leiden, so bleibt es dennoch dabei, dass der Überfluss an gewissen Dingen zu einer geschätzten Tatsache für bestimmte Menschen geworden ist, die ihn zu verlieren fürchten. Die Menschen finden Gefallen daran, verschwenderisch mit allen Dingen umzugehen, ziellos in ihrem Wagen herumzufahren, über ihren Hunger hinaus zu essen, sich zu betrinken, ihre Kleidung fortzuwerfen, die nicht mehr à la mode ist, sich an Meeresstränden zu aalen, vor dem Fernsehschirm dahinzudämmern. Selbst wenn dieses Fest mittelmäßig ist, warum sollte man es stören?

Tatsache ist, dass dieses Fest traurig ist und dass die Menschen nicht glücklich sind. Der Überfluss zieht perverse Folgen nach sich, die in zunehmender Kriminalität zum Ausdruck kommen. In Frankreich hat sich die gesamte Kriminalität von 1950 bis 2000 vervierfacht. Sie stieg von 14 auf 63 Delikte pro 1.000 Einwohner. Im gleichen Zeitabschnitt hat sich die Kaufkraft eines Handarbeiters *ungefähr verdoppelt:* Die Erhöhung des Lebensstandards scheint demnach – statt die Tugendhaftigkeit zu ermutigen – zum Verbrechen anzutreiben; die am meisten angestiegenen Straftaten betreffen insbesondere den Besitz: Einbrüche, Ladendiebstähle und Vandalismus. Das Thema Sicherheit wird bei Wahlkampagnen entscheidend und liefert den Parteien der extremen Rechten Argumente. Sie gedeihen in Europa und mobilisieren bis zu einem Drittel der Stimmen.

Ein Vergleich auf europäischem Niveau ist noch erstaunlicher: Schweden hat eine Kriminalitätsrate von 133 auf 1.000 Einwohner, Portugal 8 auf 1.000. Das Beispiel der USA ist noch offenkundiger. Die Statistiken geben an, dass die Anzahl der Morde auf 100.000 Einwohner zwischen 1960 und 1973 von 4,7 auf 9,4 angestiegen ist. Dagegen ist zwischen 1973 und 1982, in einer wirtschaftlich stagnierenden Periode in den USA, der Prozentsatz der Mordfälle praktisch unverändert geblieben. Es scheint also einmal mehr, dass der Anstieg der Kriminalität mit der Erhöhung des Lebensstandards einhergeht. Jedenfalls ist die Zahl der Mordfälle in den USA außerordentlich hoch im Vergleich etwa zu der Großbritanniens, die 1,1 pro 100.000 Einwohner beträgt.

Man kann sich deshalb kaum der Hypothese entziehen, nach der Wohlstand, Produktivitätsideologie und Arbeitsethik unvorhergesehene psychische Gleichgewichtsstörungen hervorrufen. Die Erfahrung hat uns gelehrt, dass es nicht genügt, eine Bevölkerung zu mästen, um sie glücklich zu machen. So widerlegen diese Fakten die vorherrschenden Wirtschaftstheorien, auf die sich sowohl das Vorgehen der Machthaber als auch die Vorurteile des breiten Publikums stützen. Das bedeutet natürlich nicht, dass der Mangel Ruhe hervorruft. Das Chaos, mit dem Afrika sich herumschlägt, zeigt dies deutlich.

Der doppelte Schiedsspruch der klassischen Ökonomie

Die klassische Ökonomie vertritt die Auffassung, der Mensch sei eine Art Janus: Er besitze ein doppeltes Antlitz, das eines Produzenten und das eines Verbrauchers. Seine Tätigkeit als Hersteller ist für ihn eine Bürde, die er tragen muss, um das damit verbundene Einkommen als Verbraucher genießen zu können. Diesem Schema zufolge fällt das Individuum einen doppelten Schiedsspruch: erstens, zwischen seiner Arbeit und seiner Freizeit; zweitens, zwischen den verschiedenen Gütern, die es erwirbt.

Der erste Schiedsspruch würde nach folgender Spielregel getroffen: Der Mensch hört mit der Arbeit auf, wenn die Unannehmlichkeit einer Überstunde ihm größer erscheint als die Befriedigung, die er aus dem Verbrauch des Lohnes, den ihm die Überstunde eingebracht hätte, ziehen würde. Diese Berechnung ordnet die Arbeit dem „Soll", den Verbrauch dem „Haben" zu. Sie zielt auf ein Gleichgewicht hin, das dem Individuum die größtmögliche Befriedigung zusichert. Die Lehren von Taylor und Ford gehören logischerweise in dieses Schema. Einerseits steigert die wissenschaftliche Organisation in den Werkstätten die Produktivität der Arbeitsstunden auf ein Maximum, andererseits erlaubt die Politik der hohen Löhne dem Verbraucher, seine Arbeiterfrustrationen mittels seiner Einkäufe zu kompensieren. Im übrigen waren Taylor und Ford tatsächlich davon überzeugt, hervorragende Sozialreformatoren zu sein.

In seiner Verbraucherrolle fällt dasselbe Individuum einen zweiten Schiedsspruch zwischen den verschiedenen Posten seines Budget, um ein Maximum an Befriedigung zu erreichen. Kauft er sich ein Auto, anstatt in die Ferien zu fahren, so kann das nur von seinem Wunsch nach einem möglichst großen Vergnügen innerhalb eines begrenzten Budgets abhängen.

Homo Economicus, eine Newtonsche Abstraktion

Der Mensch – zugleich Arbeiter und Verbraucher – erscheint so, nach den ökonomischen Postulaten, als ein außerordentlich rationaler, bestens informierter Wirtschaftsagent, dessen Verhalten ganz und gar vorauszusehen ist. Hier tritt der Einfluss der Newtonschen Mechanik zutage. Die Wirtschaftswissenschaftler haben, um sich einen wissenschaftlichen Anstrich zu geben, den Menschen hypothetisch mit fast mathematischen Eigenschaften ausgestattet, entsprechend denen, die Newton einem Elementarteilchen zugeschrieben hat. Aufgrund dieser Postulate haben die verschiedenen Schulen Theorien aufgestellt, die in ihren Erklärungen und Voraussagen nicht unerheblich voneinander abweichen.

Gemeinsam haben sie nur einen einzigen Punkt: Keine von ihnen ist in der Lage, die Evolution so grundsätzlicher Parameter wie Inflation, Arbeitslosigkeit, Handelsbilanz, Börsenindex, Wechselkurse korrekt vorauszusagen. In Regierungen werden Wetten auf diese Zahlen abgeschlossen, ähnlich wie das Publikum beim Pferderennen auf Pferde setzt.

Der Unterschied zwischen Physikern und Wirtschaftswissenschaftlern besteht eben darin, dass die ersteren ihre Postulate überprüfen, wenn ihre Theorien nicht mit der Realität übereinstimmen, wogegen die letzteren sich bemühen, durch Machtausübung die Realität ihren theoretischen Voraussagen anzupassen. Da ihnen dies noch weniger gelingt, kann man annehmen, dass die vorher erwähnten Postulate vollkommen irrig sind, da sie weder eine Vorhersage noch eine Ausführung erlauben. Noch radikaler ausgedrückt: Man muss sich fragen, ob es überhaupt möglich ist, ein Postulat im Zusammenhang mit dem ökonomischen Verhalten des Menschen aufzustellen.

Arbeit als Vergnügen

Zuerst muss die Voraussetzung, jede Arbeit sei ausschließlich eine Bürde, in Frage gestellt werden. Tatsächlich ist dies nur in den Werkstätten der Fall, die nach der Taylorschen Methode organisiert sind. Weder der Landwirt noch der Handwerker, Forscher, Lehrer, höhere Angestellte oder Künstler empfinden ihre Arbeit auf diese Weise. Sie sparen mit ihren Arbeitsstunden nicht und ziehen oft eine tiefe Befriedigung aus ihrer Tätigkeit, die sie fasziniert. Das, was die Arbeit unerträglich macht, ist eben gerade ihre „wissenschaftliche“ Organisation, die den Menschen auf einen austauschbaren Automaten reduziert. Je mehr die Produktivität der Arbeitsstunden gesteigert wird, umso tiefer sinkt die Arbeitsbereitschaft der Werktätigen. Die Arbeit würde nicht mehr eine Last bedeuten, wenn der Arbeiter die Freiheit hätte, sie selbst zu organisieren. Das ist jedoch in einem gigantischen, zentralisierten und globalisierten Unternehmen nicht möglich, wegen einer Energieverschwendung bei den Transporten, den Werken und den Verteilerkreisläufen.

Zufriedenheit – Komfort oder Vergnügen?

Anschließend sollte man die Hypothese in Zweifel ziehen, nach der die Zufriedenheit des Verbrauchers mit wachsendem Konsum zunimmt. Eine derartig oberflächliche Auffassung passt zum Wirken der Wirtschaftsexperten; sie stimmt allerdings nicht mit den Befunden der Psychologen überein.

Der verschwommene Begriff „Zufriedenheit“ bemäntelt zwei klar voneinander getrennte Begriffe: den Komfort (das Behagen) und das Vergnügen (den Genuss), die nicht miteinander übereinstimmen, weil ihr Erfassen durch das Gehirn von zwei verschiedenen Zentren abhängt. Das Schmerzzentrum registriert das Gefühl von Behagen oder Missbehagen eines Menschen auf *statische Weise,* je nachdem, ob er zu einem bestimmten Zeitpunkt hungrig oder gesättigt, durstig oder getränkt, müde oder ausgeruht ist. Die Lustzentren dagegen registrieren auf *dynamische Weise* die Schwankungen zwischen Behagen und Missbehagen. Ist die Komfortstufe unverändert, ohne Schwankungen *nach oben oder nach unten,* dann wird das Lustzentrum nicht stimuliert.

Nimmt etwa ein Ausgehungerter Nahrung zu sich, dann bleibt sein Schmerzzentrum nur solange gereizt, bis eine gewisse Sättigung eintritt; von da an wird das Lustzentrum stimuliert, weil der Mensch von einem Zustand des Unbehagens zu einem des Wohlbehagens überwechselt. Durch diese Erfahrung angespornt, drängt das Lustzentrum sogar den Essenden dazu, die Sattheit zu überschreiten, um das Lustgefühl zu verlängern. Die beste Art und Weise, eine Mahlzeit zu genießen, besteht also darin, solange zu warten, bis der Appetit deutlich geworden ist, das Warten durch einen Aperitif zu steigern, und den Genuss durch die Abwechslung verschiedener Gänge in die Länge zu ziehen. Die schlechteste Ernährungsweise ist ein pausenloses Herumknabbern, ehe sich der Hunger überhaupt einstellt. Traditionelle Eltern, die ihren Kindern das Essen zwischen den Mahlzeiten untersagten, würden ihnen die Tafelfreuden beibringen. Nachgiebige Eltern dagegen, die freien Zugang zum Eisschrank erlauben, enthalten sie ihren Kindern vor.

In einem Entwicklungsland, in dem ein Teil der Bevölkerung nicht genug zu essen hat, kommt es vor, dass die Bedürftigsten sich ohne Zögern wochenlang einschränken, um sich dann bei einem Festessen mit Speisen vollzustopfen. Dieses Verhalten, das in den Augen des Wirtschaftswissenschaftlers absurd erscheint und von Nahrungswissenschaftlern als ungesund verurteilt wird, entspricht dagegen völlig dem Streben nach einem maximalen Genuss, selbst wenn letzterer dem Behagen Abbruch tut. Muss man hinzuzufügen, dass die in aseptischen Konservendosen verkaufte Standardnahrung der Supermärkte ganz ausgezeichnet dazu geeignet ist, durch ihre Monotonie den Verbraucher zu langweilen? Kurz und gut, es scheint merkwürdigerweise, dass man einen größeren Genuss hat, wenn man sich nicht satt isst, als wenn man sich vollstopft.

Einförmigkeit bewirkt Langeweile und Masochismus

Eine ähnliche Analyse könnte mit allen von der Industriegesellschaft produzierten Gütern angestellt werden, da es sich gezwungenermaßen um Massenprodukte, und damit eintönige, einförmige, wiederholte, langweilige und frustrierende Güter handelt. Das trifft auf Kleidung, Wohnungen, Möbel und Apparate zu. Alles ähnelt sich, und alles ruft deswegen Langeweile hervor. Die Quantität tut nichts zur Sache, außer dass sie noch mehr anwidert.

Der Genuss wird durch eigenartige Riten erzielt: Die einen laufen bis zur Erschöpfung, da der Schmerz zuletzt ein träges Lustzentrum anregt; andere nehmen das Risiko von Überquerungen der Ozeane auf sich, allein in unsicheren Booten, weil Gefahr, Hunger, Durst, Schlaflosigkeit und Frieren ebenfalls Befriedigung erzeugen können. Was die Urlauberhorden anbetrifft, so stürzen sie sich auf die Entwicklungsländer, weil sie unbestimmt ahnen, dass die Armen dieser Länder das Geheimnis des Glücklichseins kennen, das sich mit dem Wohlstand verliert. Wie sollte man sich sonst erklären, dass jährlich 6 von 14 Millionen Holländern, 18 von 56 Millionen Engländern dem Überfluss ihres eigenen, überentwickelten Landes entfliehen, um Vergnügungen in Italien, Spanien, Frankreich oder in Entwicklungsländern zu entdecken? Der Sonnenhunger dürfte nicht der einzige Grund sein. Wie sind Fußwanderungen in der Sahara und Trekkingtouren im Himalaja zu verstehen, bei denen der reiche Kunde teuer bezahlt für das Recht, so einfach wie ein Beduine oder ein Sherpa zu leben.

Die Wirtschaftstheorie des eindimensionalen Verbrauchers, der umso befriedigter ist, je bedeutender sein Besitz und Verbrauch ist, vernachlässigt vollständig den viel subtileren Schiedsspruch zwischen Behagen und Vergnügen, der dem freien Willen eines jeden unterliegt, unvorhersehbar ist, und infolgedessen der „Modellierung“ keinen Platz einräumt. Die klassische Ökonomie ist unfähig, den Verbrauchern und den Werktätigen, so wie sie in Wirklichkeit sind, Rechnung zu tragen. Sie hat daher einen imaginären, aber „modellierbaren“ Verbraucher postuliert, um das mechanische Modell anwenden zu können.

Uns interessiert übrigens weit weniger das vollständige Versagen der klassischen Ökonomie als die weltanschaulichen Schlussfolgerungen und konkreten Entscheidungen, die man aus dieser verfälschenden Wissenschaft gezogen hat. Sobald man das innere Dilemma des zwischen Komfort und Vergnügen gespaltenen Verbrauchers anerkennt, kann man kaum mehr annehmen, der Überfluss bringe Zufriedenheit hervor, und noch viel weniger Glück. Ganz im Gegenteil, ein von Kindheit an empfundenes Übersättigtsein kann einen ewig andauernden Komfort erzeugen, d.h. eine Frustration in Bezug auf jegliches Vergnügen.

Das in der Natur des Menschen angelegte Streben nach Vergnügen bzw. Genuss führt dann zu ungeregelten, unverständlichen und heftigen Handlungsweisen, wie brutalen Sportarten, Geschwindigkeitsrausch, Rauschgiftkonsum, Schlägereien in Wirtschaften, Diebstählen in Supermärkten, kleinen Hochstapeleien, Glücksspielen, pornographischen Aufführungen, städtischem Aufruhr, blindem Terrorismus. Dies würde erklären, wieso es möglich ist, dass die Kriminalität stärker anwächst als der Lebensstandard. Sollte dies tatsächlich zutreffen, dann ist die Wohlstandsgesellschaft – mag sie eine noch so anziehende Realität darstellen – es nicht mehr wert, dass man ihr die körperliche und geistige Gesundheit der Arbeiter, die Gerechtigkeit des Teilens mit den Entwicklungsländern und den Respekt der künftigen Generationen opfert.

Die Entropologie der sozialen Unruhen

In diesem Zusammenhang wird man sich daran erinnern, dass die Entropie ein Maß der Unordnung in einem System darstellt. Durch den Verbrauch (Degradation) gewaltiger Mengen freier Energie zur Aufrechterhaltung der Wohlstandsgesellschaft wird eine physikalisch messbare Unordnung hervorgerufen, die Umweltverschmutzung und außerdem eine geistige Verwirrung. So wahr es ist, dass der Mensch einen Teil des Weltalls darstellt, so ist er auch gezwungenermaßen gestört, sobald er sich in einer ungeordneten Umwelt befindet. Umgekehrt sollte ein mit der freien Energie sparsam umgehendes technisches System naturgemäß nicht das Verbrechen, sondern die Tugend ermutigen. Zweifellos handelt es sich hierbei um eine Schlussfolgerung, die überrascht, wenn man auf dem Standpunkt der produktivistischen Weltanschauung steht, aber es geht eben darum, sich von dieser freizumachen. Und diese Debatte ist weniger in den politischen Instanzen zu führen als im Herzen jedes Menschen.

Kapitel 22

Eine Lobrede auf die Handwerkslehre

Hätte die industrielle Revolution sich damit begnügt, den Sinn fürs Schöne, das sittliche Verhalten und das Geistige zu zerstören, dann hätte sie sich allzu augenscheinlich als das entpuppt, was sie ist: ein mit kulturellem Rückschritt gekoppelter technischer Fortschritt. Sie benötigte also ein Alibi, einen nicht ausschließlich materiellen Wirkungsbereich mit menschlichem Anstrich, der uneigennützig erschien, nicht kostspielig war und von dem man dennoch einen gewissen Profit erwarten konnte. Die weltliche und kostenlose Schulpflicht spielt diese widersprüchliche und inkohärente Rolle in den industrialisierten Ländern. Die Schule wurde auf die Ebene eines Mythos erhoben und ist zur Quelle des Wohlstandes und der Bürgertugend geworden. Sie soll die Demokratie praktisch verwirklichen, weil man glaubt, dass sie allen Kindern gleiche Chancen gibt, indessen jedoch die begabtesten und fleißigsten fördert. Seitdem gilt der dem Erziehungswesen gewidmete Anteil des Staatshaushaltes grundsätzlich als geheiligt, da er die Transzendenz vortäuscht, ohne die produktivistische Weltanschauung in Frage zu stellen, und gleichzeitig, einem allgemeinen Vorurteil entsprechend, die beste Investition darstellt.

Die Tatsachen widersprechen dem Mythos des Unterrichtswesens

Diese idyllische Vision beginnt dahinzuschwinden. Untersuchungen ergaben überraschende Tatsachen, die dem Mythos widersprechen:

– Man entdeckte beispielsweise, dass in Japan und Westdeutschland nur 4 Prozent bzw. 3,5 Prozent vom jeweiligen Bruttosozialprodukt für das Schulwesen verwendet werden, wogegen Frankreich und England 5,5 Prozent bzw. 6,5 Prozent ihres Bruttosozialproduktes für dieses ausgeben, ohne dass sich jedoch daraus ein höherer Wohlstand ergibt, ganz im Gegenteil.

– In Frankreich stellen die leitenden Angestellten und die freien Berufe nur 10 Prozent der arbeitenden Bevölkerung dar, wogegen ihre Kinder ein Drittel der Studenten an Universitäten ausmachen. Umgekehrt werden Arbeiter, die 40 Prozent der arbeitenden Bevölkerung darstellen, von ihren Kindern an den Universitäten nur mit 12 Prozent repräsentiert. Betrachtet man nur die Technischen Hochschulen, so ist der Unterschied noch größer: Ein aus dem Arbeitermilieu stammender Jugendlicher besitzt nur ein Vierhundertstel der Chance des Sohnes eines Ingenieurs, an einer Technischen Hochschule anzukommen. Dieses Verhältnis ist noch erstaunlicher, wenn man bedenkt, dass der Unterschied im Einkommen dieser Sozialklassen nur im Verhältnis 1:2 steht. Der soziale Unterschied wird nicht mehr nach dem Einkommen bewertet, sondern nach der Möglichkeit, ein interessantes Diplom zu erwerben.

– Vor 1968 garantierte der Besitz eines Universitätsdiploms beinahe automatisch eine interessante, den abgeschlossenen Studien auch entsprechende Beschäftigung. Heute findet nur ein Drittel der Diplomierten eine ihrer Ausbildung entsprechende Tätigkeit. Dies ist das voraussehbare, aber nicht vorausgesehene Ergebnis der Demokratisierung des Studiums, derzufolge der Anteil der Studenten von einer kleinen Minderheit ihrer Altersklasse, in Frankreich 309.000 im Jahre 1960, auf die Hälfte dieser Altersklasse, zwei Millionen im Jahre 2000, angestiegen ist. Momentan ist nur noch für ein Zehntel der Arbeitsplätze eine Hochschulausbildung erforderlich, wobei diese für die Mehrzahl der Jugendlichen erreichbar ist. Gemäß den Vorurteilen unserer Zeit wird jedoch die Selektion, der Numerus Clausus und die Arbeitslosigkeit abgelehnt.

– Während gewisse Industrieländer ein Unterrichtswesen haben, das ihrem wirklichen Bedarf nicht entspricht, gibt es Entwicklungsländer, die unter einem Mangel an Bildungsmöglichkeiten leiden. 99 Prozent der Erwachsenen in Nigeria sind Analphabeten. Weniger als die Hälfte der Bevölkerung in Afrika, dem Mittleren Orient, Indien und Südostasien hat lesen und schreiben gelernt.

Das Unterrichtswesen in der Krise

Berücksichtigt man diese Tatsachen, so hat man den Eindruck, dass ein Zuviel im Unterrichtswesen ebenso schädlich ist wie ein Zuwenig. Es genügt nicht, eine immer länger dauernde Schulpflicht auf immer mehr Kinder auszudehnen, um eine gerechte Gesellschaft zu schaffen. Man kann sogar so weit gehen wie Ivan Illich und behaupten, die Schule erreiche das Gegenteil von dem, was ihr zugeschrieben wird. Sie unterrichte nicht, sie überprüfe vielmehr, ob das Kind aus einer gebildeten Familie stammt; sie vollende, formalisiere und bestätigte Familienerziehung; sie teile Diplome aus, die die Bedingung für den Zutritt zu gewissen Berufen darstellen; durch diese anscheinend gerechte Maßnahme vertiefe und vergrößere sie die sozialen Unterschiede; ihre Abschlusszeugnisse ersetzten die Ahnentafeln. Mit einem Wort: Die Ungleichheiten, für die ausschließlich die Zufälligkeit der Geburt verantwortlich sind, scheinen dank der Schule vom Verdienst herzurühren.

Es gibt einige glückliche Ausnahmen von dieser unerbittlichen Regel: Die Französische Republik hat seit jeher mit Stolz einige Söhne armer Leute unter ihren ehemaligen Studenten der École Supérieure und ihren leitenden Beamten vorgezeigt. Andererseits hat nie jemand tatsächlich gewünscht, dass verdienstvolle Stipendiaten an die Stelle von Söhnen alter Familien treten; erstere tragen nur dazu bei, die Reihen der letzteren zu ergänzen und zu stärken. Dank einer genau geregelten sozialen Kapillarität regeneriert sich das höhere Bürgertum durch zusätzliche Wahl aus der Elite des Volkes. Die Schule fügt nur selten der Nachfolge von Geburts wegen den Aufstieg von Verdienst wegen hinzu. Ein geringes Maß an Gleichheit und Gerechtigkeit täuscht über sehr viele Ungleichheiten und Ungerechtigkeiten hinweg. Die Studentenrevolte von 1968 hat dieser letzten Illusion ein Ende gemacht. Wenn man einen immer stärker wachsenden Anteil jeder Altersklasse bis zum Universitätsniveau schulisch erfasst, dann versteht es sich von selbst, dass man auf die natürliche Grenze von 10 Prozent der tatsächlich eine Universitätsausbildung erfordernden Arbeitsplätze stößt. Selbst die Anstellung von Algeriern und Senegalesen als Straßenfeger und Fließbandarbeiter bedeutet übrigens nicht, dass man eine unbegrenzt wachsende Zahl von Professoren für Literatur und Rechtswissenschaften benötigt. Höchste Tüchtigkeit nützt nichts mehr auf einem von Vetternwirtschaft, Ränkesucht und Intrigen beherrschten Arbeitsmarkt.

Seitdem ist es zu einer Untertreibung geworden, von einer Krise des Unterrichtswesens zu sprechen. Jeder Minister führt seine Reform durch, die nichts verbessert, jedoch das Bestehende durcheinander bringt. Man gibt sogar vor zu glauben, die Wirtschaftskrise sei teilweise das Resultat eines Unterrichtwesens, das den neuen Techniken nicht angemessenen ist. Man stürzt sich deshalb umgehend in eine neue Reform, die noch improvisierter ist als die vorausgehende. Die allgemeine Ausbildung ist damit zu einem Mosaik aus widerspruchsvollen Vorhaben und Einrichtungen geworden, das einen gewissen malerischen Reiz besitzt, ähnlich dem naiver Basteleien.

Die Inkohärenzen der höheren Schule

Die beiden Endglieder der Kette halten noch mehr oder weniger ihre Rolle aufrecht: Einerseits lehrt die Grundschule tatsächlich lesen, schreiben und rechnen Andererseits trainieren die Universitäten und Hochschulen die für das Funktionieren der „Maschine" unentbehrlichen Ingenieure, Techniker, Geschäftsführer, Ärzte und Juristen. Dort, wo das Unterrichtswesen eine bestimmte, realistische und begrenzte Zielsetzung besitzt, verwirklicht es diese, koste es was es wolle; es bleibt immer die Möglichkeit, bis 1.000 zählen zu lernen, einen Transistor an einen Kondensator zu schweißen oder ein Röntgenbild einer Lunge zu interpretieren, da dies ganz offenbar nützlich ist, so dass der Student es zu lernen wünscht und der Professor nicht umhin kann, es zu lehren.

Zwischen diesen beiden Extremen – und insbesondere auf der Oberstufe – stellt die Inkohärenz die Regel dar. Was soll man mit einem Jugendlichen zwischen 12 und 18 Jahren anfangen, wo die Schule für diesen einen Zwang und nicht eine Wahl bedeutet; wo das Interesse sich auf alles außerhalb der Schule richtet und all das abstoßend ist, was Schule heißt; wo die Gesellschaft keinen Gesamtplan besitzt; wo die Lehrer, schlecht bezahlt, wenig geschätzt, aber mit besserem Durchblick als der Durchschnitt, die erbittertsten Kritiker dieser Gesellschaft sind; und wo schließlich das mühselige Studium trockener Fachgebiete nur wenig Einfluss auf die zukünftigen Berufschancen hat? In der Oberstufe lernen die Kinder immer weniger, langweilen sich und vergessen zum Schluss das bisschen, das die Unterstufe ihnen vermittelt hatte. Gewisse Abschlussarbeiten der höheren Schule würden bei einer Rechtschreibeprüfung der Volksschule als mangelhaft beurteilt werden.

Eine Sprache zum Verstummen

In einigen ganz präzisen Punkten, in denen der Wirkungsgrad objektiv gemessen werden kann, ist das Ergebnis der Oberstufe der höheren Schulen verabscheuungswürdig. Die beste Art, die Grundlagen einer Fremdsprache zu erlernen, besteht im Zusammenleben mit gleichaltrigen Kindern, im Land, in dem diese Sprache gesprochen wird. Der formelle Unterricht der Grammatik und Autoren dieser Sprache durch einen Lehrer bleibt hingegen *praktisch* erfolglos. Andererseits ist eine Sprache jedoch nicht in erster Linie das Übungsgelände von Grammatikern und Literaturkritikern: Sie ist tatsächlich ein Verständigungsmittel zwischen Individuen und stellt einen beruflichen Vorteil dar. Trotz zahlloser Kritiken in dieser Richtung hat es die Oberstufe noch nie geschafft, sich in diesem Punkte zu verbessern. Sie kann es sich nicht leisten, weil das eine bestimmte Grundannahme in Frage stellen würde (der Sprachforscher *weiß* mehr über eine Sprache als derjenige, der sie spricht) sowie eine gewisse Pädagogik (das eigentliche Ziel besteht nicht darin, die Fremdsprache *sprechen* zu lehren). Das *Erlernen* einer Sprache *durch die Praxis* ist die bei weitem beste Methode, da jede andere Unterrichtsform verglichen mit dem natürlichen Erlernen „gekünstelt“ erscheint.

Das Missverständnis des Unterrichtswesens

Tatsächlich leidet die Oberstufe unter einem erdrückenden Erbe in Form eines Missverständnisses. Nie ist es die Aufgabe der Jesuitenschulen, der napoleonischen Lycées, der englischen Public Schools oder der deutschen Gymnasien gewesen, das Unterrichtswesen zu demokratisieren, sondern ganz im Gegenteil, es einer Elite vorzubehalten. Auserwählte Lehrer unterrichteten nach Besitz, Erziehung und Begabung sorgfältig auserlesene Schüler, wobei es keine Rolle spielte, dass der Unterrichtsstoff mit dem praktischen Leben nichts zu tun hatte. Mit zehn Jahren wusste der Dauphin, Sohn Ludwigs XIV., tausend lateinische Verse auswendig, dank der guten Lektionen von Bossuet und dank der Peitschenhiebe seines Militärgouverneurs. Das manische Unterrichten von Latein und Griechisch auf dem Kontinent war ebenso unrealistisch und unzweckmäßig wie das fanatische Kricketspielen in Eton, denn der höchste Luxus der zukünftigen Chefs besteht darin, Unnützes zu lernen und das Nützliche den Angestellten zu überlassen.

Eine der positiven Folgen der industriellen Revolution war die Abschaffung der Dienerschaft, eine der negativen Folgen die Überzeugung, dass eine ausschließlich aus Chefs zusammengesetzte Gesellschaft geschaffen würde. Die Oberstufe erschien fälschlicherweise als der notwendige und hinreichende Übergang zu einer derartigen Umwandlung. Würden die Kinder die Erziehung genießen, die vormals ausschließlich den privilegierten Klassen vorbehalten war, dann würden sie, so glaubte man, deren Niveau an Vornehmheit, Vermögen und Bildung erreichen. Diese ruhmvolle Utopie sah nicht voraus, wie und wo die Manager des Nützlichen zu rekrutieren seien. Die Oberschule für alle ist demnach zu einem verblüffenden Resultat des von der industriellen Revolution erzeugten Wohlstandes geworden und ein radikaler Misserfolg der falschen Hoffnung, die sich auf diese Revolution stützt.

Wenn man zusammenfasst, ist die Oberstufe zum Scheitern verurteilt, weil sie kein kohärentes Programm vorzuweisen hat. Es ist sinnlos, heutzutage den Unterricht von dem Nutzlosen zu befreien, das vormals seine Existenzberechtigung darstellte. In einer Gesellschaft, die infolge von drei industriellen Revolutionen nivelliert ist, wird es immer schwieriger, Privilegien einzig auf Grund ihrer Zwecklosigkeit aufrechtzuerhalten.

Der Mythos des Lateinunterrichts

Nichts ist aufschlussreicher, als das Nutzlose im Lateinunterricht herauszuarbeiten und dabei festzustellen, in welchem Maße dieses sich fortentwickelt, um seiner Funktion der sozialen Auslese gerecht zu werden.

Diese Rolle wurde traditionsgemäß vom Latein und Griechisch übernommen; das Latein nahm dem Griechisch gegenüber sogar eine Sonderstellung ein. Die griechische Sprache bot Zugang zu einer reichen Literatur, die dem Geist des zukünftigen Machthabers nur schaden konnte. Die lateinische Sprache dagegen ist voll von Texten mittelmäßigen Einfallsreichtums, genau richtig, um zukünftige Bürokraten zur Engstirnigkeit und zum Konformismus auszubilden.

Man gab selbstverständlich vor, im Latein praktische Tugenden vorzufinden. Latein war unentbehrlich zum Studium des römischen Rechtes; gleichermaßen schärfte die Übersetzung lateinischer Texte in die Muttersprache den Verstand; was die Übertragung ins Lateinische und den lateinischen Aufsatz anbetrifft, so bereiten sie angeblich auf eine bessere Beherrschung der französischen Sprache vor. Das Hin und Her der letzten Jahrzehnte beweist, dass diese Vorwände grundsätzlich falsch waren. Man entdeckte plötzlich, dass jede Sprache, sogar die französische, eine hinreichend umfangreiche Struktur besitzt, um den Verstand zu schulen. Es wurde schließlich eingeräumt, dass ein übertrieben enger Kontakt mit einem völlig gescheiterten römischen Reich nicht unbedingt die beste Art ist, sich auf eine erfolgreiche Laufbahn in einer Gesellschaft vorzubereiten, die mit dem Altertum überhaupt nichts zu tun hat.

Das Latein verlässt die Bühne. Aber die Absicht bleibt bestehen: Die Oberstufe der Höheren Schule muss die zukünftige Elite herausfiltern. Anstelle von Latein musste eine andere, ausreichend trockene, abstrakte und abschreckende Materie gefunden werden. Um zu verhindern, dass letztere schließlich das gleiche Schicksal wie die lateinische Sprache erleidet, musste sie in den Augen der modernen Gesellschaft nützlich erscheinen: Die Mathematik nahm von nun an diese Stelle ein.

Der Mythos der Mathematik

Der Vorteil der Mathematik in diesem Zusammenhang liegt in ihrer totalen Nutzlosigkeit, verbunden mit dem Anschein einer ganz offensichtlichen Nützlichkeit. Es gibt kaum eine andere wissenschaftliche Disziplin, deren Schein so verschieden ist von ihrem Sein. Selbstverständlich gibt es klassische mathematische Zweige, die für die Ingenieure und Physiker von ganz offensichtlichem Nutzen sind: die Geometrie, die Trigonometrie, die Algebra, die Arithmetik, die Wahrscheinlichkeitsrechnung etc. Diese Disziplinen sind regelmäßig gelehrt worden, insbesondere in den naturwissenschaftlichen Wahlfächern; sie werden heute noch gelehrt in den Vorbereitungskursen für die Ingenieurschulen; sie werden weiterhin als unentbehrliche Werkzeuge der Physik und der Technik gebraucht.

Man hatte jedoch nicht diese Art Mathematik als Unterrichtsfach für die Oberstufe der höheren Schule ausgewählt. Unter dem Vorwand modern zu sein, hatte man beschlossen, *Die Mathematik,* in der Einzahl, zu lehren, was unfehlbar eine einschüchternde Wirkung zur Folge hat. Wenn es irgendwo *eine* Mathematik gibt, dann muss alles andere, was unter dem Namen der zahlreichen mathematischen Wissenschaften gelehrt wird, ein Sammelsurium verschiedenartiger Anwendungen sein: Nichts Wesentliches, nichts was den Verstand schärft, nichts was den Chef vom Untergebenen unterscheidet.

Unter dem Namen „Moderne Mathematik" oder „Mengenlehre" wurde ganz bewusst das Abstrakteste, Weitschweifigste und Nutzloseste unterrichtet, das man sich vorstellen kann. Man schreckte nicht davor zurück, zwölfjährigen Kindern Begriffe vorzuführen, die den besten Gelehrten zu Beginn des 19. Jahrhunderts unbekannt waren. Die meisten Lehrer verstanden nicht genau, was sie unterrichteten, und waren deshalb nicht in der Lage, zu erklären, was sie selbst nicht begriffen hatten. Die Schüler lernten teilnahmslos mündliche Definitionen auswendig, die für das Bestehen der Prüfungen genügten, da nicht die Anwendung von sowieso Unanwendbarem gefragt war. Was die Eltern anbetrifft, so nahmen die pflichtbewusstesten und gebildetsten von ihnen an Kursen teil, um hinterher ihren Kindern als Hauslehrer dienen zu können.

Diese Täuschung beruhte letzten Endes ausschließlich auf einer verbalen Unklarheit: Mit den „mathematischen Wissenschaften" einerseits und der „Mathematik" andererseits kann man zwei voneinander vollständig verschiedene, ja sogar entgegengesetzte Studienobjekte bezeichnen. Die „mathematischen Wissenschaften" sind ein Werkzeug für die Ingenieure; die „Mathematik" ist ein Werkzeug der sozialen Auslese. Wer das letztere Werkzeug ablehnt, der gibt den Anschein, das erstere zu verweigern, d.h. den Pragmatismus, die Leistung und den Fortschritt. In Wirklichkeit ist die Mathematik eine geheimnisvolle Sprache, dazu geeignet, das Geheimnis der Macht und den Respekt des Durchschnittsmenschen zu erhalten. Das Charakteristische eines Machthabers ist es nämlich, nicht selbst etwas auszuführen, sondern ausführen zu lassen. Er muss also nicht unbedingt das Rechnen, Programmieren oder Zeichnen beherrschen; dafür gibt es

Ausführende, die in technischen Schulen ausgebildet wurden. Allerdings muss der Chef die sogenannten Grundlagen all dieser Künste und Techniken kennen, um sich den Anschein zu geben, die Angestellten zu führen. Er kann auf die technische Beherrschung verzichten, wenn er nur mit seinem Jargon den Technikern imponiert.

So hat sich vor unseren Augen eine neue „Schwätzerkaste“ gebildet. Das Neue liegt einzig und allein in der gewählten Sprache: Eine sprachliche Abstraktion ist durch eine wissenschaftliche Abstraktion ersetzt worden. Das Ziel bleibt das gleiche: Nicht die Elite, sondern eine Seilschaft zu rekrutieren. In einem Seminar, einem Kolloquium, einem Meeting von Aktionären oder Kunden, muss jede Ausführung Schemata, Diagramme, Kurven, wenn möglich ein bis zwei Gleichungen aufweisen, um die Zuhörer durch Unverständliches zu verwirren.

Der Widerspruch bleibt indessen bestehen. Im Jahre 1950 gab es 32.000 Abiturienten in Frankreich: Nach der Abschlussprüfung, den verschiedenen Wettbewerben und Staatsexamen, gelangten sie tatsächlich zur Macht. Im Jahre 2000 waren es an die 250.000 Abiturienten. Allein schon die große Zahl derer, die das Abitur bestehen, nimmt letzterem jeden Wert. Die Wohlstandsgesellschaft leidet unter einem übertriebenen Unterrichtswesen ebenso wie die Konsumenten an Überernährung und die Patienten an übertriebenen Heilmethoden.

Drei Zielsetzungen für das Unterrichtswesen

Es gibt drei Zielsetzungen, die man für das Unterrichtswesen vorschlagen könnte: Lehren, was tatsächlich nützlich ist, was die Interessen der Kinder weckt und was keine künstlichen Unterschiede zwischen ihnen aufbaut. Ein Kind fühlt sich nämlich von der Schule nur dann abgestoßen, wenn es den Verdacht hegt, dass das, was ihm beigebracht wird, nutzlos sei. Der sechzehnjährige Schüler, von dem behauptet wird, er interessiere sich für Phädras Todesängste, weiß mit Sicherheit, dass er sich niemals in der faltigen Haut einer alternden Königin und noch weniger in der des einfältigen Hippolytos befinden wird. Wenn man ihm das arithmetische Rechnen mit der Basis 3 beibringen will, dann weiß er trotzdem ganz genau, dass in den Läden mit der Basis 10 (Dezimalsystem) und im Computer mit der Basis 2 (Dualsystem) gerechnet wird.

Dagegen wäre es nützlich, interessant und richtig, sich seiner zehn Finger bedienen zu lernen. Es ist die einfachste und natürlichste Weise, die Welt zu entdecken, sie zu beherrschen, sich in ihr zu bestätigen, sich nützlich zu fühlen und sogar seine Intelligenz zu entwickeln – mit einem Wort, die gesamte Persönlichkeit zu *entfalten* und nicht nur einen Bruchteil des Verstandes, den abstraktesten und gefährlichsten.

Gewiss hat das Schulwesen so getan, als habe es die Tugenden der Handarbeit entdeckt, aber es hat sie nach bekanntem Schema sorgfältig dem Nebensächlichen, Abstrakten und Unnützen zugeordnet. Es wird deshalb mit Vorliebe Töpferei, Weberei, Photographie gelehrt, all das, was dem Kunstgewerbe ähnelt und nicht das Stigma eines nützlichen Handwerks trägt. Ebenso wie man sich wohl davor hütet, seine Muskeln zu gebrauchen, wenn es darum geht, die Erde umzugraben, Holz zu zersägen oder einen Schubkarren zu schieben. Man erreicht durch den Sport das gleiche Ziel, ohne sich zu einer zweckbetonten Tätigkeit erniedrigen zu müssen.

Nehmen wir einen Moment an, ein Jugendlicher zwischen 12 und 18 Jahren erhielte halbtägig einen traditionellen Unterricht, der seiner Muttersprache und den Grundlagen der Naturwissenschaften und der Geschichte gewidmet wäre. Die andere Hälfte seiner Zeit bliebe ihm zum Erlernen eines Handwerks: Schreinerei, Feinmechanik, Landwirtschaft, Kochkunst. Es ist belanglos, welche Wahl getroffen wird, vorausgesetzt, sie entspricht einer wirklichen Nachfrage des Arbeitsmarktes. Dazu müsste dieses Handwerk durch eine praktische Lehre im echten Arbeitsmilieu erworben werden und nicht im künstlichen Rahmen der Schule. Ebenso hätte der Staat – zu sehr versucht, die Auswahl der Mächtigen zu organisieren – hier nichts verloren. Will man diese Logik zu Ende führen, dann sollte man sich vor jeglichem Zwang und vor der Austeilung von Diplomen hüten. Dies ist vielleicht eine Gelegenheit daran zu erinnern, dass der Schulzwang im Jahre 1717 in Preußen erfunden wurde, und dass Frankreich auf diese preußische Einrichtung bis zum Jahre 1878 verzichtet hat ...

Dieses Schema der Ausbildung (und nicht des Unterrichts) gäbe den Jugendlichen ab 18 Jahren die Möglichkeit, ihr Auskommen selbst zu verdienen und jene finanzielle Unabhängigkeit zu erwerben, die ihnen so sehr am Herzen liegt. Man kann dann später immer noch zu abstrakten Studien zurückkehren, wenn man wirklich das Bedürfnis dazu verspürt.

Keine künstliche Diskriminierung mehr

Auf diese Weise wäre dem Aufstellen einer künstlichen Hierarchie der verschiedenen Unterrichtspfade ein Ende gesetzt, selbst wenn sie einen gemeinsamen Stamm aufweisen: Trotz dieses Alibis führen selbstverständlich einige Pfade zur Universität, wogegen andere in einer Sackgasse enden, ohne dass die Betroffenen tatsächlich einen Beruf erlernt hätten. Die Intelligenz in ihrer abstrakten und deduktiven Form würde im Vergleich zur manuellen Fähigkeit nicht mehr begeistert hervorgehoben. Man könnte auf das kindische „Bewegungszeremoniell“ verzichten, das Sport heißt und zur Körperertüchtigung betrieben wird; man brauchte nicht mehr in einer absurden Gesellschaft leben, in der alle das Dreisatzrechnen und andere arithmetische Proben beherrschen, wo aber die Wasserhähne leck sind und die Mayonnaise in Tuben gekauft wird, weil es kaum jemanden gibt, der etwas von Klempnerei oder Kochkunst versteht.

Keine vergeistigten Intellektuellen mehr

Einige werden laut gegen solche alltäglichen Vorschläge protestieren. Es wird behauptet werden, es gäbe ja Handwerker zu diesem Zweck. In Wirklichkeit sind Handwerker jedoch selten, inkompetent und kostspielig. Ein Familienvater befindet sich unvermutet vor einer klemmenden Tür, einer tropfenden Dachrinne oder einem Bügeleisen, das nicht mehr heiß wird, nachdem ihn Julius Cäsar die Kunstfertigkeit gelehrt hat, kraftlose Bataillone angesichts der unerbittlichen Gallier zu versammeln. Und man wird wohl die Situation kaum dadurch verbessern können, dass man Cäsars Kommentare über den gallischen Krieg durch die lineare Algebra oder die formale Logik ersetzt.

Keine Konkurrenznarren mehr

Wenn man auch ziemlich genau sieht, was es bei einem solchen Schema zu gewinnen gibt, so wird man doch gewiss fürchten, etwas zu verlieren. Glaubt man denn wirklich, unsere Gesellschaft könne ohne Konkurrenznarren, Salonliteraten und Hofprediger nicht mehr existieren? Wäre das nicht vielmehr eine Wohltat? Das Ziel, das es wahrhaftig anzustreben gilt, ist die Gründung einer Gesellschaft, deren Mitglieder das technische System begreifen, in dem sie leben. Kann man auch nicht sämtliche Techniken praktizieren, so sollte man wenigstens eine von ihnen beherrschen. Dies lehrt zumindest, dass die Materie Widerstand leistet, dass ohne Mühen nichts zu erreichen ist und dass man das Produkt menschlicher Arbeit respektieren muss.

Noch genauer gesagt: Es ist wichtig, eine umfangreiche Gruppe von Handwerkern zu trainieren, für die Übergangsphase von der Industrietechnik, mit ihrer Vergeudung der fossilen Energie, zur Solartechnik, die weniger mechanische Energie und mehr Arbeitskraft erfordert. Dies würde letzten Endes bedeuten, dass das Schulwesen auf das Wesentliche zurückgeführt wird: Wenn die Technik den Menschen jahrhundertelang geformt hat, wenn unsere Hand unser Gehirn durch Steinhauen gestaltet hat, dann stellt die Handarbeit den besten Lehrmeister zur Ausbildung eines jeden Kindes dar.

Kapitel 23

Die industrielle Hässlichkeit

Jean Renoir machte gern darauf aufmerksam, dass uns alle griechischen Vasen, die uns erhalten geblieben sind, schön erscheinen, wogegen uns die Mehrzahl der in unserer Zeit hergestellten Vasen hässlich vorkommen – von der Plastikschale bis zum anspruchsvollen Blumenständer aus Kristall. „Nun waren aber die griechischen Töpfer nicht alle Genies“, unterstrich er, „heutzutage muss man jedoch schon ein außergewöhnliches Genie sein, um es ihnen gleichzutun“. Diese Worte Renoirs fassen eine unserer größten Enttäuschungen hinsichtlich der industriellen Revolution zusammen: Letztere hat dadurch, dass sie ihr Hauptgewicht auf die Rentabilität verlegt hat, den Sinn fürs Schöne nicht nur vernachlässigt, sondern ihn schließlich ganz ausgeschaltet. Sie hat damit das hervorgebracht, was man wohl oder übel die industrielle Hässlichkeit nennen muss, in dem Sinne, wie es einen industriellen Materialismus und eine industrielle Immoralität gibt.

Eine grundlegende Wahl

Die vorangehende Überlegung betrifft direkt unser Thema, denn das Bestreben, durch Produzieren Geld zu verdienen – und ausschließlich Geld – ist dem Wunsch, etwas Schönes zu schaffen, das uns gefällt, uns Freude bereitet und unseren Schönheitssinn anregt, vollständig entgegengesetzt. Für den Arbeiter, der diese oder jene Aufgaben erledigt, für den Händler, der diese oder jene Waren verkauft und für den Verbraucher, der sie erwirbt, geht es nicht nur um einen Unterschied, sondern um einen wirklichen Widerspruch. Will man einen Gegenstand eher seiner Schönheit als seines Preises wegen herstellen, verkaufen oder erwerben, dann muss man eine andere Vorstellung von Zeit und Muße haben. Was unser Beispiel angeht, so erfordert das Herstellen einer formschönen Vase, dass man sich Zeit dazu nimmt und nicht den Regeln des Taylorismus unterworfen ist.

Man kann dagegen einwenden, dass dieser Vergleich rein subjektiv sei und dass Schönheit nicht messbar sei. Jean Renoir hat jedoch diesen Einwand vorausgesehen. Er behauptet nicht, jede griechische Vase sei schön; er bemerkt, dass uns jede griechische Vase schön erscheine, wogegen uns die von uns selbst hergestellten hässlich vorkommen. Mit anderen Worten, das Schönheitsideal wird *von*

von uns außerhalb unserer Gesellschaft angesiedelt, wodurch wir unser eigenes Scheitern eingestehen.

Die Hässlichkeit der Industriewelt und ihrer Produkte ist fast zu einem Gemeinplatz geworden. Nichts ist aufschlussreicher dafür als die mittelmäßigen Versuche einer Reaktion auf diesen Tatbestand. Schon vor Ausbruch des Zweiten Weltkrieges hat ein aus Frankreich stammender, aber in den USA arbeitender Berater für ästhetisches und industrielles Design die Situation in einem Satz zusammengefasst, der komisch erscheinen könnte, wäre er nicht tragisch: „Hässlichkeit verkauft sich schlecht". Dieser Ausspruch stammt von Raymond Loewy und gibt kurz die ganze Ästhetik der Konsumgesellschaft wieder. Schönheit wird mit Verkäuflichkeit verwechselt. Je höher der beim Verkauf eines Bildes erzielte Preis ist, umso größer ist das Ansehen des Malers. Ein Bügeleisen, das zum gleichen Preis besser verkäuflich ist als andere, ist schöner. Eine Limonadeflasche, deren erfolgreich entworfener Behälter den banalen Inhalt verkäuflich macht, ist schön.

In der Tat kann man diesen Slogan in verschiedene Behauptungen unterteilen, die nicht alle das gleiche ausdrücken und die drei verschiedene Kategorien von Produkten, gemäß der industriellen Ästhetik, definieren:

- das Schöne, das nicht hässlich ist und sich gut verkauft.
- der Kitsch, der hässlich ist, sich gut verkauft und von dem vorgegeben wird, er sei schön
- das Hässliche, das sich nicht verkaufen muss und das deswegen nicht vorgeben muss, schön zu sein.

Das Schöne

Die erste Kategorie umfasst die Gemälde der großen Maler, Schlösser abgedankter Monarchien, Ruinen zerstörter Hauptstädte, leere Tempel im Sterben liegender Religionen, Literatur der vergangenen Jahrhunderte, Werkzeuge verschwundener Handwerker, alte Kochrezepte, die Musik vom Barock bis hin zur Romantik, Keramik untergehender Volksstämme und überhaupt alles, was sich *vor oder außerhalb* der industriellen Revolution befindet. Nach diesem Kriterium wird all dem, was nicht industriell hergestellt und nicht in großen Mengen vorhanden ist, ein Schönheits- und Marktwert zugeschrieben. Die Kategorien des Seltenen, Wertvollen und Alten decken sich mehr oder weniger mit der des Schönen.

Man kann nur tief betroffen sein über die wachsende Sterilität der Kunst, die entsprechend der Ausbreitung der industriellen Revolution um sich gegriffen hat. Ein paar Jahrzehnte lang hat man sich in der Illusion wiegen können, das Schaffen der Musiker, Architekten und Maler gefiele uns nicht, weil wir ihre Ästhetik nicht begreifen könnten. Es ist höchste Zeit, endlich einzusehen, dass die Künstler heute genau das tun, was sie immer getan haben: Sie bringen ihre Zeit zum Ausdruck. Wenn unsere Zeit gewalttätig, unterdrückend und hässlich ist, dann bringt die Kunst Gewalttätigkeit, Unterdrückung und Hässlichkeit zum Ausdruck. Das Ärgerliche ist, dass diese Kunst uns das Spiegelbild unserer eigenen Zeit vorhält, wo wir doch etwas anderes erwarteten. Die mangelnde Kreativität der Künstler weist uns auf unsere eigene zerstörerische Aktivität hin.

Das Beispiel der Musik

Das Beispiel der Musik ist überzeugend. Die in Konzerten gespielte Musik geht im allgemeinen von den Brandenburgischen Konzerten aus dem Jahre 1720 bis zur Psalmensymphonie von 1948. Die Barockmusik, die dem vorausgeht, interessiert nur ein begrenztes Publikum; was nach 1948 folgt, interessiert nur Berufsmusiker. Dazu sei noch betont, dass das 20. Jahrhundert nicht viele Musiker hervorgebracht hat, an die man sich noch in hundert Jahren erinnern wird. Denjenigen, die sich in das musikalische Gedächtnis haben einschleichen können, ist dies oft über die Folklore gelungen, wie z.B. Bartók, Kodály, de Falla, Villa-Lobos, Chatschaturjan. Die „gelehrte“ Musik ist in einem solchen Maße abstrakt geworden, dass es selbst Webern, Berg und Varèse, alle drei im 19. Jahrhundert geboren, noch nicht gelungen ist, das Interesse eines breiten Publikums zu wecken, was ihnen wohl auch nie gelingen wird. Seit dem Tode Strawinskis, Bartóks, Prokofjews und Schostakowitschs hat es nicht einen einzigen lebenden Musiker mehr gegeben, der sich auch nur einen Schatten des Ruhmes erworben hätte, wie ihn Mozart, Beethoven oder Wagner zu ihren Lebzeiten erfahren hatten. Loyd Webber macht eine Ausnahme. Er verdient seinen Lebensunterhalt hauptsächlich damit, dass er Musicals schreibt.

Die USA besitzen hervorragende Symphonieorchester, die fast ausnahmslos in Europa komponierte Werke spielen. Die Feststellung ist verblüffend, dass dieses Land, das heute bevölkerter ist als ganz Europa im 18. Jahrhundert, nur ein paar zweitrangige Musiker wie Gershwin, Copland, Bernstein und Ives hervorgebracht hat. Die einzige lebendige und schöpferische Musik ist der Jazz, dessen eigentliche Quelle die schwarze Minderheit darstellt, die Außenseiter der Industriegesellschaft. Es ist aufschlussreich, dass Strawinski, Ravel und Milhaud sich dieser einzigen lebendigen Quelle zuwenden, mit dem Versuch, eine sterbende Kunst zu beleben.

Man kann eine Parallele zwischen dem Fortschreiten der industriellen Revolution und der Unfruchtbarkeit der Musik ziehen. Seit dem Tode Purcells im Jahre 1695 hat England keinen einzigen begabten Musiker mehr hervorgebracht und musste Händel, Haydn und Mendelsohn importieren. Das so reiche und verschiedenartige musikalische Schaffen in Deutschland versiegt zu Beginn des 20. Jahrhunderts mit Mahler und Strauss. Während der ersten Hälfte des 20. Jahrhunderts werden nur in Frankreich, Spanien und Russland, den weniger industrialisierten Ländern, noch neue musikalische Formen geschaffen.

Diese wachsende musikalische Sterilität wurde überlagert von einer Überflutung der Menschen mit einer industriellen Musik aus dem Radio, der einzigen, die die Masse der Bevölkerung erreicht, arm in ihren Rhythmen, ihren Melodien, ihren Texten und in ihrer Orchestration – eine Musik, die nach ein paar Monaten verbraucht und sozusagen fortzuwerfen ist wie ein Papiertaschentuch. In einer Schallplatte, einer Kassette oder dem Radio eingesperrt, ist die Musik ein Objekt der Massenproduktion, der Massenverteilung, der übertriebenen Reklame und des passiven Verbrauches geworden. Die Musik im Hintergrund, mit der angeblich die Läden, Restaurants und Werkstätten angenehmer gestaltet werden, veranschaulicht genau das musikalische Ideal der Industriegesellschaft: ein pausenloser Lärm, der einen Teil der Aufmerksamkeit ablenkt, ohne sie wirklich zu gewinnen, ein fader Brei, der zerstreut hinuntergeschluckt wird.

Das Beispiel der französischen Literatur

Ein weiteres, ebenso merkwürdiges Beispiel stellt die Beschränktheit der französischen Literatur dar. Während der ersten vierzig Jahre des 20. Jahrhunderts hat Frankreich noch ein Aufblühen seiner Literatur durch die Schriftstellergruppe Claudel, Gide, Valéry, Proust, Montherlant, Mauriac, Cocteau, Giraudoux, Colette, Saint-Exupéry, Céline, Green, Pagnol, Bernanos, Malraux, Aragon, Jauhandeau und Simenon miterlebt. Diese Autoren stellen heute noch den wesentlichen Literaturschatz dar, der gelesen wird. Seit Ende des Zweiten Weltkrieges, d.h. in einem Zeitabschnitt von rund fünfzig Jahren, sind literarische Entdeckungen dagegen rar geworden. Die Schriftsteller haben, ähnlich wie im Bereich der Musik, Gefallen an esoterischen Spielen gefunden, die nur wenige selbstbezogene Spezialisten interessieren. Der moderne Roman befindet sich nicht einmal mehr unter den Büchern aus zweiter Hand, weil niemand mehr danach fragt. Nur die Essayisten oder Philosophen wie Sartre, Camus, Simone de Beauvoir und Bathes haben eine bestimmte Idee der französischen Literatur verkörpert. Mögen die französischen Verleger ruhig jährlich um die 30.000 neue Titel veröffentlichen. Diese übermäßige Produktion, verglichen mit den vergangenen Jahrhunderten, ist hauptsächlich Kochrezepten, politischen und historischen Werken und Memoiren bekannter Persönlichkeiten gewidmet – und nur in geringem Maße der Literatur, die wenig geschrieben und noch weniger gelesen wird. Es wurde sogar kürzlich mit etwas übertriebenem Schrecken festgestellt, dass es keine linksorientierte Literatur mehr gibt, wo doch diese durch Rabelais, Montaigne, Voltaire, Hugo, Zola, France und Sartre fast zu einer offiziellen Einrichtung geworden war. Wenn Frankreich keine einflussreichen Literaten mehr besitzt, so bedeutet dies, dass es mit der dritten industriellen Revolution eine grundlegende Veränderung erlebt hat.

Man könnte diese Beispiele im Bereich der Malerei, der Bildhauerei, der Architektur und des Theaters vervielfachen. Das Kino bildet die einzige Ausnahme, da es tatsächlich eine neue, durch die Technik ermöglichte Kunstform darstellt. Unter dem Druck des kommerziellen Fernsehens beginnt es bereits unterzugehen.

Der Kitsch in der Architektur

Die zweite Kategorie, in die der Kitsch hineingehört, stammt aus dem 19. Jahrhundert: In einer gesunden Gesellschaft gibt es keine Gegenstände, die die Schönheit nachäffen, etwa so wie die Heuchelei die Tugend vortäuscht.

Das Wohnen im städtischen Milieu liefert uns ein passendes Beispiel dafür, gleichgültig ob es sich um große Wohneinheiten oder Einzelhäuser handelt. Das ungeordnete Wachstum der großen Wohnbezirke im 19. Jahrhundert hat richtige bauliche Ungeheuer hervorgebracht. Die bürgerlichen Einzelhäuser mit klassizistischen Elementen sind ein gutes Beispiel dafür. Die Stillosigkeit ist das einzige Unveränderliche bei diesen anmaßenden Bauten.

Die öffentlichen Gebäude, die ein seriöses Aussehen anstreben, sind konventionell und trostlos. Rathäuser, Bahnhöfe, Postämter, Schulen, Krankenhäuser, Kasernen, Gefängnisse und sogar Kirchen kann man kaum voneinander unterscheiden in ihrer Mittelmäßigkeit und Armseligkeit. Der unechte florentinische Palast entspricht der neugotischen Kirche, die tristen schmutzigen Backstein- oder grauen Betonfassaden sind von trostlosen symmetrischen Fenstern unterbrochen; die Türen tragen einen grauen oder braunen Anstrich. Je tiefer man sich in einer industriellen Zone befindet, umso mehr passen sich diese Gebäude der kalten, monotonen und reizlosen Umgebung an.

Das Mobiliar

Es wäre zu grausam, unser zeitgenössisches Mobiliar, das die gebräuchlichste Form von Kitsch darstellt, im Detail zu behandeln. Trotz aller Bemühungen von Seiten der Innenarchitekten hat sich seit Mitte des 19. Jahrhunderts kein Stil tatsächlich durchgesetzt. Die einzige Quelle der zeitgenössischen Kunstschreiner ist eine mehr oder weniger geschmackvolle Imitation dessen, was vor der industriellen Revolution geschaffen worden war. Eine einfache, hundert Jahre alte Bauerntruhe verwandelt sich so in einen wertvollen Kunstgegenstand.

Die Kleidung

Die Kleidung stellt heutzutage ein weiteres Beispiel für Kitsch dar. Jedes Kleidungsstück müsste, um gut sitzend oder originell zu sein, einzigartig, handgeschnitten und handgenäht sein. Vor gar nicht allzu langer Zeit konnte sich der Kleinbürger noch Maßkleider von einem Schneider oder einer Näherin leisten. Die Verteuerung der Arbeitskraft und die Konkurrenz durch die Konfektion haben dieses Handwerk praktisch zum Verschwinden gebracht. Hosen aus grober Baumwolle oder Cord, möglichst vertragen und schmutzig, sind zu einer Art Uniform geworden, die zu jeder Gelegenheit getragen werden kann. Nun aber widerspricht diese industrielle Konzeption unserer Kleidung einem tief in uns verwurzelten Instinkt: dem Wunsch, zu gefallen und die Aufmerksamkeit auf uns zu ziehen. Folglich kommen extravagante und kurzlebige Moden auf, eine Farbe, ein Motiv, ein Haarschnitt, ein Schmuckstück. Das Vulgäre, der Flitter, das Herausfordernde, das Gewöhnliche, das Schreierische setzten sich ein paar Wochen lang durch und machen glauben, sie seien „schön", bis man ihrer überdrüssig wird und sie als das erscheinen, was sie sind: *hässlich.*

Das Hässliche

Die dritte Kategorie umfasst Gegenstände, die die Industrie nicht verkaufen muss und die sie deshalb in ihrer ganzen Hässlichkeit frei entwerfen kann, ohne das geringste Streben nach Schönheit auch nur vortäuschen zu müssen. Der prädestinierte Ort für dieses Sichgehenlassen ist selbstverständlich die Fabrik. Egal ob sie im 19. Jahrhundert aus Backstein und Gusseisen oder im 20. Jahrhundert aus Plastik und Aluminium erbaut wurde, das Resultat ist das gleiche. Die alleinige Funktion des Daches ist, das Einwirken des Unwetters auf die Materialien zu vermeiden, und die Mauern sind da, um ein Entfliehen des Personals zu verhindern. Es ist einerlei, ob die Werkstätten ungenügend beleuchtet, schlecht durchlüftet, im Sommer zu heiß und im Winter zu kalt, ob sie laut, schmutzig und verkommen sind. Was macht es denn schon, wenn die Toiletten schmutzig, die Kantinen schäbig und die Garderoben düster sind: Diese aggressive Umgebung ist für Arbeiter bestimmt, die nicht dafür bezahlen müssen. Die Hässlichkeit ist kostenlos. Sie macht sogar gegenüber den Aktionären einen eher seriösen Eindruck.

Mit den öffentlichen Diensten verhält es sich ebenso. Sie sind monopolisiert und haben es deshalb nicht nötig, Kunden zu gewinnen. Der Wartesaal eines Bahnhofes, der Gemeinschaftssaal in einem Krankenhaus, der Gang in der Untergrundbahn und die Postdienststelle sind gleichfalls unfreundliche Orte. Eine Privatbank, die Kunden anwerben muss, gibt alles darum, ihre Räume anziehend zu gestalten, wobei sie oft die gleichen Dienste wie die Post offeriert. Der höchste Grad an Hässlichkeit dieser Art wurde in den öffentlichen Gebäuden der osteuropäischen Länder erreicht, wo die Bürger keinerlei Kontrolle über die Bürokratenklasse ausübten. In Moskau reißt man sie ab, um an ihrer Stelle Kirchen wieder aufzubauen, die einst auf Befehl Stalins zerstört wurden.

Die von der industriellen Welt frei gewählte und sogar gewollte Hässlichkeit ist dermaßen erdrückend geworden, dass sie aus Spott oder als Kompensation eine Art Ästhetik der Hässlichkeit hervorgebracht hat: Das Beaubourg-Zentrum in Paris ist ein Museum, das „Fabrik spielt", einerseits um ernst genommen zu werden und andererseits, um all die sichtbaren Installationen, die man in einer Werkstatt ertragen muss, zu veredeln – durch eine zweckfreie Ausstellung von grellfarbigen Blechen. Hierbei handelt es sich zweifellos um den hoffnungslosesten Versuch der gesamten Kunstgeschichte, etwas Schönes zu schaffen.

Der Staat – Mäzen des Unästhetischen

Das Schöne, der Kitsch und das Hässliche sprechen alle die gleiche Sprache des industriellen Unästhetischen. Das Schöne befindet sich außerhalb der industriellen Gesellschaft, der Kitsch ersetzt es in ihrer Mitte, und das Hässliche enthüllt unverfroren das wahre Antlitz dieser Gesellschaft. Die industrielle Hässlichkeit flößt einer von Arbeit, Produktion und Kapitalbildung besessenen Gesellschaft keinen Atem ein. Schonungslos offenbart sie die Mittelmäßigkeit unseres Vorhabens.

Stellt man ein solches Versagen fest, dann ist die Versuchung groß, ein wirksames Heilmittel vorzuschlagen, das sich auf Maßnahmen des Staates stützt, der zum Mäzen, Kunstkritiker und Volkserzieher befördert wird. Ein Kultusministerium, Kulturzentren, kulturelle Missionen werden genau dann ins Leben gerufen, wenn es keine Kultur mehr gibt; warum nicht gar ein „Jahr der Kultur“ kreieren, wenn dadurch all die anderen kulturlosen Jahre ersetzt werden können? Verlorene Liebesmüh'; Kultur ist wie Marmelade: Je weniger man davon hat, umso dicker wird sie aufgestrichen; dies trifft sowohl auf eine individuelle Unterhaltung wie auf die Redeweise einer ganzen Nation zu. Eine Kulturpolitik besteht darin, das Schöne den Händen von Spezialisten fürs Schöne anzuvertrauen, ebenso wie es Wärmespezialisten, Kältespezialisten, Spezialisten fürs Große, Kleine etc. gibt. Die Paläste von Brasilia täuschen nicht über die Armenviertel von Rio weg. Das Schöne ist nicht Sache des Staates, es ist die Sache aller – oder es existiert nicht.

Die Wurzel dieses Übels liegt in der Massenproduktion, die die Existenzberechtigung und Lebensform des Industriellen darstellt. Wären wir in der Lage, die Pietà von Michelangelo maßgerecht und aus dem gleichen Material mit unendlicher Perfektion in mehreren Tausend Exemplaren zu reproduzieren, dann wäre der ästhetische Wert jener Kopien durch *das Spiel ihrer Wiederholung* sehr gering. Solange ein Gegenstand einmalig ist, knüpft er ein unsichtbares Band zwischen dem, der ihn entworfen hat und dem, der ihn betrachtet. In dem Moment, wo er vervielfacht wird, ruft er uns unerbittlich ins Gedächtnis, in welcher Welt wir leben.

Die Kunst im Dienst der Macht

Das Schöne lässt sich weder planen noch verordnen; seiner Definition entsprechend, kann es weder das Werk der Industrie noch das des Staates sein, dieser beiden konkurrierenden Inkarnationen einer pervertierten industriellen Revolution. Das einzige, was man von diesen Gewalten verlangen kann, ist, dem künstlerischen Schaffen kein Hindernis entgegenzusetzen, wie sie es derzeit tun, offen oder verdeckt, mit Hilfe einer Zensur oder mit Selbstkritik, durch Steuer- oder Subventionspolitik. Als Maurice Druon Kultusminister war, hat er ganz offen erklärt, er bewillige denjenigen, die eine Sammelbüchse in der rechten und einen Molotowcocktail in der linken Hand hielten, keinerlei Subventionen. Die notwendigerweise schlechten Beziehungen zwischen Macht und Kultur können wohl kaum deutlicher zum Ausdruck gebracht werden: Jeder von beiden erhofft den Untergang des anderen.

Da weder die Industrie noch der Staat fähig sind, die Kunst oder auch nur das Handwerk, die einzigen Schöpfer von Schönheit, zu fördern, besteht eine Lösung darin, einen Tätigkeitsbereich zu schaffen, der der Industrie und dem Staat nichts schuldet. Dieser Versuch ist von einigen unternommen worden, die sich aufs Land zurückgezogen haben und dort von der Arbeit ihrer Hände leben, indem sie Töpfereien, Stoffe, Schmuckstücke, Bücher und Bilder schaffen. Man spürt indessen, dass einem solchen Unternehmen etwas Unnatürliches anhaftet, selbst wenn es sich um eine Rückkehr zur Natur zu handeln scheint. Dieses ökologische Handwerk bietet dem Menschen weder seinen materiellen Unterhalt noch seinen geistigen, da es eine Flucht vor einer unerträglichen Realität bedeutet. Die technische Evolution ist ein nicht umkehrbarer und von der Kultur nicht unabhängiger Vorgang und daher kann die Kultur nicht zurück schreiten oder sich von der industriellen Welt abtrennen.

Die Kunst des Nonsens

J. Ellul hat diese Sackgasse der künstlerischen Schöpfung untersucht. In einem Universum, das keinen Sinn hat, kann die Kunst nur Nonsens zum Ausdruck bringen: „Die Technik ablehnen, sich von ihrer Unerbittlichkeit befreien, bedeutet eine Illusion aufrechtzuerhalten und sich schließlich doch der Welt anzupassen. Sie annehmen, bedeutet den technischen Prozess nachzuahmen und seinen Apparat zu benutzen. In beiden Fällen verliert die Kunst ihren Sinn, bis hin zur Gestaltung eines Sonderspiels, eines Reiches, dem des Nonsens".

Nichts bleibt dem noch hinzuzufügen. Es gibt kein Zauberschema, durch das die Kunst eine erkrankte Gesellschaft heilen könnte. Das künstlerische Schaffen ist ein Maß für die kulturelle Gesundheit einer Gesellschaft und insbesondere für die Existenz einer Klasse von Mäzenen, die die Künstler entgelten, weil sie den Kunstgenuss höher als politische oder finanzielle Macht schätzen. Wenn der zeitgenössische Staat oder die Industrie die Rolle der Mäzene spielen, so werden sie natürlicherweise die Werte reproduzieren, auf denen sie selbst beruhen: Sie werden ein so ungeheuerliches „Magenknurren" verursachen wie das Beaubourg-Zentrum ...

Hoffentlich werden wir eines Tages eine unsichtbare Scheidelinie zwischen dem geistigen Universum des industriellen Systems und einem anderen, unvorstellbaren Universum überschreiten. Es wäre dann Aufgabe der Kunst, diesen Übergang vorauszuspüren und ihn anzukündigen. Wir müssen deshalb geduldig und zugleich ungeduldig in der zeitgenössischen Kunst Ausschau halten nach der Ankündigung eines neuen Universums, das einen Sinn hätte.

Kapitel 24

Der achte Schöpfungstag

Gegen Ende dieses Buches sollte der Leser sich von der technischen Illusion befreit und ein realistischeres geistiges Modell von der technischen Evolution erworben haben. Die Evolution zeigt, dass die Technik nicht automatisch alle Probleme löst; sie beseitigt sie nicht; sie mag sie verschieben, ihre Natur ändern, sie vermindern – oder aber auch verschlimmern. Die technische Evolution ist nur eine Teilantwort auf die entropologische Herausforderung; es gibt andere Teilantworten, die in den Bereich der Institutionen, der Kunst, der Religion fallen. Gewiss gibt es kein Problem, das nicht durch die Technik manipuliert werden könnte, aber diese Manipulation stellt keine Lösung an sich dar. Die Technik macht es möglich, beinahe alles auszuführen, vorausgesetzt, man weiß wirklich, was man will. Man müsste sich also folgende Gedanken machen: *Die Technik ist die Antwort; aber wie lautet eigentlich die Frage?*

Welche Fragen?

Ohne Beziehung zu einem Gesellschaftsentwurf, ohne Einfügung in einen zusammenhängenden kulturellen Rahmen, erzeugt die technische Illusion blindlings eine ungeheuerliche Problematik, für die sie Lösungen schafft, deren Wirksamkeit jede Kritik zunichte macht. Stellt man sich die schlimme Frage, wie das Verschwinden von 800.000 Menschen kostenlos zu bewerkstelligen sei, dann wird man die Antwort Treblinka erhalten. Stellt man die schlimme Frage, wie die Industrieländer über die Verhältnisse unseres Planeten leben können, ohne Krieg zu erleiden, aber auch ohne tatsächlichen Frieden, dann erhält man die Antwort: mit Hilfe der Atombombe.

Im mikroskopischen Maßstab bleibt die Problematik die gleiche. Wenn man Fleisch zu geringsten Kosten produzieren möchte, löst man die BSE Epidemie aus. Wenn man billige Energie erzeugen will, erhält man Tschernobyl. Wenn man jedem Erwachsenen ein Auto verkaufen möchte, erschöpft man die Ölreserven in zwei Jahrhunderten, ändert das Klima, erstickt die Städte und betoniert die Landschaft mit Autobahnen und Siedlungen. Wenn man innerhalb von 10 Jahren einen Markt für Handies kreieren will, trocknet man die Ressourcen aus, die für Gesundheit, Ausbildung und Pensionen gebraucht werden.

Es geht nicht darum, der Technik abzuschwören, sie zu verdammen oder sogar abzuurteilen, denn das ist belanglos. Es handelt sich nicht darum, die technische Evolution etwa aufzuhalten, weil das ebenso unmöglich ist wie das Aufhalten der Zeit. Es geht vielmehr darum, der technischen Evolution eine bestimmte Richtung zu geben, durch die Wahl der Fragen, auf die wir mit Hilfe der Technik zu antworten beabsichtigen.

Nach welchem Kriterium sollen diese Fragen ausgewählt werden? Es *ist schwierig, darauf zu antworten.* In dem Maße, wie die technische Evolution fortschreitet, ändert sich der Mensch, wenn nicht physisch und geistig, so doch wenigstens in seinem Verhältnis zur Umwelt, die die Werkstätte der Technik darstellt. Die zu einem bestimmten technischen System passenden sinnvollen Fragen und sinnvollen Antworten sind nicht adäquat für ein anderes technisches System. Im paläolithischen System existierte der Krieg nicht; er hat sich durch höhere Gewalt während der jüngeren Steinzeit eingebürgert. Er verkörpert eine tödliche Gefahr im dritten industriellen System, das wir verlassen müssen, um ihn unmöglich zu machen. Wie können die gegenwärtigen Plagen beseitigt werden – durch Überwechseln in ein anderes System – ohne dass an ihrer Stelle andere auftreten? Welches sind die Kriterien für ein gutes technisches System?

Die technische Schöpfung

Wir müssen wählen, selbst wenn wir ratlos sind. Die schlechteste Wahl von allen bestünde zweifellos darin, die technische Evolution dem blinden Zwang der Entropie zu überlassen.

Da wir jedoch nicht nach einem Rezeptbuch wählen können, müssen wir wenigstens die Gebrauchsanweisung der Maschine kennen, die das technische System darstellt: Dies ist das Ziel dieses Buches. Wir müssen uns außerdem darüber klar werden, was wir mit dieser Maschine im Sinne haben. Welches Schicksal streben wir an? Hier gibt es keine Gebrauchsanweisung mehr. Hier müssen wir uns einer inneren Eingebung anvertrauen, die wir als *technische Schöpfung* bezeichnen werden, da diese Eingebung – die aus des Menschen Innerstem hervorgegangen ist – eine Fortsetzung und Vollendung der Schöpfung des Universums darstellt, in dem wir leben.

In der Bildersprache der Schöpfungsgeschichte schuf Gott die Welt in sieben Tagen, dann vertraute er sie Adam an. Von dem Moment an, wo wir uns des Einsatzes der technischen Evolution bewusst geworden sind, beginnt für uns der achte Schöpfungstag: Der Tag, an dem wir mit klarem Kopf und voller Verantwortlichkeit das Menschengeschlecht zeugen. Da wir dazu fähig sind, das Menschengeschlecht auszurotten, von dieser Fähigkeit jedoch keinen Gebrauch machen, entscheiden wir aus freiem Willen, dass diese Spezies wert ist, zu leben. Hierfür sollte man dann aber wissen, wozu?

Die Wechselbeziehung zwischen dem Technischen und dem Geistigen

So hat die technische Evolution die traditionelle Problematik des individuellen Selbstmordes in eine Frage umgewandelt, die die gesamte Menschheit betrifft. Wenn wir uns gemeinschaftlich dazu entscheiden zu leben, welchen Sinn geben wir dieser Entscheidung? Wer sind wir? Woher kommen wir, und wohin gehen wir? Was bedeutet unser Existenzbewusstsein? Was bedeutet dieses brutale Weltall? Warum sterben wir? Welchen Sinn hat der unvermeidliche Untergang unserer Spezies, sei es beim Erlöschen der Sonne, sei es spätestens bei dem durch das Zunehmen der Entropie programmierten Untergang des Universums? Warum sind wir von einem maßlosen Verlangen nach Unsterblichkeit beseelte Sterbliche?

In allen vorausgehenden technischen Systemen gab es eine Antwort auf diese metaphysischen Fragen, mit denen jede Gesellschaft konfrontiert wird. Dieselben Fragen sind gegenwärtig der gesamten Menschheit auf noch dringendere und allgemeinere Art gestellt. Es scheint, als hätten wir, allein schon durch unsere technische Evolution selbst, eine neue metaphysische Schwelle überschritten. In diesem Sinne kann man wohl auch behaupten, die technische Evolution sei zugleich die Ursache und die Folge eines geistigen Fortschreitens. Die metaphysische Unruhe ist, nach unseren heutigen Erkenntnissen, gegen Ende der Steinzeit in Erscheinung getreten, als die ersten rituellen Bestattungen bekannt wurden, gleichzeitig mit den Fresken und den kleinen Statuen. Die technische Evolution hatte während mehr als zwei Millionen Jahren die Hominiden mit dem am besten entwickelten Gehirn ausgewählt, da diese die Steine mit immer größerer Geschicklichkeit bearbeiteten und schlau genug waren, das Feuer zu nutzen und sich in Jägergemeinschaften zusammenzuschließen. Gleichzeitig hatte sie gezwungenermaßen ein wissbegieriges Gehirn geschaffen, das die Fähigkeit besaß, vorauszusehen und vorauszuahnen; das sich bemühte, die Ereignisse einzuordnen und ihnen einen Sinn zu geben. Durch Behauen von Steinen hatte sich der Mensch in der Götteranbetung geübt und schließlich im Gebet zu Gott. *Der technische Mensch kann seinem Schicksal nicht entkommen, ein metaphysischer Mensch zu werden.*

Das Geistige, ein Parasit der Evolution?

Dieser Gedanke taucht seit dem 19. Jahrhundert bei vielen Denkern auf, die davon im allgemeinen abgeleitet haben, dass die metaphysische Unruhe ganz und gar vernünftig sei und als ein notwendiger und vorübergehender Übergang zu anderen Denkweisen betrachtet werden müsse. Es steht natürlich jedem frei, zu denken, dass die metaphysischen Fragen definitionsgemäß unlösbar seien und diese Annahme zu bestärken durch die Herabsetzung der metaphysischen Unruhe auf das Niveau eines Nebenprodukts der biologischen und technischen Evolution. Da man sie so auf den physikalischen Determinismus zurückführt, wird ihr jegliche Transzendenz entzogen.

Man kann allerdings auch die Begriffe dieser Behauptung umkehren: Gewiss, der technische Mensch wird zwangsläufig zu einem metaphysischen Menschen; aber kann er sich andererseits verwirklichen, wenn er dies nicht wird? Mit anderen Worten: Ist die metaphysische Unruhe tatsächlich eine parasitäre Erscheinung der Evolution unserer Spezies? Man kann die Möglichkeit nicht ausschließen, dass sie das heimliche Ziel dieser Evolution darstellt; und zwar nicht in dem Sinne, dass die Evolution ein teleologischer, von Anfang an auf den Geist hin programmierter Vorgang sei, sondern in dem viel konkreteren Sinne, dass die Evolution von einer bestimmten Entwicklungsstufe an ohne Zuflucht zum Geistigen nicht normal fortschreiten könne.

Die geistigen Schwellen

Im zweiten Teil wurde schon darauf aufmerksam gemacht, wie bezeichnend der Ritus der gemeinsam eingenommenen Mahlzeit für Menschen ist. Er unterscheidet uns insofern von den Tieren, als er die Anerkennung der Gleichheit aller Beteiligten angesichts der Ressourcen einschließt. Die schwächsten Individuen, Frauen und Kinder, müssen ihren Anteil erhalten und als erste bedient werden, insbesondere in Zeiten der Knappheit, weil andernfalls die Spezies ihre technische Evolution nicht weiterverfolgen könnte. Das am wenigsten robuste, aber intelligenteste Kind hielt den Schlüssel unserer Evolution in der Hand. Es wurde nicht immer im Stich gelassen um zu sterben.

Es beruht sicherlich nicht auf einem Zufall, dass die Mehrzahl der Religionen eine symbolische Mahlzeit als wesentlichen Ritus angenommen haben. Heute noch sind der Vorrang und Schutz, der Kindern und Frauen gewährt wird, unwandelbarer Ausdruck dieser entscheidenden Wahl, die sich entsprechend auf alte und behinderte Personen erweitert hat. Die Tabus der Euthanasie und der

Abtreibung gehen in die gleiche Richtung dieser Ehrfurcht vor den Hilflosesten, die in der menschlichen Gesellschaft eine andere Dimension als den einfachen Wettkampf um die Ressourcen erfordert. Dieser hätte blindlings die für das direkte Überleben Tauglichsten ausgewählt und damit die Evolution auf lange Sicht gefährdet.

Was offenbar das Schwächste ist in unserer Art, ist in Wahrheit das Stärkste. Sozialpolitik, verankert im Konzept der Solidarität, ist der moderne Ausdruck dieses ursprünglichen Sorgetragens. Friedrich der Große hat das Wissen, das den Mächtigen vorbehalten war, mit den Schwachen geteilt, als er im 18. Jahrhundert die obligatorische und kostenfreie Grundschule ins Leben rief und auf diese Weise die technische Entwicklung eines Landes in Gang gesetzt, das unterentwickelt war. Ein Jahrhundert später hat Kanzler Bismarck begriffen, dass die Industrialisierung Deutschlands nicht nur gebildeter Arbeiter bedurfte, sondern dass man sie auch schützen musste vor Existenzrisiken, indem man sie gegen Krankheit, Unfall und Arbeitslosigkeit versicherte. Diese genialen Intuitionen haben aus dem Deutschland des 19. Jahrhundert das wissenschaftliche, technische und kulturelle Zentrum der Welt gemacht. Sie sind aus Machthunger aufs Spiel gesetzt worden durch Wilhelm II und Adolf Hitler.

Im 12. Kapitel haben wir ferner darauf hingewiesen, in wie hohem Maße die Techniken, die von den Zisterzienserklöstern eingeführt wurden, bestimmend waren für die Errichtung des mittelalterlichen technischen Systems. Auch da hat der extensive Gebrauch des Wasserrades seine Ursache in einer Verwicklung von Geistigem und Materiellem. Dem Benediktinerorden liegt die Überzeugung zugrunde, dass alle Menschen gleich sind, und dass man diese Weisung der Evangelien ernst nehmen muss. Die Mönche müssen sich die untergeordneten Dienste untereinander teilen, anstatt eine Gruppe von Sklaven damit zu belasten. Sobald jedoch Intellektuelle dazu aufgefordert werden, eine manuelle Arbeit auszuführen, versuchen sie mit allen verfügbaren technischen Mitteln, diese Arbeit zu erleichtern. Dadurch gewinnen sie Zeit für geistliche Betätigungen und intellektuelle Arbeit. So ermöglichen die Mönche die Schaffung der ersten Universitäten und die wissenschaftliche Revolution der Renaissance. Sie befreien die Gesamtheit der Bevölkerung von ihrem Kontakt mit den mühseligsten Aufgaben. Von der Renaissance an bis zum heutigen Tage haben die Missionen dieses Werk fortgesetzt und über die gesamte Erde ausgebreitet.

Wenn umgekehrt der geistliche oder kulturelle Bereich den Dialog mit der Technik ablehnt, dann verirrt er sich in archaischen Vorstellungen. Als der Vatikan die metaphysischen Konsequenzen der Entdeckungen von Galileo Galilei ablehnte, die diesem mit Hilfe des Teleskops gelungen waren, hat er eine geistige Spaltung hervorgerufen, deren Nachwirkungen wir heute noch spüren. Als Hitler die Mehrzahl der Nobelpreisträger in Physik aus Deutschland vertrieben hat, mit der Behauptung, sie seien jüdischer Abstammung, da hat er seine besten Chancen, die „absolute Waffe" herzustellen, verloren und sie den USA überlassen. Das amerikanische Imperium, das heute den Planeten dominiert, ist gegründet auf die freiwillige Aufnahme einer großen Zahl von Flüchtlingen – gemäß einer drei Jahrhunderte andauernden Tradition. Es würde seinen Zusammenbruch riskieren, wenn es seine Macht in den Dienst von Eroberungswünschen stellte.

Die Übereinstimmung des Geistigen mit dem Materiellen

Kurz, der technische Fortschritt regt mit wachsendem Nachdruck metaphysische Fragen an – und umgekehrt kann eine gute Antwort auf eine metaphysische Frage einen technischen Fortschritt in sich tragen. Diese Dialektik ist von Natur aus schöpferisch, selbst wenn sie durch eine Reihe von Paradoxien in Erscheinung tritt, die das ganze Buch hindurch beschrieben wurden. Sie wird zerstörerisch, wenn einer der Begriffe der Dialektik umgangen wird.

Oder mit anderen Worten: Die Religion oder die Religionen einer Gesellschaft üben einen pragmatischen – positiven oder negativen – Einfluss auf das technische System dieser Gesellschaft aus. Umgekehrt stellt der technische Fortschritt einen wichtigen Faktor der religiösen Offenbarung dar. *Ohne technischen Fortschritt gibt es keinen Mensch und folglich keine Religion. Ohne Religion kein technischer Fortschritt über gewisse Grenzen hinaus.* Diese reziproke Beziehung kommt einem beim Studium der technischen Evolution, so wie sie sich geschichtlich abgespielt hat, ganz natürlich in den Sinn. Mit ihr sind jedoch offenbar weder die Industriekapitäne noch die Hoftheologen vertraut.

Besonders eine archaische Religion stellt für eine technische Mutation eine ganz offensichtliche Bremse dar; es gibt zahlreiche Beispiele dafür. Dies bedeutet jedoch nicht, dass eine Abschwächung der bestehenden Religion ausreicht, um diese Mutation voranzutreiben: Es müßte eine andere Religion an ihre Stelle treten, nicht irgendeine Weltanschauung oder gar das Nichts.

Die kommunistischen Diktaturen lagen, mit ihrer weltlichen Staatsreligion, im Schlepptau der technischen Evolution, selbst wenn ihre offizielle Doktrin auf einem naiven Glauben an den technischen Fortschritt beruhte. Der Satz Lenins: „Kommunismus ist Sowjetmacht plus Elektrifizierung" widerspricht sich selbst.

Die Diktatur kann die technische Evolution nicht erzwingen, sie kann sie blockieren, wie es sich in der Folge gezeigt hat.

Es reicht nicht, einen technischen Fortschritt anzustreben, man muss auch die Vorbedingungen dazu schaffen: Achtung der persönlichen Rechte, Meinungsfreiheit, leichte Kommunikationsmöglichkeit, Recht zur Kritik, Öffnung zur Außenwelt. Der Dogmatismus der technischen Illusion als ein in sich verkapselter Gesellschaftsplan ohne geistige Aufgeschlossenheit brachte das Stagnieren der kommunistischen Wirtschaftssysteme mit sich, ganz so wie die Bau-Gigantomanie des antiken Roms, die auf der Massenausbeutung von Sklaven beruhte, die unmittelbare Ursache für den Untergang des technischen Systems der Römer darstellte. Das Sowjetreich ist zwischen 1985 und 1990 von selbst zusammengebrochen, und zwar aus den gleichen Gründen, die den Untergang des römischen Reiches bewirkt haben; es ist erstaunlich, festzustellen, dass die Bevölkerung – und selbst die Machthaber – plötzlich ihre letzte Zuflucht in den Kirchen gesucht haben. Putin greift die Methode des Kaisers Konstantin auf.

Die eigene Rolle des Christentums

Die traditionelle Religion des Westens ist das Christentum in allen seinen vielen Formen. Ohne irgendein Werturteil über die anderen Religionen zu fällen, begnügen wir uns hier damit, die mögliche Rolle des Christentums im technischen Wandel zu diskutieren, in Richtung auf eine Solartechnik. Diese Betrachtung ist wichtig, weil die entscheidenden technischen Wandlungen, vom römischen System bis zum dritten industriellen System, sich ausschließlich im Inneren der Christenheit abgespielt haben. Einige zwangsläufige Übergänge konnten sich nur deshalb vollziehen, weil die fundamentalen Prinzipien des Christentums – in korrekter oder tendenziöser Weise – angewandt worden waren: Schaffung der mittelalterlichen Ordnung, wissenschaftliche Revolution der Renaissance, erste industrielle Revolution.

Umgekehrt wurde die Ausbreitung des Christentums, das heute die meistpraktizierte Religion darstellt, in großem Maße von der technischen Überlegenheit des Westens unterstützt. Ob man es so sehen will oder nicht: Viele einfache Leute in den Missionsländern sind zum Christentum übergetreten, weil die Technik der Europäer für sie ein klarer Beweis der Vortrefflichkeit ihrer Religion darstellte. Darüber hinaus stellen wir fest, dass zum ersten Mal ein Land außerhalb der Christenheit, nämlich Japan, ein wichtiger Akteur bei der technischen Evolution geworden ist.

Die Anwendung der Prinzipien des Christentums ist manchmal tendenziös gewesen, wie wir soeben festgestellt haben. Die drei industriellen Revolutionen sind, unter anderem, aus der Arbeitsethik hervorgegangen, die jedoch einen dem Christentum radikal entgegengesetzten Sinn annimmt, sobald Arbeit und materieller Erfolg zu höchsten Werten erhoben werden. Wäre ein Versuch nicht logisch, den echten Sinn der technischen Evolution wiederzuentdecken, um dadurch der Sinnwidrigkeit zu entkommen? Wenn wir gerade einen metaphysischen Irrtum begangen haben, der uns in eine technische Sackgasse führt, dann ist die beste Art, aus dieser herauszukommen, wenn wir das Problem aufs neue in metaphysischen Begriffen darstellen.

Wir werden dies unter Bezug auf drei Achsen des Christentums tun, wie sie im 11. Kapitel dargelegt worden sind: Das Christentum ist weder eine Staatsreligion noch eine Gesetzesreligion – es ist eine Heilsbotschaft. Diese Untersuchung der Berührungspunkte zwischen der technischen Evolution und der schöpferischen Geisteskraft des Christentums macht keinerlei Anspruch auf eine der Kirchendoktrin entsprechende Rechtgläubigkeit. Das Christentum wird hier ausschließlich unter einem ganz besonderen Gesichtspunkt betrachtet.

Hat das Christentum eine Zukunft?

Ehe wir diese Punkte in Angriff nehmen, müssen wir unbedingt auf eine noch brennendere Frage antworten: Ist das Christentum nicht im Begriff unterzugehen, gerade in dem Moment, wo es nötiger denn je gebraucht wird – und das als Folge der Wirkung eben der technischen Entwicklung, die es kontrollieren müsste? Hat es noch einen Sinn, sich auf etwas zu berufen, was vielen als der eigentliche Grund für Rückständigkeit erscheinen mag?

In den Industrieländern nimmt die religiöse Gleichgültigkeit einen sehr viel größeren Platz ein als der kämpferische Atheismus des vergangenen Jahrhunderts, der noch eine Art Religion darstellte. In Frankreich glauben noch zwei von drei Franzosen an Gott, vier Franzosen von fünf lassen ihre Kinder taufen, und ein Franzose von fünf geht von Zeit zu Zeit zum Gottesdienst. In den Städten sind die christlichen Kirchen zahlenmäßig kaum bedeutender als schwärmerische Sekten, die ihnen ernsthaft Konkurrenz machen. Kurz, die christlichen Kirchen behaupten sich im Westen wohl ausschließlich aufgrund ihrer geschichtlichen Bedeutung.

Paradoxerweise bleibt die Hauptchance für das Christentum die Verfolgung. Nach marxistischem Denkschema stellt jede Religion ein Hindernis auf dem

Weg zur Befreiung des Proletariats durch den technischen Fortschritt dar. Deshalb war ihre Beseitigung die Vorbedingung für die Gründung einer wirklich kommunistischen Gesellschaft. Die Erfahrung eines halben Jahrhunderts heimtückischer Verfolgungen hat allerdings deutlich gezeigt, dass der bürokratische Guerillakrieg dem Christentum erst recht eine neue Lebenskraft verliehen hat. Dies bestätigt einfach den Grundsatz, nach dem das Christentum keine Staatsreligion ist, und dass es dann am stärksten ist, wenn es sich gegen die Staatsreligion auflehnt.

Von der traditionellen zur industriellen Magie

Dort, wo die Verfolgung nicht organisiert ist, verwässert das Christentum immer mehr in der Gleichgültigkeit der Massen und dem nachsichtigen Entgegenkommen der Führungskräfte. Woher stammt der Widerspruch zwischen dem Fortschritt der Technik und der praktischen Ausübung des Christentums?

Der häufigste Vorwand verweist auf den Antagonismus, der zwischen der Wissenschaft und jeder Religion bestehe. Gemäß positivistischem Schema ersetzt die Wissenschaft nach und nach zunehmend die Religion, je weiter unsere objektiven Kenntnisse sich vertiefen. Es handelt sich dabei selbstverständlich um einen Vorwand, denn die Wissenschaft ist nicht in dem Maße ins Bewusstsein der Massen gedrungen, dass der Mann auf der Straße seine metaphysische Unruhe dank seiner naturwissenschaftlichen Bildung verloren hätte. In Wirklichkeit informiert die Wissenschaft das allgemeine Publikum nur mittels eines unklaren Gerüchtes, das sie in eine neue Magie verwandelt, wie wir bereits im ersten Teil dargelegt haben. Der wissenschaftliche Fortschritt interessiert zweifellos nur eine kleine Minderheit, in deren Mitte übrigens Gläubige überleben. Für die Mehrheit liefert dieser Fortschritt aber den Vorwand für einen Übergang von der Magie der Heilpraktiker zur Magie der Autoren von Science-fiction-Literatur oder von Comic-Heften.

Ein Franzose von drei weiß nicht oder glaubt nicht, dass sich die Erde um die Sonne dreht. Die Wissenschaft, die den meisten total unbekannt ist, kann dem Menschen seinen religiösen Glauben nur dann rauben, wenn es sich bei ihm um einen animistischen und magischen Glauben handelt, der leicht durch eine andere Magie ersetzbar ist.

Eine zweifelhafte Christianisierung

Vor 15 Jahrhunderten hat sich die Christianisierung Europas zugetragen, ohne viel Rücksicht auf die manchmal gewalttätigen Mittel und die oft unklaren Ziele. So wurden animistische Riten und Vorstellungen übernommen, die zu folgendem geworden sind: zur Anbetung von Reliquien, zum Kult von speziellen Heiligen für spezielle Zwecke, zu Pilgerfahrten in höchste, magische Orte, wo es Quellen oder Grotten gab, zu Erscheinungen, zur Ablassbuchführung und zum Ablasshandel, zu geweihten Münzen. Man muss sich deshalb fragen, ob das antike Heidentum tatsächlich jemals vollkommen ausgerottet worden ist oder ob es sich nicht vielmehr 15 Jahrhunderte lang einen christlichen Anstrich gegeben hat, um heute wieder aufzutauchen, unter dem Deckmantel der Wissenschaftsgläubigkeit, der technischen Illusion und der produktivistischen Weltanschauung, die ebenso abgöttische Kulte sind.

Sollte dies wirklich der Fall sein, dann hat der Wandel zwischen zwei verschiedenen Magien spontan mit der industriellen Revolution stattgefunden, da diese die Umwandlung eines technischen Systems in ein anderes darstellt, das eine völlig andere geistige Haltung voraussetzt. In einem neolithischen System, und sei es ebenso fortschrittlich wie das mittelalterliche, ist die Ausübung einer animistischen Religion natürlich, da jeder Mensch in enger Verbindung zu den – für sein Überleben ungeheuer wichtigen – Naturgewalten steht: der Sonne, dem Wind, dem Regen, den Jahreszeiten, den Pflanzen, den Tieren, den Quellen und den Flüssen. Die griechisch-römische, keltische oder germanische Mythologie fügt sich ganz natürlich in dieses technische System ein: Das Christentum musste sich gezwungenermaßen den animistischen Religionen überlagern, ohne diese zu zerstören, indem es Gebräuche von ihnen übernahm, die bald darauf das Wesentliche der Volksreligion darstellten, wogegen die eigentliche christliche Botschaft verschleiert blieb.

Im industriellen System ist kein Platz mehr für eine animistische Religion, weil der Mensch in eine „Technonatur" getaucht ist, in der alles scheinbar von Menschenhand stammt, angefangen von den vorgekochten Speisen bis zu trübseligen Umwelt aus Beton und Plastik. Der Kontakt zu Göttern oder einem Gott ist nicht unbedingt einleuchtend. Die Zusammenhanglosigkeit des städtischen Milieus und die Dekadenz der Industriegesellschaften geben keinen sehr schmeichelhaften Eindruck von der Schöpfung. Es ist nur Platz für oberflächliche Weltanschauungen, die vorgeben, dass sie eine autonome Ordnung aus dem bestehenden Chaos schaffen können, d.h. an die Stelle des Schöpfers treten.

Die Chancen, die sich das Christentum bewahrt hat

Man kann also in gewissem Sinne behaupten, dass das Christentum nach wie vor Chancen hat, da es die Massen bisher noch nie wirklich informiert hat, dass die Hauptaufgabe der Christianisierung noch zu bewältigen ist und dass sie wirklich wesentlich für das gegenwärtige technische System wird.

Jacques Ellul hat in diesem Zusammenhang eine radikale These vertreten: Seiner Meinung nach ist das Christentum nicht nur Gegenstand von Verirrungen, von Treulosigkeiten und von Widersinn gewesen, sondern es hat eine echte Verdrehung erfahren: Es habe als „Christentum" systematisch *dessen Gegensatz* dargestellt, egal ob es sich um die – auf das römische Reich kopierte – Kirche Konstantins handelt, um die – den heiligen Krieg des Islams imitierenden – Kreuzzüge, um die Religionskriege des 16. und 17. Jahrhunderts, um die Nachsicht gegenüber der industriellen Revolution und der Konsumgesellschaft. Letzten Endes bedeutet das Wort „Christentum" schon durch seine Endung „-tum" einen Widerspruch zur Offenbarung, die nichts mit einer philosophischen oder moralischen Offenbarung zu tun hat. Naturgemäß *organisiert sich* eine Kircheninstitution derart, dass sie zwangsläufig der Offenbarung entgegenwirkt.

Andererseits wird diese Verdrehung des Evangeliums immer wieder durch das Erscheinen charismatischer Personen wie Franz von Assisi oder Martin Luther aufgewogen, die zum ursprünglichen Sinn zurückkehren, indem sie ihn unter der Sinnwidrigkeit wieder entdecken. Ihr Handeln zwingt die Kircheninstitutionen dazu, den innersten Kern des Glaubens wiederherzustellen, der sich so Jahrhunderte lang ohne wesentliche Verfälschung durch die Kirchen überliefert hat. Die Geschichte des Christentums zeichnet sich infolgedessen weniger durch einen fortwährenden Verrat aus, wie es in jeder menschlichen Institution – auch einer Kirche – unvermeidlich ist, als vielmehr durch eine wunderbare Wiederbelebung, die das Wesentliche der Botschaft bewahrt. Wie auch immer die persönliche Einstellung jedes einzelnen sein mag, man kann nicht umhin, mitten im neolithischen System das historische Auftreten einer Gesamtheit von Werten wahrzunehmen. Diese haben gerade erst begonnen, sich als angemessen und wirksam für unser industrielles System zu enthüllen, nachdem sie 20 Jahrhunderte lang durch einen paradoxen Mechanismus der Treue im Verrat bewahrt worden sind.

Die spontane Ausbreitung der christlichen Werte im Industriemilieu

In der Tat entwickelt sich heutzutage, trotz oder vielleicht sogar wegen der verlorenen Zuneigung zu den fest etablierten Kirchen, im geheimen und paradoxerweise ein geläutertes und glaubwürdiges Christentum. Echt christliche Werte breiten sich in unserer derzeitigen Gesellschaft aus, wo sie von den Sonderlingen, Märtyrern und Außenseitern als gerecht verteidigt werden. Die Heiligen unserer Epoche heißen Gandhi, Jaurès, Sacharow, Solschenizin, Guevara, Nader, Martin Luther King, Mutter Theresa, Helder Camara, Teilhard de Chardin. Während gewisse religiöse Orden verkümmern, erleben andere, anspruchsvollere, eine Wiedergeburt. Verschiedene weltliche Institutionen, die NGOs (Non Governmental Organizations) lassen die christlichen Werte in kühnen und originellen Unternehmen Wirklichkeit werden: Das Internationale Komitee des Roten Kreuzes, das Hochkommissariat für Flüchtlingswesen, die Weltgesundheitsorganisation, Amnesty International, Terre des Hommes, Médecins sans frontières, Greenpeace, World Wildlife Fund.

Als Beispiele können folgende Werte aufgezählt werden:

- Gewalt und insbesondere Krieg werden nicht mehr als rechtmäßige oder gar wirksame Mittel zur Erreichung eines Zieles anerkannt.
- Alle Menschen sind gleichberechtigt und müssen es auch de facto werden. Es gibt weder Freie noch Sklaven, weder Herren noch Diener, weder Untergebene noch Vorgesetzte.
- Die verabscheuungswürdigste Diskriminierung ist die, die Menschen willkürlich nach ihrer Herkunft in Gruppen einteilt. Rassismus, Sexismus, Fremdenhass, Chauvinismus oder sogar der einfache Nationalismus sind lächerliche Einstellungen.
- Die Macht muss wie ein Dienst an der Allgemeinheit ausgeübt werden und darf nicht zu ihrer Unterwerfung dienen, je nach Willkür, fixen Ideen oder Erleuchtungen des Chefs.
- Die Freiheit eines jeden wird allein durch die der anderen begrenzt; sie hat jedoch nur dann einen Sinn, wenn sie sich selbst übertrifft, um eine wahrhafte Brüderlichkeit zu erreichen.
- Alle Menschen haben Recht auf Leben, d.h. auf eine angemessene Unterstützung hinsichtlich Ernährung, Unterkunft, Gesundheitspflege und Erziehung, selbst wenn sie persönlich unfähig sind, für ihre eigenen Bedürfnisse aufzukommen.
- Umgekehrt stellen Anhäufung von Reichtümern und protziger Verbrauch grobe und unerlaubte Mittel dar, sich vor anderen hervorzutun.

- Jede Generation ist den nachfolgenden Generationen gegenüber für die Ressourcen unseres Planeten verantwortlich. Der Mensch ist nicht der Besitzer der Erde, sondern ihr Verwalter.
- Die Sexualität ist ein privilegiertes Mittel, die zwischen zwei freien und zustimmenden Erwachsenen bestehende Zuneigung zu bezeugen. Sie darf weder materiellen Interessen noch rechtlichem Zwang, noch sozialem Druck, noch der Beherrschung des einen durch den anderen unterworfen sein.

Die Möglichkeiten einer christlichen Gesellschaft

Diese Werte haben sich gleichzeitig mit der industriellen Revolution ausgebreitet, die ihrerseits wiederum die materiellen Möglichkeiten lieferte, sie zu erreichen. Schon allein der Gedanke an die Gesellschaft um 1700 erinnert uns daran, dass damals kein einziger dieser Werte erreicht worden war, nicht einmal näherungsweise, und dass diese Werte nicht einmal als ein realistisches oder wünschenswertes Ziel betrachtet wurden.

Der Krieg bot den Fürsten ein ruhmreiches Vergnügen und war gleichzeitig die Gelegenheit, die Volksmassen in einer respektvollen Angst vor ihren Herren zu halten. Die Versklavung der Afrikaner stellte eine durchaus rechtmäßige Ausbeutungsquelle dar. Den Frauen standen die meisten Zivilrechte nicht zu, die den Männern zuerkannt wurden. Die Koalitions- und Meinungsfreiheit galt als etwas Unvorstellbares. Die Armen kamen tatsächlich vor Elend um, und dies wurde mit Sanftmut als die Strafe für angebliche Faulheit angesehen. Die religiösen und sexuellen Minoritäten hatten als Schicksal nur den Scheiterhaufen. Die Folter stellte ein durchaus rechtmäßiges Mittel zur Erzwingung von Geständnissen dar. Die öffentlichen Hinrichtungen mit Hilfe von raffinierten Folterungen boten ein vielbegehrtes Schauspiel, mit dem Ziel angeblicher Erbauung oder sadistischen Vergnügens.

All diese dem Christentum widersprechenden Einstellungen wurden beseitigt durch die technische Wandlung der Gesellschaft, durch gleichzeitige geistige Anstrengungen der Juristen, Philosophen und Sozialreformer und – in viel selteneren Fällen – durch das Eingreifen der etablierten Kirchen. Diese Tatsache scheint die vorher schon erwähnte These von Jacques Ellul zu bestärken: Das Christentum entwickelt sich neben oder entgegengesetzt zu den Institutionen, die es zu repräsentieren oder zu verwalten vorgeben. All dies würde das Zutreffen der Prophezeiung Christi beweisen, der den Klerus seiner Zeit außerordentlich streng beurteilte.

Nichts hat sich geändert. Von Teilhard de Chardin bis Hans Küng schildern die zeitgenössischen Forscher unaufhörlich und vergeblich, in welche Richtung sich die Kirchen entwickeln müssten und unterstreichen deren mangelnden Kontakt mit der wissenschaftlichen Bewegung und der technischen Evolution. Die intellektuelle Überlegung fehlt demnach nicht; sie wird regelmäßig zum Objekt von Verdammungen ohne Berufungsmöglichkeit, wobei diese eher ein Kriterium für Glaubwürdigkeit darstellen als für Ketzerei.

Angenommen, das Wesentliche des Christentums sei es, sich unter dem geheimnisvollen und paradoxen Wirken eines Geistes zu entwickeln, dann bleibt noch darzulegen, welche Kraftlinien vom Christentum in Richtung des Aufbaus einer Solartechnologie gehen. Die nachfolgenden Ausführungen stellen keine Reduzierung des Christentums auf eine nutzorientierte Zielsetzung dar, sondern bedeuten, dass der tatsächliche, wirksame und materielle Einfluss der christlichen Werte ernst genommen wird. Es handelt sich um eine Religion der Inkarnation, d.h. einer Verbindung vom Geistigen mit dem Materiellen.

Das Christentum als Gegenmittel gegen die Staatsreligion

Im 11. Kapitel wurde als eine der grundlegenden Eigenschaften des Christentums dargelegt, dass es sich auf Anhieb als das Gegenteil einer Staatsreligion zeigt. Dies ist sicherlich eine der wichtigsten Botschaften in Bezug auf unsere eigene Situation. Seit der Epoche der neolithischen Königreiche war die Versuchung zur Unterdrückung nie wieder so groß wie heute. Die industrielle Revolution hat eine sonderbare Struktur „ausgeschieden“: den Nationalstaat; einen Staat, der versucht, als eine Nation zu gelten; einen Verwaltungsapparat, der vorgibt, das kollektive Streben eines Volkes zu verkörpern. Die industrielle Revolution hat die traditionellen und gastlichen Strukturen des neolithischen Dorfes durch eine gewaltige politische Maschinerie ersetzt, die einer Fabrik ähnelt.

Ebenso wie die Arbeiter jegliche Qualifikation verlieren und dem Gesetz der Fließbandarbeit unterworfen sind, werden die Beamten zu Handlangern des Nationalstaates: Sie führen blindlings eine Politik aus, die durch Unmengen von absurden und widersprüchlichen Verordnungen verkörpert wird, da sie die Absicht hegt, alles zu regeln und alles vorauszusehen. Anstatt sich auf die Initiative und das Gewissen jedes einzelnen zu verlassen, versucht man diese einzusparen und zerlegt ein Projekt in einfache, sich wiederholende Aufgaben. Das Gesetz der aktiven Nächstenliebe in einer Gemeinschaft wird durch ein zentralisiertes und allmächtiges soziales Sicherheitssystem ersetzt, das das Monopol der Krankenpflege, Behinderten-, Alters- und Arbeitslosenversorgung für sich beanspurcht. An die Stelle der freiwilligen Spende tritt die Steuerpflicht. Die großmütigen Intuitionen der sozialen Reformatoren sind zu einer Maschinerie abgewertet, deren wirkliches Ziel es ist, die Macht der Politiker und Funktionäre zu etablieren.

Je anmaßender das Reden von Freiheit, Gerechtigkeit und Solidarität ist, umso bedrückender ist die Verwaltungsmaschine. Die sogenannten Volksdemokratien waren eine gute Illustration dieser Regel: Lauthals forderten sie Demokratie, Gerechtigkeit und Beliebtheit, nur genau in dem Maße, wie sie keines dieser Ziele erreichten und ihnen sogar entschieden den Rücken kehrten. Sie sind schließlich zusammengebrochen unter der Lächerlichkeit und Verabscheuungswürdigkeit einer manipulierenden Tirade, die lange Zeit die Illusion für gewisse Berufsschwätzer war, zu denen, das soll nicht verschwiegen werden, sich auch Jean Paul Sartre – als der bedeutendste – gesellte. Sein berühmter Satz, nach dem man nicht verzweifeln sollte, gibt das Denkschema aller Manipulatoren wieder: Da die Realität des Kommunismus traurig ist, ist es moralisch, sie denen zu verschleiern, deren einzige Hoffnung sie ist.

Indessen erfüllen die westlichen Demokratien, ob sozialistisch oder liberal, deswegen nicht die vertragliche Übereinkunft, mit der sie betraut zu sein vorgeben. Unter dem Vorwand, die Ergebnisse des Fortschrittes gerechter zu verteilen, nimmt der Nationalstaat zu seinen Gunsten die Freiheit der einzelnen in Beschlag und erlangt auf diese Weise eine absolute Gewalt – wenn auch nicht gesetzlich, so doch praktisch.

„Religion vom Staat“

Stützten sich die neolithischen Königreiche auf eine Staatsreligion, so ist der Nationalstaat des industriellen Systems auf eine „Religion vom Staat“ (Staatskult) gegründet, der eine Macht zur Bevormundung sämtlicher Aktivitäten der Staatsbürger besitzt. Auf gewisse Weise stellt er die Analyse von Adam Smith in Zweifel, der zufolge die beste Grundlage für eine harmonische Gesellschaft der Egoismus der Bürger sei. Diese Auffassung wird von den verschiedenen im Verlauf der zweiten industriellen Revolution erschienenen Sozial-Utopien modifiziert: Warum nicht *dem menschlichen Egoismus zum Trotz* eine ideale Gesellschaft bauen, die sich auf eine Verwaltungsstruktur stützt? Da die Menschen nun mal keine Engel sind, warum dann nicht die Mission, sie ins Paradies auf Erden zu führen, bürokratischen Philosophen überlassen – Apparatschiks, Führungskräften, Managern, Planern?

Die Rolle des Christentums besteht darin, zu rechter und zu unrechter Zeit zu wiederholen, dass der Staat im Dienste des Menschen steht und nicht umgekehrt; dass der Mensch für die Ewigkeit geschaffen ist; dass der Staat eine zufällige Struktur darstellt; dass man den individuellen Wandel nicht durch ein Übermaß an Bestimmungen und Verwaltung ersetzen kann.

Es ist kein Zufall, wenn Frankreich sich im Jahr 2004 der ganz natürlichen Idee widersetzt hat, eine Referenz auf das Christentum in die Präambel der europäischen Verfassung aufzunehmen. In diesem Prototyp eines Nationen-Staates darf keine Spur einer anderen Religion verbleiben als der des Staates. Aus dem gleichen Grund widersetzt sich Frankreich dem Kopftuch junger Mohammedanerinnen, die in die Schule gehen, und vergisst dabei, dass früher Bretoninnen und Elsässerinnen nur mit bedecktem Kopf verreisten.

Für das Projekt der Entwicklung einer Solartechnik stellen die Nationalstaaten eine Bürde dar, weil sie ausschließlich auf ihr eigenes Überleben bedacht und unfähig sind, sich zu einer Vision für den ganzen Planeten aufzuschwingen. Diese planetare Vision ist aber die einzig angemessene. Wir müssen der Religion vom Staat abschwören, die nur dazu da ist, eine Leere auszufüllen, d.h. die ein Ersatz für eine echte Religion ist. Diese bedeutet im etymologischen Sinne des Wortes *religio* etwas, das den Menschen an die anderen Menschen bindet, an die Erde, an das Weltall. Um welche Religion geht es?

Das Christentum als Gegenmittel gegen das Gesetz

Das Christentum ist keine Gesetzesreligion. Es fordert vielmehr eine fortwährende Überwindung der strengen Verbindlichkeiten eines bürgerlichen oder religiösen Gesetzes. Das einzige universelle Gesetz ist das der Göttlichen Liebe, die in der Liebe der Menschen verkörpert wird. Man kann unmöglich sein Gewissen beschwichtigen, indem man sich hinter einer festgesetzten Ordnung verschanzt, und man kann Gott nicht lieben und gleichzeitig mit ihm feilschen. Die Ethik ist demnach nicht ein Katalog mit Vorschriften, die sich selbst genügen würden. Eine christliche Ethik ist eine offene Ethik mit Anforderungen ohne Grenzen.

Nun aber funktioniert das gegenwärtige technische System nur in einigen Industrieländern fehlerfrei, die im entropologischen Sinne offene Systeme darstellen: Eine im Verhältnis zu den Ressourcen ihres Lebensraumes übermäßig zahlreiche Bevölkerung lebt auf Kosten der Entwicklungsländer. Die Konfiszierung der Ressourcen durch ein paar reiche Völker zum alleinigen Vorteil von einigen wenigen Generationen wird durch ein Arsenal gut strukturierter und wohl durchdachter Gesetze gerechtfertigt. Die Perfektion dieses juristischen Gebäudes verschleiert die Ungerechtigkeit der realen Situation, die sie bestätigt und heiligt.

Ein Bankdarlehen, das die Gesamtheit der Einnahmen eines Entwicklungslandes einzig und allein für die Zinszahlung verschlingt, ist nichts anderes als eine vornehme Art der Wucherei, selbst wenn das internationale Recht sich dafür verbürgt. Wird in einem unterentwickelten Lande Fischmehl gekauft, als Viehfutter für ein Industrieland, so handelt es sich dabei um eine abstrakte Form von Mord an Kindern, denen dadurch Proteine vorenthalten werden. Europas Import von frischen Bohnen aus dem Sahel, mitten im Winter, wo sie auf Kosten von Sorgho und Hirse angebaut werden, ist eine raffinierte, von den Kooperationsverträgen rechtlich gedeckte Art des Entzugs von Ressourcen. Umgekehrt verhindern Zollbarrieren, die errichtet wurden, um die Bauern in den entwickelten Ländern zu schützen, eine normale technische Evolution der Länder, die sich entwickeln sollten, indem sie damit beginnen ihre Agrarprodukte zu exportieren. Mit einem Wort, die von den Stärkeren diktierten Regeln des internationalen Handels repräsentieren keineswegs gerechte Regeln. Auf die Dauer bedrohen sie das Gleichgewicht der Weltwirtschaft, so wahr wie der Egoismus selbst dem Egoisten keine Sicherheit bietet.

Man müsste mit ebenso strengen Worten über die Grausamkeit der reichen Länder gegenüber den Flüchtlingen jeder Art sprechen. Das internationale Recht erkennt Grenzen an, innerhalb derer jeder Nationalstaat seinen Egoismus zugunsten seiner Bürger und Machthaber organisieren darf. Die vollkommen willkürlichen und abstrakten Auffassungen von der Grenzlinie und vom Reisepass wirken hier Wunder. Das Grundrecht eines jeden Menschen, auf seinen zwei Beinen dorthin zu gehen, wohin er muss oder möchte, wird vollkommen treuherzig verhöhnt. Die Nationalstaaten behalten sich das Recht vor, diejenigen, die nicht ihre Staatsangehörigen sind, zu vertreiben und auf unfruchtbare Gebiete zurückzudrängen, wo Elend und Unterdrückung herrschen.

Die kommunistischen Länder fügten diesem alltäglichen Greuel noch zwei originelle Verfahren hinzu: Die Knechtschaft des normalen Bürgers wurde durch das Verbot aufrechterhalten, sich außerhalb der Staatsgrenzen zu begeben. Zuweilen wurde selbst seine Bewegungsfreiheit im Landesinneren streng eingeschränkt. Die Bürger mit abweichenden Meinungen, religiösen Überzeugungen oder mit einer besonderen ethnischen Herkunft aber wurden vom nationalen Staatsgebiet vertrieben und des Passes beraubt. Auf diese Weise werden sie zu dem, was man „politischer Flüchtling“ nennt: Welche beruflichen Fähigkeiten er auch besitzen mag, der politische Flüchtling ist der Arbeit und der Existenzberechtigung beraubt. Derartige Schandtaten sind im Verlaufe dieses Jahrhunderts im Namen der Befreiung des Menschen begangen worden: Sie werden weiterhin in überholten politischen Regimen ausgeübt, wie Kuba oder Nordkorea, und man kann jede Wette darauf eingehen, dass sie nicht allzu bald verschwinden werden.

Recht ist nicht Gerechtigkeit

Das Gesetz rechtfertigt auch – buchstäblich – den Rückgriff auf die verschiedensten Gewalttätigkeiten, deren Bestimmung es ist, diese Ungleichheit unter den Nationen aufrechtzuerhalten. Dem ist so im internationalen Waffenhandel, wo die Waffen reicher Länder an arme verkauft werden, um Auseinandersetzungen zwischen Großmächten durch unterentwickelte „Mittelsmächte" zu unterhalten oder um das Wohlwollen eines lokalen Tyrannen zu kaufen und zu erhalten.

Man könnte unzählige Beispiele dieser Art anführen; sie alle kreisen diese merkwürdige Verzerrung unseres Zeitgeistes ein, der nur allzu gern das Zivilrecht einem unantastbaren Recht gleichstellt, wobei Recht und Gerechtigkeit miteinander verwechselt werden. Eine Solartechnologie aufbauen bedeutet einen Akt „kollektiver Askese", der auf den ersten Blick unvernünftig erscheint; es bedeutet, dass die Stärksten mit den Schwächsten solidarisch sein müssen, dass die gesättigten Generationen sich freiwillig einschränken, um zukünftigen Generationen Ressourcen zu sichern. All dies ist nur durch eine unaufhörliche Überschreitung des Gesetzes möglich. Diese Idee ist übrigens die Basis einer Menge privater und öffentlicher, nationaler und internationaler Initiativen.

Das Christentum als Heilsbotschaft

Die Härte des internationalen Wettbewerbs und die Macht der technischen Illusion werden von einer gut verborgenen psychologischen Triebfeder gefördert. J. Rifkin betont, dass unsere Zerstörungswut der Umwelt gegenüber von ihrem begrenzten Charakter herrührt, der uns auf unangenehme Weise an unsere eigene Sterblichkeit erinnert. Unser verschwenderisches Umgehen mit den Ressourcen entspricht einer Ritualhandlung, die unsere Fähigkeit zum unbegrenzten Leben, zur Unsterblichkeit, symbolisiert. Der Mythos vom Fortschritt der Technik als auch vom Fortschritt durch die Technik hat sich in Beziehung zu diesem Wunschtraum entwickelt.

Für unsere Zeitgenossen spielt sich alles im geschlossenen Bereich des irdischen Daseins ab: Erfolg oder Versagen sind offenkundig und unwiderruflich; die Armen, die Versager, die Körperbehinderten, die Unterdrückten verlieren alles, indem sie ihre Hölle auf Erden erleben. Daher schürt die Angst vor materiellem Versagen die Härte des Wettbewerbs, den Streit um Rechte, die Aggressivität zwischen den Gruppen. Das schnelle Aufeinanderfolgen der drei industriellen Revolutionen ist nicht durch den Mangel an Gütern im engeren Sinne beschleunigt worden, sondern durch eine Existenzangst, die die Menschen durch fanatisches Arbeiten und Hamstern von Reichtümern zu verschleiern versucht haben.

Die geistige Gleichgültigkeit, die sich im industrialisierten Westen ausbreitet, bietet keinerlei Antwort mehr auf die Angst vor dem Tode, die nur zunimmt. Die Logik unserer Spezies verlangt, dass wir fähig sind, die Zukunft immer besser und klarer vorauszusehen. Jedes Vorgehen der Technik besteht heute übrigens darin, alle zukünftigen Möglichkeiten auf immer genauere Weise vorwegzunehmen: Keine Maschine und kein System werden mehr hergestellt, wenn sie nicht vorher auf einem Computer simuliert worden sind. Bei der Technik handelt es sich immer weniger um eine Bastelei und immer mehr um ein überlegtes und geplantes Vorgehen.

Ebenso können wir unseren eigenen Tod mit einer immer größeren Genauigkeit voraussehen. Die Statistiken unterbreiten uns regelmäßig unsere Lebenserwartung. Die Medizin stellt immer genauere Diagnosen. Wir alle haben die Anzahl der Lebensjahre vor Augen, die uns durchschnittlich verbleiben; von dem Moment an, wo wir schwerkrank sind, wird unsere Lebenserwartung sogar bis auf den Monat oder die Woche genau beziffert.

Wie kann man diesen Gedanken in der Eiseskälte der Statistiken und der Asepsis der Sterberäume ertragen? Es ist einfach *unerträglich!* Das grausamste Sinnbild für das metaphysische Versagen einer atheistischen Industriewelt stellt Jean-Paul Sartres Tod dar, so wie Simone de Beauvoir ihn uns überliefert hat. Als der Philosoph ins Krankenhaus eingeliefert wurde, bat seine Gefährtin ausdrücklich die Ärzte, dem Sterbenden den Ernst seines Zustandes zu verheimlichen. Was nützt es, sich durch das Metier des Philosophen sein ganzes Leben lang darin zu üben, Klarheit zu gewinnen, wenn das Lebensende nur im Dunkel gelebt werden kann?

Der Mut zu leben beruht auf dem Mut zu sterben

Die Erfahrung lehrt offenbar, dass man Menschen den Mut zu leben nicht vermitteln kann, ohne ihnen auch den Mut zum Sterben zu geben. Da der Mensch das einzige Lebewesen ist, das seinen Tod im voraus kennt und da er ihn dank der technischen Evolution immer genauer kennt, muss er umso stärker den Mut zu leben finden, während den Tieren der Instinkt genügt. Da die Industriegesellschaft keine Antwort mehr auf diese Erwartung hat, versucht sie, den Tod zu verneinen.

Das Individuum ist nach der produktivistischen Auffassung nichts anderes als ein Wirtschaftsfaktor, der seine materielle Befriedigung systematisch maximiert, so als ob sein Leben eine endlose Dauer besäße: Sein Tod reduziert sich auf einen bedauerlichen Unfall, der auf eine zu geringe Investition im Gesundheitswesen zurückzuführen ist. Das einfachste Mittel, Werktätige in industriellen Nationalstaaten in den Zustand der Hörigkeit zu versetzen, besteht darin, ihnen eine obligatorische Krankenversicherung überzustülpen. Dadurch bleibt die Illusion eines bis an die Grenzen der Medizintechnik verlängerten Lebens aufrechterhalten. Dies erklärt die Verbissenheit der Debatten um die Krankenversicherungen der entwickelten Länder, die immer am Rande des Ruins stehen.

Die Illusion stößt sich indessen hier – wie anderswo – an dem Anwachsen der Entropie. Unsere Zellen sind kleine Ordnungsinseln in einem Ozean von Unordnung; sie können nicht endlos gegen das Ansteigen der Unordnung ankämpfen. Das Altern und der Tod sind unabwendbar in der Logik des Lebendigen selbst, das seinen Kampf lieber mit Hilfe eines neuen aufsteigenden Lebens von vorn beginnt als mit einem absteigenden Leben weiterführt. Die zeitliche Verlängerung des Lebens wird schließlich auf dieses Hindernis stoßen.

Das zentrale Mysterium des christlichen Glaubens

Diese Desillusionierung kann nicht ohne soziale Folgen bleiben. Es wurde schon auf die Rolle hingewiesen, die der durch Arbeit und Anhäufung von Reichtümern entstandene Zeitvertreib, im Pascal'schen Sinne, spielt. Aber das ist nicht alles: Der Konsumrausch, die hektische Unruhe der Städte, die Sonntagsausflüge ohne Ziel auf überfüllten Straßen, die Fernsehhypnose, die immer stärker auf Gewalt und Pornographie gerichtet ist, der Alkoholismus, der Tabak- und Rauschgiftgenuss und die zunehmende Kriminalität, ist all dies nicht eine Konsequenz der Unfähigkeit, innerhalb der reichsten Wohlstandsgesellschaft, den wichtigsten Faktor eines jeden Daseins zu verinnerlichen? Zum schändlichen Tod ein unanständiges Leben.

Und zusätzlich zu der oben kritisch besprochenen sozialen Pathologie gehen unsere Zeitgenossen soweit, die geistige Leere ihres Lebens durch Zuflucht zu wertlosen „Religionen" auszufüllen. Letztere stammen meistens aus dem Orient und umgeben sich mit der Aura des Mysteriums und der Glaubwürdigkeit, die die christlichen Kirchen im Laufe ihrer bewegten Geschichte verloren haben. Noch bezeichnender ist die Tatsache, dass auf dem Markt betrügerische, pseudowissenschaftliche Nachahmungen von Religionen in Form von Seminaren zu finden sind: transzendentale Meditation, Relaxation, kollektives Psychodrama, Urschrei, Traumdeutung, Entschlüsselung von Horoskopen etc.

Christentum mit oder ohne Kirchen?

Das Vorausgehende zeigt, wie dringend wir einen geistigen Wandel bewirken müssen, noch ehe wir überhaupt einen gewollten technischen Wandel in Angriff nehmen können. Wer könnte die Verantwortung für diesen Wandel übernehmen? Mehr noch als dem Christentum an sich misstrauen unsere Zeitgenossen den christlichen Kirchen, die ja durch jahrhundertelange innere Kämpfe und wiederholten Verrat verbraucht sind. Gleichzeitig beruhigt sie aber insgeheim die Existenz eben dieser Kirchen, denen die unbestimmte Aufgabe zukommt, das Geistige zu verwalten, so dass es nicht allzu sehr in Konflikt mit dem Materiellen gerät. Ist von diesen Institutionen etwas zu erwarten, wo sie doch, da von unvollkommenen Menschen gebildet, notwendigerweise selbst unvollkommen sind?

Dies wird von den konkreten Entscheidungen abhängen, die diese Kirchen in Krisensituationen fällen. Die Technik hat der großen Masse der Bevölkerung Informationsmittel zur Verfügung gestellt, die ein Mogeln immer schwieriger machen: Drei Minuten im Visier einer Fernsehkamera sind aufschlussreicher als eine Predigt von der Kanzel herab. Die Kirchen werden folglich von der Geschichte am Prüfstein ihrer Glaubwürdigkeit gemessen werden. Prophezeien ist sinnlos: Die Geschichte wird entscheiden.

Kapitel 25

Die Paradoxien der Technik

Während langer Zeit hat sich die Technik im gleichen Rhythmus wie die biologische Evolution verändert, d.h. so langsam, dass das Phänomen unmerklich blieb und dass es in gutem Glauben übersehen werden konnte. Aber seit sich die technische Evolution beschleunigt, wird sie selbst für die abgestumpftesten Geister erkennbar. Was wir gemeinhin als technischen Fortschritt bezeichnen, vollzieht vor unseren Augen eine Art Laborexperiment, bei dem wir auf sichtbare Weise die Evolution einer Art wahrnehmen. Das lässt einen an die Zeitrafferaufnahmen denken, bei der eine Pflanze ihre gesamte Entwicklung in einer Minute erreicht und Charakteristika aufdecken, die durch das langsame Wachstum normalerweise verborgen bleiben.

Zum ersten Mal können wir die „Evolution am Werk“ beobachten, in einer ihrer wohl außergewöhnlichsten Manifestationen, nicht mehr biologisch, sondern kulturell. Nun haben wir im Laufe dieses Buches entdeckt, dass die technische Evolution einen paradoxen Charakter besitzt. Es ist so, als ob im gleichen Augenblick, da wir eines der Naturgeheimnisse entdecken, es sich wieder unseren Augen entzieht.

Die Paradoxie des Besten und des Schlimmsten

So bringt jeder technische Fortschritt gleichzeitig Wohltaten und Schäden. Jedem Nutzen entspricht eine Belastung als Folge eines mysteriösen und unvermeidlichen Mechanismus'. Betrachtet aus diesem Blickwinkel erscheint die Technik zugleich als die beste und die schlimmste aller Dinge. Dies ist das erste Paradox der Technik und es ist das offensichtlichste.

Dieses erste Paradox verführt oft zu einer moralisierenden Deutung: „die gute und die schlechte Wirkung der Technik hängt von der Wahl der Menschen ab, die sie anwenden.“ Es gäbe demnach gute und schlechte Anwendungen der Technik, die eine Alternative darstellen. Wäre dies wahr, dann wäre dem erwähnten Paradox der Boden entzogen.

In Sachen Technik genügt es nicht guten Willens oder guten Glaubens zu sein, um die Entscheidung zwischen guter und schlechter Anwendung zum treffen. Selbst wenn das Gute und das Böse invariant sind, die ethischen Regeln, nach denen der Mensch das Gute zu erreichen versucht, hängen von einer konkreten Situation ab. Und angesichts einer beschleunigten technischen Evolution, stellen diese ethischen Regeln, die sich offenbar durch Trägheit auszeichnen, keine sichere Bezugsgröße mehr dar. Im übrigen erscheint die Ausarbeitung neuer Normen ein heikles Unterfangen zu sein, mit beträchtlichen Ungewissheiten. Man denke nur an die Gentechnik. Und *so ist es uns nach 200 Jahren industrieller Revolution bis heute nicht gelungen, ein ökonomisches System zu schaffen, dass zugleich Technik, Umwelt und Respekt vor dem Menschen in angemessener Weise berücksichtigt.*

Die Paradoxie des Offenbaren und des Geheimnisvollen

Dies führt uns zum zweiten Paradox, das sich im Widerspruch zeigt zwischen dem greifbaren Charakter der Technik und dem Mysterium, das sie umgibt. Ein Werkzeug, eine Maschine, ein Fertigungsprozess lässt sich zerlegen und manifestiert sich als Anwendung einiger physikalischer Prinzipien auf ein materielles Objekt, seien sie elementar oder fortschrittlich, immer reproduzierbar auf die gleiche Art, unter denselben experimentellen Bedingungen. Es gibt dabei nichts Geheimnisvolles oder, genauer gesagt, die wissenschaftliche Methode hat alles Geheimnisvolle beseitigt, indem sie einerseits ein Objekt, andererseits ein physikalisches Phänomen isoliert hat: wir nehmen an, dass dieser Teilbereich des Universums, den wir mit einer schematischen Funktionsweise ausgestattet haben, keinerlei Wechselwirkung mit dem ganzen Rest hat.

Nun, diese Annahme hat aber kein anderes Fundament als die Bequemlichkeit unseres Denkens. Es scheint, dass die summarischen Modelle, die die Physik verwendet, bei der Anwendung Phänomene vernachlässigen, die deshalb nicht weniger existieren, und dass jeder technische Akt in gewisser Weise das ganze Universum in Gang setzt. Daher ist es nicht leicht zu unterscheiden zwischen dem, was nützlich ist und dem was schädlich ist. Weil nämlich das, was offenbar ist beim lokalen Funktionieren der Maschine seinen globalen Einfluss auf die Umwelt verschleiert, und weil das ausschließliche Interesse, das dem physikalischen Funktionieren entgegengebracht wird, die Auswirkung auf den Menschen nicht erkennen lässt.

Die Paradoxie von Ordnung und Unordnung

Um diesem Paradox zu entkommen, sind wir versucht, über die all gemeinsten Prinzipien nachzudenken, die unser Universum regieren. Um einen gemeinsamen Nenner für alle Formen der Technik zu finden, kam man dahin, das universelle Prinzip des Anwachsens der Entropie zu betrachten. Nach diesem Prinzip zieht jede Aktion eine Verringerung der Möglichkeit nach sich, neue solche Aktionen in der Zukunft durchzuführen. Mit anderen Worten: je mehr der technische Mensch arbeitet um seinen Planeten lokal zu organisieren, um so mehr Unordnung erzeugt er global.

Der technische Fortschritt bedeutet auf diese Weise eine Flucht nach vorn, bei der immer raffiniertere Methoden bemüht werden um einen wachsenden Ressourcenmangel zu beheben. Dieser ist nicht nur unvermeidlich, sondern wird auch noch – durch eben diese Flucht nach vorn – verschlimmert. Dies ist das dritte Paradox der Technik: Unter dem Deckmantel unsere Existenz zu verbessern, kompromittiert sie unvermeidbar das Überleben zukünftiger Generationen; sie beschleunigt das Ende der Spezies Mensch. Mit einem Wort, die Technik kann nichts anderes machen als das Gegenteil von dem, was man glaubt, das sie macht. Man kann sich kein radikaleres Paradox vorstellen.

Das Paradox des Materiellen und des Spirituellen

Die klassische Reaktion auf das letzte Paradox besteht darin, das sinnlose Abenteuer aufzugeben und sich in das zu flüchten, was wir üblicherweise das Spirituelle zu nennen. Man substituiert die Flucht nach vorn durch eine Flucht in eine andere Dimension. Indessen sind die praktischen Resultate dieser Art Vorgehensweise keineswegs überzeugend. Übrigens ist die technische Evolution von einer geistigen Fortentwicklung begleitet, die man nicht bestreiten kann. Man kann also nicht versuchen das erwähnte Paradox mühelos aufzulösen, ohne ein viertes Paradox zu entdecken, das wahrscheinlich verwirrendste von allen. Die Technik mag sich, per Definition, mit Materiellem befassen, sie ist darum nicht weniger mit einem geistigen Schritt verbunden, dessen Ursache und Wirkung sie zugleich ist.

Die Tranzendenz der Technik

So ist die Technik zugleich gut und böse, evident und mysteriös, kreativ und destruktiv, materiell und spirituell. Man könnte die Gegenüberstellungen vervielfachen, sie würden doch nur dieses Etwas in der Technik einkreisen, das ebenso wenig kommunizierbar und ausdrückbar ist, wie das andere Etwas, das z.B. Kunst und Religion innewohnt.

Indessen ist es nicht üblich, die Technik auf demselben Niveau der Transzendenz anzusiedeln wie diese erlebten Realitäten. Wir sind tatsächlich Teil einer inkohärenten Kultur, die alles von der Technik erwartet und ihr jedoch wenig nachsieht. Wie selbstverständlich unterscheiden wir weiterhin zwischen Großprojekten, politischen Entscheidungen einerseits, die Intuition, Erfahrung und Entschlusskraft verlangen und technischen Problemen andererseits, die sich angeblich einfach lösen lassen durch den Einsatz von Arbeitskräften, durch Investitionen und Know-how.

Wir geben vor, unser Schicksal durch eine philosophische und politische Debatte zu bestimmen, die dann, durch den Mittler Technik in die Materie übersetzt würde. Tatsächlich realisieren wir aber dieses Schicksal immer mehr durch eine unkontrollierte technische Evolution, die wir nachträglich mit ideologischem Flitter auskleiden. Das Wort ignoriert das Werkzeug, das sich auf seine Weise rächt, indem es die einzige Sprache spricht, die es kennt, die des Lärms und des Zorns.

Die Absicht dieses Werkes ist es, diese inkohärenten Entwürfe zu versöhnen, die das Wort formuliert und das Werkzeug realisiert. Es wurde versucht, die Bedeutung des paradoxen Charakters der Technik aufzuzeigen und seinen Ursprung zu entdecken. Indem wir das Protokoll der technischen Illusion aufgenommen haben, indem wir eine Analyse vorgeschlagen haben – die der technischen Evolution, indem wir eine organisierte Aktion um die technische Schöpfung angeregt haben.

Die Antwort, die auf die oben beschriebenen vier Paradoxien gegeben wurde, lässt sich in der folgenden Formulierung darstellen:

- Das Schlimmste ist mit dem Besten verknüpft.
- Das Mysterium erklärt das Offenbare.
- Unordnung erzeugt Ordnung.
- Das Geistige ist aus dem Materiellen hervorgegangen.

Es handelt sich hier nicht um zweckfreie Wortspiele. Gestartet mit der Suche nach einer Gebrauchsanweisung für die Technik, werden wir auf den Weg eines Humanismus geleitet. Da die Technik der stärkste Ausdruck des Menschen ist, kann sie nicht geändert werden, ohne den Menschen zu ändern.

Wie kann man eine Gebrauchsanweisung schreiben?

Wir werden nicht aus unserem industriellen technischen System einfach heraustreten, wenn wir nicht, individuell und kollektiv die Götzendienste aufgeben, die unsere Wahrnehmung der Realität versperren. Es ist unmöglich aus der Geschichte durch eine Art Hintertür herauszutreten, die sich allein durch einen Schubs unserer gedankenlosen Handlung öffnete. Ob es sich nun um Wissenschaftsgläubigkeit oder Produktivismus handelt, um Sozialdemokratie oder Konsumgesellschaft, ob um Atheismus oder Integrismus, all dies sind nur Nachahmungen unseres Hungers nach Ewigkeit ...

Der Zusammenbruch des marxistischen Mythos sollte uns nicht glauben machen, dass etwa der ökonomische Liberalismus und die parlamentarische Demokratie das Ende der Geschichte seien, und dass der materielle Wohlstand den Durst der Menschen stillen könnte. Wir müssen akzeptieren, dass er nur gestillt wird durch ein geistiges Leben, das richtig in das technische System, in dem wir leben, integriert ist und dass wir dieses technische System modifizieren müssen, sodass es die geeignete Stütze für ein geistiges Leben darstellt. Es handelt sich nicht darum, sich einen „Seelenzuschlag" dekorativer Art nach Bergson zu gönnen, sondern ihm Priorität zu geben, weil es um das Überleben der Art geht, im ganz materiellen Sinne des Wortes. Dies ist keine Beigabe, sondern wesentlicher Bestandteil.

Wir werden nicht daraus hervorgehen, nicht wenn wir uns allein auf unsere Kräfte verlassen, nicht wenn wir auf unsere Freiheit zugunsten irgendeiner Organisation verzichten. Weder die Vereinten Nationen, noch herausragende Denker, weder charismatische Führer, noch die Kirchen werden an unserer Stelle die psychologische Arbeit machen, die auf uns wartet. Wir können uns die individuelle Wende nicht ersparen, zu der wir alle aufgefordert sind. Und diese Wende ist bedeutungslos, wenn sie isoliert bleibt, abstrakt und unwirksam. Das solare technische System, das oben vorgeschlagen wurde, ist deshalb kein Mythos oder eine Utopie, die einmal eine strahlende Zukunft für alle garantieren würde. Sie stellt einfach eine realistische Möglichkeit dar, die geistigen Ansprüche der Menschheit und die unantastbaren Zwänge der Entropie unter einen Hut zu bringen.

Mancher Leser dieses Buches wird jetzt verstanden haben, warum die Technik der Bereich einer solchen Anhäufung an Paradoxien ist, warum das Schlimmste die Bedingung des Besten ist, warum das Mysterium das Offenbare erklärt, warum Unordnung Ordnung schafft, warum das Geistige und das Materielle nichts Unterschiedliches sind. Die technische Evolution ist der einzige Zug, der die

Menschen materiell von den Tieren unterscheidet und er übersteigt offenbar unser Fassungsvermögen. Für Gläubige enthüllt sich hier das Gesicht Gottes, der den Menschen zugewandt ist und auf immer mysteriös bleiben wird. Es liegt am Menschen an der göttlichen Schöpfung teilzunehmen – durch eine überlegte Arbeit.

Anhang

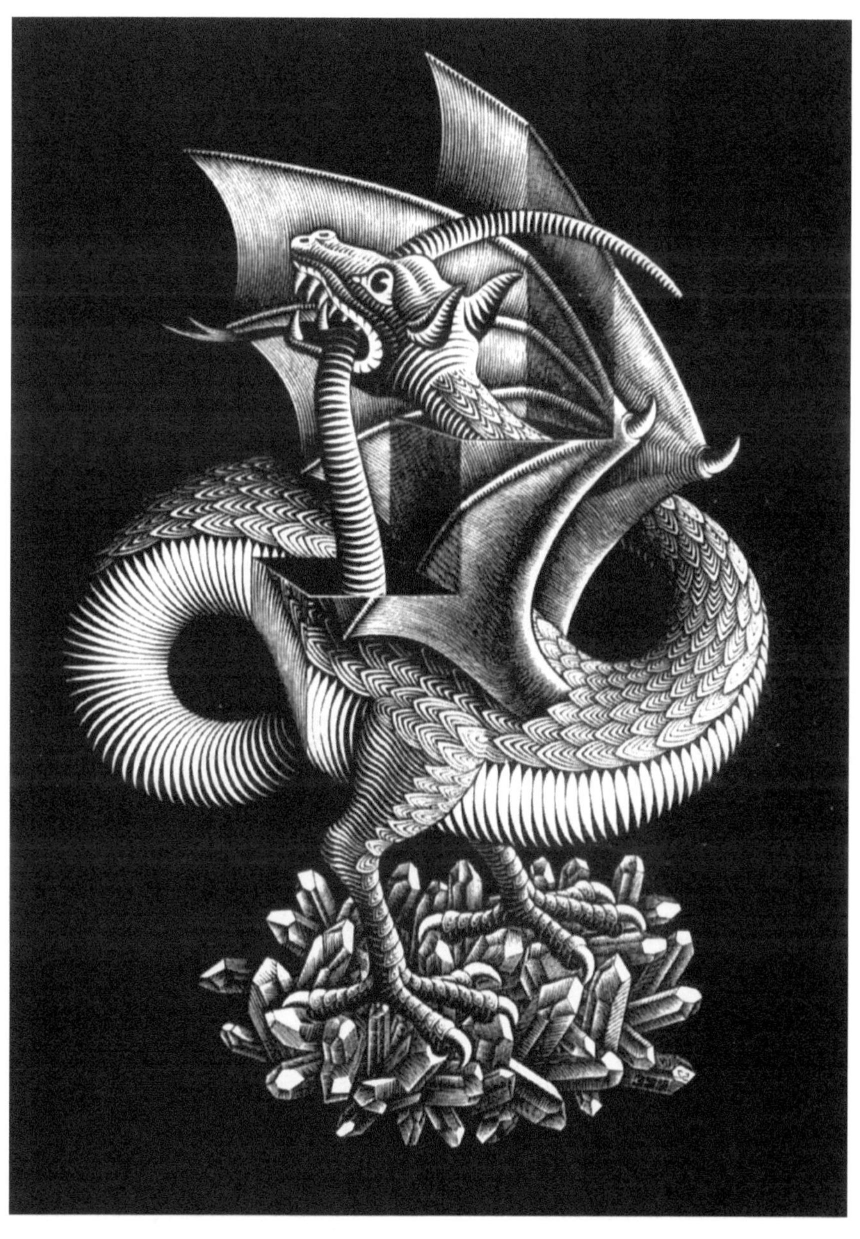

Literaturverzeichnis

Adams, C., *Space flight,* McGraw-Hill, New York, 1958

Angles D'Auriac, H., *L'Homme et ses machines,* Masson 1983

Atkins, P., *The Creation,* Freeman, San Francisco, 1981

Atkins, P., *The Second Law,* Freeman, San Francisco, 1984

Attali, J., *La figure de Fraser,* Fayard, Paris, 1984

Attali, J., *La parole et l'outil,* PUF, Paris, 1975

Bell, G. et al., *Cohabiting with Computers,* W. Kaufmann, Los Altos, 1985

Bergasse, H., *Le toscin de la décadence,* Belles Lettres, Paris, 1975

Blond, G., *Verdun,* Presses de la Cité, Paris, 1964

Capra, F., *Wendezeit. Bausteine für ein neues Weltbild,* DTV, München, 1991

Cambessedes, O., et al., *Faits et chiffres 1982,* Nouvel Observateur, Paris 1981

Clarke, R., *La naissance de l'homme,* Seuil, Paris, 1980

de Beauvoir, S., *Die Zeremonie des Abschieds,* Rowohlt, Hamburg, 1974

de Montbrial, T., *L'énergie: le compte à rebours,* Lattès, Paris, 1978

de Montesquieu, C., *Essai sur les causes de la grandeur des Romains et de leur décadence,* Garnier, Paris, 1945

de Rougemont, D., *L'avenir est notre affaire,* Stock, Paris, 1977

Delumeau, J., *Le péché et la peur,* Fayard, Paris, 1983

Deshusses, J., *Délivrez Prométhée,* Flammarion, Paris, 1978

d'Espagnat, B., *Auf der Suche nach dem Wirklichen,* Springer, Berlin, 1983

Dobzhansky, T., *Evolution,* Freeman, San Francisco, 1977

Druet, P. et al., *Technologies et sociétés,* Galilée, Paris 1980

Dumant, R. et al., *Nous allons à la famine,* Seuil, Paris, 1966

Ehrlich, P., *Human ecology,* Freeman, San Francisco, 1973

Ellul, J., *La subversion du christianisme,* Seuil, Paris, 1984

Ellul, J., *L'empire du non-sens,* PUF, Paris, 1980

Ellul, J., *Le système technicien,* Calmann-Lévy, Paris, 1977

Fourastie, J., *Essai de morale prospective,* Gonthier, Paris, 1966

Gergescu-Roegen, N., *Demain la décroissance,* Favre, Lausanne, 1979

Gille, B. et al., *Histoire des techniques,* Gallimard, Paris, 1978

Gille, B., *Les mécaniciens grecs,* Seuil, Paris, 1978

Gimpel, J., *La révolution industrielle du Moyen Age,* Seuil, Paris, 1975

Gould, S., *Der Daumen des Panda,* Suhrkamp, Frankfurt, 1989

Habermas, J. *Technik und Wissenschaft als Ideologie,* Suhrkamp, Frankfurt, 1975

Illich, I., *Energie et équité,* Seuil, Paris, 1973

Illich, I., *Une société sans école,* Seuil, Paris, 1971

Jungk, R., *Heller als tausend Sonnen,* Heyne, München, 1990

Kidron, M., *The state of the world Atlas,* Simon and Schuster, New York, 1981

Koestler, A., *Les somnambules,* Calmann-Lévy, Paris, 1960

Küng, H., *Christ sein,* DTV, München, 1976

Lafaye, J., *Les conquistadores,* Seuil, Paris, 1964

Laing, R., *Knoten,* Rowohlt, Hamburg, 1986

Landes, D., *L'Europe technicienne,* Gallimard, Paris, 1975

Lattes, R., *Pour une autre croissance,* Seuil, Paris, 1972

Lazlo, E., *The system view of the world,* Braziler, New York, 1972

Leakey, R., *Der Ursprung des Menschen,* Fischer, Fankfurt, 1993

Le Goff, J., *Die Intellektuellen im Mittelalter,* Klett-Cotta, Stuttgart, 1986

Leprince-Ringuet, L., *Science et bonheur des hommes,* Flammarion, Paris, 1973

Leroi-Gourhan, A., *Hand und Wort,* Suhrkamp, Frankfurt, 1987

Levi-Strauss, C. *Traurige Tropen,* Suhrkamp, Frankfurt, 1991

Lot, F., *La fin du monde antique et le début du Moyen Age,* Albin Michel, Paris 1968

Lyotard, J., *La Condition post-moderne,* Minuit, Paris, 1979

Meadows, D. et al., *Grenzen des Wachstums,* 15. Aufl., DVA, Stuttgart, 1990

Mesarovic,M. et al., *Stratégie pour demain,* Seuil, Paris, 1974

Monod, J., *Zufall und Notwendigkeit,* Piper, München, 1983

Morin, E., *Pour sortir du 20.siècle,* Nathan, Paris, 1981

Namer, E., *L'affaire Galilée,* Gallimard, Paris, 1975

Neirynck, J., *Le consommateur piégé,* Editions ouvrières, Paris, 1973

Neirynck, J., *Le consommateur averti,* Favre, Lausanne, 1979

Norman, C., *The god that limps,* Norton, New York, 1981

Peyrefitte, A., *Le mal francais,* Plon, Paris, 1976

Prigogine, I. et al., *La nouvelle alliance,* Gallimard, Paris, 1979

Prigogine, I., *Vom Sein zum Werden,* Piper, München, 1992

Reich, C., *The greening of America,* Random, New York, 1970

Rifkin, J., *Entropy,* Viking, New York, 1980

Roqueplo, P., *Penser la technique,* Seuil, Paris, 1983

Schell, J., *Le destin de la Terre,* Albin Michel, Paris, 1982

Schumacher, E., *Small ist beautiful,* Harper, London, 1973

Schumacher, E., *A guide for the perplexed,* Jonathan Cape, London, 1977

Scitovsky, T., *The joyless economy,* Oxford University Press, Oxford, 1976

Shirer, W., *Aufstieg und Fall des Dritten Reiches,* Gondrom, Bindlach, 1990

Singer, C. et al., *A history of technology,* Oxford University Press, Oxford, 1958

Snow, C., *The two cultures,* Cambridge University Press, Cambridge, 1959

Steiner, J., *Treblinka,* Fayard, Paris, 1966

Strands, S., *A history of the machine,* A. and W., N.Y., 1979

Taylor, A., *The origins of the second world war,* Atheneum, New York, 1961

Teilhard de Chardin, P., *Die Entstehung des Menschen,* Beck, München, 1981

Tinbergen, J., *Nord au Sud, du défi au dialogue?* Dunod, Paris, 1976

Tuchmann, B., *The guns of August,* Dell, New York, 1962

Urban, G., *Survivre au future,* Mercure de France, Paris, 1973

Von Bertalanffy, L., *General system theory,* Braziler, N.Y., 1968

Watt, K., *The Titanic effect,* Sinauer, Stanford, 1974

Watzlawick, P. et al., *Une logique de la communication,* Seuil, Paris, 1972

Weber, M., *Die protestantische Ethik und der „Geist“ des Kapitalismus,* Beltz-Athenäum, Berlin,1991

Wenke, R., *Patterns in prehistory,* Oxford University Press, Oxford, 1980

N.N., *Rapport de Tokyo,* Seuil, Paris, 1974

N.N., *Quelles limites?* Seuil, Paris, 1974

N.N., *A blueprint for survival,* The ecologist, London, 1972

Über den Autor

Jacques Neirynck wurde am 17.8.1931 in Brüssel geboren und ist französischer Nationalität. Im Jahre 1954 diplomierte er in Elektrotechnik, und im Jahre 1958 promovierte er in Angewandten Wissenschaften an der Katholischen Universität von Louvain, Belgien. 1982 wurde Jacques Neirynck zum „Fellow" des *Institute of Electrical and Electronics Engineers, New York,* ernannt.

Von 1954 bis 1957 arbeitet er im belgischen Kohlebergbau; von 1957 bis 1963 ist er Professor für Elektronik und Schaltkreistheorie an der Universität Lovanium in Kinshasa, Zaire. Jacques Neirynck arbeitet von 1963 bis 1972 im Forschungslabor der Fa. Philips in Brüssel, zuerst als Leiter der Gruppe für angewandte Mathematik, dann als Assistent der Direktion. Ab 1970 ist er technischer Gruppendirektor, verantwortlich für Forschung und Entwicklung im Bereich Schaltkreissimulation für die gesamte Fa. Philips, seit 1972 Professor an der Technischen Hochschule in Lausanne, wo er den Lehrstuhl für Schaltkreise und Systeme innehat. Zwischen 1959 und 1983 liegen mehrere Lehraufenthalte an verschiedenen amerikanischen Universitäten.

Jacques Neirynck ist der Autor von etwa hundert wissenschaftlichen Veröffentlichungen, darunter vier Bücher in französischer Sprache, die ins Englische und Spanische übersetzt wurden. Er hat die verantwortliche Leitung für die Herausgabe der *Abhandlungen über die Elektrizität,* ein Werk, das 22 Bände umfasst. Sein Forschungsbereich ist die Synthese elektrischer Filter.

Neben seiner wissenschaftlichen Tätigkeit ist Jacques Neirynck seit 1963 einer der Initiatoren der Verbraucherbewegung in Europa. In der Schweiz arbeitet er regelmäßig an Radio- und Fernsehsendungen mit. 1999 wurde Jacques Neirynck in den Nationalrat gewählt und dessen Präsident. Er hat außerhalb seiner wissenschaftlichen Publikationen 13 Bücher geschrieben, davon sechs Romane.